普通高等教育"十四五"系列教材

嵌入式微控制器原理及应用
——基于 ARM Cortex-M4 微控制器（STM32 系列）

程启明　黄云峰　赵永熹　甄兰兰　楼俊君　编著

中国水利水电出版社
www.waterpub.com.cn
·北京·

内 容 提 要

目前常用的 ARM Cortex-M4 微控制器是由 ARM 专门开发的新型嵌入式控制器，具有浮点、DSP、并行计算等功能，其信号处理功能强、功耗低、成本低且易于使用，可用于电动机控制、汽车、电源管理、嵌入式音频和工业自动化等领域。

本书由浅入深地介绍了 ARM Cortex-M4 的基本概念、基本原理、应用技术。硬件原理的阐述以"够用、适用、易学"为原则，降低读者入门和理解的难度；软件设计基于固件库，方便读者上手。本书介绍了 ARM Cortex-M4 内部结构、特点及片上功能模块的工作原理和操作方法以及开发环境的使用方法；还阐述了控制器系统外设、串行通信外设接口、模拟外设以及运动控制外设的功能特点、内部结构、初始化与配置以及寄存器映射与描述等；最后还介绍了基于 ARM Cortex-M4 微控制器的综合应用实例。

本书可作为自动化、测控、电气、机电、计算机、电子、通信及其相关专业的本、专科学生及研究生的教材，也可作为从事嵌入式系统开发的工程技术人员的参考用书。

图书在版编目（C I P）数据

嵌入式微控制器原理及应用：基于ARM Cortex-M4微控制器（STM32系列）/ 程启明等编著. -- 北京：中国水利水电出版社，2021.6
普通高等教育"十四五"系列教材
ISBN 978-7-5170-9678-8

Ⅰ. ①嵌… Ⅱ. ①程… Ⅲ. ①微处理器－系统设计－高等学校－教材 Ⅳ. ①TP332.021

中国版本图书馆CIP数据核字(2021)第125024号

书　　名	普通高等教育"十四五"系列教材 嵌入式微控制器原理及应用 ——基于 ARM Cortex-M4 微控制器（STM32 系列） QIANRUSHI WEIKONGZHIQI YUANLI JI YINGYONG ——JIYU ARM Cortex-M4 WEIKONGZHIQI（STM32 XILIE）
作　　者	程启明　黄云峰　赵永熹　甄兰兰　楼俊君　编著
出版发行	中国水利水电出版社 （北京市海淀区玉渊潭南路 1 号 D 座　100038） 网址：www.waterpub.com.cn E-mail：sales@waterpub.com.cn 电话：(010) 68367658（营销中心）
经　　售	北京科水图书销售中心（零售） 电话：(010) 88383994、63202643、68545874 全国各地新华书店和相关出版物销售网点
排　　版	中国水利水电出版社微机排版中心
印　　刷	天津嘉恒印务有限公司
规　　格	184mm×260mm　16 开本　21.5 印张　564 千字
版　　次	2021 年 6 月第 1 版　2021 年 6 月第 1 次印刷
印　　数	0001—2000 册
定　　价	**59.00 元**

前　言

当前 Advanced RISC Machines（ARM）技术已经广泛应用于手机、机顶盒以及汽车制动和路由器等领域，且快速渗透到传统的嵌入式领域。全世界超过 95％的智能手机和平板电脑以及 1/4 以上的电子设备都采用 ARM 架构。

随着嵌入式产品彼此互联越来越多、功能越来越丰富，目前 8 位、16 位微控制器已经无法满足处理要求。随着近年来制造工艺的不断进步，ARM Cortex - M4 微控制器的成本不断降低，已与 8 位、16 位微控制器的成本基本相同。如今，越来越多的微控制器供应商提供基于 ARM 的微控制器，且这些产品在外设、性能、内存、封装及成本等方面具有更广的选择范围。其中，基于 ARM Cortex - M4 微控制器是由 ARM 专门开发的较为新型嵌入式控制器，它在 ARM Cortex - M3 基础上强化了运算能力，增加了浮点、DSP、并行计算等，用以满足需要有效且易于使用的控制和信号处理功能混合的数字信号控制场合。

本书详细介绍基于 ARM Cortex - M4 内核的 ST 公司生产的 STM32F4×× 以及 NXP 公司生产的 S32K144 微控制器及应用。本书共分 15 章，具体内容如下：第 1 章为 ARM 体系及 ARM Cortex - M4；第 2 章为 ARM Cortex - M4 最小系统；第 3 章为 Cortex - M4 软件体系结构；第 4 章为系统控制和存储管理；第 5 章为中断和异常处理；第 6 章为 GPIO 和 FSMC；第 7 章为 Timer 模块；第 8 章为 PWM 和正交编码器接口；第 9 章为 Flash 模块；第 10 章为模拟外设模块；第 11 章为通用同步异步收发器（USART）；第 12 章为串行通信外设接口；第 13 章为 DMA 模块；第 14 章为其他功能模块；第 15 章为综合应用实例。

本书主要由 5 位老师合作编著而成，其中：第 1～3 章由楼俊君撰写；第 4～6 章由赵永熹撰写；第 7～9 章由甄兰兰撰写；第 10～12 章由黄云峰撰写；第 13～15 章由程启明撰写。全书由程启明负责策划、组织、分工、协调、统稿和定稿。另外，非常感谢徐进协助编写第 13～15 章的相关内容。

由于编写时间比较仓促，加上作者水平和实践能力有限，书中难免存在不足和疏漏之处，恳请读者提出宝贵意见和建议，以便再版时修订与补充。

编者

2020 年 12 月

目 录

第1章 ARM 体系及 ARM Cortex - M4

本章主要介绍 ARM 微控制器的体系结构，并详细介绍 ARM Cortex - M4 的指令流水线、总线接口、寄存器组及其操作模式。

1.1 ARM 体系概述

ARM（Advanced RISC Machines）公司是微控制器行业的一家知名企业，于 1990 年成立于英国剑桥，由苹果、Acorn、VLSI 三家公司合资成立。1991 年，ARM 公司推出了 ARM6 微控制器家族，VLSI 公司则是第一个制造 ARM 芯片的公司。ARM 公司设计了先进的数字产品核心应用技术，应用领域涉及无线网络、消费娱乐、影像、汽车电子、安全应用及存储装置。ARM 技术提供广泛的产品，包括 16 位/32 位精简指令集计算机（reduced instruction computer，RISC）微控制器、数据引擎、三维图形控制器、数字单元库、嵌入式存储器、外部设备、软件、开发工具及模拟和高速连接产品。ARM 技术正逐步渗透到人们生活的各个方面。

自 2010 年起，ARM 芯片的出货量每年都比上一年增加 20 亿片以上，基于 ARM 技术的微控制器应用已经占据 32 位 RISC 微控制器 75% 以上的市场份额。与其他半导体公司不同，ARM 公司从不制造和销售具体的控制器芯片，而是把控制器的设计授权给相关商务合作伙伴，让他们根据自己的优势设计具体的芯片，得到授权的厂商生产了多种多样的控制器、单片机及片上系统（system on chip，SoC）。这种商业模式即所谓的知识产权授权。除了设计控制器，ARM 公司也设计系统级网络协议（internet protocol，IP）和软件 IP，还开发了许多配套的基础开发工具、硬件及软件产品。

体系结构定义了指令集（instruction - set architecture，ISA）和基于这一体系结构下控制器的编程模型。基于同种体系结构可以有多种控制器（比如 V5 架构下有 ARM9E、ARM10E 等控制器），每个控制器性能不同、应用领域不同，但都遵循这一体系结构。ARM 公司开发了一套拥有知识产权的 RISC 体系结构的指令集，每个 ARM 控制器都有一个特定的指令集架构，而一个特定的指令集架构又可以由多种控制器实现，特定的指令集架构随着嵌入式市场的发展而发展，由于所有产品均采用一个通用的软件体系，所以相同的软件可在所有产品中运行。

ARM 产品通常以 ARM [x][y][z] [T] [D] [M] [I] [E] [J] [F] [-S] 形式出现。表 1.1 显示了 ARM 体系结构的命名规则中这些后缀的具体含义。

补充说明：

（1）ARM7TDMI 之后的所有 ARM 内核，即使 ARM 标志后没有包含 TDMI 字符，也都默认包含 TDMI 的功能特性。

（2）JTAG（joint test action group，联合测试工作组）是由 IEEE 1149.1 标准测试访

问端口和边界扫描结构来描述的，它是 ARM 用来发送和接收控制器内核与测试仪器之间调试信息的一系列协议。

表 1.1 ARM 体系结构的命名规则

后缀变量	含　义	后缀变量	含　义
x	系列号,如 ARM7、ARM9 等	I	嵌入式 ICE,支持片上断点和调试点
y	存储管理/保护单元	E	增强指令(基于 TDMI)
z	Cache	J	Jazelle 加速
T	支持 16 位压缩指令集 Thumb	F	向量浮点单元
D	拥有 JTAG 调试器,支持片上 Debug	- S	可综合版本
M	内嵌硬件乘法器(Multiplier)		

（3）嵌入式 ICE（in - circuit emulator，在线断点和调试）宏单元是建立在控制器内部用来设置断点和观察点的调试硬件。

（4）可综合，意味着控制器内核是以源代码形式提供的，这种源代码形式可被编译成一种易于电子设计自动化（electronic design automation，EDA）工具使用的形式。

随着新的控制器内核和系统功能块的开发，ARM 的功能不断增强，处理水平不断提高，造就了一系列 ARM 架构芯片。ARM 架构与对应的典型控制器见表 1.2。

表 1.2 ARM 架构与控制器家族

架　构	控 制 器 家 族	架　构	控 制 器 家 族
ARMv1	ARM1	ARMv5	ARM7EJ、ARM9E、ARM10E、XScale
ARMv2	ARM2、ARM3	ARMv6	ARM11、ARM Cortex - M
ARMv3	ARM6、ARM7	ARMv7	ARM Cortex - A、ARM Cortex - M、ARM Cortex - R
ARMv4	StrongARM、ARM7TDMI、ARM9TDMI	ARMv8	Cortex - A50

由表可见，ARM 架构的命名比较规则，从 ARMv1 到 ARMv8，数字越大越先进。下面以架构的顺序来介绍 ARM 的历史：

（1）ARMv1、ARMv2 这两代没有做 CPU，没有商业化。

（2）ARMv3 对应的 CPU 是 ARM6。

（3）ARMv4 首次增加 Thumb 指令集；对应的 CPU 有：ARM7TDMI、ARM720T、ARM9TDMI、ARM920T、ARM940T。

（4）ARMv5 改进了 Thumb，首次增加 E（增强型 DSP 指令）、J（Java 加速器 Jazelle）；对应的 CPU 有：①ARMv5TE 指令集——ARM9E - S、ARM966E - S、ARM1020E、ARM1022E、ARM940T；②ARMv5EJ 指令集——ARM926EJ - S、ARM7EJ - S、ARM1026EJ - S。

（5）ARMv6 首次增加 SIMD，升级为 Thumb - 2，首次增加 TrustZone；对应的 CPU 有：ARM1136J(F)- S、ARM1156J(F)- S、ARM1176J(F)- S、ARM11 MPCore。

（6）ARMv7 首次增加 M（长乘法指令）、NEON（DSP＋SIMD）。CPU 名字为 Cortex，分为 A、R、M 和 SC 共 4 个系列：①A 系列设计用于高性能的开发应用平台，十分接近计算机，支持大型嵌入式操作，典型产品包括高端手机和手持仪器、电子钱包等；②R 系列，

Real – time 控制器，用于高端实时市场，如高档轿车的组件、大型发电机控制器、机器手臂控制器等，它们使用的控制器不但要求功能强大而且要极其可靠，对事件的反应也要极其迅速；③M 系列，面向微控制器，用于深度嵌入的单片机系统中，具有更低的成本和功耗；④SC（secure core）系列，主打"安全"，面向支付、政府、SIM 卡等。

（7）ARMv8 是 ARM 公司首款支持 64 位指令集的控制器架构，它首次增加指令集 A64，可执行 64 位指令；可在 32 位和 64 位之间切换。

总的来说，ARM 控制器一般具有如下特点：

（1）支持 Thumb（16 位）/ARM（32 位）双指令集，能很好地兼容 8 位/16 位器件。Thumb 指令集比通常的 8 位和 16 位 CISC/RISC 控制器具有更好的代码密度。

（2）采用定点 RISC 控制器，体积小、成本低、性能高。

（3）寻址方式灵活简单，执行效率高，可设置保护单元（protection unit），非常适合嵌入式应用中对存储器进行分段和保护。

（4）采用标准总线接口，为外设提供统一的地址和数据总线。

（5）支持嵌入式跟踪宏单元，支持实时跟踪指令和数据。

1.2　ARM Cortex – M4 微控制器

微控制器通常由内核、存储器、总线、I/O 组成。微控制器的主要体系结构是冯·诺依曼结构和哈佛结构，前者是单一的存储空间，程序和数据都放在这一空间，提取指令和数据通过单一总线进行，不能同时对程序和数据进行存取；后者则分开存放指令程序和数据，取指令和取数据有单独的总线和执行部件。ARM 微控制器采用的是哈佛结构。

ARM Cortex – M4 属于 ARM v7 体系。ARM Cortex – M4 是一种面向数字信号处理（digital signal processing，DSP）和高级微控制器（micro controller unit，MCU）应用的高效方案，具有高效率的信号处理能力，同时还有低功耗、低成本、简单易用等特点，适用于电机控制、汽车、电源管理、嵌入式音频和工业自动化等领域。

ARM Cortex – M4 微控制器内核结构如图 1.1 所示。内部集成了高性能的 32 位 CPU 核、单周期乘加（multiply accumulate，MAC）单元、优化的单指令多数据（single instruction multiple data，SIMD）指令，饱和算法指令和可选的单精度浮点运算单元（floating point unit，FPU），同时保留了 ARM Cortex – M 系列的一贯特色技术，比如处理性能最高为 1.25DMIPS/MHz 的 32 位核心、代码密度优化的 Thumb – 2 指令集、负责中断处理的嵌套中断向量控制器，此外还可以选择内存保护单元（memory protection unit，MPU）、低成本诊断和追踪、完整休眠状态。ARM Cortex – M4 可根据应用的需要提供多种不同的制造方式，比如超低功耗版本采用台积电 180nm ULL 工艺生产，目标频率为 150MHz 的高性能版本则使用 Global Foundries 65nm LPE 工艺生产，动态功耗也不超过 $40\mu W/MHz$。

现在已经有多家 MCU 半导体企业购买了 ARM Cortex – M4 的授权，包括意法半导体 ST、恩智浦半导体 NXP、飞思卡尔 Freescale 等行业巨头。在此基础上各厂商又会增加各自的特色功能模块形成各厂家的 ARM 系列产品。目前市场上流行的基于 Cortex – M4 内核的有 ST 的 STM32F4 系列、NXP 的 LPC4000 系列、Freescale 的 Kinetis K60 和 K10 系列等，当然如果想要了解某个具体型号的控制器还需查阅相关厂家提供的文档。

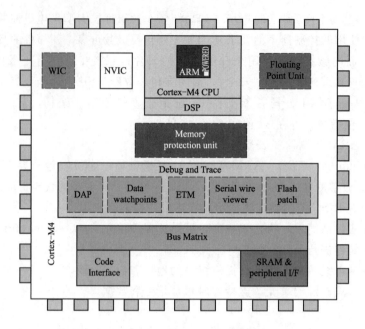

图 1.1　ARM Cortex – M4 微控制器内核结构

1.2.1　Cortex – M4 微控制器与核心外围设备

Cortex – M4 微控制器是针对微控制器市场而设计的，它给开发商提供了显著的特性，其中包括：

（1）Cortex – M4 是 32 位控制器内核。

（2）内部的数据路径是 32 位，寄存器是 32 位，存储器接口也是 32 位。

（3）采用哈佛结构。

（4）小端模式和大端模式都支持。

（5）Thumb 指令集与 32 位性能相结合的高密度代码，Cortex – M4 微控制器实现了一个以 Thumb – 2 技术为基础的 Thumb 指令集，确保代码的高密度并减少对程序存储器的要求，拥有 8 位和 16 位微控制器。

（6）针对成本敏感的设备，Cortex – M4 微控制器实现了紧耦合的系统组件，降低控制器的面积，减少开发成本。

（7）ROM 系统更新的代码重载能力。

（8）该微控制器可提供卓越的电源效率，通过高效的指令集和广泛的优化设计提供高端的处理硬件，包括可选的符合 IEEE 754 的单精度 FPU，一系列单周期和 SIMD 乘法和乘法累加能力，饱和算法和专用硬件除法。

（9）饱和算法进行信号处理。

（10）硬件除法和快速数字信号处理为导向的乘法累加。

（11）集成超低功耗的睡眠模式和一个可选的深度睡眠模式。

（12）快速执行代码会使用较慢的控制器时钟，或者增加睡眠模式的时间。

（13）为了平台的安全性和稳固性，集成了 MPU（存储器保护单元），而且在需要的情况下也可以使用外部的 Cache，让比较复杂的应用可以使用更多的存储系统功能。

（14）Cortex - M4 微控制器内部还集成了一个可配置的 NVIC（嵌套向量中断控制器），提供业界领先的中断处理。

（15）Cortex - M4 内部还附赠了很多调试组件，用于在硬件水平上支持调试操作，如指令断点、数据观察点等。另外，为支持更高级的调试，还有其他可选组件，包括指令跟踪和多种类型的调试接口。广泛实施定义的调试和跟踪功能，对于串行线调试方式（serial wire debug，SWD）和串行线跟踪方式（serial wire trace，SWT）进行调试、跟踪和代码分析所需引脚数量减少，显著改善了中断处理和系统的调试功能。

（16）拥有独立的指令总线和数据总线，可以让取指与数据访问并行不悖。这样一来数据访问不再占用指令总线，从而提升了性能。为实现这一特性，Cortex - M4 内部含有多条总线接口，每条都为自己的应用场合优化过，并且它们可以并行工作。但是，指令总线和数据总线共享同一个存储器空间（一个统一的存储器系统）。

ARM Cortex - M4 微控制器结构如图 1.2 所示，其中各模块的含义见表 1.3，可见 Cortex - M4 微控制器是以一个"控制器子系统"呈现的，其 CPU 内核本身与 NVIC 和一系列调试模块都紧密耦合。

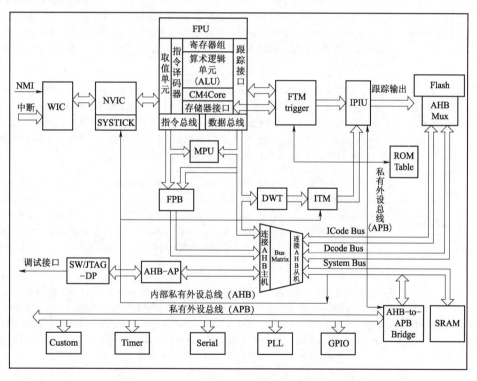

图 1.2　ARM Cortex - M4 微控制器结构

表 1.3　　　　　　　　　ARM Cortex - M4 各模块的缩写及其含义

缩　写	含　义
CM4Core	Cortex - M4 微控制器的中央处理核心,在 Cortex - M3 的基础上支持了带有 SIMD 指令集系统的 DISP 处理单元
FPU	浮点运算单元,为可选组件;在 Cortex - M4 微控制器的控制器中,扩展了 FPv - SP 浮点运算;完全支持单精度进行加、减、乘、除、累加和平方根运算。它还提供了定点、浮点数据格式和浮点常数指令之间的转换

缩　写	含　　义
NVIC	全称为可嵌套向量中断控制器(nested vectored interrupt controller,NVIC),是一个嵌入式的中断控制器,支持低延迟中断处理;是一个在 Cortex - M4 中内建的中断控制器,中断的具体路数由芯片厂商定义,NVIC 与 CPU 紧密耦合,它还包含了若干个系统控制寄存器,支持中断嵌套。NVIC 还采用了向量中断的机制,在中断发生时,它会自动取出对应的服务程序入口地址,并且直接调用,无须软件判定中断源,为缩短中断延时做出了非常重要的贡献
SysTick 定时器	系统滴答定时器,系统计时器,是基本的 24 位倒计时定时器,可以作为一个实时操作系统(real - time operating system,RTOS)的节拍定时器,或作为一个简单的计数器,用于在每隔一定时间产生一个中断,即使是系统在睡眠模式下也能工作,它使得 OS 在各 Cortex - M4 器件之间的移植中不必修改系统定时器的代码,移植工作更加容易,在 NVIC 的内部实现
MPU 内存保护单元	存储器保护单元(可选组件),通过定义不同的内存区域的属性来提高系统可靠性,它提供了多达 8 个不同的区域(region)和一个可选的预定义的背景区域(predefined background region)。例如,它可以让某些区域在用户级下变成只读,从而阻止一些用户程序破坏关键数据
Bus Matrix 总线矩阵	总线矩阵,是 Cortex - M4 内部总线系统的核心,是一个 AHB 总线网络(advanced high - performance bus),主要用于高性能模块之间的连接,如 CPU、DMA 和 DSP 等,通过它可以实现不同的总线主设备同时访问不同的总线,从而设备互不影响,也就是说互不独占总线,它还提供了附加的数据传送管理设施,包括一个写缓冲以及一个按位操作的逻辑(位带,bit - band)
AHB2APB 桥	将 AHB 转换为 APB[advanced peripheral bus (外围总线),主要用于低带宽的周边外设之间的连接,如 UART、Watchdog 等]的总线桥,类似于 x86 系统中的南桥芯片的地位;是一个总线桥,用于把若干 APB 设备连接到 Cortex - M4 微控制器的私有外设总线上(内部的和外部的);这些 APB 设备常见于调试组件;Cortex - M4 还允许芯片厂商把附加的 APB 设备挂在这条 APB 总线上,并通过 APB 接入其外部私有外设总线
SW/JTAG - DP	串行线调试端口/串行线 JTAG 调试端口;通过串行线调试协议或者是传统的 JTAG 协议(专用于 SWJ - DP),都可以用于实现与调试接口的连接;作为 AHB 总线的主设备与 AHB 访问端口(AHB - AP)协同工作,以使外部调试器可以发起 AHB 上的数据传送,从而执行调试活动;在控制器核心的内部没有 JTAG 扫描链,大多数调试功能都是通过在 NVIC 控制下的 AHB 访问来实现的;SWJ - DP 支持串行线协议和 JTAG 协议,而 SW - DP 只支持串行线协议
AHB - AP 桥接模块	用于桥接 SW - DP/SWJ - DP 到 AHB 总线互联矩阵,从而发起 AHB 访问;AHB 访问端口通过访问部分寄存器,提供了对 Cortex - M4 所有存储器的访问机能,该功能块由 SW - DP/SWJ - DPT 通过一个通用调试接口(DAP,DAP 是 SW - DP/SWJ - DPT 与 AHB - AP 之间的总线接口)来控制;当外部调试器需要执行动作时,就要通过 SW - DP/SWMJ - DP 来访问 AHB - AP,再由 AHB - AP 产生所需的 AHB 数据传送
DWT 数据观察跟踪单元	数据观察点及跟踪单元;这是一个处理数据观察点功能的模块,当一个数据地址或数据的值匹配了观察点时,就说产生了一次匹配命中事件;匹配命中事件可以用于产生一个观察点事件,后者能激活调试器以产生数据跟踪信息,或者让 ETM 联动(以跟踪在哪条指令上发生了匹配命中事件)
ITM 仪器化跟踪宏单元	仪器化跟踪宏单元;软件可以控制该模块直接把消息送给 TPIU;可以让 DWT 匹配命中事件通过 ITM 产生数据跟踪包,并把它输出到一个跟踪数据流中
TPIU 跟踪端口的接口单元	所有跟踪单元发出的调试信息都要先送给它,它再转发给外部跟踪捕获硬件;用于和外部的跟踪硬件交互

缩　写	含　义
ETM 嵌入式跟踪宏单元	ETM 与内核紧密耦合,可实现实时指令跟踪
FPBFlash 地址重载 及断点单元	提供 Flash 地址重载和断点功能
ROM 表	简单的 ROM 查找表,存储了配置信息;提供了内核的一些基本信息,包括在这块 Cortex - M4 芯片中包含了哪些系统设备和调试组件,以及它们的位置,相关寄存器在存储器中的地址
WIC	唤醒中断控制器(wakeup interrupt controller,WIC),为可选组件
NMI	非屏蔽中断(nonmaskable interrupt,NMI)

注 (1) FPU、MPU、ETM 和 WIC 都是可选组件。

(2) NVIC 包括 NMI (非屏蔽中断),可以提供多达 256 个中断优先级;控制器核心和 NVIC 的紧密集成提供了快速执行中断服务程序 (interrupt service routines, ISR), 大大减少了中断延迟。为了优化低功耗设计,NVIC 还集成了睡眠模式,包括一个可选的深度睡眠功能,这使得整个设备被迅速关闭,同时仍保留程序的状态。

(3) 系统级接口。Cortex - M4 微控制器提供了多个接口,使用 AMBA 技术提供高速、低延迟的内存访问。它支持未对齐的数据访问和原子位操作,实现快速的外围控制,系统的自旋锁和线程安全的布尔量数据处理。Cortex - M4 微控制器有一个可选的存储器保护单元 (MPU),在内存中允许控制个别地区使应用程序能够利用多个权限级别,分离和保护任务与任务之间的代码、数据和堆栈。这样的要求成为许多嵌入式应用,如汽车的关键部分的控制。

(4) SW/JTAG - DP、AHB - AP、DWT、ITM、TPIU、ETM、FPB、ROM Table 组件都是用于调试的,在应用程序中通常不会使用它们。

(5) 可选的集成配置调试。Cortex - M4 微控制器可以实现一个完整的硬件调试解决方案。Cortex - M4 是对于控制器和内存高可靠性的系统,它们之间通过传统的 JTAG 端口或串行线调试 (serial wire debug, SWD) 进行连接,这种连接非常适合微控制器和其他 small package 设备。对于系统跟踪际控制器集成了一个仪器跟踪宏单元 (ITM),ITM 中包含数据观察点和分析单元。为了使系统能够使用简单,并且具有低成本的分析功能,产生了一个串行线查看器 (serial wire viewer, SWV),它通过一个单一的引脚可以导出一个软件生成的消息流、数据跟踪和分析信息 (profiling information)。

嵌入式跟踪宏单元 (embedded trace macrocell, ETM) 提供了指令跟踪捕捉,在一个芯片中所占的硅片面积远小于传统的跟踪单位,使许多低成本 MCU 来实现完整的指令跟踪。

Flash 地址重载及断点单元 (flash patch and breakpoint unit, FPB) 提供了多达 8 个硬件断点比较器。在代码内存区域中,FPB 的比较器还提供了 8 个字的程序代码在代码存储区域重新映射功能,这使应用程序存储在一个基于 ROM 的微控制器中,如果在设备中一个小的可编程存储单元是可利用的,ROM 就可以被重载,如 Flash。在初始化期间,应用程序在 ROM 中的检测与可编程的内存是否需要擦除有关,如果擦除是必需的,应用程序的 FPB 来重新映射一个地址号,当这些地址被访问时,在一个指定的 FPB 配置中访问被重定向到新的映射表中,这意味着非可修改的 ROM 中的内容可能被重载。

(6) 系统控制模块 (system control block, SCB)。该系统控制块是程序员模型接口的控制器,它提供了系统执行信息和系统控制,包括配置、控制和报告系统异常。

1.2.2 流水线

Cortex - M4 微控制器核除了包含寄存器组和存储器接口外,还包含由取指、译码和执行 3 个部件组成的 3 级流水线架构。因此,控制器执行每条指令都有取指、译码和执行 3 个阶段。

(1) 取指 (fetch):用来计算下一个预取指令的地址,从指令空间中取出指令,或自动加载中断向量。

(2) 译码 (decode):用来从指令缓冲中取出指令并解码。

（3）执行（execute）：执行指令相应操作。

3 级流水线结构使微控制器在遇到包括乘法在内的多数指令时，可以在单周期内执行，效率更高，指令执行周期更短，同时，流水线结构的总线接口也使存储系统可以运行更高的频率。

1.2.3 Cortex - M4 的总线接口

Cortex - M4 微控制器采用哈佛结构，为系统提供了 3 套总线。这 3 套总线可以同时独立地发起总线传输读写操作。

（1）I - Code 总线：用于访问代码空间的指令。

（2）D - Code 总线：用于访问代码空间的数据。

（3）系统总线：用于访问其他系统空间。

I - Code 总线是一条基于 AMBA 高性能总线协议（AHB - Lite）的 32 位总线，是取指令的专用通道，只能发起读操作（写操作被禁止），可提升系统取指令的性能，I - Code 总线每次取一个字（32 位），可能是一个或两个 16 位指令，也可能是一个完整的或部分的 32 位指令。内核中包含的 3 个字的预取指缓存可以用来缓冲从 I - Code 总线上取得的指令或拼接 32 位指令。

D - Code 总线也是一条基于 AHB - Lite 总线协议的 32 位总线，是取数据的专用通道。该总线既可以用于内核数据访问，也可以用于调试数据访问。任何在内核空间读写数据的操作都在这条总线上发起的，且内核相比调试模块有更高的访问优先级。数据访问可以单个读取，也可以顺序读取。非对齐访问会被 D - Code 总线分割为几个对齐的访问。

系统总线也是一条基于 AHB - Lite 总线协议的 32 位总线，它是内存访问指令、数据，以及调试模块的访问接口。访问的优先级为数据最高，其次为指令和中断向量，调试接口访问优先级最低。访问位段（bit - band）的映射区会自动转换成对应的位访问。与 D - Code 总线一样，所有的非对齐访问会被系统总线分割为几个对齐的访问。

私有外设总线（private periphery bus，PPB）是基于高级外设总线协议（APB）的 32 位总线，挂接了系统内部的调试模块跟踪点接口单元（trace point interface unit，TPIU）、嵌入式跟踪宏单元（embedded trace macrocell，ETM）、ROM 表等，芯片商也可挂接自己的私有外设。DAP（debug access point）是调试访问端口总线，也是基于 APB 总线协议的 32 位总线，用于调试端访问内部资源。PPB 和 DAP 总线都是用于调试和保留的一些总线，一般不供用户代码访问。

1.2.4 Cortex - M4 相关寄存器组

与其他控制器一样，Cortex - M4 微控制器内核中也有许多寄存器用来执行数据处理和控制。Cortex - M4 为 32 位控制器内核，主要包含 16 个 32 位寄存器构成的通用寄存器组和一些特殊功能寄存器，如程序状态寄存器组、中断屏蔽寄存器组、控制寄存器等。通用寄存器组包括 R0～R15，R0～R12 为通用寄存器，R13 为堆栈指针（stack pointer，SP），R14 是连接寄存器（link register，LR），R15 是程序计数器（program counter，PC）。图 1.3 给出了 Cortex - M4 微控制器的通用寄存器组。

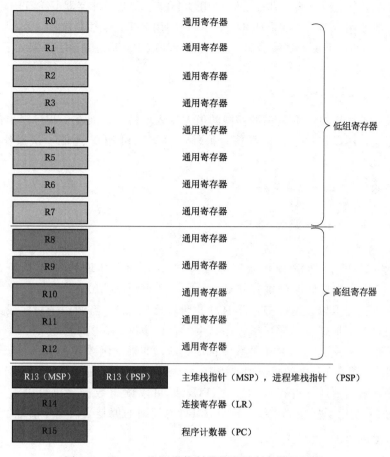

图 1.3　Cortex - M4 微控制器的通用寄存器组示意

（1）通用寄存器 R0～R12。R0～R12 是最具"通用目的"的 32 位通用寄存器，用于数据操作。大部分能够访问通用寄存器的指令可以访问 R0～R12。其中低组寄存器（R0～R7）能够被所有访问通用寄存器的指令访问，大小为 32 位，复位后初始值不定。高组寄存器（R8～R12）能够被所有 32 位通用寄存器指令访问，而不能被所有 16 位指令访问，大小为 32 位，复位后初始值不定。

（2）堆栈指针 R13。Cortex - M4 拥有两个堆栈指针，但在任一时刻只能使用其中一个。指针的切换通过控制寄存器（CONTROL）实现。当直接使用 R13（或写作 SP）时，引用到的是当前正在使用的那个，另一个必须用特殊的指令来访问（如 MRS/MSR 指令）。Cortex - M4 拥有的两个堆栈指针如下：

1）主堆栈指针（master stack pointer，MSP），或写作 SP _ main：这是默认的堆栈指针。它供操作系统内核、异常服务例程及所有需要特权访问的应用程序代码来使用。可应用于线程模式和控制器模式。

2）进程堆栈指针（process stack pointer，PSP），或写作 SP _ process：用于常规的应用程序代码（不处于异常服务例程中时），只能用于线程模式。多数情况下，若应用不需要嵌入式操作系统，则 PSP 也没有必要使用。许多简单应用完全依赖于 MSP。

采用两个独立堆栈指针的方式，可以让复杂的系统中运行于内核态与用户态的程序独立使用各自的堆栈而不会互相影响。具体实际使用哪个指针取决于寄存器 CONTROL [1]，CON-TROL [1]＝0 时使用 MSP，CONTROL [1]＝1 时使用 PSP。堆栈指针用于访问堆栈，在 Cortex - M4 中有专门的指令负责堆栈操作——PUSH 和 POP。其汇编语言语法如下：

```
PUSH {R0}      ;把 R0 压入堆栈
POP  {R0}      ;把 R0 从堆栈里弹出
```

通常在进入子程序时，将关键寄存器的值先压入堆栈中，而在子程序退出前再从堆栈弹出到对应寄存器，用以保护它们的数值。另外，PUSH 和 POP 还能一次操作多个寄存器，如下所示：

```
PUSH  (R0~R7, R12,R14} ;保存寄存器列表
  ⋮
POP  (R0~R7, R12,R14}  ;恢复寄存器列表
BX R14                 ;返回主调函数
```

寄存器的 PUSH 和 POP 操作永远是 4 字节对齐的，即堆栈地址必须是 0x4、0x8、0xC⋯事实上，R13 的最低两位被连接到 0，并且一直读出为 0。

（3）连接寄存器 R14。连接寄存器 R14 也可以写成 LR。当调用子程序或函数时，这个寄存器用于保存返回地址。函数或子程序结束时，程序将 LR 中的地址赋给 PC 返回调用函数中。在调用子程序或函数时，LR 中的数值自动更新，如果此函数或子程序嵌套调用其他函数或子程序，则需要保存 LR 中的数值到堆栈中，否则 LR 中的数值会因函数调用而丢失。

（4）程序计数器 R15。寄存器 R15 是 PC，既可以读出数据，也可以写入数据。由于 Cortex - M4 内部使用了指令流水线，因此读 PC 时返回的值是当前指令的地址加 4。例如：

```
0x1000:  MOV R0, PC   ;R0＝0x1004
```

向 PC 中写数据会引起跳转操作。但多数情况下，跳转和调用操作由专门的指令实现。由于 Cortex - M4 中的指令至少是半字对齐的，因此 PC 的最低位（LSB）总是为 0。然而，在使用一些跳转指令更新 PC 时，LSB 会被置 1，以表示 Thumb 状态。否则，会被视为企图进入 ARM 模式，此时因为 Cortex - M4 控制器不支持 ARM 指令集，所以将产生一个错误异常。

除了通用寄存器组之外，Cortex - M4 微控制器还有一些特殊的寄存器，包括程序状态寄存器组（PSRs 或 xPSR）、中断屏蔽寄存器组（PRIMASK、FAULTMASK、BASE-PRI）和控制寄存器（CONTROL）。在简单应用开发中，通常不需要使用这些寄存器。但是，在嵌入式操作系统或需要高级中断屏蔽特性时，就需要访问它们。它们只能被专用的 MRS/MSR 指令访问，而且它们没有与之相关联的访问地址，如图 1.4 所示。MRS/MSR 指令如下：

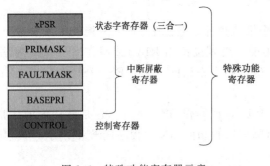

图 1.4　特殊功能寄存器示意

```
MRS <reg>,<special_reg>    ;读特殊功能寄存器的值到通用寄存器
MSR <special_reg>,<reg>    ;写通用寄存器的值到特殊功能寄存器
```

（5）程序状态寄存器。程序状态寄存器 XPSR 在其内部又分为 3 个子状态寄存器：应用

PSR（APSR）、中断 PSR（IPSR）和执行 PSR（EPSR），见表1.4。

表 1.4　　　　　　　　　　　　　Cortex - M4 中的程序状态寄存器

位	31	30	29	28	27	26~25	24	23~20	19~16	15~10	9	8	7	6	5	4~0
APSR	N	Z	C	V	Q				GE*							
IPSR													异常编号			
EPSR					ICI/IT		T			ICI/IT						

表 1.5　　　　　　　　　　　　　合体后的程序状态寄存器

位	31	30	29	28	27	26~25	24	23~20	19~16	15~10	9	8	7	6	5	4~0
xPSR	N	Z	C	V	Q	ICI/IT	T		GE*	ICI/IT			异常编号			

表 1.4 和表 1.5 中，N 为负标志；Z 为零标志；C 为进位（非借位）标志；V 为溢出标志；Q 为饱和标志；GE* 为大于或等于标志，对应每个字节通路；ICI/IT 为中断继续指令位（ICI）或 IF - THEN 指令状态位（用于条件执行）；T 为 Thumb 位，总是为 1；exception number 为控制器正在处理的异常编号。

单独访问的实例如下：

```
MRS R0,APSR              ; 读 Flag 状态到 R0
MRS R0, IPSR             ; 读异常/中断状态
MSR APSR,R0             ; 写 Flag 状态
```

组合访问的实例如下：

```
MRS R0,PSR              ; 读组合程序状态字
MSR PSR,R0              ; 写组合程序状态字
```

需要注意两个方面：①软件代码不能直接使用 MRS（读出为 0）或 MSR 访问 EPSR；②IPSR 为只读，可以由组合 PSR（xPSR）读取。

（6）中断屏蔽寄存器组。PRIMASK、FAULTMASK 和 BASEPRI 这 3 个寄存器都用于异常或中断屏蔽，见表1.6。每一个异常（包括中断）都有优先级别，优先级号越小优先级别越高，优先级号越大优先级别越低，这些特殊寄存器用来屏蔽具有优先级别的异常，且只能在特权级别下访问（非特权级别下，写入这些寄存器的值将被忽略，并读取 0 返回）。默认情况下，寄存器的值为 0，即不开启屏蔽功能（异常/中断不可用）。

表 1.6　　　　　　　　　　　　　Cortex - M4 中断屏蔽寄存器

名　字	功　能　描　述
PRIMASK	这是个只有 1 个位的寄存器。在它被置 1 后，就关掉所有可屏蔽的异常，只剩下 NMI 和硬 fault 可以响应。它的缺省值是 0,表示没有关中断
FAULTMASK	这是个只有 1 个位的寄存器。当它置 1 时，只有 NMI 才能响应，所有其他的异常，甚至是硬 fault,也不响应。它的缺省值也是 0,表示没有关异常
BASEPRI	这个寄存器最多有 9 位（由表达优先级的位数决定）。它定义了被屏蔽优先级的阈值。当它被设成某个值后，所有优先级号大于等于此值的中断都被关（优先级号越大，优先级越低）。但若被设成 0,则不关闭任何中断,0 也是缺省值

对于时间-关键任务而言，恰如其分地使用 PRIMASK 和 BASEPRI 来暂时关闭一些中断是非常重要的。而 FAULTMASK 可以被嵌入式操作系统用于暂时关闭硬件错误处理机能，这种处理在某个任务崩溃时可能需要。因为在任务崩溃时，常常伴随着一大堆错误。在系统修复错误时，通常不再需要响应这些错误，因此 FAULTMASK 就是专门留给嵌入式操作系统用的。要访问 PRIMASK、FAULTMASK 及 BASEPRI，同样要使用 MRS/MSR 指令。如：

```
MRS R0,BASEPRI          ;读取 BASEPRI 到 R0 中
MRS R0,FAULTMASK        ;读取 FAULTMASK 到 R0 中
MRS R0,PRIM ASK         ;读取 PRIMASK 到 R0 中
MSR BASEPRI,R0          ;写入 R0 到 BASEPRI 中
MSR FAULTMASK,R0        ;写入 R0 到 FAULTMASK 中
MSR PRIMASK,R0          ;写入 R0 到 PRIMASK 中
```

只有在特权级别下，才允许访问这 3 个寄存器。其实，为了快速地开关中断，控制器还专门设置了一条修改状态指令（CPS），该指令有 4 种用法，具体如下：

```
CPSID I        ;PRIMASK=1,关中断
CPSIE I        ;PRIMASK=0,开中断
CPSID F        ;FAULTMASK=1,关异常
CPSIE F        ;FAULTMASK=0,开异常
```

（7）控制寄存器。控制寄存器（CONTROL）用于定义特权级别和选择当前使用堆栈指针。另外，Cortex - M4 微控制器有 FPU，由控制寄存器的 FPCA 位来显示当前执行的代码中是否使用 FPU。控制寄存器只能在特权访问级别下修改，可以在特权和非特权访问级别读取。Cortex - M4 控制寄存器的每一位定义见表 1.7。

表 1.7　　　　　　　　　　　　　Cortex - M4 控制寄存器的每一位定义

位	功　　能
nPRIV(bit 0)	定义线程模式特权级别:0 为特权级的线程模式;1 为非特权级的线程模式。处理模式永远是特权级的
SPSEL(bit 1)	堆栈指针选择:0 为选择 MSP(复位后默认值);1 为选择 PSP。在处理模式下,该位始终为 0,即只允许使用 MSP
PCA(bit 2)	浮点激活,只存在于带 FPU 的 Cortex - M4 中:0 为不激活 FPU;1 为激活 FPU。当执行浮点指令时,该位被自动置 1,出现异常时,由硬件自动清零

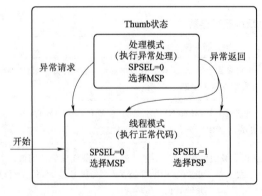

图 1.5　堆栈指针的选择

复位后，控制寄存器的值为 0，即此时线程模式使用 MSP，且为特权访问级别。通过写入控制寄存器的值，线程模式的程序可切换堆栈指针或进入非特权级的线程模式，如图 1.5 所示。然而，一旦控制寄存器的 nPRIV 位被置 1，线程模式下运行的程序将不能再访问控制寄存器。

非特权访问级别下的程序不能自行切换至特权访问级别，这对于提供一个基本的安全使用模型是必不可少的。如果要将

控制器切换至特权访问级别的线程模式，则需要异常机制。在异常处理过程中，异常处理程序可将 nPRIV 位清零，控制器将回到特权访问级别的线程模式，如图 1.6 所示。

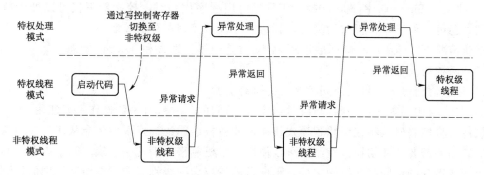

图 1.6　特权级和控制器模式的切换

访问控制寄存器是通过 MRS 和 MSR 指令来操作的，具体如下：

MRS R0,CONTROL　；读取控制寄存器的值到 R0 中
MSR CONTROL,R0　；写入 R0 的值到控制寄存器中

1.2.5　操作模式

Cortex－M4 微控制器包括两种操作状态和模式，还有两种访问等级，如图 1.7 所示。

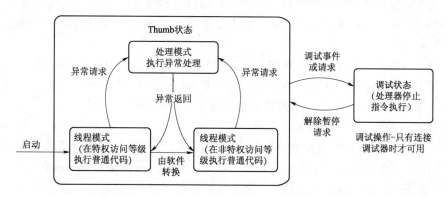

图 1.7　Cortex－M4 的运行状态和模式

（1）两种操作状态。

1）Thumb 状态：如果控制器正在运行程序代码（Thumb 指令），它处于 Thumb 状态。不同于经典的 ARM 控制器，Cortex－M 控制器不支持 ARM 指令集。

2）调试（Debug）状态：当控制器暂停时（如通过调试器或在进入断点后），它进入调试状态并停止执行指令。

调试状态只用于调试操作。这个状态的进入由一个来自调试器的停止请求控制，或通过控制器中的调试组件产生的调试事件控制。此状态允许调试器访问或更改控制器寄存器的值。无论是 Thumb 状态还是调试状态，系统的内存，包括控制器内部和外部的外设，都可以通过调试器访问。

（2）两种操作模式。

1）处理（Handle）模式：当执行一个异常处理程序时，如中断服务程序（interrupt service routine，ISR），如果处于处理程序模式，控制器始终拥有特权访问级别。

2）线程（Thread）模式：在执行正常的应用程序代码时，控制器不仅可以处于特权访问级别，还可以处于非特权访问级别，其访问等级由控制寄存器控制。

默认情况下，Cortex - M4 微控制器启动时处于线程模式和 Thumb 状态。

（3）两种访问等级。

1）特权访问等级：可以访问控制器的所有资源。

2）非特权访问等级：一些内存区域是不可访问的，并且有一些操作不能使用。

软件可将控制器从特权级线程模式切换至非特权级线程模式，但不能从非特权级切换至特权级。如果需要这样切换，控制器可以使用异常机制来处理这一切换。除了内存访问权限和几个特殊指令的访问存在不同之处，程序员的特权访问级别和非特权访问级别的模型几乎相同。值得注意的是，绝大部分中断控制寄存器只有特权访问权限。

思 考 题 与 习 题

1. Cortex - M4 微控制器有哪些部件？

2. 什么是冯·诺依曼结构？什么是哈佛结构？Cortex - M4 微控制器采用哪种结构？为什么？

3. 说明 Cortex - M4 微控制器内部 3 种总线的特点和功能。

4. 说明 Cortex - M4 微控制器的运行状态和模式的种类，并简述其各种运行状态的特点。

5. 说明 Cortex - M4 微控制器通用寄存器的种类，并简述其中 R13、R14、R15 的作用。

6. ARM 的英文全称是什么？该公司与其他半导体公司有何不同？

7. 什么是体系结构？是否一种体系结构只对应一种控制器？

8. 简述 Cortex - M4 三级流水线架构。

9. R13 的主堆栈指针与进程堆栈指针的英文缩写分别是什么？使用起来有何不同？

10. 程序状态寄存器内部可分为哪 3 个子状态寄存器？有哪些重要的标志位？

11. 控制寄存器的作用是什么？其最低 3 位是如何定义的？

12. Cortex - M4 的系统总线是多少位的？其访问优先级如何规定？

13. Cortex - M4 的中断屏蔽寄存器组包括哪 3 个寄存器？如何判断每一个中断的优先级高低？

14. Cortex - M4 的两种访问等级指的是哪两种？如何在这两种等级间切换？

15. 通过什么指令可访问控制寄存器和中断屏蔽寄存器？试分别举一个例子说明。

第 2 章　ARM Cortex – M4 最小系统

单片机的最小系统指的是能够使单片机芯片内部程序运行的最低规模的外围电路。一般情况下，硬件最小系统由电源、时钟及复位等电路组成。由于最小系统测试时需要通过仿真器将测试程序下载到空白芯片，故本章所介绍的单片机最小系统也包括程序下载电路即写入器接口电路。所以，本章将从电源电路、时钟电路、复位电路及程序下载电路等方面展开对 ARM Cortex – M4 最小系统的介绍。

2.1　系　统　功　能

基于 ARM Cortex – M4 的微控制器芯片有很多，其中 STM32F401 微控制器以其引脚少、功耗低、能够提供满足 MCU 实现要求的低成本平台，同时具备卓越的计算性能且实际应用广泛，成为其中典型代表，其工作频率高达 84MHz，内核带有单精度浮点运算单元（FPU），支持所有 ARM 单精度数据处理指令和数据类型。器件集成了高速嵌入式存储器（Flash 存储器和 SRAM 的容量分别高达 512KB 和 96KB）和大量连至 2 条 APB 总线、2 条 AHB 总线和 1 个 32 位多 AHB 总线矩阵的增强型 I/O 与外设。器件带有 1 个 12 位 ADC、1 个低功耗 RTC、6 个通用 16 位定时器（包括 1 个用于电机控制的 PWM 定时器）、2 个通用 32 位定时器。同时带有标准与高级通信接口：高达 3 个 I^2S、4 个 SPIs；两个全双工 I^2S，为达到音频级的精度，I^2S 外设可通过专用内部音频 PLL 供时钟，或使用外部时钟以实现同步；3 个 USART；SDIO 接口：USB2.0 全速接口。器件工作温度范围是 40～105℃，供电电压范围是 1.7（PDR 关闭）～3.6V。全面的节能模式支持低功耗应用的设计。本章内容即以 STM32F401 为例，说明 ARM Cortex – M4 最小系统的构成及工作原理。STM32F401 的模块框图如图 2.1 所示。

STM32F401 具有 512KB 的 Flash 存储器（可存储数据和程序）和 96KB 的系统 SRAM（以 CPU 时钟速度读/写，0 等待状态）。另外还带有存储保护单元（MPU），用于管理 CPU 对存储器的访问，防止一个任务意外损坏另一个激活任务所使用的存储器或资源。器件集成有循环冗余校验计算单元 CRC，CRC 计算单元使用一个固定的多项式发生器从一个 32 位的数据字中产生 CRC 码。在众多应用中，基于 CRC 的技术还常用来验证数据传输或存储的完整性。

STM32F401 具有两个通用双端口 DMA（DMA1 和 DMA2）。每个都有 8 个流，它们能够管理存储器到存储器、外设到存储器、存储器到外设的传输，它们具有用于 APB/AHB 外设的专用 FIFO，支持突发传输，其设计可提供最大外设带宽（AHE/APB）。32 位的 multi – AHB 总线矩阵将所有主设备（CPU、DMA）和从设备（Flash 存储器、RAM、AHB 和 APB 外设）互连，确保了即使多个高速外设同时工作时，工作也能无缝、高效。

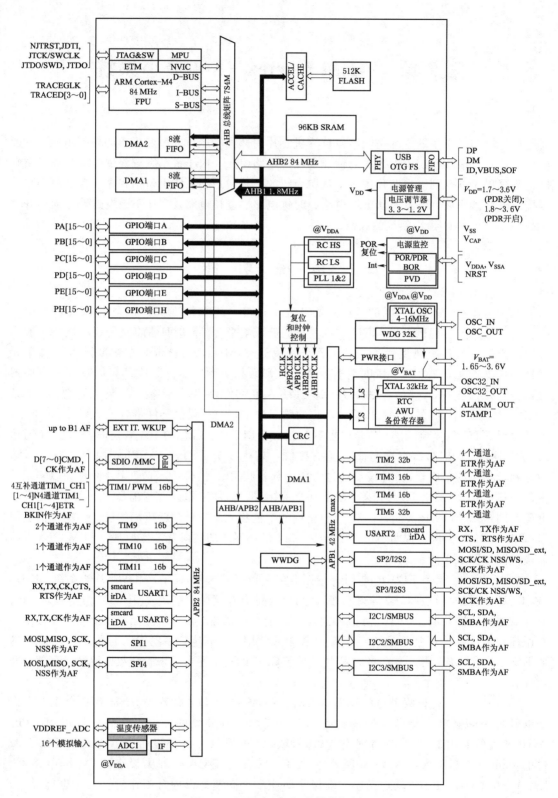

图 2.1　STM632F401 的模块框图

STM32F401 内置有嵌套向量中断控制器 NVIC，能够管理 16 个优先等级并处理 ARM Cortex - M4 的 62 个可屏蔽中断通道和 16 个中断线。该硬件块以最短中断延迟提供灵活的中断管理功能。同时器件具有外部中断/事件控制器 EXTI，包含 21 根用于产生中断/事件请求的边沿检测中断线。每根中断线都可以独立配置以选择触发事件（上升沿触发、下降沿触发或边沿触发），并且可以单独屏蔽。挂起寄存器用于保持中断请求的状态。EXTI 可检测到脉冲宽度小于内部 APB 2 个时钟周期的外部中断线。外部中断线最多有 16 根，可从最多 81 个 GPIO 中选择连接。

STM32F401 复位时，16MHz 内部 RC 振荡器被选作默认的 CPU 时钟。该 16MHz 内部 RC 振荡器在工厂调校，可在约 25℃ 提供 1‰ 的精度，应用时可选择 RC 振荡器或外部 4～26MHz 时钟源作为系统时钟。此时钟的故障可被监测。若检测到故障，则系统自动切换回内部 RC 振荡器并生成软件中断（若启用）。此时时钟源输入至 PLL，因此频率可增至 84MHz。类似地，必要时（例如间接使用的外部振荡器发生故障时）可以对 PLL 时钟输入进行完全的中断管理。通过多个预分频器配置两条 AHB 总线、高速 APB（APB2）域、低速 APB（APBI）域。两条 AHB 总线的最大频率为 84MHz，高速 APB 域的最大频率为 84MHz，低速 APB 域的最大允许频率为 42MHz。该器件内置有一个专用 PLL（PLLI²S），可达到音频级性能。在此情况下，I²S 主时钟可生成 8～192kHz 的所有标准采样频率。

STM32F401 提供了众多优秀的电源管理功能，使电池寿命更长。器件的供电方案主要有两种：不使用内部稳压器时，器件工作电压 $V_{DD} = 1.7～3.6V$；使用内部稳压器时，器件工作电压 $V_{DD} = 1.8～3.6V$。而当主电源 V_{DD} 断电时，可通过 V_{BAT} 电压为实时时钟（RTC）、RTC 备份寄存器供电。器件带有电源监控器，集成了上电复位电路、可编程电压检测器等用于保持电路复位状态和在中断服务程序中执行紧急关闭系统的任务。同时器件提供多种低功耗模式，可在 CPU 不需要运行时（例如等待外部事件时）节省功耗。

STM32F401 的备份包括实时时钟 RTC 和 20 个备份寄存器。实时时钟是一个独立的 BCD 定时器/计数器。RTC 提供了可编程的闹钟和可编程的周期性中断，可从停止和待机模式唤醒，此外，还可提供二进制格式的亚秒值。备份寄存器为 32 位寄存器，用于在 V_{DD} 电源不存在时存储 80 字节的用户应用数据。备份寄存器不会在系统复位或电源复位时复位，也不会在器件从待机模式唤醒时复位。

STM32F401 内置有 1 个高级控制定时器、7 个通用定时器和 2 个看门狗定时器。在调试模式下，可以冻结所有定时器计数器。高级控制定时器、通用定时器可用于输入捕获、输出比较；看门狗定时器可检测并解决由软件错误导致的故障。

STM32F401 具有多达 3 个可以在多主模式或从模式下工作的 I²C 总线接口和高达 4 个通信模式为主从模式、全双工和单工的 SPI。器件内置有 3 个通用同步异步收发器（USART1、ART2 和 USART6），这 3 个接口可提供异步通信、IrDA SIR ENDEC 支持、多控制器通信 C 和单线半双工通信模式，并具有 LIN 主从功能。USARTI 和 USART2 还提供了 CTS 和 RTS 信号的硬件管理、智能卡模式（符合 ISO 7816）和与 SPI 类似的通信功能。所有接口均用 DMA 控制器。

STM32F401 具有 1 个 12 位模数转换器（ADC），其共享多达 16 个外部通道，在单发或扫描模式下执行转换。在扫描模式下，将对一组选定的模拟输入执行自动转换。ADC 可以使用 DMA 控制器，利用模拟看门狗功能，可以非常精确地监视一路、多路或所有选定通道的转换电压。当转换电压超出编程的阈值时，将产生中断。

STM32F401 内置的 ARM 串行线 JTAG 调试端口（SWJ - DP）由 JTAG 和串行线调试端口结合而成，可以实现要连接到目标的串行线调试探头或 JTAG 探头，接口提供实时的编程和测试功能且仅使用 2 个引脚执行调试。

STM32F401 内置有温度传感器产生随温度线性变化的电压，转换范围为 1.7～3.6V，温度传感器内部连接到 ADC_IN16 的同一输入通道，该通道用于将传感器输出电压转换为数字值。由于工艺不同，温度传感器的偏移因芯片而异，因此内部温度传感器主要适合检测温度变化，而不是用于检测绝对温度。如果需要读取精确温度，则应使用外部温度传感器部分。

STM32F401 的每个通用输入/输出（GPIO）引脚都可以由软件配置为输出（推挽或开漏、带或不带上拉/下拉）、输入（浮空、带或不带上拉/下拉）或外设复用功能。大多数 GPIO 引脚都具有数字或模拟复用功能。所有 GPIO 都有大电流的功能，具有速度选择以更好地管理内部噪声、功耗、电磁辐射。

2.2 引 脚 和 封 装

STM32F401 有 5 种封装引脚定义，分别是 49 引脚的 WLCSP 封装、48 引脚的 UFQR 封装、64 引脚的 LQFP 封装、100 引脚的 LQFP 封装、100 引脚的 UFBAGA 封装。本节主要介绍 STM32F401 对应的 64 引脚 LQFP 封装，封装顶视图如图 2.2 所示。表 2.1 给出了 STM32F401 LQFP 的引脚定义。

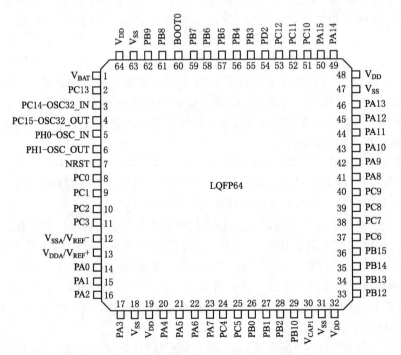

图 2.2 STM32F401 LQFP64 的引脚图

表 2.1   **STM32F401 LQFP64 的引脚定义**

引脚号	引脚名(复位后的功能)	引脚类型	I/O 结构	复用功能	其 他 函 数
1	V_{BAT}	电源	5V 容量 I/O	SPI4_SCK, TRACECLK, EVENTOUT	—
2	PC13	输入/输出	5V 容量 I/O	EVENTOUT	RTC_TAMP1, RTC_OUT, RTC_TS
3	PC14 − OSC32_IN(PC14)	输入/输出	5V 容量 I/O	EVENTOUT	OSC32_IN
4	PC15 − OSC32_OUT(PC15)	输入/输出	5V 容量 I/O	EVENTOUT	OSC32_OUT
5	PH0 − OSC_IN(PH0)	输入/输出	5V 容量 I/O	EVENTOUT	OSC_IN
6	PH1 − OSC_OUT(PH1)	输入/输出	5V 容量 I/O	EVENTOUT	OSC_OUT
7	NRST	输入/输出	5V 容量 I/O	EVENTOUT	—
8	PC0	输入/输出	5V 容量 I/O	EVENTOUT	ADC_IN10
9	PC1	输入/输出	5V 容量 I/O	EVENTOUT	ADC_IN11
10	PC2	输入/输出	5V 容量 I/O	SPI2_MISO, I2S2ext_SD, EVENTOUT	ADC_IN12
11	PC3	输入/输出	5V 容量 I/O	SPI2_MOSI/I2S2_SD, EVENTOUT	ADC_IN13
12	V_{SSA}/V_{REF-}	电源	—	—	—
13	V_{DDA}/V_{REF+}	电源	—	—	—
14	PA0	输入/输出	5V 容量 I/O	USART2_CTS, TIM2_CH1/ TIM2_ETR, TIM5_CH1, EVENTOUT	ADC1_IN0, WKUP
15	PA1	输入/输出	5V 容量 I/O	USART2_RTS, TIM2_CH2, TIM5_CH2, EVENTOUT	ADC1_IN1
16	PA2	输入/输出	5V 容量 I/O	USART2_TX, TIM2_CH3, TIM5_ CH3, TIM9_CH1, EVENTOUT	ADC1_IN2
17	PA3	输入/输出	5V 容量 I/O	USART2_RX, TIM2_CH4, TIM5_ CH4, TIM9_CH2, EVENTOUT	ADC1_IN3
18	V_{SS}	电源	—	—	—
19	V_{DD}	电源	—	—	—
20	PA4	输入/输出	5V 容量 I/O	SPI1_NSS, SPI3_NSS/I2S3_WS, USART2_CK, ENENTOUT	ADC1_IN4
21	PA5	输入/输出	5V 容量 I/O	SPI1_SCK, TIM2_CH1/ TIM2_ETR, EVENTOUT	ADC1_IN5
22	PA6	输入/输出	5V 容量 I/O	SPI1_MISO, TIM1_BKIN, TIM3_CH1, EVENTOUT	ADC1_IN6
23	PA7	输入/输出	5V 容量 I/O	SPI1_MOSI, TIM1_CH1N, TIM3_CH2, EVENTOUT	ADC1_IN7
24	PC4	输入/输出	5V 容量 I/O	EVENTOUT	ADC1_IN14
25	PC5	输入/输出	5V 容量 I/O	EVENTOUT	ADC1_IN15
26	PB0	输入/输出	5V 容量 I/O	TIM1_CH2N, TIM3_CH3, EVENTOUT	ADC1_IN8
27	PB1	输入/输出	5V 容量 I/O	TIM1_CH3N, TIM3_CH4, EVENTOUT	ADC1_IN9

续表

引脚号	引脚名(复位后的功能)	引脚类型	I/O 结构	复用功能	其他函数
28	PB2	输入/输出	5V 容量 I/O	EVENTOUT	BOOT1
29	PB10	输入/输出	5V 容量 I/O	SP12_SCK/I2S2_CK,I2C2_SCL,TIM2_CH3,EVENTOUT	—
30	V_{CAP1}	电源	—	—	—
31	V_{SS}	电源	—	—	—
32	V_{DD}	电源	—	—	—
33	PB12	输入/输出	5V 容量 I/O	SPI2_NSS/I2S2_WS,I2C2_SMBA,TIM1_BKIN,EVENTOUT	—
34	PB13	输入/输出	5V 容量 I/O	SPI2_SCK/I2S2_CK, TIM1_CH1N,EVENTOUT	—
35	PB14	输入/输出	5V 容量 I/O	SPI2_MISO/I2S2ext_SD, TIM1_CH2N,EVENTOUT	—
36	PB15	输入/输出	5V 容量 I/O	SPI2_MOSI/I2S2_SD, TIM1_CH3N,EVENTOUT	RTC_REFIN
37	PC6	输入/输出	5V 容量 I/O	I2S2_MCK,USART6_TX,TIM3_CH1,SDIO_D6,EVENTOUT	—
38	PC7	输入/输出	5V 容量 I/O	I2S3_MCK,USART6_RX,TIM3_CH2,SDIO_D7,EVENTOUT	—
39	PC8	输入/输出	5V 容量 I/O	USART6_CK,TIM3_CH3,SDIO_D0,ENENTOUT	—
40	PC9	输入/输出	5V 容量 I/O	I2S_CKIN,I2C3_SDA,TIM3_CH4,SDIO_D1,MCO_2,ENENTOUT	—
41	PA8	输入/输出	5V 容量 I/O	I2C3_SCL,USART1_CK,TIM1_CH1,OTG_FS_SOF,MCO_1,EVENTOUT	—
42	PA9	输入/输出	5V 容量 I/O	I2C3_SMBA,USART_TX,TIM1_CH2, EVENTOUT	OTG_FS_VBUS
43	PA10	输入/输出	5V 容量 I/O	USART1_RX,TIM1_CH3,OTG_FS_ID,ENENTOUT	—
44	PA11	输入/输出	5V 容量 I/O	USART1_CTS,USART6_TX,TIM1_CH4,OTG_FS_DM,ENENTOUT	—
45	PA12	输入/输出	5V 容量 I/O	USART1_RTS,USART6_RX,TIM1_ETR,OTG_FS_DP,ENENTOUT	—
46	PA13(JTMSSWDIO)	输入/输出	5V 容量 I/O	JTMS - SWDIO,EVENTOUT	—
47	V_{SS}	电源	—	—	—
48	V_{DD}	电源	—	—	—
49	PA14(JTCKSWCLK)	输入/输出	5V 容量 I/O	JTCK - SWCLK,EVENTOUT	—

引脚号	引脚名（复位后的功能）	引脚类型	I/O 结构	复 用 功 能	其 他 函 数
50	PA15(JTDI)	输入/输出	5V 容量 I/O	JTDI,SP11_NSS,SP13_NSS/I2S3_WS,TIM2_CH1/TIM2_ETR,JTDI,EVENTOUT	—
51	PC10	输入/输出	5V 容量 I/O	SPI3_SCK/I2S3_CK,SDIO_D2,EVENTOUT	—
52	PC11	输入/输出	5V 容量 I/O	I2S3ext_SD,SPI3_MISO,SDIO_D3,EVENTOUT	—
53	PC12	输入/输出	5V 容量 I/O	SPI3_MOSI/I2S3_SD,SDIO_CK,EVENTOUT	—
54	PD2	输入/输出	5V 容量 I/O	TIM3_ETR,SDIO_CMD,EVENTOUT	—
55	PB3(JTDO–SWO)	输入/输出	5V 容量 I/O	JTDO—SWO,SPI1_SCK,SPI3_SCK/I2S3_CK,I2C2_SDA,TIM2_CH2,EVENTOUT	—
56	PB4(NJTRST)	输入/输出	5V 容量 I/O	NJTRST,SPI1_MISO,SPI3_MISO,I2S3ext_SD,I2C3_SDA,TIM3_CH1,EVENTOUT	—
57	PB5	输入/输出	5V 容量 I/O	SPI1_MOSI,SPI3_MOSI/I2S3_SD,I2C1_SMBA,TIM3_CH2,EVENTOUT	—
58	PB6	输入/输出	5V 容量 I/O	I2C1_SCL,USART1_TX,TIM4_CH1,EVENTOUT	—
59	PB7	输入/输出	5V 容量 I/O	I2C1_SDA,USART1_RX,TIM4_CH2,EVENTOUT	—
60	BOOT0	仅输入	专用 BOOT0 引脚	—	VPP
61	PB8	输入/输出	5V 容量 I/O	I2C1_SCL,TIM4_CH3,TIM10_CH1,SDIO_D4,EVENTOUT	—
62	PB9	输入/输出	5V 容量 I/O	SP12_NSS/I2S2_WS,I2C1_SDA,TIM4_CH4,TIM11_CH1,SDIO_D5,EVENTOUT	—
63	V_{SS}	电源	—	—	—
64	V_{DD}	电源	—	—	—

注 (1) 可用功能取决于所选器件。

(2) PC13、PC14 和 PC15 通过电源开关供电。由于该开关的灌电流能力有限（3mA），因此在输出模式下使用 GPIO PC13～PC15 时存在以下限制：速率不得超过 2MHz，最大负载为 30pF；这些 I/O 不能用作电流源（如用于驱动 LED）。

(3) 本表所列出的引脚功能是备份域第一次上电后的主要功能。之后，即使复位，这些引脚的状态也取决于 RTC 寄存器的内容（因为主复位不会复位这些寄存器）。

(4) 除了模拟模式或振荡器模式（PC14、PC15、PH0、PH1），噪声容限 FT 设置为 5V。

另外，对于引脚名称，除非在引脚名下面的括号中特别说明，复位期间和复位后的引脚功能与实际引脚名相同；对于注释，若无特别注释说明，否则在复位期间和复位后所有 I/O 都设为浮空输入；复用功能为通过 GPIOx _ AFR 寄存器选择的功能；其他函数表示通过外设寄存器直接选择/启用的功能。

2.3　电　源　电　路

2.3.1　电源

电源电路框图如图 2.3 所示，器件供电方案主要有以下两种：

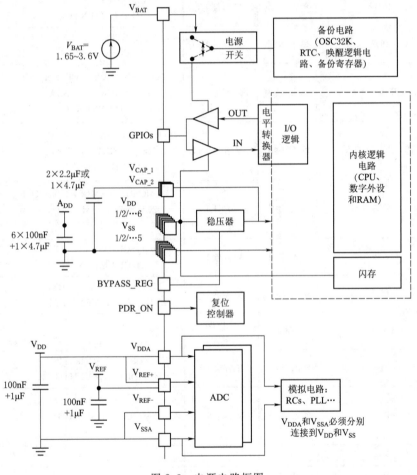

图 2.3　电源电路框图

（1）器件工作电压（V_{DD}）：1.7～3.6V，不使用内部稳压器时，通过 V_{DD} 引脚可为 I/O 提供外部电源。此时外部电源需要连接 V_{DD} 和 PDR _ ON 引脚。

（2）器件工作电压（V_{DD}）：1.8～3.6V，使用内部稳压器时，通过 V_{DD} 引脚可为 I/O 和内部稳压器提供外部电源。

而当主电源 V_{DD} 断电时，可通过 V_{BAT} 电压为实时时钟（RTC）、RTC 备份寄存器供电：

（1）独立 A/D 转换器电源和参考电压。为了提高转换精度，ADC 配有独立电源，可以单独滤波并屏蔽 PCB 上的噪声。ADC 电源电压从单独的 V_{DD} 引脚输入。V_{SSA} 引脚提供了独立的电源接地连接。为了确保测量低电压时具有更高的精度，用户可以在 V_{REF} 上连接单独的 ADC 外部参考电压输入。V_{REF} 在 1.7V～V_{DDA} 之间。

（2）电池备份域。要在 V_{DD} 关闭后保留 RTC 备份寄存器和备份 SRAM 的内容并为 RTC 供电，可以将 V_{BAT} 引脚连接到通过电池或其他电源供电的可选备份电压。要使 RTC 即使在主数字电源（V_{DD}）关闭后仍然工作，V_{BAT} 引脚需要为 RTC、LSE 振荡器、PC13～PC15 I/O 这些模块供电。V_{BAT} 电源的开关由复位模块中内置的掉电复位电路进行控制。

2.3.2 电源监控器

（1）上电复位（POR）/掉电复位（PDR）。器件内部集成有 POR/PDR 电路，可从 1.8V 起正常工作。在工作电压低于 1.8V 时，必须利用 PDR_ON 引脚关闭内部电源监控器。当 V_{DD}/V_{DDA} 低于指定阈值 POR/PDR 时，器件无须外部复位电路便会保持复位状态，上电复位/掉电复位波形如图 2.4 所示。

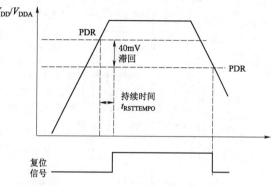

图 2.4　上电复位/掉电复位波形

（2）欠压复位（BOR）。上电期间，欠压复位（BOR）将使器件保持复位状态，直到电源电压达到指定的 V_{BOR} 阈值，如图 2.5 所示。V_{BOR} 通过器件选项字节进行配置。BOR 默认关闭，可选择 3 个 V_{BOR} 阈值。当电源电压（V_{DD}）降至所选 V_{BOR} 阈值以下时，将使器件复位。通过对器件选项字节进行编程可以禁止 BOR。如果 PDR 已通过 PDR_ON 引脚关闭，此时电源的通断由 POR/PDR 或者外部电源监控器监控。BOR 阈值滞回电压约为 100mV。

（3）可编程电压检测器（PVD）。使用 PVD 可监视 V_{DD} 电源，将其与 PWR 电源控制寄存器（PWR CR）中 PLS [2～0] 位所选的阈值进行比较。可通过设置 PVDE 位来使能 PVD。PWR 电源控制/状态寄存器（PWR_CSR）中提供了 PVDO 标志，用于指示 V_{DD} 是大于还是小于 PVD 阈值，如图 2.6 所示。该事件内部连接到 EXTI 线 16，如果通过 EXTI 寄存器使能，则可以产生中断。当 V_{DD} 降至 PVD 阈值以下以及/或者当 V_{DD} 升至 PVD 阈值以上时，可以产生 PVD 输出中断，具体取决于 EXTI 线上升沿下降沿的配置。该功能的用处之一就是可以在中断服务程序中执行紧急关闭系统的任务。

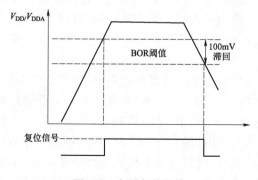

图 2.5　欠压复位阈值

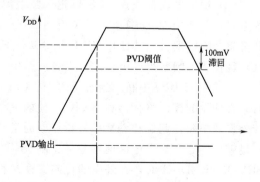

图 2.6　PVD 阈值

2.3.3　低功耗模式

默认情况下，系统复位或上电复位后，微控制器进入运行模式。在运行模式下，CPU 通过 HCLK 提供时钟，并执行程序代码。系统提供了多个低功耗模式，可在 CPU 不需要运行时（例如等待外部事件时）节省功耗，见表 2.2。由用户根据应用选择具体的低功耗模式，以在低功耗、短启动时间和可用唤醒源之间寻求最佳平衡。

表 2.2　　　　　　　　　　　　　　低 功 耗 模 式 汇 总

模式名称	进　入	唤　醒	对 1.2V 域时钟的影响	对 VDD 域时钟的影响	调 压 器
睡眠（立即休眠或退出时休眠）	WFI 或 ISR 返回	任意中断	CPU CLK 关闭对其他时钟或模拟时钟源无影响	无	开启
	WFE	唤醒事件			
停止	PDDS 位＋停止模式设置＋SLEEP-DEEP 位＋WFI、ISR 返回或 WFE	任意 EXTI 线（在 EXTI 寄存器中配置，内部线和外部线）	所有 1.2V 域时钟都关闭	HIS 和 HSE 振荡器关闭	主调压器或低功耗调压器（取决于 PWR_CR）
待机	PDDS 位＋SLEEP-DEEP 位＋WFI、ISR 返回或 WFE	WKUP 引脚上升沿、RTC 闹钟、RTC 唤醒事件、RTC 入侵事件、RTC 时间戳事件、NRST 引脚外部复位、IWDG 复位			关闭

器件有 3 个低功耗模式：睡眠模式（带 FPU 的 Cortex – M4 内核停止，外设保持运行）、停止模式（所有时钟停止）、待机模式（1.2V 域断电）。此外，还可以通过下列方法之一降低运行模式的功耗：降低系统时钟速度或不使用 APBx 和 AHBx 外设时，将其对应的外设时钟关闭。

（1）进入低功耗模式。由 MCU 执行 WFI（等待中断）或 WFE（等待事件）指令，又或带 FPU 的 Cortex – M4 系统控制寄存器的 SLEEPONEXIT 位已设置从 ISR 返回即可进入低功耗模式。

（2）退出低功耗模式。MCU 退出睡眠模式和停止模式的方式取决于其进入低功耗模式的方式，若使用 WFI 指令或 ISR 返回的指令进入低功耗模式，则 NVIC 确认的任意外设中断都将会唤醒器件。若使用 WFE 指令进入低功耗模式，MCU 将在有事件发生时立即退出低功耗模式。唤醒事件可通过以下方式产生：

1）NVIC IRQ 中断。当带 FPU 的 Cortex – M4 系统控制寄存器的 SEVONPEND＝0 时，在外设的控制寄存器和 NVIC 中使能一个中断。当 MCU 从 WFE 恢复时，需要清除相应外设的中断挂起位和 NVIC 外设中断通道挂起位（在 NVIC 中断清除挂起寄存器中）。只有足够优先的 NVIC 中断能唤醒并中断 MCU。当带 FPU 的 Cortex – M4 系统控制寄存器的 SEVONPEND＝1 时，在外设的控制寄存器和 NVIC 中的可选项中使能一个中断。当 MCU 从 WFE 恢复时，需要清除相应外设的中断挂起位和使能的 NVIC 外设中断通道挂起位（在

NVIC 中断清除挂起寄存器中)。所有 NVIC 请求都会唤醒 MCU,即使没有使能。只有足够优先的使能 NVIC 中断能唤醒并中断 MCU。

2)事件。由配置为事件模式的 EXIT 线完成。当 CPU 从 WFE 恢复时,无须清除 EXIT 外设中断挂起位或 NVIC 中断通道挂起位,因为与事件线相对应的挂起位并没有设置。而清除相应外设中断标志可能是必要的。MCU 退出待机模式需要通过外部复位(NRST 引脚)、IWDG 复位、来自使能 WKUPx 引脚的上升沿或者 RTC 事件的出现。从待机模式唤醒后,程序将按照复位(启动引脚采样,选项字节加载、复位向量已获取等)后的方式重新执行。只有足够优先的使能 NVIC 中断能唤醒并中断 MCU。

(3)降低系统时钟速度。在运行模式下,可通过对预分频器编程来降低系统时钟(SYSCLK、HCLK、PCLK1 和 PCLK3)速度。进入睡眠模式之前,也可以使用这些预分频器降低外设速度。

(4)外设时钟门控。在运行模式下,可随时停止各外设和存储器的 HCLKx 和 PCLKx 以降低功耗。要降低睡眠模式的功耗,可在执行 WFI 或 WFE 指令之前禁止外设时钟。外设时钟门控由 AHB1 外设时钟使能寄存器(RCC_AHB1ENR)、AHB2 外设时钟使能寄存器(RCC_AHB2ENR)进行控制。在睡眠模式下,复位 RCC_AHBxLPENR 和 RCC_APBxLPENR 寄存器中的对应位可以自动禁止外设时钟。

2.3.4 电源控制寄存器

电源控制寄存器包括电源控制寄存器(PWR_CR)和电源控制/状态寄存器(PWR_CSR),具体内容请扫描下方二维码学习。

2.4 时 钟 电 路

STM32F401 的时钟源分为两类:一类用于驱动系统时钟,另一类用于驱动特殊功能外设。图 2.7 所示是 STM32F401 的时钟树。有 3 种不同的时钟源可以被用来驱动系统时钟:内部高速(HSI)16MHz RC 振荡器时钟、外部高速(HSE)振荡器时钟、PLL 时钟。

以下两种时钟驱动非系统时钟的时钟源:

(1)32Hz 低速内部振荡器(LSI RC):用于驱动独立看门狗和用于自动从停机或待机相唤醒的 RTC 时钟。

(2)用于驱动实时时钟(RTC CLK)的 32.768kHz 的低速的外部晶振(LSE 晶振)。

对于每个时钟源来说,在未使用时都可单独打开或者关闭,以降低功耗。时钟控制器为应用带来了高度的灵活性,用户在运行内核和外设时可选择使用外部晶振或者使用振荡器,既可采用最高的频率,也可为以太网、USB OTG FS 以及 HS、I^2S 和 SDIO 等需要特定时钟的外设保证合适的频率。可通过多个预分频器配置 AHB 频率、高速 APB(APB2)和低速 APB(APB1)。AHB 域的最大频率为 84MHz,高速 APB2 域的最大允许频率为 84MHz,低速 APB1 域的最大允许频率为 42MHz。除以下时钟外,所有外设时钟均由系统时钟

（SYSCLK）提供：

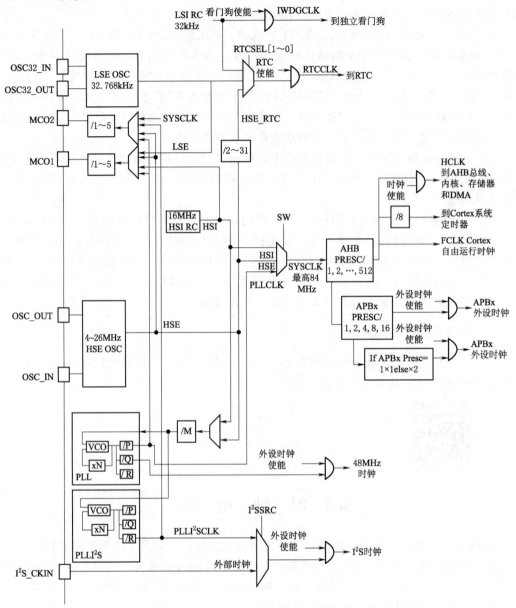

图 2.7　时钟树

（1）来自特定 PLL 输出（PLL48CLK）的 USB OTG FS 时钟（48MHz）、基于模拟技术的随机数发生器（RNG）时钟（48MHz）和 SDIO 时钟（48MHz）。

（2）I^2S 时钟。要实现高品质的音频性能，可通过特定的 PLL（I^2S）或映射到 I^2S _CKIN 引脚的外部时钟提供 I^2S 时钟。

RCC 向 Cortex 系统定时器（SysTick）馈送 8 分频的 AHB 时钟（HCLK）。SysTick 可用此时钟作为时钟源，也可使用 HCLK 作为时钟源，具体可在 SysTick 控制和状态寄存器中配置。

STM32F401xB/C 和 STM32F401xD/E 的定时器时钟频率由硬件自动设置，分为两种情况：如果 APB 预分频器为 1，定时器时钟频率等于 AP 域的频率；否则，定时器时钟频率等于 APB 域的频率的两倍。

定时器时钟频率由硬件自动设置。根据 RCC_CFGR 寄存器中 TIMPRE 位的取值，共分两种情况：

1）RCC_DKCFGR 寄存器的 TIMPRE 位清 0。如果 APB 预分频器分频系数是 1，则定时器时钟频率（TIMxCLK）为 PCLKx；否则，定时器时钟频率将为 APB 域的频率的两倍。

2）RCC_DKCFGR 寄存器的 TIMPRE 位置 1。如果 APB 预分频器分频系数是 1、2 或 4，则定时器时钟频率（TMxCLK）将设置为 HCLK；否则，定时器时钟频率将为 APB 域的频率的 4 倍。

2.4.1　HSE 时钟

高速外部时钟信号（HSE）有 2 个时钟源：HSE 外部晶振/陶瓷谐振器、HSE 外部用户时钟。谐振器和负载电容必须尽可能地靠近振荡器的引脚，以尽量减小输出失真和起振稳定时间。负载电容值必须根据所选振荡器的不同做适当调整。

（1）外部源（HSE 旁路）。在此模式下，必须提供外部时钟源。此模式通过将 RCC 时钟控制寄存器（RCC_CR）的 HSEBYP 和 HSEON 置 1 进行选择。必须使用占空比约为 50％的外部时钟信号（方波、正弦波或三角波）来驱动 OSC_N 引脚，同时 OSC_OUT 引脚应保持为高阻态。

（2）外部晶振/陶瓷谐振器（HSE 晶振）。HSE 的特点是精度非常高。RCC 时钟控制寄存器（RCC_CR）中的 HSERDY 标志指示高速外部振荡器是否稳定。在启动时，硬件将此位置 1 后，此时钟才可以使用。如在 RCC 时钟中断寄存器（RCC_CIR）中使能中断，则可产生中断。HSE 晶振可通过 RCC 时钟控制寄存器（RCC_CR）中的 HSEON 位打开或关闭。

2.4.2　HSI 时钟

HSI 时钟信号由内部 16MHz RC 振荡器生成，可直接用作系统时钟，或者用作 PLL 输入。HSI RC 振荡器的优点是成本较低（无须使用外部组件）。此外，其启动速度也比 HSE 晶振快，但即使校准后，其精度也不及外部晶振或陶瓷谐振器。因为生产工艺不同，不同芯片的 RC 振荡器频率也不同，因此 ST 会对每个器件进行出厂校准，达到 25 ℃时 1％的精度。复位后，工厂校准值将加载到 RCC 时钟控制寄存器（RCC_CR）的 HSICAL［7~0］位中。如果应用受到电压或温度变化影响，则可能也会影响 RC 振荡器的速度，用户可通过 RCC 时钟控制寄存器（RCC_CR）中的 HSITRIM［4~0］位对 HSI 频率进行微调。RCC 时钟控制寄存器（RCC_CR）中的 HSIRDY 标志指示 HSIRC 是否稳定。在启动时，硬件将此位置 1 后，HSI 才可以使用。HIS RC 可通过 RCC 时钟控制寄存器（RCC CR）中的 HSION 位打开成关闭。HSI 信号还可作为备份时钟源（辅助时钟）使用，以防 HSE 晶振发生故障。

2.4.3　PLL 配置

STM32F401xB/C 和 STM32F401xD/E 器件具有两个 PLL：
（1）主 PLL（PLL）由 HSE 或 HSI 振荡器提供时钟信号，并具有两个不同的输出时钟：第 1 个输出用于生成高速系统时钟（最高达 84MHz）；第 2 个输出用于生成 USB OTG FS 的时钟（48MHz）、随机数发生器的时钟（≤48MHz）和 SDIO 时钟（≤48MHz）。

（2）专用 PLL（PLLI^{2}S）用于生成精确时钟，从而在 I^{2}S 接口实现高品质音频性能。

由于在 PLL 使能后主 PLL 配置参数便不可更改，所以建议先对 PLL 进行配置，然后再使能（选择 HSI 或 HSE 振荡器作为 PLL 时钟源，并配置分频系数 M、N、P 和 Q）。

PLLI^{2}S 使用与 PLL 相同的输入时钟（PLLM［5～0］和 PLLSRC 位为两个 PLL 所共用）。但是，PLLI^{2}S 具有专门的使能/禁止和分频系数（N 和 R）配置位。在 PLLI^{2}S 使能后，配置参数便不能更改。当进入停机和待机模式后，两个 PLL 将由硬件禁止。如将 HSE 或 PLL（由 HSE 提供时钟信号）用作系统时钟，则在 HSE 发生故障时，两个 PLL 也将由硬件禁止。RCC PLL 配置寄存器（RCC _ PLLCFGR）和 RCC 时钟配置寄存器（RCC _ CFGR）可分别用于配置 PLL 和 PLLI^{2}S。

2.4.4　LSE 时钟

LSE 晶振是 32.768kHz 低速外部（LSE）晶振或陶瓷谐振器，可作为实时时钟外设（RTC）的时钟源来提供时钟/日历或其他定时功能，具有功耗低且精度高的优点。LSE 晶振通过 RCC 备份域控制寄存器（RCC _ BDCR）中的 LSEON 位打开和关闭。RCC 备份域控制寄存器（RCC _ BDCR）中的 LSERDY 标志指示 LSE 晶振是否稳定。在启动时，硬件将此位置 1 后，LSE 晶振输出时钟信号才可以使用。如在 RCC 时钟中断寄存器（RCC CIR）中使能中断则可产生中断。外部源（LSE 旁路）：在此模式下，必须提供外部时钟源，最高频率不超过 1MHz，此模式通过 RCC 备份域控制。寄存器（RCC _ BDCR）中的 LSEBYP 和 LSEON 位置 1 进行选择。必须使用占空比约为 50％的外部时钟信号（方波、正弦波或三角波）来驱动 OSC32 _ IN 引脚，同时 OSC32 _ OUT 引脚应保持为高阻态。

2.4.5　LSI 时钟

LSI RC 可作为低功耗时钟源在停机和待机模式下保持运行，供独立看门狗（IWDG）和自动唤醒单元（AWU）使用。时钟频率在 32kHz 左右。LSI RC 可通过 RCC 时钟控制和状态寄存器（RCC CSR）中的 LSION 位打开或关闭，RCC 时钟控制和状态寄存器（RCC CSR）中的 LSIRDY 标志指示低速内部振荡器是否稳定。在启动时，硬件将此位置 1 后，此时钟才可以使用。如在 RCC 时钟中断寄存器（RCC _ CIR）中使能中断，则可产生中断。

2.4.6　系统时钟（SYSCLK）选择

在系统复位后，默认系统时钟为 HSI。在直接使用 HSI 或者通过 PLL 使用时钟源来作为系统时钟时，该时钟源无法停止。只有在目标时钟源已就绪时（时钟在启动延迟成 PLL 锁相后稳定时），才可从一个时钟源切换到另一个。如果选择尚未就绪的时钟源，则切换在该时钟源就绪时才会进行，RC 时钟控制寄存器（RCC CR）中的状态位会指示哪个（些）时钟已就绪，以及当前哪个时钟正充当系统时钟。

2.5　复　位　电　路

STM32F401 有 3 种复位：系统复位、电源复位和备份域复位，如图 2.8 所示。

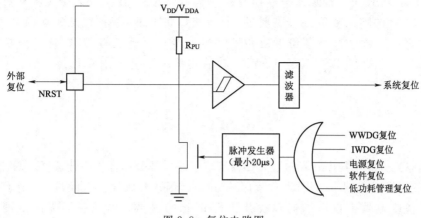

图 2.8 复位电路图

2.5.1 系统复位

除了时钟控制寄存器 CSR 中的复位标志和备份域中的寄存器外，系统复位会将其他全部寄存器都复位为复位值。只要发生以下事件之一，就会产生系统复位：①NRST 引脚低电平（外部复位）；②窗口看门狗计数结束（WWDG 复位）；③独立看门狗计数结束（IWDG复位）；④软件复位（sW 复位）；⑤低功耗管理复位。

（1）软件复位。可通过查看 RCC 时钟控制和状态寄存器（RCC_CSR）中的复位标志确定。要对器件进行软件复位，必须将 Cortex-M4F 应用中断和复位控制寄存器中的 SYS-RESETREQ 位置 1。

（2）低功耗管理复位。引发低功耗管理复位的方式有两种：

1）进入待机模式时产生复位。此复位的使能方式是清零用户选项字节中的 nRST_STDBY 位。使能后，只要成功执行进入待机模式序列，器件就将复位，而非进入待机模式。

2）进入停止模式时产生复位。此复位的使能方式是清零用户选项字节中的 nRST_STOP 位。使能后，只要成功执行进入停止模式序列，器件就将复位，而非进入停止模式。

2.5.2 电源复位

只要发生以下事件之一，就会产生电源复位：①上电/掉电复位（POR/PDR 复位）或欠压（BOR）复位；②在退出待机模式时。除备份域内的寄存器以外，电源复位会将其他全部寄存器设置为复位值，这些电源均作用于 NRST 引脚，该引脚在复位过程中始终保持低电平。RESET 复位入口向量在存储器映射中固定在地址 0x0000 0004。芯片内部的复位信号会在 NRST 引脚上输出。脉冲发生器用于保证最短复位脉冲持续时间，可确保每个内部复位源的复位脉冲都至少持续 20μs。对于外部复位，在 NRST 引脚低电平时产生复位脉冲。

2.5.3 备份域复位

备份域具有两个特定的复位，这两个复位仅作用于备份域本身。备份域复位会将所有 RTC 寄存器和 RCC ＿ BDCR 寄存器复位为各自的复位值。BKPSRAM 不受此复位影响。BKPSRAM 的唯一复位方式是通过 Flash 接口将 Flash 保护级从 1 切换到 0。只要发生以下事件之一，就会产生备份域复位：①软件复位，通过将 RCC 备份域控制寄存器（RCC ＿ BDCR）中的 BDRST 位置 1 触发；②在电源 V_{DD} 和 V_{BAT} 都已掉电后，其中任何一个又再上电。

2.6　启　　动

当前的嵌入式应用程序开发过程，C 语言成了绝大部分场合的最佳选择。因此，main（）函数成了程序执行的起点——因为 C 程序从 main（）函数开始执行。但是，一个经常会被忽略的问题是微控制器上电后如何寻找并执行 main（）函数。微控制器无法从硬件上定位 main（）函数的入口地址，因为使用 C 语言作为开发语言后，变量/函数的地址由编译器在编译时自行分配，即 main（）函数的入口地址在微控制器的内部存储空间中不再是绝对不变的。因此，每种微控制器都必须有启动文件（bootloader），其作用是负责执行微控制器从"复位"到"开始执行 main（）函数"这段时间（称为启动过程）所必须进行的工作。

处理器启动文件通常由厂家提供，对于以 ARM Cortex - M4 为内核的 STM32F4 控制器来说，在 Keil μVision/On 集成开发环境（IDE）下的启动文件为 startup stm3 2f40 ＿ 41xxx. s（版本号 V1.4.0）。启动文件采用 ARM 汇编程序设计，主要源程序请扫描下方二维码学习。

通过阅读启动文件，可以了解到 Cortex - M4 控制器的启动文件主要完成了堆栈初始化、复位事件处理初始化、异常向量表初始化等工作，并调用 C 函数库的 main 函数进入基于 C 语言的主文件中。同时，在复位后，Cortex - M4 控制器进入线程模式、特权级，且使用主堆栈指针（MSP）。此外，启动文件中输入了多个全局标号，表示将会调用多个其他文件中的程序段关闭启动过程。因此，该启动文件仅能反映系统启动时的主要流程，不能体现其内部的具体操作。读者如果有兴趣，可以根据所述全局标号，在固件库中寻找其具体内容并深入理解启动全过程。

ARM Cortex - M4 控制器的引导程序运行结束后进入 C 函数库，并在完成初始化后，调用主函数 main（）。主函数作为整个应用程序的入口，在 STM32F4 控制器主文件 main. c 中，函数中的内容由编程人员根据具体需求编程实现。下面是 ARM Cortex - M4 控制器厂家提供的主文件模板例程。

```
Include "stm32f4xx. h"
//包含 stm32f4 的头文件,可调用相应的库函数
Int main(void)
GPIO_InitTypeDef GPIO_Initstructure                                //声明结构体 GPIO_InitTypeDef
RCC_AHB1PeriphClockCmd(RCC_AHB1Periph_GPIOE,ENABLE)                 //调用 RCC_AHB1 时钟配置函数
GPIO_Initstructure. GPIO_Pin=GPIO_Pin_8|GPIO_Pin_9|GPIO_Pin_10|GPIO_Pin_11|
```

```
GPIO_Pin_12|GPIO_Pin_13|GPIO_Pin_14|GPIO_Pin_15          //GPIO PIN 引脚
GPIO_Initstructure.GPIO_Mode=GPIO_Mode_OUT               //GPIO 引脚模式为输出
GPIO_Initstructure.GPIO_OType=GPIO_OType_PP              //GPIO 引脚为推挽形式
GPIO_Initstructure.GPIO_Speed=GPIO_Speed_100MHz          //GPIO 最高速率 100MHz
GPIO_InitStructure.GPIO_PuPd=GPIO_PuPd_UP                //GPIO 引脚为上拉形式
GPIO_Init(GPIOE,&GPIO_InitStructure)                     //调用 GPIO 初始化配置函数
GPIO_setBitsGPIOE,GPIO_Pin_8|GPIO_Pin_9|GPIO_Pin_10|GPIO_Pin_11|GPIO_Pin_12|GPIO_Pin_13|GPIO_Pin_
14|GPIO_Pin_15)                                          //对 GPIO 引脚置位
While (1)
{
GPIO_ResetBits (GPIOE,GPIO_Pin_8)                        //对 PE8 脚清零
GPIO_ResetBits (GPIOE,GPIO_Pin_10)                       //对 PE10 脚清零
GPIO_ResetBits (GPIOE,GPIO_Pin_12)                       //对 PE12 脚清零
GPIO_ResetBits (GPIOE,GPIO_Pin_14)                       //对 PE14 脚清零
}
```

上述主程序例程针对没有嵌入式操作系统的情况。首先，将微处理需要用到的引脚、时钟、中断等对象进行初始化配置，在配置内容较多时，可以分为多个函数来调用，以提高易读性；然后，将系统的应用程序编写在 while（1）死循环中，以确保 ARM 控制器上电后一直运行此应用程序。在有嵌入式操作系统的情况下，应用程序通常以任务形式嵌入系统进程中运行，其主程序设计方法与上述例程不同，请感兴趣的读者自行学习。

在初始化流程中，主程序使用了两个重要的固件库函数 RCC_AHB1 PeriphClockCmd() 和 GPIO Init()，分别实现对 RCC AHB1 时钟的配置和 GPIO 引脚的初始化，将 GPIO 引脚 PE8～PE15 设置为输出模式。由于 PE8～PE15 连接有对应的 LED 灯，因此固件库函数 GPIO_SetBits() 和 GPIO_ResetBits() 在相应 GPIO 引脚进行置位或清零操作的同时，也实现了对 LED 灯的关闭或点亮操作。关于相关固件库函数的说明可查阅《STM32F4××中文参考手册》。

2.7 程序下载电路（SWD 接口电路）

STM32F4 程序下载有多种方法，如串口、JTAG、SWD 等，最简单最经济的是用串口下载程序，但是串口只能下载代码，并不能实时跟踪调试，而利用调试工具就可以实时跟踪程序，从而找到程序中的 BUG，使开发事半功倍。Cortex - M4 支持两种调试主机接口：JTAG 接口和新的串行线（SW）接口，SW 接口对信号线的需求只有两条（JTAG 协议需要使用 4 根引脚，相对而言 SW 接口更节省引脚资源）。在 Cortex - M4 中，把 JTAG 或串行线协议都转换成 DAP 总线接口协议，再控制 DAP 来执行调试动作。在 Cortex - M4 控制器内核中，实际的调试功能由 NVIC 和若干调试组件来协作完成。NVIC 中有一些寄存器，用于控制内核的调试动作，如停机、单步；其他的一些功能块则控制观察点、断点，以及调试消息的输出等。Cortex - M4 支持的调试接口为：SWJ - DP，支持 SW 与 JTAG 协议；SW - DP，支持 SW 协议；JTAG - DP，支持 JTAG 协议。

2.7.1　SWJ - DP

SWJ - DP 是 JTAG - DP 和 SW - DP 的一个组合，既支持通过 JTAG 调试也支持 SWD，

JTAG－DP 和 SW－DP 共享或覆盖使用引脚，这样可以高效地使用引脚。Cortex－M4 使用了一个自动检测机制来识别 JTAG 和 SW－DP，这就需要依靠一个特殊的时序在 TMS 引脚上来识别。如果 SWJ－DP 使用的是 JTAG 调试，那就和 JTAG－DP 完全一样。SWJ－DP 的外部连接如图 2.9 所示。

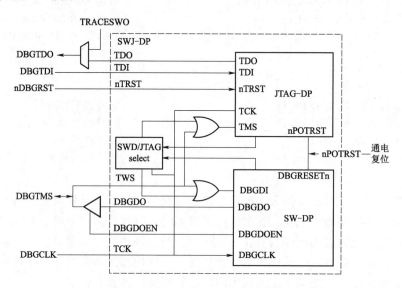

图 2.9　SWJ－DP 外部连接示意

2.7.2　SWJ－DP 接口

JTAG 外部提供了 4 个强制引脚 TDO、TDI、TCK、TMS 和一个可选的复位引脚 nTRST，JATG－DP 和 SW－DP 还需要一个单独的通电复位 nPOTRST。SWD 外部只需要两个引脚，即双向的 SWDIO 输入/输出信号引脚、时钟引脚，SWD 可以输入输出到设备上。数据的输入输出就是由这个模块的两个引脚实现的，它使用双向信号引脚（SWDIO）来驱动外部接口以及时钟、复位信号。当使用 SWD 模式时，TDO 引脚就会被用作 serial wire output（SWO），TDI 引脚就会被用作输入功能。在 DBGCLK 时钟中，有一些寄存器为片上调试部件提供电源的控制，它们能控制大多数调试逻辑单元，如 ETM、ETB，这些逻辑单元默认为关闭，当有连续的时钟脉冲时被启动，然后调试管理模块启动其他调试部件，在 JTAG－DP 或 SW－DP 中可以启动或相应复位请求。尽管 DBGCLK 和 nPOTRST 接口不能为 DAP 提供时钟和复位控制接口，但是这两个连接信号很重要，所以有了时钟和复位控制器。

2.7.3　SWJ－DP 中 JTAG 和 SWD 的选择机制

SWJ－DP 的调试接口支持 SWD 和 JTAG 两种协议，为了同时支持两种协议，SWJ－DP 使用了一个观察电路来查看 DBGTMS 上特殊的 16 位。一组 16 位用来识别从 JTAG 到 SWD 操作。另一组 16 位用来识别从 SWD 到 JATG（JTAG）的操作。选择器在启动后默认选择 JATG（JTAG），或者在复位后没有发出选择序列之前默认采用 JATG（TAG）协议。识别从当前协议切换到另一种协议的判断条件是选择接口复位时的状态，若 JTAG 为 TLR（test logic reset）状态，则 SWD 为行复位。

2.8 最 小 系 统

MCU 的硬件最小系统是指可以使内部程序运行所必需的最低规模的外围电路，也可以包括写入器接口电路。使用一个芯片，必须完全理解其硬件最小系统。当 MCU 工作不正常时，首先就要查找最小系统中可能出错的元件。一般情况下，MCU 的硬件最小系统由电源、晶振及复位等电路组成。芯片要能工作，必须有电源与工作时钟，至于复位电路则提供不掉电情况下 MCU 重新启动的手段。由于 Flash 存储器制造技术的发展，大部分芯片提供了在板或在线系统（on system）的写入程序功能，即把空白芯片焊接到电路板上后，再通过写入器把程序下载到芯片中。这样，硬件最小系统应该把写入器的接口电路也包含在其中。基于这个思路，Cortex - M4 的硬件最小系统包括电源电路、复位电路、时钟电路及与写入器相关的程序下载电路。

思 考 题 与 习 题

1. 简述 STM32F401 的时钟源分类。
2. 简述 STM32F401 的复位方式及各自的复位条件。
3. 通过阅读 Cortex - M4 的启动文件简述其启动过程。
4. 说明 STM32 程序下载支持的下载方式。
5. 什么是 MCU 的最小系统？Cortex - M4 的硬件最小系统的组成是怎样的？
6. 简述 STM32F401 的特点。
7. NVIC 对应的中文是什么？STM32F401 内置的 NVIC 有何功能？
8. STM32F401 的供电方案有哪两种？对应的工作电压范围是多少？
9. STM32F401 的不同封装形式，其引脚个数相同么？试举例说明。
10. STM32F401 的每个 CPIO 引脚可配置为哪些功能？
11. STM32F401 有哪些低功耗模式？除此之外，还有什么方法可降低功耗？
12. 唤醒事件可通过哪些方式产生？
13. STM32F401 的电源控制寄存器包括哪两个？其主要控制位如何定义？
14. 引发低功耗管理复位的方式有哪两种？它们有什么区别？
15. bootloader 对应的中文是什么？简述其作用。

第 3 章　Cortex - M4 软件体系结构

本章主要介绍 Cortex - M4 支持的汇编指令集、DSP 扩展指令和浮点处理单元 FPU、汇编与 C 混合编程实现方法。ARM 体系结构不仅支持汇编语言的使用，也支持 C 语言，它们在程序设计开发方面各有优劣，可以在实际开发中根据需要两者混合编程，取长补短，以达到最佳效果。DSP 扩展将 ARM 的数字信号处理指令添加到指令集中，使得 Cortex 系列能更好地使用复杂的信号处理。浮点扩展则定义了 FPU，支持所有的单精度数据处理指令。除此之外，本章还介绍了 Cortex - M4 的异常处理机制及开发调试环境，这些内容对嵌入式代码的编写、阅读和调试有重要指导作用。

3.1　Cortex - M4 汇编指令集

3.1.1　ARM 指令简介

传统 ARM 控制器支持 32 位的 ARM 指令集和 16 位的 Thumb 指令集。Thumb 指令集是 ARM 指令集的一个子集，ARM 控制器采用译码映射功能，将 Thumb 指令转换成 ARM 指令。Cortex - A 系列控制器和 Cortex - R 系列微控制器一直支持这两种运行状态。与传统 ARM 控制器不同，所有 ARM Cortex - M 控制器采用 Thumb - 2 技术，且只支持 Thumb 运行状态，不支持 ARM 指令集。Thumb - 2 技术引入了 Thumb 指令集的一个新的超集，可以在一种运行模式下同时使用 16 位和 32 位指令集。

ARM 控制器指令在汇编程序中用助记符表示，一般的助记符格式如下：

<opcode>{<cond>}{S}<Rd>,<Rn>{,<operand2>}

其中：opcode—操作码，如 ADD 表示算数加操作；cond—决定指令执行的条件码后缀；S—决定指令执行是否影响状态寄存器的值；Rd—目的寄存器；Rn—第 1 个操作数，为寄存器；operand2—第 2 个操作数。指令语法格式中，<>中的内容是必须的，{}中的内容是可选的。

指令格式举例如下：

```
LDR R0,[R1]        ;读取 R1 地址上的存储器单元内容,执行条件 AL
BEQ DATAEVEN       ;跳转指令,执行条件 EQ,即相等跳转到 DATAEVEN
ADDS R1,R1,#1      ;加法指令,R1+1=R1,带 S 则影响 CPSR 寄存器
SUBNES R1,R1,#0XF  ;条件执行减法运算(NE),R1-0XF=>R1,带 S 则影响 CPSR 寄存器
```

大多数 ARM 控制器的指令可以接条件码后缀，实现这些指令有条件地执行。执行条件满足时，指令被执行，否则指令将被忽略。条件码后缀共有 16 种，用两个字符表示，这两个字符可以添加在指令助记符的后面和指令同时使用。例如，跳转指令 B 可以加上后缀 EQ 变为 BEQ 表示"相等则跳转"，即当状态标识位中的 Z 标志置位时发生跳转。在 16 种条件标志码中，实际有用的只有 14 种，见表 3.1。

表 3.1 条件码后缀、标志及含义

条件码后缀	标志	含 义	条件码后缀	标志	含 义
EQ	Z=1	相等	HI	C=1,Z=0	无符号数大于
NE	Z=0	不相等	LS	C=0,Z=1	无符号数小于或等于
CS/HS	C=1	无符号数大于或等于	GE	N=V	有符号数大于或等于
CC/LO	C=0	无符号数小于	LT	N! =V	有符号数小于
MI	N=1	负数	GT	Z=0,N=V	有符号数大于
PL	N=0	正数或零	LE	Z=1,N! =V	有符号数小于或等于
VS	V=1	溢出	AL	任何	无条件执行(指令默认条件)
VC	V=0	没有溢出	NV	任何	从不执行

3.1.2 ARM 寻址方式

ARM 指令寻址方式可分为数据处理指令寻址方式、加载/存储类指令寻址方式、堆栈操作寻址方式和协处理操作指令寻址方式 4 类。

3.1.2.1 数据处理指令寻址方式

数据处理指令寻址方式分为立即数寻址方式、寄存器寻址方式和寄存器移位寻址方式 3 种。

1. 立即数寻址方式

立即寻址指令中的操作码字段后面的地址码部分是操作数本身,即数据包含在指令中,取出指令也就取出了可以立即使用的操作数(这样的操作数称为立即数)。立即数可表示为常数表达式。在立即数寻址方式中,规定这个立即数必须是一个 8 位的常数通过循环右移偶数位得到。ARM 只提供了 12 位来放数据,其中 8 位是用来记录数值的,另外 4 位放移位的位数,以此来形成一个立即数。立即寻址指令举例如下:

```
SUBS R0,R0,#1      ;R0 减 1,结果放入 R0
MOV R0,#0X12       ;将立即数 0X12 装入 R0 寄存器
```

注意:立即数以 # 开头,十六进制数在 # 后加 0X 或 & 表示。

2. 寄存器寻址方式

在寄存器方式下,操作数即为寄存器的数值。操作数的值在寄存器中,指令中的地址码字段指出的是寄存器编号,指令执行时直接取出寄存器值来操作。寄存器寻址指令举例如下:

```
MOV R1,R2          ;将 R2 的值存入 R1
SUB R0,R1,R2       ;将 R1 的值减去 R2 的值,结果保存到 R0
```

注意:R0 是目的寄存器,R1 是第 1 个操作数寄存器,R2 是第 2 个操作数寄存器。

3. 寄存器移位寻址方式

寄存器移位寻址是 ARM 指令集特有的寻址方式。当第 2 个操作数是寄存器移位方式时,第 2 个寄存器操作数在与第 1 个操作数结合之前,选择进行移位操作。寄存器移位寻址指令如下:

MOV R0,R2,LSL ♯3　　　　　；R2 的值左移 3 位,结果放入 R0

ANDS R1,R1,R2,LSL R3　　　；R2 值左移 R3 位,与 R1 相与,结果放入 R1

3.1.2.2　加载/存储类指令寻址方式

加载/存储类指令寻址方式分为以下 3 种：普通加载/存储指令、杂类加载/存储指令和批量加载/存储指令的寻址方式。

1. 普通加载/存储指令的寻址方式

字及无符号字节的加载/存储指令的语法格式如下：

LDR|STR {<cond>}{B}{T}<Rd>,<addressing_mode>

其中：B—加载字节数据；T—可选后缀（若指令有 T,那么即使控制器在特权模式下,存储系统也将访问看作在用户模式下进行的,但 T 在用户模式下无效）；addressing＿mode—指令寻址模式。

2. 杂类加载/存储指令的寻址方式

使用该类寻址方式的指令的语法格式如下：

LDR|STR {<cond>} H|SH|SB|SD <Rd>,<addressing_mode>

其中：B—加载字节数据；SH—加载有符号半字数据；SB—加载有符号字节数据；SD—加载有符号双字数据。

使用该类寻址方式的指令包括有符号/无符号半字加载/存储指令、有符号字节加载/存储指令和双字加载/存储指令。

3. 批量加载/存储指令的寻址方式

批量加载/存储指令将一片连续内存单元的数据加载到通用寄存器组中或将一组通用寄存器的数据存储到内存单元中。它的寻址方式产生一个内存单元的地址范围,指令寄存器和内存单元的对应关系满足以下规则：编号低的寄存器对应于内存中低地址单元,编号高的寄存器对应于内存中的高地址单元。该类指令的语法格式如下：

LDM|STM {<cond>} <addressing_mode> <Rn> {!},<registers> {^}

其中：cond—批量执行方式类型；! —可选后缀,表示写回功能；registers—寄存器组；^—可选后缀,当指令为 LDM 且寄存器列表中包含 R15,选用该后缀时表示除了正常的数据传送之外,还将恢复状态寄存器。批量加载/存储指令的执行方式见表 3.2。

表 3.2　　　　　　　　　　　　批量加载/存储指令的执行方式

序号	执行类型	执 行 方 式	序号	执行类型	执 行 方 式
1	IA	后递增方式(每次传送后地址加 4)	3	DA	后递减方式(每次传送后地址减 4)
2	IB	先递增方式(每次传送前地址加 4)	4	DB	先递减方式(每次传送前地址减 4)

3.1.2.3　堆栈操作寻址方式

堆栈是一个按特定顺序进行存取的存储区,操作顺序为后进先出。堆栈寻址是隐含的,它使用一个专门的寄存器（堆栈指针）指向一块存储区域（堆栈）,指针所指向的存储单元是堆栈的栈顶。根据不同的寻址方式,将堆栈分为如下 4 种。

（1）满堆栈：堆栈指针指向栈顶元素。

（2）空堆栈：堆栈指针指向第一个可用元素。

（3）递减栈：堆栈向内存地址减小的方向生长。

（4）递增栈：堆栈向内存地址增加的方向生长。

根据堆栈的不同种类，将其寻址方式分为 4 种：满递减（FD）、空递减（ED）、满递增（FA）和空递增（EA）。传统 ARM 控制器全部支持上述 4 种堆栈方式，并使用 LDM/STM 指令加 FD、ED、FA 或 EA 后缀来实现出入栈操作。而 Cortex 系列控制器增加了专用的 PUSH/POP 指令来进行堆栈操作。

3.1.2.4 协处理操作指令寻址方式

协处理操作指令的语法格式如下：

<opcode>{<cond>}{L}<coproc>,<CRd>,<addressing_mode>

其中：opcode—指令操作码；L—可选后缀，表示指令为长读取操作；coproc—协控制器名称；Coproc—协控制器寄存器；addressing _ mode—指令寻址模式。

3.1.3 Cortex 指令集

按照功能不同，Cortex - M4 微控制器的指令可分为控制器传送指令、存储器访问指令、数据处理指令、比较与测试指令、程序流程控制指令、异常相关指令、饱和运算指令、存储器隔离指令等。

3.1.3.1 控制器传送指令

微控制器最基本的操作是在控制器内部传送数据。Cortex - M4 微控制器的数据传送类型包括寄存器与寄存器间传送数据、寄存器与特殊寄存器（如控制寄存器、中断屏蔽寄存器 PRIMASK 等）之间传送数据、把一个立即数加载到寄存器。微控制器内部的数据传送指令见表 3.3。

表 3.3 微控制器内部的数据传送指令

指 令	目标操作数	源操作数	操 作 含 义
MOV	R1	R0	将 R0 中的数据复制到 R1
MOVS	R1	R0	将 R0 中的数据复制到 R1,需更新 APSR 中的标志
MRS	R2	PRIMASK	将 PRIMASK 中的值复制到 R2
MSR	CONTROL	R3	将 R3 的值复制到 CONTROL
MOV	R4	#0X34	将 8 位数 0X34 直接存入 R4 中
MOVS	R4	#0X34	将 8 位数 0X34 直接存入 R4 中,需更新 APSR 中的标志
MOVW	R5	#0X1234	将 16 位数 0X1234 直接存入 R5 中
MOVT	R5	#0X8765	将 16 位数 0X8765 直接存入 R5 的高 16 位中
MVN	R7	R6	将 R6 的负值传送至 R7

除了需更新 APSR 中的标志，以及加了一个后缀 S 以外，MOVS 指令几乎与 MOV 指令一样。MOV 和 MOVS 指令可以将一个 8 位立即数送入通用寄存器组中的某一个寄存器。如果目的寄存器是低位寄存器（R0～R7），还可以使用 16 位 Thumb 指令。MOVW 指令可用来将一个大的立即数（9～16 位）存入寄存器。如果立即数的位数在 9～16 位，则根据所使用的汇编工具的不同，可能会将 MOV 或 MOVS 指令转换成 MOVW 指令。如果要设置

寄存器的值为 32 位立即数，可以采用以下方法，最常见的方法是使用伪指令 LDR，例如：

　　LDR R0,♯0X12345678　　；设置 R0 的值为 32 位的立即数 12345678H

　　这不是一条指令，汇编器将这一指令转换成存储器传输指令和存储在程序映像中的文本数据项。由于 Cortex - M4 微控制器包含 FPU，因此数据传送类型还包括内核寄存器组中的寄存器和浮点寄存器组中的寄存器之间传送数据、浮点寄存器组中的寄存器之间传送数据、将数据从浮点寄存器（如 FPSCR）传送至内核寄存器组中的寄存器、将立即数加载到浮点寄存器等，其对应的指令见表 3.4。注意：表 3.4 中出现的指令后缀 F32，表示指定 32 位单精度运算。此外，还有指令后缀 F64，表示指定 64 位双精度运算。

表 3.4　　　　　　　　　　　　　FPU 和内核寄存器之间的数据传送指令

指　令	目标操作数	源操作数	操 作 含 义
VMOV	R0,	S0	将浮点寄存器 S0 值复制到通用寄存器 R0 中
VMOV	S1,	R1	将通用寄存器 R1 值复制到浮点寄存器 S1 中
VMOV	S3,	S2	将浮点寄存器 S2 值复制到浮点寄存器 S3 中
VMRS. F32	R0,	FPSCR	将 FPSCR 中值复制到通用寄存器 R0 中
VMRS	APSR_nzcv,	FPSCR	将 FPSCR 的标志位复制到 APSR_nzcv 的标志位中
VMSR	FPSCR,	R3	将 R3 值复制到 FPSCR 中
VMOV. F32	S0,	♯1.0	将单精度值传送到浮点寄存器 S0 中

3.1.3.2　存储器访问指令

　　Cortex - M4 微控制器中有许多存储器访问指令，见表 3.5。注意：表 3.5 中，LDRSB 和 LDRSH 指令能够自动对加载的数据执行符号扩展操作，即将数据转换成有符号的 32 位数。例如，如果字节数值为 0X80，采用 LDRSB 指令读出，则这一数值将被转换成 0XFFFFFF80，再放置到目的寄存器。

表 3.5　　　　　　　　　　　　　各种数据类型的存储器访问指令

数据类型	加载(从存储器读出)	存储(写入存储器)	数据类型	加载(从存储器读出)	存储(写入存储器)
8 位无符号数	LDRB	STRB	32 位数	LDR	STR
8 位有符号数	LDRSB	STRB	多个 32 位数	LDM	STM
16 位无符号数	LDRH	STRH	64 位数(双字)	LDRD	STRD
16 位有符号数	LDRSH	STRH	栈操作(32 位)	POP	PUSH

　　如果 FPU 可用，则表 3.6 中所示的指令也可用于在 FPU 中的寄存器组与存储器之间传送数据。注意：许多浮点指令使用 32 和 64 后缀来指定浮点数据类型。在大多数编译工具中，32 和 64 后缀是可选的。

表 3.6　　　　　　　　　　　　　FPU 中的存储器访问指令

数据类型	加载(从存储器读出)	存储(写入存储器)	数据类型	加载(从存储器读出)	存储(写入存储器)
单精度数(32 位)	VLDR. 32	VSTR. 32	多个数据	VLDM	VSTM
双精度数(64 位)	VLDR. 64	VSTR. 64	栈操作	VPOP	VPUSH

　　这一类指令可以采取灵活多样的形式访问存储器数据，下面介绍主要的 6 种访问形式。

　　1. 立即偏移访问形式

　　数据传输的存储器地址是寄存器值和一个立即数常量（偏移值）的总和，也称为预索引处理。例如：LDRB R0，[R1，♯0X3]，偏移值可正可负，常用立即偏移形式的存储器访问指令见表 3.7，其中 ♯offset 即偏移值。

表 3.7   **常用立即偏移形式的存储器访问指令**

指 令 示 例	功 能 描 述
LDRB Rd,[Rn,♯offset]	从地址 Rn+ offset 处读取 1 字节送到 Rd
LDRSB Rd,[Rn,♯offset]	从地址 Rn+ offset 处读取 1 字节并对其进行有符号扩展后送到 Rd
LDRH Rd,[Rn,♯offset]	从地址 Rn+ offset 处读取 1 个半字送到 Rd
LDRSH Rd,[Rn,♯offset]	从地址 Rn+ offset 处读取 1 个半字并对其进行有符号扩展后送到 Rd
LDR Rd,[Rn,♯offset]	从地址 Rn+ offset 处读取 1 个字送到 Rd
LDRD Rd1，Rd2，[Rn,♯offset]	从地址 Rn+ offset 处读取 1 个双字（64 位整数）送到 Rd1（低 32 位）和 Rd2（高 32 位）中
STRB Rd,[Rn,♯offset]	把 Rd 中的字节存储到地址 Rn+ offset 处
STRH Rd,[Rn,♯offset]	把 Rd 中的半字存储到地址 Rn+ offset 处
STR Rd,[Rn,♯offset]	把 Rd 中的字存储到地址 Rn+ offset 处
STRD Rd1，Rd2，[Rn,♯offset]	把 Rd1（低 32 位）和 Rd2（高 32 位）表达的双字存储到地址 Rn+offset 处

该寻址方式支持写回基址寄存器，例如：

LDR R0,[R1,♯0X8]！;将存储器地址[R1+8]的值加载到 R0,R1 更新为 R1+8

其中：感叹号是可选的，指在传送后更新基址寄存器 R1 的值，即写回功能。如果没有"!"，则该指令就是普通的带偏移量加载指令。需要注意的是，有些指令不能用于 R14（SP）和 R15（PC）。此外，在执行 16 位 Thumb 指令时，这些指令只支持低位寄存器（R0～R7），且不提供写回功能。

2. 寄存器偏移访问形式

数据传输的寄存器地址是基址寄存器值和变址寄存器值的总和，其中变址寄存器还可以是移位的寄存器（0～3 位的移位）。例如：LDR R2，[R1，R0，LSL ♯3]；从存储器地址 [R1+R0<<3] 处读取一个字数据送到 R2。与立即偏移访问形式相似，不同数据大小对应多种形式，见表 3.8。

表 3.8   **寄存器偏移形式的存储器访问指令**

指 令 示 例	功 能 描 述
LDRB Rd,[Rn,Rm{,LSL ♯n}]	从地址 Rn+Rm<<n 处读取 1 字节送到 Rd
LDRSB Rd，[Rn,Rm{,LSL ♯n}]	从地址 Rn+Rm<<n 处读取 1 字节并对其进行有符号扩展后送到 Rd
LDRH Rd，[Rn,Rm{,LSL ♯n}]	从地址 Rn+Rm<<n 处读取 1 个半字送到 Rd
LDRSH Rd，[Rn,Rm{,LSL ♯n}]	从地址 Rn+Rm<<n 处读取 1 个半字并对其进行有符号扩展后送到 Rd
LDR Rd，[Rn,Rm{,LSL ♯n}]	从地址 Rn+Rm<<n 处读取 1 个字送到 Rd
STRB Rd，[Rn,Rm{,LSL ♯n}]	把 Rd 中的低字节存储到地址 Rn+Rm<<n 处
STRH Rd,[Rn,Rm{,LSL ♯n}]	把 Rd 中的低半字存储到地址 Rn+Rm<<n 处
STR Rd，[Rn,Rm{,LSL ♯n}]	把 Rd 中的低字存储到地址 Rn+Rm<<n 处

3. 后序访问形式

数据传输的存储器地址是寄存器值，其后立即数常用于在数据传输结束后更新地址寄存器值。例如：LDR R0，［R1］，♯03；从存储器地址［R1］处读取一个字数据送到 R0，然后 R1 被更新为 R1+0X3。若使用后续访问形式，则由于在数据传输完成后，基址寄存器都会自动更新，因此无须使用感叹号。常用后续访问形式的存储器访问指令见表 3.9。后序访问形式在处理数组中的数据非常有用。在访问数组中的元素时，地址寄存器可以自动调整，节省了代码大小和执行时间。注意：后序访问指令都是 32 位的，且不能使用 R14（SP）和R15（PC）。偏移值可以为正数或是负数。

表 3.9　　　　　　　　　　　　　常用后序访问形式的存储器访问指令

指 令 示 例	功 能 描 述
LDRB Rd，［Rn］，♯offset	读取存储器［Rn］处 1 字节送到 Rd，更新 Rn 为 Rn+offset
LDRSB Rd，［Rn］，♯offset	读取存储器［Rn］处 1 字节送到 Rd 并进行有符号数展开，更新 Rn 为 Rn+offset
LDRH Rd，［Rn］，♯offset	读取存储器［Rn］处半字节送到 Rd，更新 Rn 为 Rn+offset
LDRSH Rd，［Rn］，♯offset	读取存储器［Rn］处半字节送到 Rd 并进行有符号数展开，更新 Rn 为 Rn+offset
LDR Rd，［Rn］，♯offset	读取存储器［Rn］处的字送到 Rd，更新 Rn 为 Rn+offset
LDRD Rd1，Rd2，［Rn］，♯offset	读取存储器［Rn］处双字送到 Rd1、Rd2，更新 Rn 为 Rn+offset
STRB Rd，［Rn］，♯offset	存储字节数到存储器［Rn］，更新 Rn 为 Rn+offset
STRH Rd，［Rn］，♯offset	存储半字节数到存储器［Rn］，更新 Rn 为 Rn+offset
STR Rd，［Rn］，♯offset	存储字数到存储器［Rn］，更新 Rn 为 Rn+offset
STRD Rd1，Rd2，［Rn］，♯offset	存储双字数到存储器［Rn］，更新 Rn 为 Rn+offset

4. 文本池访问形式

存储器访问可以从当前 PC 值和一个偏移值中产生地址值，常用于将立即数加载到一个寄存器，也可作为常量表访问。具有 PC 相关寻址方式的存储器访问指令见表 3.10。

表 3.10　　　　　　　　　　　具有 PC 相关寻址方式的存储器访问指令

指 令 示 例	功 能 描 述
LDRB Rt，［PC，♯offset］	使用 PC 偏移将无符号字节加载到 Rt
LDRSB Rt，［PC，♯offset］	使用 PC 偏移将 1 字节有符号扩展数据加载到 Rt
LDRH Rt，［PC，♯offset］	使用 PC 偏移将无符号半字加载到 Rt
LDRSH Rt，［PC，♯offset］	使用 PC 偏移将半字节有符号扩展数据加载到 Rt
LDR Rt，［PC，♯offset］	使用 PC 偏移将一字节数据加载到 Rt
LDRD Rt1，Rt2，［PC，♯offset］	使用 PC 偏移将双字节数据加载到 Rt1 和 Rt2

5. 批量数据访问形式

ARM 架构可以实现对存储器中多个连续数据的读写操作，其批量加载指令 LDM 和批量存储指令 STM 仅仅支持 32 位数据，相关指令见表 3.11。

表 3.11 批量加载存储指令

指 令 示 例	功 能 描 述
LDMIA Rn,<reg_list>	从 Rn 指向的存储器位置读取多个字,地址在每次读取后增加
LDMDB Rn,<reg_list>	从 Rn 指向的存储器位置读取多个字,地址在每次读取前减小
STMIA Rn,<reg_list>	从 Rn 指向的存储器位置写入多个字,地址在每次读取后增加
STMDB Rn,<reg_list>	从 Rn 指向的存储器位置写入多个字,地址在每次读取前减小

表 3.11 中, <reg _ list>为寄存器列表,至少包含一个寄存器,表示方法如下:①首尾用 "{ }" 标志;②使用 "－" 表示连续寄存器;③使用 ","隔开每个组寄存器。

Cortex 控制器批量加载/存储指令的地址调整方式只有两种:①IA,在每次读写后增加地址;②DB,在每次读写前减小地址。

下面是使用批量加载/存储指令的例子:

```
LDR R6,＝0X1000              ; 设置 R6 的值为 0X1000（地址）
LDMIA R6,{R0,R2－R5,R8}      ; 读取 6 个字数据存入 R0,R2－R5,R8 中
```

批量加载/存储指令与普通加载/存储指令一样,支持写回操作符 "!"。

6. 堆栈数据访问形式

进栈与出栈指令是另外一种形式的多存储和多加载指令,它们利用堆栈指针 R13 来指向堆栈数据区。堆栈指令见表 3.12。

表 3.12 堆 栈 指 令

指 令 示 例	功 能 描 述	指 令 示 例	功 能 描 述
PUSH <reg_list>	将寄存器组存入堆栈区中	POP <reg_list>	从堆栈区中恢复寄存器组

```
例如:PUSH {R0,R2－R5,R8}     ; 将 R0,R2－R5,R8 压入堆栈中
     POP {R2,R6}             ; 将堆栈中数据弹出至 R2,R6 中
```

3.1.3.3　数据处理指令

Cortex－M4 微控制器提供了许多不同的算术运算指令,本小节主要介绍常用的、重要的指令。在指令示例中, #immed 表示立即数。

1. 四则运算指令

基本的加减运算指令有 4 条,分别是 ADD、SUB、ADC、SBC。

```
ADD Rd, Rn, Rm              ; Rd＝Rn＋Rm
ADD Rd, Rn, #immed          ; Rd＝Rn＋#immed
ADC Rd, Rn, Rm              ; Rd＝Rn＋Rm＋carry
ADC Rd, #immed              ; Rd＝Rn＋#immed＋carry
ADDW Rd, Rn, #immed         ; Rd＝Rn＋#immed
SUB Rd, Rn, Rm              ; Rd＝Rn－Rm
SUB Rd, #immed              ; Rd＝Rd－#immed
SUB Rd, Rn, #immed          ; Rd＝Rn－#immed
SBC Rd, Rn, #immed          ; Rd＝Rn－#immed－borrow
SBC Rd, Rn, Rm              ; Rd＝Rn－Rm－borrow
```

SUBC Rd, Rn, #immed　　　　　　　; Rd=Rn - #immed

除此之外, 还有反向减法指令 RSB, 乘法指令 MUL, 除法指令 UDIV、SDIV。

RSB Rd, Rn, #immed　　　　　　　; Rd=#immed - Rn
RSB Rd, Rn, Rm　　　　　　　　　; Rd= Rm - Rn
MUL Rd, Rn, Rm　　　　　　　　　; Rd=Rn×Rm
UDIV Rd, Rn, Rm　　　　　　　　; Rd=Rn/Rm
SDIV Rd, Rn, Rm　　　　　　　　; Rd=Rn/Rm

Cortex - M4 微控制器还支持 32 位乘法指令、乘法累加指令, 结果为 32 位和 64 位。

MLA Rd, Rn, Rm, Ra　　　　　　; Rd= Ra+ Rn×Rm,32 位乘加指令,32 位结果
MLS Rd, Rn, Rm, Ra　　　　　　; Rd= Ra- Rn×Rm,32 位乘减指令,32 位结果
SMULL RdLo, RdHi, Rn, Rm　　　;(RdHi, RdLo)= Rn×Rm,32 位乘法,64 位有符号结果
SMLAL RdLo, RdHi, Rn, Rm　　　;(RdHi, RdLo)+= Rn×Rm,32 位乘加指令,64 位有符号结果
UMULL RdLo, RdHi, Rn, Rm　　　;(RdHi, RdLo)= Rn×Rm,32 位乘法,64 位无符号结果
UMLAL RdLo, RdHi, Rn, Rm　　　;(RdHi, RdLo)+= Rn×Rm,32 位乘加指令,64 位无符号结果

2. 逻辑运算指令

Cortex - M4 微控制器支持许多逻辑运算指令, 如 AND、OR 等。

AND Rd, Rn　　　　　　　　　; Rd= Rd &Rn
AND Rd, Rn, #immed　　　　　　; Rd=Rn& #immed
AND Rd, Rn, Rm　　　　　　　; Rd=Rn&Rm
ORR Rd, Rn　　　　　　　　　; Rd=Rd|Rm
ORR Rd, Rn, #immed　　　　　　; Rd=Rn| #immed
ORR Rd, Rn, Rm　　　　　　　; Rd=Rn|Rm
BIC Rd, Rn　　　　　　　　　; Rd= Rd &(wRn)
BIC Rd, Rn, #immed　　　　　　; Rd=Rn&(w#immed)
BIC Rd, Rn, Rm　　　　　　　; Rd=Rn&(wRm)
ORN Rd, Rn, #immed　　　　　　; Rd=Rn|(w#immed)
ORN Rd, Rn, Rm　　　　　　　; Rd=Rn|(w#immed)
EOR Rd, Rn　　　　　　　　　; Rd=Rd⊕Rn bitwise
EOR Rd, Rn, #immed　　　　　　; Rd=Rn⊕ #immed
EOR Rd, Rn, Rm　　　　　　　; Rd=Rn⊕Rm

3. 移位循环指令

移位循环指令有很多, 包括算术右移 ASR、逻辑左移 LSL、逻辑右移 LSR、循环右移 ROR 等。基本格式如下:

op Rd, Rs
op Rd, Rm, #expr

其中: op 是下列情况之一, ASR—算数右移, 将寄存器中的内容看作补码形式的有符号整数, 将符号位复制到空出的位; LSL—逻辑左移, 空出的位用 0 填充; LSR—逻辑右移, 空出的位用 0 填充; ROR—循环右移, 将寄存器右端移出的位循环移回到左端, 注意, ROR 仅能与寄存器控制的移位一起使用, 也即它只能用第 1 种格式; Rd—目的寄存器, 它也是第 1 操作数寄存器, Rd 必须在 R0~R7 范围内; Rs—包含移位量的寄存器, Rs 必须在R0~

R7 范围内；Rm—存放源操作数的寄存器，Rm 必须在 R0～R7 范围内；expr—立即数移位量，它是一个取值为整数的表达式，整数的范围如下：若 op 是 LSL，则为 0～31；其他情况则是 1～32。

```
ASR R3,R5          ；将 R3 中的值算数右移[R5]次后的值再放入 R3
LSR R0,R2,♯6       ；将 R2 中的值逻辑右移 6 次后的值放入 R0
LSR R5,R5,zyb      ；zyb 必须在汇编时取指为 1～32 范围内的整数
LSL R0,R4,♯0       ；将 R4 的内容放到 R0 中，除了不影响标志 C 和 V 外，同"MOV R0,R4"
ROR R2,R3          ；让 R2 中的值循环右移[R3]次后再存入 R2 中
```

4. 数据转换指令（扩展和反转）

在 Cortex‑M4 微控制器中，有许多指令用来处理有符号和无符号的扩展数据。例如，SXTB—字节带符号扩展到 32 位数；SXTH—字带符号扩展到 32 位数；UXTB—字节被无符号扩展到 32 位（高 24 位清 0）；UXTH—半字被无符号扩展到 32 位（高 16 位清 0）；REV—对一个 32 位整数做按字节反转；REVH—对一个 32 位整数的高低半字都执行字节反转；REV16—对一个 32 位整数的低半字执行字节反转，再带符号扩展成 32 位数；REVSH—圆圈右移。

例如：SXTB Rd，Rn   ；将 Rn 中的字节数带符号扩展到 32 位数

5. 位域操作指令

Cortex‑M4 微控制器还支持位域操作，常用的有：BFC—位段清零；BFI—位段插入；CLZ—计算前导零的数目；RBIT—位反转（把一个 32 位整数先用二进制表达，再旋转 180°）。

例如：BFC Rd，♯<lsb>，♯<width>   ；寄存器位域清零

3.1.3.4 比较与测试指令

Cortex‑M4 微控制器还有比较与测试指令，它们的目的是更新标志位，因此会影响标志位。

（1）CMP 指令。该指令在内部做两个数的减法，并根据差来设置标志位，但是不把差写回。

（2）CMN 指令。该指令在内部做两个数的加法，相当于减去减数的相反数。

（3）TST 指令。该指令在内部做两个数的与操作，并无条件更新标志位，但是不把运算结果写回。

（4）TEQ 指令。该指令在内部做两个数的异或操作，并无条件更新标志位，但是不把运算结果写回。

3.1.3.5 程序流程控制指令

程序流程控制指令包括无条件跳转、函数调用、条件跳转、条件执行（IF‑THEN）和查表跳转几种类型的指令。

1. 无条件跳转指令

以下指令可进行跳转操作：①跳转指令，如 B、BX；②更新 R15（PC）的数据处理指令，如 MOV、ADD；③写入 R15（PC）的存储器读取指令，如 LDR、LDM、POP。

基本的无条件转移指令有以下两种形式：

```
B  Label       ；跳转到 Label 处对应的地址
```

```
BX reg          ;跳转到由寄存器 reg 给出的地址
```

在 BX 中，reg 的最低位指示出在跳转后，将进入的状态是 ARM（LSB＝0）还是 Thumb（LSB＝1）。因为 Cortex - M4 微控制器只在 Thumb 中运行，所以必须保证 reg 的 LSB＝1，否则会出错。

2. 函数调用指令

调用子程序时，需要保存返回地址，对应的指令如下：

```
BL   Label      ;转移到 Label 处对应的地址,并把转移前的下条指令地址保存到 LR
BLX  reg        ;转移到由寄存器 reg 指向的地址,根据 reg 的 LSB 切换控制器状态,并把转移前的下条指令地址保存
                 到 LR,执行跳转的同时将返回地址保存到连接寄存器(LR),在函数调用完成后,控制器可以返回程
                 序原来的执行处
```

当这些指令被执行时，会进行以下操作：

（1）程序计数器被设置为跳转目标地址。

（2）更新连接寄存器（LR/R14）来保存返回地址，返回地址就是执行完 BL/BLX 指令后即将执行的指令地址。

（3）如果指令是 BLX，则使用寄存器的 LSB 来更新 EPSR 的 Thumb 位，从而保存跳转目标地址。在 BLX 操作中，由于 Cortex - M4 微控制器只支持 Thumb 位，因此寄存器的 LSB 必须设置为 1，否则控制器会尝试切换到 ARM 状态，并将导致故障异常。

3. 条件跳转指令

条件跳转指令的执行基于 APSR 中的 N、Z、C、V 4 个标志位，见表 3.13。APSR 标志位会受到以下因素的影响：①大多数 16 位数据处理指令；②32 位有 S 后缀的数据处理指令，如 ADDS. W；③比较（如 CMP）和测试（如 TST、TEQ）；④直接写入 APSR/Xpsr。

表 3.13　　　　　　　　　N、Z、C、V 4 个标志位的作用

标志位	位	作　用
N	31	负数(上一次操作的结果是个负数)。N＝操作结果的 MSB
Z	30	零(上次操作结果是 0)。当数据操作指令的结果为 0,或比较测试的结果为 0 时,Z 复位
C	29	进位(上次操作结果导致进位)。C 用于无符号数据处理,最常见的是当加法进位及减法无借位时 C 被置位。此外,C 还充当移位指令的中介
V	28	溢出(上次操作结果导致数据的溢出)。该标志用于带符号的数据处理

另一个标志位 bit［27］，称为 Q 标志，它用于饱和运算，而不用于条件跳转。条件跳转指令所需的条件由后缀（如＜cond＞）来表示。条件分支指令有 16 位和 32 位版本，具有不同的跳转范围，具体见表 3.14。

表 3.14　　　　　　　　　条 件 跳 转 指 令

指　令	功 能 描 述
B ＜cond＞＜label＞	如果条件为真,就跳转到 label 处
B＜cond＞. W＜label＞	CMP R0,＃1 BEQ loop;如果 R0 等于 1,则跳转至 loop,如果跳转范围超过所需范围的正负 254 字节,则需要指定 B. W 使用 32 位的跳转指令来获得更宽的范围

4. IF-THEN 指令

IF-THEN（IT）指令围起一个块，其中最多有 4 条指令，它里面的指令可以条件执行。使用形式如下：

```
IT <cond>                    ;围起 1 条指令的 IF-THEN 块
IT <x><cond>                 ;围起 2 条指令的 IF-THEN 块
IT <x><y><cond>              ;围起 3 条指令的 IF-THEN 块
IT <x><y><z><cond>           ;围起 4 条指令的 IF-THEN 块
```

其中：$<x>$、$<y>$、$<z>$ 的取值可以是 T 或 E。IT 已经带了一个 T，因此最多还可以再带 3 个 T 或 E，对 T 和 E 的顺序没有要求，且 T 对应条件成立时执行的语句，E 对应条件不成立时执行的语句。在 IF-THEN 块中的指令必须加上条件后缀，且 T 对应的指令必须使用和 IT 指令中相同的条件，E 对应的指令必须使用和 IT 指令中相反的条件。例如，要实现如下的功能：

```
if(R0==R1)
  {R3=R4+R5; R3=R3/2;}
else
  {R3=R6+R7; R3= R3/2;}
```

可以写作：

```
CMP R0, R1              ;比较 R0 和 R1
ITTEE
ADDEQ R3, R4, R5        ;相等时加法 EQ,如果 R0=R1, THEN-THEN-ELSE-ELSE
ASREQ R3, R3, #1        ;相等时算术右移
ADDNE R3, R6, R7        ;不等时加法
ASRNE R3, R3, #1        ;不等时算术右移
```

5. 查表跳转指令

Cortex-M3 和 Cortex-M4 微控制器支持 TBB（查表跳转字节范围的偏移量）和 TBH（查表跳转半字范围的偏移量）两个查表跳转指令。这些指令常用在 C 语言代码中实现语句转换。由于程序计数器 0 位的值始终为零，使用查表跳转指令时不需要存储 0 位，因此跳转偏移量是目标地址乘 2 后计算所得。TBB 用于以字节为单位的查表转移，从一个字节数组中选 8 位前向跳转地址并转移。TBH 用于以半字为单位的查表转移，从一个半字数组中选 16 位前向跳转地址并转移。由于 Cortex-M4 微控制器的指令至少是按半字对齐的，因此其表中的数值都是在左移一位后才作为前向跳转的偏移量的。又因为 PC 的值为当前地址 +4，所以 TBB 的跳转范围可达 $255 \times 2 + 4 = 514$；TBH 的跳转范围更可高达 $65535 \times 2 + 4 = 128KB + 2$。TBB 的语法格式如下：

```
TBB[Rn, Rm]
```

TBH 指令的操作与 TBB 非常相似，只不过跳转表中的每个元素都是 16 位，TBH 的语法格式稍有不同，为：TBH [Rn, Rm, LSL #1]

3.1.3.6　异常相关指令

一个与异常相关的指令为 SVC 指令。SVC 指令是用来生成 SVC 异常的（异常类型 11）。通常情况下，一个运行在非特权执行状态下的应用任务可以向运行在特权执行状态下

的操作系统请求服务，SVC 异常机制用来提供非特权级向特权级的转变。SVC 指令的语法如下：

SVC #<immed>

立即数的值是 8 位，值本身不影响 SVC 异常的行为，但 SVC 处理程序可以从软件中提取一个值，并把它作为一个输入参数使用。例如，利用这个值来确定应用任务所请求的服务。

另一个与异常相关的指令是 CPS（change processor state）指令。对于 Cortex - M 微控制器，用户可以使用这个指令设置或清除中断屏蔽寄存器（如 PRIMASK 和 FAULT-MASK）。需注意的是，这些寄存器也可以使用 MSR 和 MRS 指令访问。CPS 指令必须使用 IE（中断使能）或 ID（中断禁用）中的一个作为后缀。由于 Cortex - M3 和 Cortex - M4 微控制器有多个中断屏蔽寄存器，因此需明确指定要设置或清除哪个中断屏蔽寄存器。

3.1.3.7　饱和运算指令

饱和经常被用在信号处理中。例如，经过一定的操作（如放大）之后，信号的幅度可以超过最大允许输出范围，如果该值通过简单地切断最高有效位（MSB）来调整，则所产生的信号波形会完全失真。饱和运算通过将信号的值控制在最大允许范围内，从而减小失真。虽然失真仍存在，但只要信号的值不超过最大允许范围太多，失真便不明显。Cortex - M 微控制器支持两个指令，这两个指令提供了有符号数据和无符号数据的饱和度调整，它们分别是 SSAT（针对有符号数据）和 USAT（针对无符号数据）。Cortex - M4 微控制器也支持这两个指令，此外，还支持饱和算法指令。SSAT 和 USAT 指令的语法如下：

SSAT <Rd>,#<immed>,<Rn>,(,<shift>)　　;以有符号数的边界进行饱和运算
USAT <Rd>,#<immed>,<Rn>,(,<shift>)　　;以无符号数的边界进行饱和运算

3.1.3.8　存储器隔离指令

隔离指令在一些结构比较复杂的存储器系统中是需要的，在这类系统中，如果没有必要的隔离，会导致系统发生紊乱现象。存储器隔离指令可用于以下情况：①强制改变存储器访问次序；②在执行之后的操作之前，保证系统配置发生变化。Cortex - M4 微控制器支持 3 种存储器隔离指令，见表 3.15。

表 3.15　　　　　　　　　　　　存储器隔离指令的功能描述

指　令	功　能　描　述
DMB	数据存储器隔离。DMB 指令保证,仅当所有在它前面的存储器访问操作都执行完毕后,才提交在它后面的存储器访问操作
DSB	数据同步隔离。比 DMB 严格,仅当所有在它前面的存储器访问操作都执行完毕后,才执行在它后面的指令
ISB	指令同步隔离。最严格,它会清洗流水线,以保证所有在它前面的指令都执行完毕后,才执行它后面的指令

3.2　DSP 扩展指令和 FPU

ARMv7 - M 体系架构的主要扩展内容为 DSP 扩展和 FP 扩展。

（1）DSP 扩展。DSP 扩展将 ARM 的数字信号处理（DSP）指令添加到 ARMv7 - M 的

Thumb 指令集。这些指令包括饱和指令和无符号单指令多数据指令（SIMD）。

（2）FP 扩展。FP 扩展将单精度浮点处理指令添加到 ARMv7－M 的 Thumb 指令集，这是由 ARMv7－A 和 ARMv7－R 体系架构定义的 VFPv4－D16 扩展的单精度实现的。在 ARMv7－A 和 ARMv7－R 体系架构中，可选的浮点扩展单元被称为 VFP 扩展单元，此名称是具有历史意义的，相应的 ARMv7－M 架构扩展名的缩写是 FP 的延伸。而引入到 ARMv7－M 的 FP 扩展中的指令，等效于 ARMv7－A 和 ARMv7－R 机构的单精度浮点指令，并使用相同的指令助记符。浮点扩展又被称为 FPv4－SP 扩展。

3.2.1　DSP 扩展指令

新兴的应用领域不断涌现出许多新的算法标准，这些算法对控制器提出了更高的性能和控制要求。ARMv7－M 为此增添了一些针对数字信号处理的高性能指令集，以期能够达到软件和硬件的一个优化平衡。这些涉及信号处理的应用本来是要借助一块专用 DSP 来完成的，现在由 Cortex－M4 核心就可以实现同样的功能。DSP 扩展指令集使得 Cortex 系列能够更好地适应复杂的信号处理，同时还保留了作为高性能控制器所特有的低功耗特性。

传统的数字信号处理指令都是单指令单数据流，这样控制器执行部件在取操作数时先去存储器取 1 个操作数，然后取第 2 个操作数，再执行指令，这样的执行对于现代大数据量的多媒体信息来说显得效率太低。数字音视频和一些传感器数据处理有以下特点：①数据量巨大；②对于每一个数据的操作基本上雷同。针对这些特点，Cortex－M4 的 DSP 运算单元增加了 SIMD 单指令多数据的运算支持，使得对于重复的数据运算可以压缩在一个指令中完成，在代码空间和执行效率上都得到大大的提高。SIMD 可以由执行部件一次获取多个操作数并进行运算，这种技术多于多媒体数据处理等数据密集型应用。SIMD 扩展可以实现在一个周期里面完成多个操作。SIMD 技术支持运算打包数据，算法开发者可以通过此技术减少加载内存操作数的时间，同时在一个周期内完成全部运算。

3.2.1.1　乘加指令

1. SMLALD、SMLALDX

按半字带符号相乘，并累加至相应高低位的 32 位寄存器。语法格式为：

SMLALD{X}{cond} RdLo, RdHi, Rn, Rm

其中：X 表示是否交叉相乘，无 X 表示在乘法运算时，Rn［31～16］× Rm［31～16］，Rn［15～0］× Rm［15～0］；有 X 表示在乘法运算时，Rn［31～16］× Rm［I5～0］，Rn［15～0］×Rm［31～16］；RdLo、RdHi 表示目标寄存器，64 位结果的高 32 位累加在 RdHi 中，低 32 位累加在 RdLo 中；Rn、Rm 表示相乘的源操作数寄存器。

2. SMLAWB、SMLAWT

带符号字和半字的乘加运算。语法格式为：

SMLAW{Y}{cond} Rd, Rn, Rm, Ra

其中：Y 表示使用 Rm 高低的哪个半字，B（bottom）表示取 Rm 的低半字，Rm［15～0］× Rn；T（top）表示取 Rm 的高半字，Rm［31～16］× Rn；Ra 表示累加或被减数的寄存器；Rd 表示 32 位目标寄存器。

SMLAWB 指令的执行过程为：

Rd＝ Ra ＋ (Rn×Rm [15～0]) [47～15]　　　　　　　;带符号乘法和加法

　　SMLAWT 指令的执行过程为：

Rd ＝ Ra ＋ (Rn×Rm [31～16]) [47～15]　　　　　　;带符号乘法和加法

　　3. SMLSD、SMLSLD、SMLSLDX

　　按半字带符号相乘，然后两结果相减，并累加到目标寄存器。语法格式为：

SMLSD{X}{cond} Rd, Rn, Rm, Ra

SMLSLD{X}{cond} RdLo, RdHL, R, Rm

其中：X 表示是否交又相乘，无 X 表示在乘法运算时，Rn [31～16] ×Rm [31～16]，Rn [15～0] × Rm [15～0]；有 X 表示在乘法运算时，Rn [31～16] × Rm [15～0]，Rn [15～0] × Rm [31～16]，其余的同前面 "1." 和 "2."。

　　如 SMLSD 指令的执行过程为：

TEMP＝Rn[31～16] ×Rm[31～16]－Rn [15～0] ×Rm[15～0]　　　;带符号乘法

Rd ＝ Ra ＋TEMP[47～15]　　　　　　　　　　　　　　　;带符号加法

　　如果累加运算溢出，这些指令影响 Q 标志位。而在乘法或减法运算过程中不会发生溢出。对于 Thumb 指令集，这些指令不影响条件代码标志位。

　　4. SMMLA、SMMLAR、SMMLS、SMMLSR

　　带符号字相乘，取相乘结果的 32 位最高有效位，再相加或相减得到 32 位结果。语法格式为：

　op {R}{cond} Rd, Rn, Rm, Ra

其中：op 是 SMMLA 时表示带符号最高有效位乘加，是 SMMLS 时表示带符号最高有效位乘减；R 表示是否舍入的标志位，如果指定了 R，则相乘的 64 位结果会舍入而不是直接截取，通过向相乘结果加上 0x8000000 在提取最高 32 位有效位前达到舍入的效果。

　　5. SMMUL、SMMULR

　　带符号的 32 位乘法，结果为 32 位最高有效位。语法格式为：

SMMUL{R} {cond} Rd, Rn, Rm

其中：R 表示是否舍入的标志位，如果指定了 R，则相乘的 64 位结果会舍入而不是直接截取，通过向相乘结果加上 0x8000000，在提取最高 32 位有效位前达到舍入的效果。

　　SMMUL 的执行过程为：

Rd ＝(Rn×Rm) [63～32]　　　　　　　　;带符号的乘法

　　SMMULR 的执行过程为：

Rd ＝ (Rn×Rm ＋ 08x0000000) [63～32]　　;带符号的乘法

　　6. SMUAD、SMUADX、SMUSD、SMUSDX

　　按半字带符号相乘，再相加或相减。语法格式为：

　op { X }{cond} Rd, Rn, Rm

其中：op 为 SMUAD 时表示按半字相乘后再相加，为 SMUSD 时表示按半字相乘后再相减；

X 表示是否交叉相乘，无 X 时，在乘法运算时，Rn [31～16] × Rm [31～16]，Rn [15～0] × Rm [15～0]；有 X 时，在乘法运算时，Rn [31～16] × Rm [15～0]，Rn [15～0] × Rm [31～16]。

下面以 SMUSD、SMUSDX 为例介绍其执行过程。

SMUSD 的执行过程为：

Rd = Rn [15～0]×Rm [15～0]−Rn[31～16]×Rm[31～16]   ;带符号的乘法减法

SMUSDX 的执行过程为：

Rd = Rn [15～0]×Rm[31～16]−Rn[31～16]×Rm [15～0]   ;带符号的乘法减法

如果加法运算溢出，这些指令影响 Q 标志位。在乘法运算过程中不会发生溢出。

7. SMULBB、SMULBT、SMULTB、SMULTT、SMULWB、SMULWT

按指定半字或字带符号相乘。语法格式为：

SMUL{XY}{cond} Rd, Rn, Rm   ; 按指定半字带符号相乘
SMULW{Y}{cond} Rd, Rn,Rm   ; 按指定半字和字带符号相乘

其中：XY 表示使用 Rn 和 Rm 的高低哪个半字，BB 表示取 Rn 的低半字和 Rm 的低半字，Rm [15～0] × Rn [15～0]；BT 表示取 Rn 的低半字和 Rm 的高半字，Rm [31～16] × Rn [15～0]；TB 表示取 Rn 的高半字和 Rm 的低半字，Rm [15～0] × Rn [31～16]；TT 表示取 Rn 的高半字和 Rm 的高半字，Rm [31～16] × Rn [31～16]；Y 表示表示使用 Rm 的高低哪个半字；B 表示取 Rm 的低半字，Rm [15～0] × Rn；T 表示取 Rm 的高半字，Rm [31～16] × Rn。SMULWB、SMULWT 指令将得到的 48 位乘法结果取最高 32 位有效位，写入 Rd。

8. UMAAL

无符号的乘加运算结果后再相加，得到 64 位结果。语法格式为：

UMAAL{cond} RdLo, RdHi, Rn, Rm

UMAAL 指令的执行过程为：

TEMP=RdLo+RdHi+Rn×Rm,RdLo=TEMP[31～0],RdHi= TEMP[63～32]

3.2.1.2　饱和指令

1. SSAT16、USAT16

按半字分别饱和运算，再将结果存入目标寄存器相应位。语法格式为：

op {cond} Rd,♯n, Rm

其中：op 为 SSAT16 时按半字在带符号的范围内饱和运算，为 USAT16 时按半字在无符号的范围内饱和运算；Rd 表示目标寄存器；n 表示指定的饱和的位，对于 SSAT16，n 的取值范围为 1～16，对于 USAT16，n 的取值范围为 0～15；Rm 表示饱和运算操作数的寄存器。如果在 SSAT16 和 USAT16 一旦有饱和运算发生，则更新 Q 标志位为 1。SSAT16、US-AT16 指令示例：

SSAT16 R7, ♯9,R2   ;对 R2 的高低半字进行 9 位带符号饱和运算,写入 R7 中相应高低半字
USAT16NE R0, ♯13, R5   ;条件执行,R5 的高低半字进行 13 位的无符号饱和运算,写入 R0 中相应的高低半字

2. QADD、QSUB

对加法和减法运算结果进行带符号的饱和运算,语法格式为:

op{ X }{ cond }{ Rd }, Rd, Rm

其中: op 为 QADD、QSUB; X 为 8 时按字节操作,得到的 4 个结果做带符号的 8 位饱和运算,为 16 时按半字操作,得到的 2 个结果做带符号的 16 位饱和运算,为 "一" 时按字操作,得到的 1 个结果做带符号的 32 位饱和运算。

由 op 和 X 共组成加减饱和运算指令为 QADD、QADD8、QADD16、QSUB、QSUB8、QSUB16,这些指令从第 1、2 个操作数得到 2、4 或 8 值进行加减运算,然后对得到的每个值进行相应带符号的饱和运算,并存入目标寄存器相应位置。如果做了饱和运算的值与返回的结果值不同,则称为饱和。如果出现饱和,QADD 和 QSUB 指令会设置 APSR 的 Q 标志位为 1;否则,它保持 Q 标志位不变。8 位和 16 位的 QADD 和 OSUB 指令始终保持不更新 Q 标志位。若要清零 Q 标志位,必须使用 MSR 指令;若要读取 Q 标志位,使用 MRS 指令。

3. QDADD、QDSUB

第 2 个操作数翻倍并做带符号饱和运算后,再与第 1 个操作数加减,结果再做带符号的饱和运算。语法格式为:

op{ cond } { Rd }, Rm, Rn

其中: op 为 QDADD、QDSUB。

QDADD 指令的执行过程为:第 2 个操作数的翻倍;将翻倍后的第 2 个操作数有符号饱和并和第 1 个操作数相加,再做饱和运算;将结果写入目标寄存器。无论是翻倍、相加,还是相减,它们的结果都要经过 32 位有符号整数饱和运算, $-2^{31} \leqslant x < 2^{31} - 1$。如果在任一操作中出现饱和,它将在 APSR 中设置 Q 标志。

3. 2. 1. 3　位段指令

1. PKHBT、PKHTB

根据指定高低半字转移数据。语法格式为:

op{ cond }{Rd}, Rn, Rm (, LSL #imm)
op{ cond }{Rd}, Rn, Rm (, ASR #imm)

其中: op 为 PKHBT 时表示半字转移,Rn 的低半字和 Rm 逻辑左移 imm 的高半字;为 PKHTB 时表示半字转移,Rn 的高半字和 Rm 算术右移 imm 的低半字;imm 表示移位长度。移位指令取决于 op:①对于 PKHBT,LSL 逻辑左移,imm 的范围为 1~31,取 0 代表不移位;②对于 PKHTB,ASR 算术右移,imm 的范围是 1~32,取 32 时结果为 ob0。

PKHBT 指令的执行过程为: Rd [15~0] = Rn [15~0]、Rd [31~16] = (Rm, LSL #imm) [31~16];PKHTB 指令的执行过程为: Rd [15~0] = (Rm, ASR #imm) [15~0]、Rd [31~16] = Rn [31~16]。

PKHBT、PKHTB 指令示例:

```
PKHBT R3,R4, R5 LSL #0      ;R4 的低半字写入 R3 的低半字
                           ;R5 的高半字逻辑左移 0 位,写入 R3 的高半字
PKHTB R4,R0,R2 ASR #1       ;R2 的低半字算术右移 1 位,写入 R4 的低半字
                           ;R0 的高半字写入 R4 的高半字
```

2. SXTA、UXTA

带符号或零扩展，然后相加。语法格式为：

op{ cond }{Rd,} Rn, Rm {, ROR ♯n }

其中：op 为 SXTAB 时表示 Rm［7～0］带符号扩展到 32 位，与 Rn 相加；为 SXTAH 时表示 Rm［15～0］带符号扩展到 32 位，与 Rn 相加；为 SXTAB16 时表示 Rm［7～0］和 Rm［23～16］分别带符号扩展到 16 位，与 Rn 相应高低半字相加；为 UXTAB 时表示 Rm［7～0］带零扩展到 32 位，与 Rn 相加；为 UXTAH 时表示 Rm［15～0］带零扩展到 32 位，与 Rn 相加；为 UXTAB16 时表示 Rm［7～0］和 Rm［23～16］分别零扩展到 16 位，与 Rn 相应高半字相加。"ROR ♯n" 是可选的循环右移，为 "ROR ♯8" 时表示 Rm 循环右移 8 位；为 "ROR ♯16" 时表示 Rm 循环右移 16 位；为 "ROR ♯24" 时表示 Rm 循环右移 24 位；如果 "ROR ♯n" 缺省，无循环右移。

3. SXTB16、UXTB16

按半字带符号扩展或零扩展，8 位字节到 16 位。语法格式为：

op{cond}{Rd,} Rm {, ROR ♯n}

其中：op 为 SXTB16 时表示 Rm［7～0］和 Rm［23～16］分别带符号扩展到 16 位；为 UXTB16 时表示 Rm［7～0］和 Rm［23～16］分别零扩展到 16 位。"ROR ♯n" 表示可选的循环右移；为 "ROR ♯8" 时表示 Rm 循环右移 8 位；为 "ROR ♯16" 时表示 Rm 循环右移 16 位；为 "ROR ♯24" 时表示 Rm 循环右移 24 位；如果 "ROR ♯n" 缺省，无循环右移。

SXTB16、UXTB16 指令示例：

SXTB R4, R6, ROR ♯16   ；R6 循环右移 16 位，得到的低半字带符号扩展到 32 位，并写入 R4
UXTB R3,R10   ；获取 R10 的低字节，零扩展并写入 R3

3.2.1.4 SIMD 并行加减指令

DSP 扩展添加指令，对 2 个寄存器的值进行加减运算，并将结果写入目标寄存器，寄存器的值被视为 2 个半字或 4 个字节的集。这些指令包括在主要指令之前添加前缀，前缀如下：①S 表示带符号运算，modulo2^8 或 2^{16}；②Q 表示带符号的饱和运算；③SH 表示有符号运算，结果减半；④U 表示无符号运算，modulo2^8 或 2^{16}；⑤UQ 表示无符号饱和运算；⑥UH 表示无符号运算，结果减半。主要指令助记符如下：

(1) ADD16 表示两个操作数的高半字相加写入结果高半字，同样的两个操作数的低半字相加写入结果低半字。

(2) ASX 表示第 2 个操作数的半字交换，然后高半字做加法，低半字做减法。

(3) SAX 表示第 2 个操作数的半字交换，然后高半字做减法，低半字做加法。

(4) SUB16 表示第 1 个操作数的每个半字，减去第 2 个操作数的相应半字，写入结果的相应半字。

(5) ADD8 表示第 1 个操作数的每个字节，加上第 2 个操作数的相应字节，写入结果的相应字节。

(6) SUB8 表示第 1 个操作数的每个字节，减去第 2 个操作数的相应字节，写入结果的相应字节。

表 3.16 所列是主要指令和前缀的组合指令。

表 3.16　　　　　　　　　　　　　　　　DSP 加 减 指 令

主 要 指 令	带符号	饱　和	带符号减半	无符号	无符号饱和	无符号减半
ADD16,按半字相加	SADD16	QADD16	SHADD16	UADD16	UQADD16	UHADD16
ASX,交换加减	SASX	QASX	SHASX	UASX	UQASX	UHASX
SAX,交换减加	SSAX	QSAX	SHSAX	USAX	UQSAX	UHSAX
SUB16,按半字相减	SSUB16	QSUB16	SHSUB16	USUB16	UQSUB16	UHSUB16
ADD8,按字节相加	SADD8	QADD8	SHADD8	UADD8	UQADD8	UHADD8
SUB8,按字节相减	SSUB8	QSUB8	SHSUB8	USUB8	UQSUB8	UHSUB8

3.2.1.5　杂项数据处理指令

1. SEL

选择字节。根据 4 位 APSR. GE [3~0] 的值，从第 1 个操作数或第 2 个操作数，选择其结果的每个字节。语法格式为：

SEL{<c>}{<q>} {<Rd>,} <Rn>,<Rm>

其中：<c>、<q>是标准的汇编程序语法字段。SEL 指令首先读取 APSR. GE [3~0] 的每一位，然后：

(1) APSR. GE [0]==1，Rd [7~0] =Rn [7~0]；否则，Rd [7~0] =Rm [7~0]。

(2) APSR. GE [1]==1，Rd [15~8]=Rn [15~8]；否则，Rd [15~8] =Rm [15~8]。

(3) APSR. GE [2]==1，Rd [23~16]=Rn [23~16]；否则，Rd [23~16]=Rm [23~16]。

(4) APSR. GE [3]==1，Rd [31~24]=Rn [31~24]；否则，Rd [31~24]=Rm[31~24]。

2. USAD8

按字节统计无符号绝对差值的和。语法格式为：

USAD8{cond} {Rd,} Rn, Rm

USAD8 指令，首先按字节 Rn 的每个字节减去 Rm 相对应的字节，将所有差值的绝对值加起来，结果写入 Rd。

3. USADA8

按字节统计无符号绝对差值的和，再相加。语法格式为：

USADA8{cond}{ Rd,} Rn, Rm, Ra

USADA8 指令，首先按字节 Rn 的每个字节减去 Rm 相对应的字节，将所有差值的绝对值相加总和再加上 Ra，结果写入 Rd。

3.2.2　FPU

浮点（FP）扩展是 ARMv7 – M 可选的扩展单元，被称为 FPv4 – P，它定义了浮点单元（FPU），提供了单精度浮点指令。FPU 支持所有单精度数据处理指令和 ARM 体系结构参考手册中描述的数据类型，兼容 IEEE 754 标准。FPU 具有独立的浮点运算流水线，完全支持单精度添加、减去、相乘、除法、乘加和平方根操作，它还提供定点和浮点数据格式，以及浮点常数指令之间的转换，包括：

（1）提供了扩展的寄存器，包括 32 个单精度寄存器，可以组合成 16 个 64 位字寄存器 D0～D15，或者 32 个 32 位单精度寄存器 S0～S31。

（2）单精度浮点运算。

（3）整型、单精度浮点数和半精度浮点数格式之间的转换。

（4）单精度寄存器和双字寄存器之间的数据传输。

3.2.2.1 FPU 的寄存器

FPU 提供的扩展寄存器，包括 32 个单精度寄存器。这些可以看作：①16 个 64 位字寄存器 D0～D15；②32 个 32 位单精度寄存器 S0～S31。

寄存器的映射关系为：①S<2n>映射到 D<n>最低有效半字；②S<2n+1>映射到 D<n>最高有效半字。例如，可以通过访问 S12 而得到 D6 的最低有效半字的值，通过访问 S13 得到 D6 最高有效位的半字。

3.2.2.2 FPU 的操作模式

FPU 提供了 3 种操作模式，可以满足各种应用程序。

1. Full - compliance 模式

Full - compliance 模式中，按照 IEEE 754 标准，FPU 在硬件中完成所有的操作。

2. Flush - to - zero 模式

设置浮点状态和控制寄存器 FPSCR［24］-FZ 位，启用 Flush - to - zero 模式。在此模式下，在操作中所有 CDP 算术运算中非正常输入的运算操作数，FPU 都将视为零，结果为零时导致的异常会适当地发出信号。VABS、VNEG、VMOV 不被视为 CDP 算术运算，也不会受到零模式的影响。在 IEEE 754 标准中，如果结果值很小，其目标精度舍入之前幅度小于正常的最小值，将被替换为零。

（1）FPSCR［7］——IDC 标志位，表示输入刷新发生。

（2）FPSCR［3］——UFC 标志位，表示结果刷新发生。

3. Default NaN 模式

设置 FPSC［25］——DN 位，启用 Default NaN 模式。在此模式中，任何算术数据处理操作的结果都会输入 NaN，或生成 NaN 结果，返回默认的 NaN。VABS、VNEG 和 VMON 操作会保持被涉及的部分位，所有其他 CDP 操作将会忽略任何信息在输入 NaN 的部分位。

3.2.2.3 FPU 加载存储指令

FPU 加载存储指令见表 3.17。

表 3.17 FPU 加载存储指令

助 记 符	操 作 数	说 明
VLDM. F<32|64>	Rn{!},list	多寄存器加载,用法同 LDM
VLDR. F<32|64>	<Dd|Sd>,［Rn］	加载到扩展寄存器,用法同 LDR
VPOP	list	弹栈,数据存入扩展寄存器,用法同 POP
VPUSH	list	压栈,数据从扩展寄存器存入,用法同 PUSH
VSTM. F<32|64>	Rn{!},list	多寄存器存储,用法同 STM
VSTR. F<32|64>	Sd,［Rn］	存储扩展寄存器,用法同 STR

3.2.2.4 FPU 寄存器传送指令

表 3.18 汇总了浮点指令集的 FPU 寄存器传送指令。这些指令将数据从 ARM 核心寄存器传输到 FP 扩展寄存器，或从 FP 扩展寄存器传输到 ARM 核心寄存器。FPSCR 寄存器是 FP 扩展的浮点单元状态扩展寄存器。

表 3.18 FPU 寄存器传送指令

助 记 符	操 作 数	说 明
VMOV. F32	Sd, #imm	传送立即数到 FP 扩展寄存器
VMOV	Sd, Sm	FP 扩展寄存器之间的数据传送
VMOV	Sn, Rt	复制数据，从 ARM 核心寄存器到单精度寄存器
VMOV	Sm, Sm1, Rt1, Rt2	复制数据，从 2 个 ARM 核心寄存器到 2 个单精度寄存器
VMOV	Dd[x], Rt	复制字/半字/字节，从 ARM 核心寄存器到双字寄存器
VMOV	Rt, Dn[x]	复制字/半字/字节，从双字寄存器到 ARM 核心寄存器
VMRS	Rt, FPSCR	复制 FPSCR 的值到 ARM 核心寄存器
VMSR	FPSCR, Rt	复制 ARM 核心寄存器的值到 FPSCR

3.2.2.5 FPU 数据处理指令

表 3.19 汇总了 FPU 数据处理指令。FPU 数据处理指令所使用的浮点算法、一些基本算术运算的用法与常规数据运算指令类似。

表 3.19 FPU 数据处理指令

助 记 符	操 作 数	说 明
VABS. F32	Sd, Sm	浮点数绝对值运算
VADD. F32	{Sd, } Sn, Sm	浮点加法
VCMP. F32	Sd, <Sm | #0.0>	浮点比较，第 2 个操作数可以是 0 或 FP 寄存器
VCMPE. F32	Sd, <Sm | #0.0>	浮点比较，具有无效的操作检查
VCVT. S32. F32	Sd, Sm	浮点数和整数之间的转换
VCVT. S16. F32	Sd, Sd, #fbits	浮点数和定点数之间的转换
VCVTR. S32. F32	Sd, Sm	浮点数和整数之间舍入方式的转换
VCVT<B|H>. F32. F16	Sd, Sm	半精度浮点数值转换为单精度浮点数
VCVTT<B|T>. F32. F16	Sd, Sm	单精度浮点数值转换为半精度浮点数
VDIV. F32	{Sd, } Sn, Sm	浮点数除法
VFMA. F32	{Sd, } Sn, Sm	浮点数积和熔加运算
VFNMA. F32	{Sd, } Sn, Sm	浮点数积和熔加求负运算
VFMS. F32	{Sd, } Sn, Sm	浮点数积和熔减运算
VFNMS. F32	{Sd, } Sn, Sm	浮点数积和熔减求负运算
VMUL. F32	{Sd, } Sn, Sm	浮点数乘法
VNEG. F32	Sd, Sm	浮点数求负运算
VNMLA. F32	Sd, Sn, Sm	浮点数乘加运算
VNMLS. F32	Sd, Sn, Sm	浮点数乘减运算
VNMUL. F32	{Sd, } Sn, Sm	浮点数乘法
VSQRT. F32	Sd, Sm	浮点数平方根运算
VSUF. F<32|64>	{Sd, } Sn, Sm	浮点数减法运算

3.3 汇编与 C 混合编程

ARM 体系结构不仅支持汇编语言的使用，也支持 C 语言，在一些情况下还支持汇编语言和 C 语言间的混合编程。汇编语言与 C 语言在程序设计开发方面各有优劣，在 ARM 芯片的开发中采用两者混合编程可以取长补短，达到最佳效果。

3.3.1 ATPCS 概述

ARM 编程可以使用汇编语言和 C 语言，使用汇编语言编程目标代码效率较高，但较为烦琐，设计大型系统时不易维护；而 C 语言比较简洁明了，但代码效率即使经过优化，也比汇编语言低，特别是在一些实时性强和需要精细处理的场合，C 语言往往难以胜任。因此一个折中的办法是：使用 C 语言写整体框架，而使用汇编语言实现局部模块，这就涉及汇编语言和 C 语言混合编程的问题。为此，本小节将介绍在 ARM 汇编器中常用的两种汇编语言和 C 语言混合编程方法：ATPCS（arm - thumb produce call standard）规则和内嵌汇编（in - line assembly）。

ATPCS 规定了 ARM/Thumb 程序中子程序调用的基本规则，其目的是单独编译的 C 语言和汇程序之间能够相互调用。ATPCS 规定的基本规则包括了子程序调用过程中寄存器的使用规则、数据栈的使用规则、参数传递的规则，当然也有为了适应一些特别的需要对这些基本规则进行修改得到的几种不同的子程序的调用规则。本小节只对一些基本的规则进行介绍。ATPCS 规则体现了一种模块化设计的思想，其基本内容是 C 模块（代码段）和汇编模仿（函数）相互调用的一套规则（很多 C 编译器都有类似的规则），在介绍具体内容时，由于 Cortex - M4 微控制器不进行 ARM 和 Thumb 状态间的切换，故不涉及 ARM 代码和 Thumb 代码之间的相互调用。

3.3.1.1 寄存器的使用规则

调用模块和被调用模块之间寄存器的使用必须满足以下规则：

（1）子程序通过寄存器 R0～R3 来传递参数，这时，寄存器 R0～R3 可以记作 A0～A3，被调用的子程序在返回前无须恢复寄存器 R0～R3 的内容。

（2）在子程序中，使用 R4～R11 来保存局部变量，这时寄存器 R4～R11 可以记作 V1～V8。如果在子程序中使用到 V1～V8 的某些寄存器，子程序进入时必须保存这些寄存器的值，在返回前必须恢复这些寄存器的值；如果在子程序中没有用到的寄存器，则不必执行这些操作。在 Thumb 程序中，通常只能使用寄存器 R4～R7 来保存局部变量。

（3）寄存器 R12 用作子程序间 scratch 寄存器（用于保存 SP，在函数返回时使用该寄存器出栈），记作 IP，在子程序的连接代码段中经常会有这种使用规则。

（4）寄存器 R13 用作数据栈指针，记作 SP，在子程序中寄存器 R13 不能用作其他用途，寄存器 SP 在进入子程序时的值和退出子程序时的值必须相等。

（5）寄存器 R14 用作连接寄存器，记作 LR，它用于保存子程序的返回地址，如果在子程序中保存了返回地址，则 R14 可用作其他的用途。

（6）寄存器 R15 是程序计数器，记作 PC，它不能用作其他用途。

需要注意的是，ATPCS 中的各寄存器在 ARM 编译器和汇编器中都是预定义的。

3.3.1.2　数据栈使用规则

ATPCS 规则规定堆栈是满递减型的，因此使用 STMFD/LDMFD 指令操作，注意要保证进入和退出时堆栈指针相等。

栈指针通常可以指向不同的位置，当栈指针指向栈顶元素（即最后一个入栈的数据元素）时，称为 Full 栈；当栈指针指向与栈顶元素相邻的一个元素时，称为 Empty 栈。数据栈的增长方向也可以不同，当数据栈向内存地址减小的方向增长时，称为 Descending 栈；当数据栈向着内存地址增加的方向增长时，称为 Ascending 栈。

综合这两种特点可以有以下 4 种数据栈：满递减（full descending，FD）、空递减（empty descending，ED）、满递增（full ascending，FA）、空递增（empty ascending，EA）。

ATPCS 规定数据栈为 FD（满递减）类型，对数据栈的操作是 8 字节对齐的。异常中断的处理程序可以使用被中断程序的数据栈，这时用户要保证中断的程序数据栈足够大。具体数据栈的示例及相关的名词如下：

（1）数据栈的栈指针（stack pointer）：指向最后一个写入栈的数据的内存地址。

（2）数据栈的基地址（stack base）：是指数据栈的最高地址。由于 ATPCS 中的数据栈是 FD 类型的，实际上数据栈中最早入栈数据占据的内存单元是基地址的下一个内存单元。

（3）数据栈的界限（stack limit）：是指数据栈中可以使用的最低的内存单元地址。

（4）已占用的数据栈（used stack）：是指数据栈的基地址和数据栈栈指针之间的区域，其中包括数据栈栈指针对应的内存单元，但不包括基地址对应的内存单元。

（5）未占用的数据栈（unused stack）：是指数据栈栈指针和数据栈界限之间的区域，其中包括数据栈界限对应的内存单元，但不包数据栈栈指针对应的内存单元。

（6）数据栈中的数据帧（stack frames）：是指在数据栈中为子程序分配的用来保存寄存器和局部变量的区域。

3.3.1.3　参数传递规则

根据参数个数是否固定，可以将子程序分为参数个数固定的子程序和参数个数可变的子程序，这两种子程序的参数传递规则是不同的。

1. 参数个数可变的子程序参数传递规则

对于参数个数可变的子程序，当参数不超过 4 个时，可以使用寄存器 R0～R3 来进行参数传递；当参数超过 4 个时，还可以使用数据栈来传递参数。在参数传递时，将所有参数看作存放在连续内存单元中的字数据，然后依次将各字数据传送到寄存器 R0、R1、R2、R3 中，如果参数多于 4 个，将剩余的字数据传送到数据栈中，入栈的顺序与参数顺序相反，即最后一个字数据先入栈。按照上面的规则，一个浮点数参数可以通过寄存器传递，也可以通过数据栈传递，也能一半通过寄存器传递，另一半通过数据栈传递。

2. 参数个数固定的子程序参数传递规则

对于参数个数固定的子程序，参数传递与参数个数可变的子程序参数传递规则不同。如果系统包含浮点运算的硬件部件，浮点参数将按照下面的规则传递：

（1）各个浮点参数按顺序处理。

（2）为每个浮点参数分配 FP 寄存器。

（3）分配的方法是，满足该浮点参数需要的且编号最小的一组连续的 FP 寄存器，第 1 个整数参数通过寄存器 R0～R3 来传递，其他参数通过数据栈传递。

3. 子程序结果返回规则

（1）结果为一个 32 位的整数时，可以通过寄存器 R0 返回。

（2）结果为一个 64 位的整数时，可以通过 R0 和 R1 返回，依此类推。

（3）结果为一个浮点数时，可以通过浮点运算部件的寄存器 f0、d0 或者 s0 来返回。

（4）结果为一个复合的浮点数时，可以通过寄存器 f0～fN 或者 d0～dN 来返回。

（5）对于位数更多的结果，要通过调用内存来传递。

3.3.2 内嵌汇编

使用内嵌汇编可以在 C 程序中实现 C 语言不能够完成的一些操作，同时程序的代码效率也比较高。内嵌汇编指令包括大部分的 ARM/Thumb 指令，但是不能够直接引用 C 语言的变量定义，数据交换必须通过 ATPCS 进行。嵌入式汇编在形式上往往表现为独立定义的函数体。

3.3.2.1 内嵌汇编的语法格式

在ARM C 语言程序中使用关键词_asm 来标识一段汇编指令程序，其基本格式为：

```
_asm
{
  instruction [;instruction]
  ...
  [instruction]
}
```

在以上的语法中需要指出的是，如果一行中有多个汇编指令，指令间用分号";"隔开；如果一条指令占多行，要使用续行符号"\"；在汇编指令段中可以使用 C 语言的注释语句。

3.3.2.2 内嵌汇编指令的特点

1. 操作数

在内嵌汇编指令中，作为操作数的寄存器和常量可以是 C 语言表达式，这些表达式可以是 char、short 或 int 类型，而且这些表达式都是作为无符号数进行操作的，如果需要有符号数，用户需要自己处理与符号有关的操作。编译器将计算这些表达式的值，并将其分配给寄存器。

当汇编指令同时用到物理寄存器和 C 语言表达式时，要注意使用的表达式不要过于复杂，否则会出现寄存器分配冲突。

2. 物理寄存器

在内嵌的汇编指令中，使用物理寄存器有以下限制。

（1）不能直接向 PC 寄存器赋值，程序的跳转只能通过 B 指令和 BL 指令实现。

（2）在使用物理寄存器的内嵌汇编指令中，不要使用过多复杂的 C 表达式，因为当表达式过于复杂时，将会需要较多的物理寄存器，这些寄存器可能与指令中的物理寄存器使用冲突。当编译器发现寄存器分配冲突时，会产生相应的错误信息，报告寄存器分配冲突。

（3）编译器可能会使用 R12 寄存器或者 R13 寄存器存放编译的中间结果，在计算表达式值时可能会将寄存器 R0～R3、R12 和 R14 用于程序调用，因此在内嵌汇编指令中，不要将这些寄存器同时指定为指令中的物理寄存器。

（4）在内嵌的汇编指令中使用物理寄存器时，如果有 C 语言变量使用了该物理寄存器，则编译器将在合适的时候保存并恢复该变量的值。需要注意的是，当寄存器 SP、S1、FP 和 SB 用作特定用途时，编译器不能恢复这些寄存器的值。

（5）通常在内嵌的汇编指令中不要指定物理寄存器，因为这可能会影响编译器分配寄存器，从而可能影响代码的效率。

3. 常量

在内嵌的汇编指令中，常量前的符号 "♯" 可以省略。如果在一个表达式前使用符号 "♯"，该表达式必须是一个常量。

4. 指令展开

内嵌的汇编指令中如果包含常量的操作数，该指令可能会被汇编器展开成几条指令。如指令 ADD R0，R0，♯1023，可能会被展开成下面的指令：ADD R0，R0，♯1024 和 SUB R0，R0，♯01。

乘法指令 MUL 可能被展开成一系列的加法操作和移位操作。实际上，除了与协控制器相关的指令外，大部分的 ARM 指令和 Thumb 指令中包含常量操作数都可能被展开成多条指令，各展开的指令对于 CPSR 寄存器中的各条件标志位有影响。

（1）算术指令可以正确地设置 CPSR 寄存器中的 NZCV 条件标志位。

（2）逻辑指令可以正确地设置 CPSR 寄存器中的 NZ 条件标志位；不影响 V 条件标志位；破坏 C 条件标志位，使 C 标志位变得不准确。

5. 内存单元的分配

内嵌汇编器不支持汇编语言中用于内存分配的伪操作，所用的内存单元分配都是 C 语言程序完成的，分配的内存单元通过变量供内嵌的汇编器使用。

6. 标号

C 语言中的标号可以被内嵌汇编指令使用，但是只有指令 B 可以使用 C 语言程序中的标号，指令 BL 不能使用 C 语言程序中的标号，指令 B 在使用 C 语言程序中的标号时，语法格式为：

B{ cond } label

7. BL 指令的使用

在内嵌的 BL 指令中，除了正常的操作数域外，还必须增加 3 个可选的寄存器列表：①第 1、2 个寄存器列表中的寄存器用于存放输入参数、返回结果；②第 3 个寄存器列表中的寄存器的内容可能被调用的子程序破坏，即这些寄存器是供被调用的子程序作为工作寄存器的。

8. 内嵌汇编器和 armasm 的区别

与 armasm 相比，内嵌的汇编器在功能和使用方法上有以下特点：

（1）不支持通过 "." 指示符或寄存器 PC 返回当前指令的地址。

（2）不支持伪指令 "LDR Rn，＝expression"，这条伪指令可以通过指令 "MOV Rn，expression" 向寄存器赋值。

（3）不支持标号表达式。

（4）不支持 ADR、ADRL 伪指令。

（5）十六进制前要加 0x，不能使用 ＆。

（6）指令不能写寄存器 PC。

（7）不支持指令 BX 和 BLX。

（8）用户不需要维护数据栈。

3.3.2.3 内嵌汇编指令注意事项

1. 必须小心使用物理寄存器

在使用内嵌汇编程序设计方法时，必须要小心使用物理寄存器，如 R0～R3、PC、LR 寄存器，以及 CPSR 中的 N、Z、C 和 V 标志位等。因为在计算汇编代码中的 C 表达式时，可能会使用这些物理寄存器，并会修改 N、Z、C 和 V 标志位。例如：

```
_asm
{  MOV R0,x
   ADD y,R0,x/y
}
```

在计算 x/y 时 R0 会被修改。内嵌汇编器探测到隐含的寄存器冲突就会报错，可以用 C 语言的变量来代替 R0 从而解决这个问题，例如：

```
_asm
{
  MOV var,x
  ADD y,var,x/y
}
```

2. 不要使用寄存器代替变量

尽管有时寄存器明显对应某个变量，但也不能直接使用寄存器代替变量。例如：

```
int bad_f(int x)          //x 存放在 R0 中
{
_asm
{
ADD R0,R0,#1          //发生寄存器冲突,实际上 R0 的值没有变化
}
return x ;
}
```

尽管根据编译器的编译规则，R0 对应 x，但这样的代码会使内嵌汇编器认为发生了寄存器冲突，用其他寄存器代替 R0 存放参数 x，使得该函数将 x 原封不动地返回。

这段代码的正确写法为：

```
int bad_f(int x)
{
_asm
{
 ADD x,x,#1
}
return x;
}
```

3. 使用内嵌汇编无须保存和恢复寄存器

事实上，除了 CPSR 和 SPSR 寄存器以外，对物理寄存器先读后写都会引起汇编器报错。例如：

```
int f(int x)
{_asm
{
    STMED SP!,(R0)          //保存 R0,先读后写,汇编出错
    ADD R0,x,1
    EOR x,R0,x
    LDMFD SP!,(R0)          //不需要对 R0 进行恢复
}
return(x);
}
```

4. LDM 和 STM 指令的寄存器列表中只允许使用物理寄存器

内嵌汇编可以修改控制器模式，协控制器模式，以及 FP、SL、SB 等 APCS 寄存器，但是编译器在编译时并不了解这些变化，因此必须保证在执行 C 代码前恢复相应被修改的控制器模式。

5. 汇编语言中的 ","号作为操作数分隔符

如果有 C 表达式作为操作数，若表达式中包含有 ","，则必须使用符号 "()" 将其规约为一个汇编操作数。例如：

```
_asm
{
    ADD x,y,(f(),z)          //" f(), z "为一个带有","的 C 表达式
}
```

3.3.2.4　内嵌汇编指令举例

下面将通过两个在 C 语言中嵌入汇编程序的例子帮助读者更好地理解内嵌汇编的用法。

1. 字符串复制

在字符串复制中，主要介绍如何使用指令 BL 来调用子程序。前已述及，在使用 BL 指令时，除了正常的操作数域外，还必须增加 3 个可选的寄存器列表。程序如下：

```
#include <stdio. h>
void my_strCpy(const char * src, char * dst)
{
int ch;
_asm
{
    loop：
    #ifndetf_thumb //ARM 版本
    LDRB ch,[src],#1
    STRB ch,[dst],#1
    #else//Thumb 版本
    LDRB ch,[src]
```

```
        ADD src,#1
        STRB ch,[dst]
        ADD dst,#1
        #endif
        CMP ch,#0
        BNE loop
    }
}
int main(void)
{const char * a="Hello world!";
char b[20];
_asm
{
    MOV R0,a              //设置入口参数
    MOV R1,b
    BL my_strcpy,{R0,R1}  //调用my_strcpy()函数
}
return 0;
}
```

在以上的程序中,主函数main()中的"BL my_strcpy,{R0,R1}"指令的输入寄存器列表为"{R0,R1}",它没有输出寄存器列表,被子程序使用的工作寄存器为ATPCS的默认工作寄存器R0~R3、R12、Ir和PSR。

2. 使能和禁止中断

使能和禁止中断是通过修改CPSR寄存器中的bit7来完成的,这些操作必须在特权模式下进行,因为在用户模式下不能修改寄存器CPSR中的控制位。下面的代码将介绍如何利用内联的汇编程序实现使能和禁止中断。程序如下:

```
_inline void enable_IRQ(void)
{
int tmp                  //嵌入汇编代码
_asm
{
MRS tmp, CPSR            //读取CPSR的值
BIC tmp, tmp,#0x80       //将IRQ中断禁止位I清零,即允许IRQ中断
MSR CPSR c, tmp         //设置CPSR的值
}
}
_inline void disable_IRQ (void)
int tmp;
{
 Int tmp;
_asm
{
 MRS tmp, CPSR
```

```
 ORR tmp, tmp, ♯0x80
 MSR CPSR C, tmp
 }
 }
 int main(void)
 {
 }
```

3.3.3　ARM 中的汇编和 C 语言互相调用

ARM 汇编语言程序和 C 语言间的相互调用必须遵守 ATPCS 规则，本节将从汇编程序访问 C 程序全局变量、在 C 程序中调用汇编程序和汇编程序调用 C 程序这几个方面给出程序介绍。

3.3.3.1　从汇编程序中访问 C 程序全局变量

在 C 程序中声明的全局变量可以被汇编程序通过地址间接访问，访问方法如下：

（1）使用 IMPORT 伪操作声明该全局变量。

（2）使用 LDR 指令读取该全局变量的内存地址，通常该全局变量的内存地址值存放在程序的数据缓冲池中。

（3）根据数据的类型，使用相应的 LDR 指令读取全局变量的值，使用相应的 STR 指令修改全局变量的值。

对于不同的数据类型要采用不同的 LDRSTR 指令：

1）对于 unsigned char 类型，使用 LDRB/STRB 访问。

2）对于 unsigned short 类型，使用 LDRH/STRH 访问。

3）对于 unsigned int 类型，使用 LDR/STR 访问。

4）对于 char 类型，使用 LDRSB/STRSB 访问。

5）对于 short 类型，使用 LDRSH/STRSH 访问。

6）对于小于 8 个字的结构型变量，可以通过一条 LDM/STM 指令来读/写整个变量。

7）对于结构型变量的数据成员，可以使用相应的 LDR/STR 指令来访问，这时必须知道该数据成员相对于结构型变量开始地址的偏移。

下面是一个在汇编程序中访问 C 程序全局变量的例子。程序中的变量 globvar 是在 C 程序中声明的全局变量，在汇编程序中访问全局变量 globvar，并将其加上 2 之后再写回，程序如下：

```
AREA globals, CODE, READONLY
EXPORT asmsubroutine ；用 EXPORT 伪操作声明该变量可被其他文件引用，相当于声明了一个全局变量
IMPORT globvar        ；用 IMPORT 伪操作声明该变量是在其他文件中定义的
LDR R1,=globvar       ；读取 globvar 的地址，并将其保存到 R1 中
LDR R0,[R1]           ；将值读入到寄存器 R0 中
ADD R0, R0,♯2
STR R0,[R1]           ；修改后将寄存器 R0 中的值赋予变量 globvar
MOV PC, LR
END
```

3.3.3.2　C程序调用汇编程序

汇编语言的设计要遵守 ATPCS 规则，以保证程序调用时能够正确地传递参数。C 程序调用 ARM 汇编子程序，要做的主要工作有：①在 C 程序中用关键字 EXTERN 声明 ARM 汇编子程序的函数原型（C 程序是函数结构的程序设计风格），声明该函数的实现代码在其他文件中；②在 ARM 汇编子程序中用伪指令 EXPORT 导出子程序名，并且用该子程序名作为 ARM 汇编代码段的标识，最后用"MOV PC，LR"指令返回，这样在 C 程序中就可以像调用 C 函数一样调用该 ARM 汇编子程序。无论是 C 语言中的函数名，还是 ARM 汇编语言中的标号，其作用一样，都只是起到表明该函数名或标号存储单元起始地址的作用。具体操作步骤如下：

（1）在 ARM 汇编程序中，用该子程序名作为 ARM 汇编代码段的标识，定义程序代码，最后用"MOV PC，LR"指令返回。

（2）ARM 汇编程序中用伪指令 EXPORT 导出子程序名。

（3）在 C 语言程序中用关键字 EXTERN 声明该 ARM 汇编子程序的函数原型，然后就可在 C 语言程序中访问该函数。

（4）函数调用时的参数传递规则：寄有器组中的 R0～R3 作为参数传递，返回值用寄存器 R0 返回，如果参数数目超过 4 个，则使用堆栈进行传递。

下面是一个 C 程序调用汇编程序的例子。汇编语言程序 strcopy 完成字符串复制功能，C 语言程序调用 strcopy 完成字符串的复制工作。程序如下：

```
//C语言程序
include <atdio. h>
extern void strcopy(const char * d,char * s)
//用 extern 声明一个函数为外部函数，可被其他文件中的函数调用
int main( )
{
  const char *  srcstr="First string-source";
  const char * dststr ="Second string-destination"
  printf ("Before copying:\n")I
  printf ("%s\n%s \n",srcstr, dststr);
  strcopy(dststr,srcstr);              //调用汇编程序
  char temp[32] ={0};
  my_strcpy(strsrc, temp);
  printf("After copying:\n");
  printf ("%s\n%s \n",srcstr, dststr)：
  return (0);
}
//汇编语言程序
AREA SCopy, CODE, READONLY
EXPORT strcopy
//用 EXPORT 伪操作声明该变量可以被其他文件引用，相当于声明了一个全局变量
strcopy                     //R0 指向目标字符串,R1 指向源字符串
LDRB R2,[R1],#1             //字节加载并更新地址
STRB R2,[R0],#1             //字节保存并更新地址
```

```
CMPR2,#0                         //判断 R2 是否为 0
BNE strcopy                      //条件不成立,那么继续执行
MOV PC,LR                        //从子程序返回
END
```

3.3.3.3　汇编程序调用 C 程序

汇编语言的设计要遵守 ATPCS 规则,以保证程序调用时能够正确地传递参数。在汇编程序中使用 IMPORT 伪操作声明将要调用的 C 程序,但是在 C 语言中不需要使用任何关键字来声明将要被汇编语言调用的 C 程序,在汇编语言程序中通过 BL 指令来调用子程序。下面这个例子中有 5 个参数,使用寄存器 R0、R1、R2、R3 分别存放第 1、2、3、4 个参数,第 5 个参数利用数据栈传送。由于利用数据栈传递参数,在程序调用结束后要调用整体数据栈指针。本例程序如下:

```
//C 语言程序
intg(int a, int b, int c, int d, int e)
{
return a+b+c+d+e;
}
//汇编程序,该程序调用 C 程序中的函数 g( )来计算 5 个整数 i,2*i,3*i,4*i,5*i 的和
EXPORT f
AREA f, CODE, READONLY
IMPORT g                         //使用伪操作 IMPORT 声明 C 程序 g( )
STR LR,[SP,#-4]                  //保存返回地址
ADD R1,R0,R0                     //R0 中的值为 i, R1 中的值为 2*i
ADD R2,R1,R0                     //R2 的值为 3*i
ADD R3,R1,R2                     //R3 的值为 5*i
STR R3,[SP,#-4]                  //第 5 个参数通过数据栈传递,压入堆栈
ADD R3,R1,R1                     //计算第 4 个参数为 4*i
BL g                             //调用 C 语言程序 g( )
ADD SP,SP,#4                     //调整数据栈指针,准备返回
LDR PC,[SP],#4                   //返回
END
```

3.4　STM32 程序设计

本节以一个汇编实例程序说明 STM32 程序设计方法。

ARM(Thumb)汇编语言的语句格式为:

［标号］＜指令|条件 IS＞＜操作数＞[;注释]

ARM 汇编中,一个 ARM 指令、伪指令、寄存器名可以全部为大写字母,也可以全部为小写字母,但不能在一个伪操作助记符中既有大写字母又有小写字母。所有标号必须在一行的顶格书写,其后面要添加“:”,而所有指令均不能顶格书写。ARM 汇编器对标识符大小写敏感,书写标号及指令时字母大小写要一致,注释使用“;”,注释内容由“;”开始到此行结束,注释可以在一行的顶格书写。源程序中允许有空行,适当地插入空行可以提高源

代码的可读性。如果单行太长，可以用字符"\"将其分行，"\"后不能有任何字符。以下是一个基于 K10 的 LED 闪烁的程序，关于 K10 I/O 的工作原理，可以参考数据手册相关内容，由以下程序读者可以了解到一个完整汇编语言程序的基本结构。

```
.LCO：
        . text
        . align 2
        . global main
main：
        SIM_SCGC5    . EQU    0x40048038
        PORTD_PCR0   . EQU    0x4004C000
        GPIOD_PDDR   . EQU    0x400FF0D4
        GPIOD_PDOR   . EQU    0x400FF0C0
        DELAYVAL     . EQU    0xfffff
        ldr   r0,    =SIM_SCGC5          ;打开时钟门
        ldr   r1,    =0x1000             ;r1 中写入 0x1000
        tr    r1,    [r0]                ;将 r1 中的值写入 r0
        ldr   r0,    =PORTD_PCR0         ;将 LED 控制寄存器的地址放入 r0
        1dr   r1,    [r0]
        ORR   r1,    r1,    ♯0x100
        str   r1,    [r0]
        1dr   r0,    =GPIOD_PDDR         ;设置 pin0 输出
        1dr   r1,    [r0]
        ORR   r1,    r1,    ♯0X1
        STR   r1,    [r0]
Led_on：
        1dr   r2,    =GPIOD_PDOR         ;设置 pin0 的高低电平
        ldr   r3,    =0
        str   r3,    [r2]
        ldr   r4,    =DELAYVAL
        bl    delay
        ldr   r2,    =GPIOD_PDOR         ;设置 pin0 的高低电平
        ldr   r3,    =0x1
        str   r3,    [r2]
        ldr   r4,    =DELAYVAL
        bl    delay
        b     led on
delay：
    sub   r4,    r4,    ♯1
    cmp   r4,    ♯0x0
    bne delay
    mov   pc, lr
    . end
```

3.5　Cortex - M4 的异常处理

异常是控制器响应系统中突发事件的一种机制。当异常发生时，Cortex - M4 通过硬件自动将编程计数器（PC）、编程状态寄存器（XPSR）、链接寄存器（LR）和 R0～R3、R12 等寄存器压进堆栈。在 D - bus（数据总线）保存控制器状态的同时，控制器通过 I - bus（指令总线）从一个可以重新定位的向量表中识别出异常向量，并获取 ISR 函数的地址。也就是说，保护现场与取异常向量是并行处理的。一旦压栈和取指令完成，中断服务程序或故障处理程序就开始执行，执行完 ISR 后，硬件进行出栈操作，中断前的程序恢复正常执行。

3.5.1　异常类型

Cortex - M4 是 ARM 公司一款基于 ARMv7M 架构的微控制器内核，在指令执行、异常控制、时钟管理、跟踪调试和存储保护等方面相对于 ARM7 有很大的区别，尤其在异常处理机制方面有很大的改进，其异常响应只需要 12 个时钟周期。嵌套向量中断控制器（nested vectored interrupt controller，NVIC）是 Cortex - M4 微控制器的一个紧耦合部件，可以配置 1～240 个带有 256 个优先级、8 级抢占优先权的物理中断，为控制器提供出色的异常处理能力。同时，抢占（preemption）、尾链（tail - chaining）、迟到（late - arriving）技术的使用，大大缩短了异常事件的响应时间，其特点主要有以下几点：

（1）支持中断嵌套，高优先级可打断低优先级的中断。

（2）采用中断向量表处理，直接由向量表载入 ISR 的入口地址给 PC 指针，无须查表载入跳转指令，再实现跳转的方式。

（3）中断触发时自动保存现场，自动压栈，中断服务程序退出时自动退栈，恢复现场。

（4）获取向量与保存现场同时进行，最大限度地节省中断响应时间。

（5）具有中断的 late - arriving 机制和 tail - chaining 机制。

这些特点表明，ARM 尽可能处处为中断响应速度着想，包括前面的可打断的指令，状态寄存器中用来保存打断现场的位。由于芯片设计者可以修改 Cortex - M4 微控制器的硬件描述源代码，所以做成芯片后，支持的中断源数目常常不到 240 个，并且优先级的位数也由芯片厂商最终决定。类型编号为 1～15 的系统异常，见表 3.20（注意：没有编号为 0 的异常），从 16 开始的外部中断类型见表 3.21。

表 3.20　　　　　　　　　　　　Cortex - M4 微控制器异常向量

偏　移	类　型	优 先 级	简　　　介
0	N/A	初始堆栈指针	没有异常在运行
1	复位	−3	复位
2	NMI	−2	不可屏蔽（来自外部 NMI 输入）
3	硬故障	−1	所有被使能的故障，都将"上访"成硬故障。只要 FAULTMASK 没有置位，硬故障服务例程就被强制执行。故障被除能的原因包括被禁用，或者 PRIMASK/BASEPRI 被屏蔽。若 FAULTMASK 也被置位，则硬故障也被除能，此时彻底被"关中"

续表

偏　移	类　型	优先级	简　介
4	存储管理	可配置	存储器管理故障,MPU 访问违例及访问非法位置均可引发,企图在"非执行区"取值,也会引发此故障
5	总线故障	可配置*	从系统收到了错误响应,原因可以是预取指令或数据,企图访问协处理器也会引发此故障
6	应用故障	可配置*	用于程序错误导致的异常。通常是使用了一条无效指令或者是非法的状态转换,如尝试切换到 ARM 状态
7～10	保留	N/A	N/A
11	SVCall	可配置*	执行系统调用指令(SVC)引发的异常
12	调试监视异常	可配置*	调试监视器(断点、数据观察点或者外部调试请求)
13	保留	N/A	N/A
14	PendSV	可配置*	为系统设备而设的"可悬挂请求"
15	SysTick	可配置*	系统滴答定时器

＊　该异常优先级可调整,可设置范围是 NCIV 优先级范围值 0～N,N 为可执行的最高优先级,系统复位时清零,此处 N=4。

表 3.21　　　　　　　　　　中 断 向 量

编　号	类　型	优先级	简介
16	IRQ＃0	可配置	外部中断＃0
17	IRQ＃1	可配置	外部中断＃1
⋮	⋮	⋮	⋮
255	IRQ＃239	可配置	外部中断＃239

　　Cortex - M4 将异常分为复位、不可屏蔽中断、硬故障、存储管理、总线故障和应用故障、SVCall、调试监视异常、PendSV、SysTick 以及外部中断等,Cortex - M4 采用向量表来确定异常的入口地址。与大多数其他 ARM 内核不同,Cortex - M4 向量表中包含异常处理程序和 ISR 的地址,而不是指令。复位处理程序的初始堆栈指针和地址必须分别位于 0x0和 0x4。这些值在随后的复位中被加载到适当的 CPU 寄存器中。向量表偏移控制寄存器将向量表定位在 CODE(Flash)或 SRAM 中。复位时,默认情况下为 CODE 模式,但可以重新定位,异常被接收后,控制器通过 I - bus 查表获取地址,执行异常处理程序。在 NVIC的中断控制及状态寄存器中,有一个 VECTACTIVE 位段,另外,还有一个特殊功能寄存器 IPSR。在这两者中,都记录了当前正服务的异常,给出了异常的编号。

　　请注意:这里所讲的中断号,是指 NVIC 所使用的中断号。另外,芯片一些引脚的名字也可能被取为类似"IRQ＃"的名字,请不要混淆这两者,它们没有必然的映射关系。常见的情况是,NVIC 中编号最靠前的几个中断源被指定到片上外设,接下来的中断源才给外部中断引脚使用,因此还是要参阅芯片的数据手册来弄清楚。

　　如果一个发生的异常不能被即刻响应,就称它被"挂起"(pending)。不过,少数故障异常是不允许被挂起的。一个异常被挂起的原因,可能是系统当前正在执行一个更高优先级异常的服务例程,或者因相关掩蔽位的设置导致该异常被除能。对于每个异常源,在被挂起的情况下，都会有一个对应的"挂起状态寄存器"保存其异常请求。在该异常能够响应时，执行其服务例程，这与传统的 ARM 是完全不同的。在以前，是由产生中断的设备保持请求信号，Cortex - M4 则由 NVIC 的挂起状态寄存器来解决这个问题，即使设备已经释放了请求信号，曾经的中断请求也不会丢失。

3.5.2　异常的优先级

在 Cortex - M4 的优先级分配中，较低的优先级值具有较高的优先级。NVIC 将异常的优先级分成两部分，即抢占优先级（preemption priority）部分、子优先级（sub - priority）部分，可以通过中断申请/复位控制寄存器来确定两个部分所占的比例。抢占优先级和子优先级共同作用来确定异常的优先级。抢占优先级用于决定是否发生抢占，一个异常只有在抢占优先级高于另一个异常的抢占优先级时才能发生抢占。当多个挂起异常具有相同的抢占优先级时，子优先级起作用。通过 NVIC 设置的优先级权限高于硬件默认优先级。当有多个异常具有相同的优先级时，则比较异常号的大小，异常号小的优先被激活。其中：最高的优先级是复位系统复位，为 -3，其对应的中断服务程序就是程序入口本身；NMI 是 -2 优先级；硬故障是 -1 优先级。使用中断优先级寄存器，可配置其他的中断优先级。

在 Cortex - M4 中，优先级对于异常来说很关键，它决定一个异常能否被屏蔽，以及在未屏蔽的情况下何时可以响应。优先级的数值越小，优先级则越高。Cortex - M4 支持中断嵌套，使得高优先级异常会抢占（preempt）低优先级异常。有 3 个系统异常：复位、NMI 和硬故障，它们有固定的优先级，并且它们的优先级号是负数，从而高于所有其他异常。所有其他异常的优先级则都是可编程的，但不能被编程为负数。原则上，Cortex - M4 支持 3 个固定的高优先级和多达 256 级的可编程优先级，并且支持 128 级抢占。但是，绝大多数 Cortex - M4 芯片都会根据自己的实际应用重新设计，以致实际上支持的优先级数会更少或更多，如 8 级、16 级、32 级等。它们在设计时会裁掉表达优先级的几个低端有效位，以减少优先级的级数。例如，如果只使用了 3 个位来表达优先级，则优先级配置寄存器的结构见表 3.22。

表 3.22　　　　　　　　　　　　　优先级配置寄存器的结构

Bit 7	Bit 6	Bit 5	Bit 4	Bit 3	Bit 2	Bit 1	Bit 0
用于表达优先级			没有实现,读回 0				

在表 3.22 中，Bit [4~0] 没被实现，所以读它们总是返回 0，写它们则忽略写入的值，因此，对于 3 个位的情况，能够使用的 8 个优先级为：0x00（最高）、0x20、0x40、0x80、0xA0、0xC0 和 0xE0。如果使用更多的位来表达优先级，则可以使用的值也更多，同时需要的门也更多，将带来更多的成本和功耗。Cortex - M4 允许的最少使用位数为 3 个位，亦即至少要支持 8 级优先级。通过让优先级以 MSB 对齐，可以简化程序的跨器件移植。例如，如果一个程序早先在支持 4 位优先级的器件上运行，在移植到只支持 3 位优先级的器件后，其功能不受影响。但若是对齐到 LSB，则会使 MSB 丢失，导致数值大于 7 的低优先级一下子升高了，甚至会发生"优先级反转"，使它大于、小于或等于 7 的优先级。例如，8 号优先级因为损失了 MSB，现在反而变成 0 号；而 15 号优先级则变成 7 号优先级，它则不会影响 0~6 号优先级，避免一些潜在问题的发生。那么使用 3 位、5 位及 8 位表达优先级时的情况见表 3.23。

表 3.23   用 3 位、5 位及 8 位表达优先级时的情况

优先级	异常类型	3 个位表达	5 个位表达	8 个位表达
−3	复位	−3	−3	−3
−2	NMI	−2	−2	−2
−1	硬故障	−1	−1	−1
0,1,…,0xFF	所有其他优先级可编程的异常	0x00,0x20,…,0xE0	0x00,0x08,…,0xF8	0x00,0x01,0x02,0x03,…, 0xFE,0xFF

为了使抢占机能变得更可控，Cortex - M4 还把 256 级优先级分成高低两段，分别称为抢占优先级和子优先级，见表 3.24。

表 3.24   抢占优先级和子优先级

分组位置	表达抢占优先级的位段	表达子优先级的位段	分组位置	表达抢占优先级的位段	表达子优先级的位段
0	[7~1]	[0~0]	4	[7~5]	[4~0]
1	[7~2]	[1~0]	5	[7~6]	[5~0]
2	[7~3]	[2~0]	6	[7~7]	[6~0]
3	[7~4]	[3~0]	7	无	[7~0]

NVIC 中有一个应用程序中断及复位控制寄存器，见表 3.25，它里面有一个位段名为优先级组，该位段值对每一个优先级可配置的异常都有影响，其优先级分为两个位段，MSB 所在的位段（左边的）对应抢占优先级，而 LSB 所在的位段（右边的）对应子优先级。

表 3.25   应用程序中断及复位控制寄存器

位段	名称	类型	复位值	描述
31~16	VECTKEY	R/W	—	访问钥匙：任何对该寄存器的写操作，都必须同时把 0x05FA 写入此段，否则写操作被忽略。若读取此半字，则为 0xFA05
15	ENDIANESS	R	—	指示端设置,1 表示大端(BE8),0 表示小端。此值是在复位时确定的,不能改变
10~8	PRIGROUP	R/W	—	优先级分组
2	SYSRESETREQ	W	—	请求芯片控制逻辑产生一次复位
1	VECTCLRACTIVE	W	—	清零所有异常的活动状态信息。通常只在调试时使用,或者从错误中恢复时使用
0	VECTRESET	W	—	复位 Cortex - M4 微控制器内核(调试逻辑除外),但是此复位不影响芯片上在内核以外的电路

抢占优先级决定抢占行为，当系统正在响应某异常 L 时，如果来了抢占优先级更高的异常 H，则 H 可以抢占 L。子优先级则处理同抢占级内的情况，当抢占优先级相同的异常有不止一个挂起时，就最先响应子优先级最高的异常。这种优先级分组做出了如下规定：子优先级至少是 1 个位，因此抢占优先级最多是 7 个位，这就造成了最多只有 128 级抢占的现象。但是 Cortex - M4 允许从 Bit7 处分组，此时所有的位都表达子优先级，没有任何位表达

抢占优先级，因而所有优先级均可编程，异常之间就不会发生抢占，这就相当于禁止了 Cortex - M4 的中断嵌套机制。对于 3 个优先级为负数的异常（复位、NMI 和硬故障），无论它们何时出现，都立即无条件地抢占所有优先级可编程的异常和中断。在计算抢占优先级和子优先级的有效位数时，必须先求出下列值：①芯片实际使用了多少位来表达优先级；②优先级组是如何划分的。例如，如果只使用 3 个位来表达优先级（Bit（7～5]），并且优先级组的值是 5（从 Bit5 处分组），则得到 4 级抢占优先级，且在每个抢占优先级的内部有 2 个子优先级，见表 3.26。

表 3.26　优先级分配示例（一）

Bit 7	Bit 6	Bit 5	Bit 4	Bit 3	Bit 2	Bit 1	Bit 0
抢占优先级	子优先级		没有实现，读回 0				

根据表 3.26 的设置，其可用优先级的具体情况如图 3.1 所示。

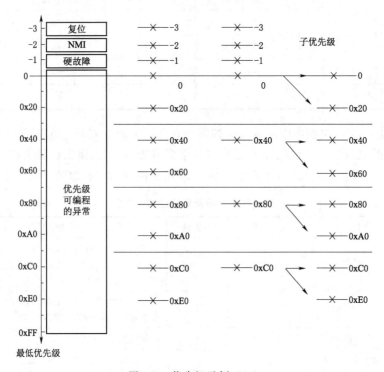

图 3.1　优先级示例（一）

请注意：虽然 Bit［4～0］未使用，却允许从它们中分组。例如，如果优先级组为 1，则所有可用的 8 个优先级都是抢占优先级，如表 3.27 和图 3.2 所示。

表 3.27　优先级分配示例（二）

Bit 7	Bit 6	Bit 5	Bit 4	Bit 3	Bit 2	Bit 1	Bit 0
抢占优先级［7～5］			抢占优先级［4～2］			子优先级［1～0］	

如果优先级完全相同的多个异常同时悬起，则先响应异常编号最小的那个。例如，当 IRQ♯3 的优先级与 IRQ♯5 的优先级相等时，IRQ♯3 会比 IRQ♯5 先得到响应。

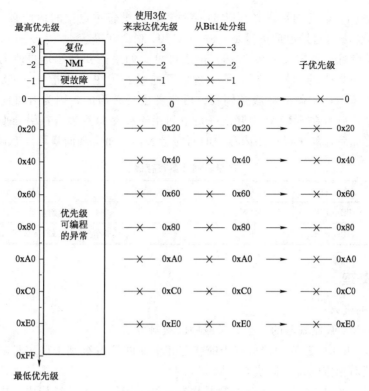

图 3.2　优先级示例（二）

3.5.3　异常向量表

当发生了异常并且要响应它时，Cortex‐M4 需要定位其服务例程的入口地址。这些入口地址存储在所谓的"（异常）向量表"中，在默认的情况下，Cortex‐M4 认为该表位于零地址处，且各量占用 4 字节。当然，该表也可以通过向量表偏移量寄存器来定位到系统的其他存储位置上去。向量表的每个表项占用 4 字节，见表 3.28。

表 3.28　　　　　　　　　　　　　　Cortex‐M4 异常向量表

地　址	异常编号	值（32 位整数）	地　址	异常编号	值（32 位整数）
0x0000_0000	—	MSP 的初始值	0x0000_000C	3	硬故障服务例程的入口地址
0x0000_0004	1	复位向量（PC 初始值）	…	…	其他异常服务例程的入口地址
0x0000_0008	2	NMI 服务例程的入口地址			

通常地址 0x0000_0000 处应该存储引导代码，所以它通常映射到 Flash 或者 ROM 器件，并且它们的值不得在运行时改变。Cortex‐M4 允许向量表重定位，即从其他地址处开始定位各异常向量。这些地址对应的区域可以在代码区，但更多是在 RAM 区，在 RAM 区可以修改向量的入口地址。为了实现这个功能，NVIC 中有一个寄存器，称为向量表偏移量寄存器（在地址 0xE000_ED08 处），通过修改它的值就能重定位向量表。但必须注意的是：向量表的起始地址是有要求的，中断向量表的首地址必须按照中断数目向上求 2 的 n 次方对齐，例如若一个系统有 21 个中断，加上 16 个异常，共 37 个中断向量，大于 37 的 2 的 n 次

方数最接近的是 64，因此向量表必须以 64 字对齐，向量表重定位的地址必须能被 64×4＝256 整除，从而合法的起始地址可以是 0x0、0x100、0x200 等。

　　向量表偏移量寄存器定义见表 3.29。由表可见，如果需要动态地更改向量表，则对于任何器件来说，向量表的起始处都必须包含以下向量：①主堆栈指针（MSP）的初始值；②复位向量；③NMI；④硬故障服务例程。后两者也是必需的，因为有可能在引导过程中发生这两种异常，可以在 SRAM 中开出一块空间用于存储向量表，在引导期间先填写好各向量，在引导完成后，就可以启用内存中的新向量表，从而实现向量可动态调整的能力。

表 3.29　　　　　　　　　　　　　向量表偏移量寄存器

位　段	名　称	类　型	复位值	描　述
7～28	TBLOFF	R/W	0	向量表的起始地址
29	TBLBASE	R	—	向量表是在 Code 区(0)，还是在 RAM 区

3.5.4　异常处理

3.5.4.1　异常的进入

　　当 Cortex - M4 微控制器的一个异常或中断被触发后：

　　（1）Cortex - M4 中断控制器根据当前状态和中断的抢占级别来确定是响应该中断，还是先挂起，并更新相应的寄存器状态。

　　（2）响应后，通过 D - bus 保存控制器状态，将现场压入系统堆栈中，内核硬件自动依次将现场的 xPSR、PC、LR、R3、R2、R1、R0 寄存器保存入 SP（MSP 或 PSP）指向的系统堆栈。这 8 个 32 位字称为异常堆栈帧（exception stack frame，ESF）。

　　（3）Cortex - M4 通过 I - bus 从向量表中取得对应的中断向量，更新 PC 和 LR，并开始读取 ISR 指令，这一步几乎与压栈同时进行。

　　（4）控制器更新到 handler 模式，SP 切换到 MSP，更新 LR 寄存器为 EXC ＿ RETURN。

　　Cortex - M4 保存的现场数据称为异常堆栈帧，它的结构和顺序如图 3.3 所示。

　　最先把 PC 指针压栈就是为了确保取向量与保存现场同时进行，较早压入 xPSR 也是为了硬件迅速更新其中的 IPSR 位（激活的中断向量），由于硬件已经保存了部分的现场信息，如果 ISR 程序仅使用了这些寄存器，则不需要进行任何保存现场的动作；但如果还要使用了 R4～R11，则编译器会也把 R4～R11 入栈，这是由 AAPCS（ARM 体系架构 C/C＋＋函数调用规范）来确定的。要保证取向量和保存现场能同时进行，不仅内核要支持，在外部的总线也不能有瓶颈。再回想一下系统总线部分，I - Code 与系统总线分开，I - Code 负责取向量和 ISR 的指令，系统总线负责保存现场，而系统设计时也遵循这种考虑，把向量表挂在 I - Code 访问区域（0x0～0x1FFFFFFF），系统堆栈放在系统总线访问区域（＞0x20000000），这种总线架构能真正保证取向量与保存现场同时进行，压缩了中断响应时间。

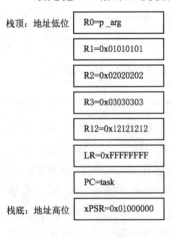

图 3.3　异常堆栈帧

3.5.4.2　异常中断的响应时序

在最乐观的情况下，Cortex - M4 可以实现在 12 个时钟周期内响应中断，正是由于这非常严格的时钟周期，才使得 Cortex - M4 非常适合作为硬实时系统的应用，它的 12 周期时序图如图 3.4 所示。从图可以看到，从中断触发开始：

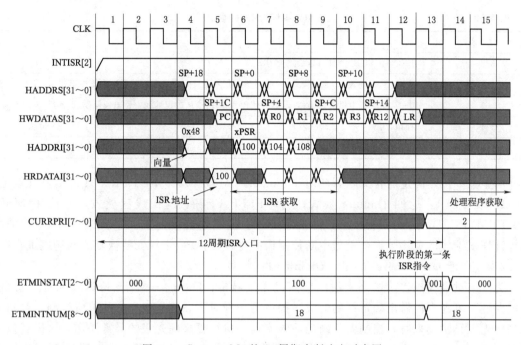

图 3.4　Cortex - M4 的 12 周期中断响应时序图

（1）系统硬件需要 3 个周期来判断优先级别和是否立即响应，并获得中断向量（图 3.4 中为 0x48）。

（2）从第 4 个周期开始，把当前的现场数据压栈，先在 HADDRS［31～0］上送出堆栈地址，下一个周期在 HWDATAS［31～0］上送出堆栈数据，首先把现场 PC 的值压入堆栈的 SP＋18 位置处。

（3）在第 4 个周期的同时，就把中断向量送到了 HADDRI［31～0］上去获取对应的向量 ISR 首地址，并在下一个周期得到首地址（图 3.4 中为 100），从这里可以看出，保存现场与获得向量地址为同时进行。

（4）由于在第 5 个周期，现场的 PC 指针已经被保存到了堆栈中，它可以立刻被新获得的向量 ISR 首地址覆盖，从而去获取新的 ISR 的第 1 条指令。因此在第 6 个周期，已经可以在 HADDRI［31～0］上送出更新的 PC 地址（图 3.4 中为 100），并依次去取指（图 3.4 中为后面的 104、108），而指令则在 HRDATA［31～0］上依次被读到流水线上，由于为 3 级流水线，因此暂时只读入 3 个字的指令。

（5）在数据总线上则从第 4～11 个周期中继续保存其他的现场寄存器，最后的 LR 寄存器在第 12 个周期保存完毕。

（6）紧接下来流水线就可以开始执行之前第 7 个周期开始取得的新的 ISR 指令。

从整个时序分析来看，Cortex - M4 对中断的响应环环相扣，极大地提升整个系统的响应性能，它的响应效率非常之高。必须注意的是，这里示例的 12 个周期是指外围存储，以及总线上没有延迟的情况，如果堆栈或向量表所处的存储区速度较慢，则会导致中断响应的延迟。

3.5.4.3　异常的返回

Cortex - M4 异常返回采用 BX LR 退出。LR 中保存 EXC _RETURN,其含义见表 3.30。

表 3.30　　　　　　　　　　　　　　　　　EXC _ RETURN 的含义

位　段	含　义
[31~4]	EXC_RETURN 的标识:必须全为 1
3	0—返回后进入 handler 模式,一般用于中断嵌套发生时;1—返回后进入线程模式
2	0—从主堆栈中做出栈操作,返回后使用 MSP;1—从进程堆栈中做出栈操作,返回后使用 PSP
1	保留,为 0
0	0—返回 ARM 状态,在 Cortex - M4 中不可用;1—返回 Thumb 状态

由于某些位是固定的含义，因此对于 Cortex - M4，EXC _RETURN 只有几个有效值：①0xFFFF FFF1：返回 Handler 模式；②0xFFFF FFF9：返回线程模式，并使用 MSP；③0xFFFF FFFD：返回线程模式，并使用 PSP。控制器会根据 EXC _ RETURN 指定的堆栈指针恢复堆栈的现场数据，更新中断控制器的寄存器，PC 指针安装恢复的现场地址执行。

3.5.4.4　中断 late - arrive 和 tail - chaining 机制

为了应对堆栈操作阶段到来后的更高优先级异常，Cortex - M4 支持迟到和抢占机制，以便对各种可能事件做出确定性的响应。抢占是一种对更高优先级异常的响应机制，当新的更高优先级异常到来时，控制器打断当前的流程，执行更高优先级的异常操作，这样就发生了异常嵌套。一般来说，在处理一个优先级低的中断时，优先级高的中断可以打断它并执行，但需要重新保存低优先级的现场，由于从中断信号被触发到开始执行 ISR 一般需要 12个周期保存现场，在此期间如果有高优先级的中断触发（不是更低优先级中断的取向量操作），则本次入栈操作可变成为高优先级的中断操作。在高优先级结束后，恢复低优先级的中断服务，采用 tail - chaining 启动它的取指。中断迟到（late - arriving）是控制器用来加速抢占的一种机制，如果一个具有更高优先级的异常在上一个异常执行压栈期间到达，则控制器保存状态的操作继续执行，因为被保存的状态对于两个异常都是一样的。但是，NVIC马上获取的是更高优先级异常的 ISR。中断迟到的示意图如图 3.5 所示。

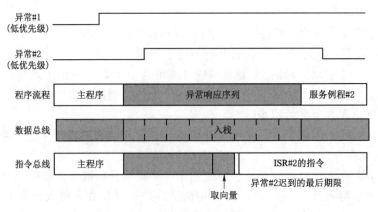

图 3.5　中断迟到示意图

如果没有这种机制,只能等低优先级的 ISR 入栈完毕之后开始执行 ISR 时才重新打断并入栈,导致响应的时间至少变成 24 个周期。采用中断晚到的机制好处在于可以避免重复入栈出栈的操作,同时最快地响应高优先级的中断。最差的情况是 PC 已经开始取 ISR 的向量了,那么只能等开始执行时再打断。综上,进入中断的流程如图 3.6 所示。

尾链(tail - chaining)是 Cortex - M4 支持的另一个优化中断延迟的机制。当内核正在处理一个中断 1 时,另外一个同级或低级的中断 2 触发,这时中断 2 将处于挂起状态,等待前一中断 1 处理完毕。中断 1 处理完毕后,按正常流程需要恢复打断的现场,将寄存器出栈,再响应中断 2,再重新将现场寄存器入栈操作。整个出栈/入栈需要 30 多个周期。尾链机制简化了中间重复工作,使得无须重新出栈/入栈,仅进行新中断的取向量工作,将切换简化为 6 个周期(图 3.4 中的第 4~9 个周期),实现了延迟的优化。Cortex - M4 中断返回的操作流程如图 3.7 所示。

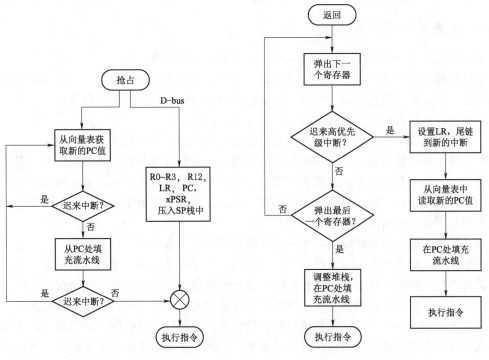

图 3.6 中断进入的流程　　　　　　　图 3.7 中断返回的流程

当从异常中返回时,控制器可能会处于以下情况之一:

(1)尾链到一个已挂起的异常,该异常比栈中所有异常的优先级都高。

(2)如果没有挂起的异常,或者栈中最高优先级的异常比挂起的最高优先级异常具有更高的优先级,则返回到最近一个已压栈的 ISR。

(3)如果没有异常已经挂起或位于栈中,则返回到线程模式。

为了应对异常返回阶段可能遇到的新的更高优先级异常,Cortex - M4 支持完全基于硬件的尾链机制,简化了激活的和未决异常之间的移动,能够在两个异常之间没有多余的状态保存和恢复指令的情况下实现 back - to - back 处理。尾链发生的两个条件为:异常返回时产生了新的异常;挂起的异常的优先级比所有被压栈的异常的优先级都高。尾链发生后,Cortex - M4

微控制器终止正在进行的出栈操作并跳过新异常进入时的压栈操作，同时通过 I - bus 立即取出挂起异常的向量。在退出前一个 ISR 返回操作 6 个周期后，开始执行尾链的 ISR。

3.6　Cortex - M4 调试与跟踪系统

本节将介绍 Cortex - M4 内核新的调试系统 CoreSight 技术，调试接口 SWD 和 SWJDP、可选的 FPB 单元、跟踪组件 DWT、ITM 单元 TPIU、ETM 单元的功能和使用方法。随着嵌入式系统的发展，嵌入式系统的复杂性不断提高，嵌入式软件的规模和复杂性也不断提高。在目前的嵌入式系统开发中，软件开发占 80% 以上的工作量，嵌入式软件的质量和开发周期对产品的最终质量和上市时间起到决定性的影响。因此，为了保持产品竞争力，支持用户对嵌入式设备进行快速、高效的软件开发，嵌入式开发人员迫切需要更加强大的调试技术和手段来为开发复杂的嵌入式应用提供帮助。

3.6.1　嵌入式调试技术概述

相对于传统的应用程序开发，嵌入式软件开发具有以下特点：

（1）在嵌入式软件开发过程中，由于目标机不具有自主开发的能力，通常有宿主机和目标机之分，宿主机是执行编译、链接、定址过程的计算机，目标机是运行嵌入式软件的硬件平台，而传统应用程序的整个开发过程都是在 PC 上完成的。

（2）在嵌入式系统开发中，宿主机和目标机运行的指令集一般是不一样的。

（3）嵌入式软件所运行的硬件平台资源有限，一般没有复杂的操作系统支持，即使有操作系统支持，也主要是用于嵌入式应用软件的支撑，而不是用于目标机的开发环境平台。

（4）嵌入式系统一般没有强大的图形用户界面，即使有图形用户界面，也主要是用于嵌入式应用软件，而不是用于提供开发环境支撑。

（5）嵌入式软件需要特殊的软硬件将其固化到嵌入式系统中。

由于嵌入式软件开发的这些特点，它的调试过程与传统应用程序的调试很不一样。通常程序员利用调试器来跟踪程序的执行情况，快速有效地定位错误，并改正错误。在传统的应用程序开发中，采用本地调试方式，即调试器与被调试的程序是运行在同一台机器上、相同操作系统上的两个进程，调试进程通过操作系统提供的调试接口控制、访问被调试进程。而嵌入式软件开发中多采用远程调试（交叉调试）方式，让调试器运行在主机上，被调试程序

图 3.8　交叉调试图

运行在目标机上，宿主机和目标机之间通过某种通信手段（如并口线、USB 总线、以太网、仿真器等）连接起来，这样调试器就可以控制、跟踪被调试的程序，如图 3.8 所示。

3.6.2　CoreSight 技术介绍

CoreSight（内核景象）是 ARM 公司推出的一种全新的调试架构，以提供更为强大的调试能力。CoreSight 体系结构支持多核系统的调试，能对全系统进行高带宽的实时跟踪，包括对系统总线的跟踪与监视。CoreSight 调试系统包括调试接口协议、调试总线协议、对调试组件的控制、安全特性、跟踪接口等。CoreSight 调试系统架构如图 3.9 所示。

基于 CoreSight 的调试设计有以下优势：

（1）即使在控制器运行时，也可以查看存储器和外设寄存器的内容。

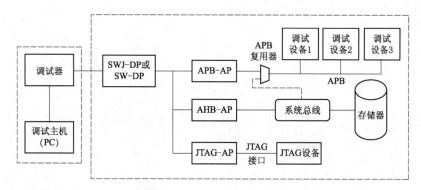

图 3.9 CoreSight 调试系统架构

（2）使用单一调试器就可以控制多核系统的调试接口，例如，如果使用 JTAG，则只需要一个 TAP 控制器，不管芯片中有几个处理机都一样。

（3）内部的调回接口是基于单总线的方式设计的，因此非常有弹性，也简化了为芯片的其他部分设计附加的测试逻辑。

（4）它使得多条"跟踪数据流"可以由单一的"跟踪捕获设备"来收集，送到 PC 之后再还原出原先的各条数据流。

对于带有 CoreSight 调试架构的 Cortex - M4 微控制器内核，先来了解下它的调试特性。Cortex - M4 提供了多种多样的调试模型和调试组件，大致可以把 Cortex - M4 的调试功能分为两类：侵入式调试和非侵入式调试。侵入式调试是基本的调试机能，通常使用的调试都属于侵入式调试。所谓"侵入式"，主要是强调这种调试会打破程序的全速运行。非侵入式调试是大多数人接触比较少的高级的调试技能，在调试大型软件和多任务环境下的软件系统时，非侵入式调试具有不可替代之强大功效。

调试功能中每类都有更具体的调试项目，如下所列。

（1）侵入式调试：①停机以及单步执行程序；②硬件断点；③断点指令（BKPT）；④数据观察点，作用于单一地址、一个范围的地址，以及数据的值；⑤访问寄存器的值（读、写寄存器）；⑥基于 ROM 的调试（内存地址重载及断点单元 FPB）。

（2）非侵入式调试：①在内核运行时访问存储器；②指令跟踪，需要通过可选的嵌入式跟踪宏单元（ETM）；③数据观察与跟踪单元（DWT）；④软件跟踪（通过指令跟踪单元 ITM）；⑤性能速写（Profiling），通过数据观察点以及跟踪模块。

3.6.3 Cortex - M4 调试架构

以前的 ARM 控制器都是通过 JTAG 接口来控制对寄存器和存储器的访问的，Cortex - M4 对控制器上总线逻辑的控制使用另外的总线接口——调试访问端口（DP）。Cortex - M4 支持两种调试主机接口：JTAG 接口和新的串行线（serial wire，SW）接口，SW 接口对信号线的需求只有两条（JTAG 协议需要使用 4 个引脚，相对而言 SW 接口更节省引脚资源）。在 Cortex - M4 中，把 JTAG 或串行线协议都转换成 DAP 总线接口协议，再控制 DAP 来执行调试动作。在 Cortex - M4 微控制器内核中，实际的调试功能由 NVIC 和若干调试组件来协作完成。NVIC 中有一些寄存器，用于控制内核的调试动作，如停机、单步；其他的一些功能块则控制观察点、断点，以及调试消息的输出等。主机到 Cortex-M4 的连接方式如图 3.10 所示。

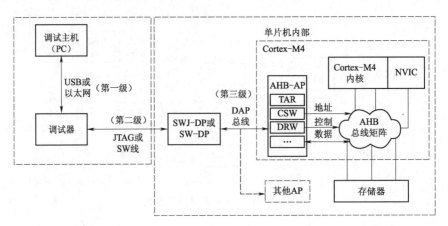

图 3.10 主机到 Cortex-M4 的连接方式

可见，从外部调试器到 Cortex-M4 调试接口的连接需要多级互连才能完成。第一级是调试主机（PC）通过 USB 或以太网接口连接到调试器（仿真器）；第二级是调试器通过 JTAG 接口或 SW 线连接到 DP 接口模块，通过 DP 接口模块把外部信号转换成一个通用的 32 位调试总线信号，如图 3.10 中的 DAP 总线。Cortex-M4 支持的调试接口如下：①SWJ-DP：支持 SW 与 JTAG 协议；②SW-DP：支持 SW 协议；③JTAG-DP：支持 JTAG 协议（在 CoreSight 产品中可以使用）。DAP 总线上的地址是 32 位的，其中高 8 位用于选择访问哪一个设备，由此可见，最多可以在 DAP 总线上面挂 256 个设备，剩下的 255 个都可以用于连接访问端口（其他 AP）到 DAP 总线上。第三级通过 DAP 总线把数据传递给 Cortex-M4 微控制器后，下一步连接到 AHB-AP 的 AP 设备上，AHB-AP 充当一个总线桥的角色，用于把 DAP 总线的命令转换为 AHB 总线上的数据传送，再传入 Cortex-M4 内部的总线网络中。对于大多数基本的在调试主机和 Cortex-M4 内核之间的数据传输，只需要使用 AHB-AP 中的 3 个寄存器，它们分别是：

（1）控制及状态字寄存器（CSW）。CSW 寄存器可以控制传送方向（读/写）、传送大小以及传送类型等，其中的 MasterType 的位通常需要置 1，以此告知参与 AHB-AP 数据传送的硬件，该数据传送是调试器发起的。但是，调试器也可以清零此位来伪装成控制器内核（此功能可以用于测试目的）。

（2）传输地址寄存器（TAR）。TAR 寄存器包含了指令传送的地址。

（3）数据读写寄存器（DRW）。DRW 寄存器容纳了被传送的数据（在访问该寄存器时就启动了传送）。

在 AHB-AP 中还有其他的寄存器，它们提供附加的功能，例如，AHB-AP 中提供了 4 个 Banked 寄存器和地址自动增量的功能，用于加快在小范围连续地址中数据访问的速度。

3.6.4 SW-DP 和 SWJ-DP

3.6.4.1 SWJ-DP

SWJ-DP 是 JTAG-DP 和 SW-DP 的一个组合，支持通过 JTAG 调试和支持 SWD，它是 CoreSight 的标准调试接口，并且提供了接口 JTAG-DP 和 SW-DP。JTAG-DP 和

SW - DP 共享或覆盖使用引脚,这样可以高效地使用引脚。Cortex - M4 使用了一个自动检测机制来识别 JTAG - DP 和 SW - DP,这就需要依靠一个特殊的时序在 TMS 引脚上来识别。如果 SWJ - DP 使用的是 JTAG 调试,那就和 JTAG - DP 完全一样。SWJ - DP 的外部连接如图 3.11 所示。

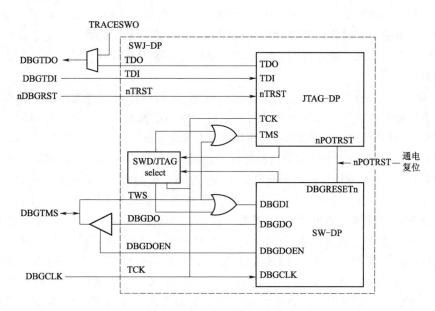

图 3.11   SWJ - DP 的外部连接

3.6.4.2   SWJ - DP 接口

JTAG 外部提供了 4 个强制引脚 TDO、TDI、TCK、TMS 和一个可选的复位引脚 nTRST。JTAG - DP 和 SW - DP 还需要一个单独的通电复位 nPOTRST。SWD 外部只需要两个引脚,一个是双向的 SWDIO 输入/输出信号引脚,另一个是时钟引脚,SWD 可以输入/输出到设备上。数据的输入/输出就是由这个模块的两个引脚实现的,它使用双向信号引脚(SWDIO)来驱动外部接口,以及时钟、复位信号。当使用的是 SWD 模式时,TDO 引脚就会被用作 serial wire output(SWO),TDI 引脚就会被用作输入功能。

在 DBGCLK 时钟中,有一些寄存器为片上调试部件提供电源的控制,它们能控制大多数调试逻辑单元,如 ETM、ETB,这些逻辑单元默认为关闭,当有连续的时钟脉冲时被启动,然后调试管理模块启动其他调试部件,在 JTAG - DP 或 SW - DP 中可以启动或相应复位请求。尽管 DBGCLK 和 nPOTRST 接口不能为 DAP 提供时钟和复位控制接口,但是这两个连接信号很重要,所以有了时钟和复位控制器。

3.6.4.3   SWJ - DP 中 JTAG 和 SWD 的选择机制

SWJ - DP 的调试接口支持 SWD 和 JTAG 两种协议,为了同时支持两种协议,SWJ - DP 使用了一个观察电路来查看 DBGTMS 上特殊的 16 位:①16 位用来识别从 JTAG 到 SWD 操作;②另 16 位用来识别从 SWD 到 JATG(JTAG)的操作。选择器在启动后默认选择 JATG(JTAG),或者在复位后没有发出选择序列之前默认采用 JATG(JTAG)协议。识别从当前协议切换到另一种协议的判断条件是选择接口复位时的状态,若 JTAG 为 test logic reset(TLR)状态,则 SWD 为行复位。监视器模块在完成对特殊序列的跟踪后就进入休眠状态，只有当复位后才被唤醒进行跟踪。

3.6.5　Cortex - M4 调试模式

　　Cortex - M4 的调试模式分为两种：第一种称为停机模式（halt），在进入此模式时，控制器完全停止程序的执行；第二种则称为调试监视器模式（debug monitor exception），此时控制器执行相应的调试监视器异常服务例程，由它来执行调试任务，并且依然允许更高优先级的异常抢占它，优先级可编程。除了调试事件可以触发异常外，手工设置其悬起位也可以触发异常。

　　（1）停机模式：①指令执行被停止；②SysTick 定时器停止；③支持单步操作；④中断可以在这期间悬起，并且可以在单步执行时响应，也可以掩蔽它们，使得单步时不受干扰。

　　（2）调试监视器模式：①控制器执行调试监视器异常的服务例程（异常号为 12）；②SysTick 定时器继续运行；③新来的中断按普通执行时的原则来抢占；④执行单步操作；⑤存储器的内容（如堆栈内存）会在调试监视器的响应始末得到更新，因为有自动入栈和出栈的动作。

　　之所以加入调试监视器模式，是考虑到在某些电子系统运行的过程是不可以停机的。例如，对于汽车引擎控制器和电机控制器，就必须在处理调试动作的同时让控制器继续运行下去，这样才能保证被测试的设备不会意外损坏。有了调试监视器，就可以停止并调试线程级的应用程序，也可以调试低优先级的中断服务例程。与此同时，高优先级的中断和异常能够响应。如果要进入停机模式，需要把 NVIC 调试停机控制及状态寄存器（DHCSR）的 C_DEBUGEN 位置位。这个位只能由调试器来设置，没有调试器是不能把 Cortex - M4 停机的。在 C_DEBUGEN 置位后，就可以设置 DHCSR 的 C_HALT 位来喊停控制器，此 C_HALT 位可以由软件置位。DHCSR 的位段定义比较特殊，读时是一种定义，写时又是另外一种定义。对于写操作，必须先往 [31～16] 中写入一个 "访问钥匙" 值；而对于读操作，则无此钥匙，并且读回来的高半字包含了状态位，见表 3.31。

表 3.31　　　　　　　　　　　　DHCSR 的位段定义

位段	名称	类型	复位值	描述
31～15	KEY	W		调试钥匙，必须在任何写操作中把该位段写入 A05F，否则忽略写操作
25	S_RESET_ST	R		内核已经或即将复位，读后清零
24	S_RETIRE_ST	R		在上次读取以后指令已执行完成，读后清零
23	S_LOCKUP	R		1:内核进入了锁定状态
19	S_SLEEP	R		1:内核睡眠中
18	S_HALT	R		1:内核已停机
16	S_REGRDY	R		1:寄存器的访问已经完成
15～6	保留	—		
5	C_SNAPSTALL	RW	0	打断一个 stalled 存储器访问
4	保留	—		
3	C_MASKINTS	RW	0	调试期间关中断，只有在停机后方可设置
2	C_STEP	RW	0	让处理器单步执行，在 C_DEBUGEN=1 时有效
1	C_HALT	RW	0	喊停控制器，在 C_DEBUGEN=1 时有效
0	C_DEBUGEN	RW	0	使能停机模式的调试

DHCSR 中的控制位是在上电复位时得到复位的，系统复位不会影响到它们。在正常情况下，只有调试器会操作 DHCSR，应用程序不要乱动它，以免使调试工具出现问题。当使用调试监视器模式时，由另一个 NVIC 中的寄存器来负责控制调试活动，它是 NVIC 调试异常及监视器控制寄存器（DEMCR），见表 3.32。

表 3.32 DEMCR

位段	名 称	类型	复位值	描 述
24	TRCENA	RW	0	跟踪系统使能位,在使用 DWT、ETM、ITM 和 TPIU 前,必须先设置此位
23～20	保留	—	—	
19	MON_REQ	RW	0	1:调试监视器异常不是由硬件调试事件触发的,而是由软件手工悬起的
18	MON_STEP	RW	0	让调试单步执行,在 MON_EN=1 时有效
17	MON_PEND	RW	0	悬起监视器异常请求,内核将在优先级允许时响应
16	MON_EN	RW	0	使能调试监视器异常
15～11	保留	—	—	
10	VC_HARDERR	RW	0	发生硬故障时停机调试
9	VC_INTERR	RW	0	指令/异常服务错误时停机调试
8	VC_BUSERR	RW	0	发生总线故障时停机调试
7	VC_STATERR	RW	0	发生用法故障时停机调试
6	VC_CHKERR	RW	0	发生用法故障使能的检查错误时停机调试(如未对齐,除数为零)
5	VC_NOCPERR	RW	0	发生用法故障无控制器错误时停机调试
4	VC_MMERR	RW	0	发生存储器管理故障时停机调试
3～1	保留	—	—	
0	VC_CORERESET	RW	0	发生内核复位时停机调试

3.6.6 Cortex - M4 的跟踪系统

Cortex - M4 的跟踪系统是基于 CoreSight 架构的，如图 3.12 所示。

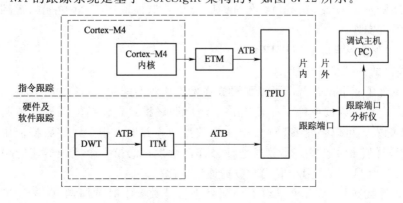

图 3.12 Cortex - M4 的跟踪系统

在跟踪过程中，Cortex - M4 通过内建归并器（merger）先把跟踪源产生的数据打包成数据包，然后发送到高级跟踪总线（ATB）上进行传送，接着把归并后的数据流送往 TPIU（跟踪端口接口单元），TPIU 再把数据导出到片外的跟踪硬件设备，在数据送到了调试主机（PC）后，最后由 PC 端的调试软件还原为先前的多条跟踪源数据。CoreSight 调试结构的组成部分很多，主要分为以下几类：

（1）控制访问部件。用于配置和控制跟踪数据流的产生、获取跟踪数据流，但不产生也不处理跟踪数据流。典型部件有：

1）DAP（debug access port）：可以实时访问 AMBA 总线上的系统内存、外设寄存器，以及所有调试配置寄存器，而无须挂起系统。

2）ECT（embedded cross trigger）：包含 CTI（cross trigger interface）和 CTM（cross trigger matrix），为 ETM（embedded trave macrocell）提供一个接口，用于将一个控制器的调试事件传递到另一个控制器。

（2）跟踪源部件。用于产生向 ATB（AMBA trave bus）发送的跟踪数据。典型部件有：

1）在 Cortex - M4 中有 3 种跟踪源。

2）指令跟踪：由 ETM（嵌入式跟踪宏单元）产生。

3）数据跟踪：由 DWT 产生。

4）调试信息：由 ITM 产生，提供形如 printf 类型的消息输入，送到调试器的 GUI 中。ATM（AHB trace macrocell）：用于获取 AHB 总线跟踪信息，包括总线的层次、存储结构、时序、数据流和控制流等。ETM：用于获取控制器内核的跟踪信息。

5）ITM（instrumentation trace macrocel）：是一个由软件驱动跟踪源，其输出的跟踪信息可以由软件设置，包括 printf 类型的调试信息、操作系统，以及应用程序的事件信息等。

（3）连接部件。用于实现跟踪数据的连接、触发和传输。典型部件有：

1）ATB1：1 bridge 具有两个 ATB 接口，用于传递跟踪源发出的控制信号。

2）Replicator：可以让来自同一跟踪源的数据同时写到两个不同的汇集点去。

3）Trace Funnel：用于将多个跟踪数据流组合起来，在 ATB 总线上传输。

（4）汇集点。是芯片上跟踪数据的终点。典型汇集点有：

1）TPIU（trace port interface unit）：将片内各种跟踪源获取的信息按照 TPIU 帧的格式进行组装，然后通过 trace port 传送到片外。

2）ETB（embedded trace buffer）：一个 32 位的 RAM，作为片内跟踪信息缓冲区。

3）SWO（serial wire output）：与 TPIU 类似，但仅输出 ITM 单元的跟踪信息，只需要一个引脚即可实现。

3.6.6.1　数据观察点与跟踪（DWT）

DWT 提供的调试功能包括：

（1）它包含了 4 个比较器，可以配置成在发生比较匹配时，执行如下动作：①硬件观察点，产生一个观察点调试事件，并且用它来调用调试模式，包括停机模式和调试监视器模式；②ETM 触发，可以触发 ETM 发出一个数据包，并汇入指令跟踪数据流中；③程序计数器（PC）采样器事件触发；④数据地址采样器触发；⑤第 1 个比较器还能用于比较时钟周期计数器（CYCCNT），用于取代对数据地址的比较。

（2）作为计数器，DWT 可以对下列项目进行计数：①时钟周期（CYCCNT）；②被折叠（folded）的指令；③对加载/存储单元（LSU）的操作；④睡眠的时钟周期；⑤每指令周期数（CPI）；⑥中断的额外开销（overhead）。

（3）以固定的周期采样 PC 的值。

（4）中断事件跟踪。当用于硬件观察点或 ETM 触发时，比较器既可以比较数据地址，也可以比较程序计数器 PC；当用于其他功能时，比较器则只能比较数据地址。每个比较器都有 3 个寄存器：COMP 寄存器、MASK 寄存器、FUNCTION 控制寄存器。其中：COMP 寄存器是一个 32 位寄存器，用于存储要比较的值；MASK 寄存器可以用于掩蔽数据地址的一些位，被掩蔽的位不参与比较；FUNCTION 寄存器用于决定该比较器的功能。为了避免潜在的不可预料的行为，必须先变成 MASK 和 COMP，最后再变成 FUNCTION。如果要更改某个比较器的功能，必须先把 FUNCTION 清零，即除能该比较器，再重新配置一次，依然是最后配置 FUNCTION。

DWT 中有剩余的计数器，它们典型地用于程序代码的性能速写（profiling）。通过对它们进行编程，就可以让它们在计数器溢出时发出事件（以跟踪数据包的形式）。最典型的就是使用 CYCNT 寄存器来测量执行某个任务所花的周期数（操作系统中统计 CPU 使用率可以用到它）。

3.6.6.2　仪器化跟踪宏单元（ITM）

ITM 有如下功能：

（1）软件可以直接把控制台消息写到 ITM stimulus 端口，从而把它们输出成跟踪数据。

（2）DWT 可以产生跟踪数据包，并通过 ITM 把它们输出。

（3）ITM 可以产生时间戳数据包并插入到跟踪数据流中，用于帮助调试器求出各事件的发生时间。

因为 ITM 要使用跟踪端口来输出数据，所以芯片上必须有 TPIU 单元，否则无法输出，因此在使用 ITM 前要确认此事。如果没有 TPIU，也可以使用 NVIC 调试寄存器，或者使 UART 来输出控制台消息。欲使用 ITM，必须把 DEMCR 的 TRCENA 位置位，否则 ITM 处于除能状态，无法使用。另外，在 ITM 寄存器中还有一个锁。在编程 ITIM 之前，必须写入一个访问钥匙值 0xc5ac_E55（CoreSight 的 ACCESS）到这个解锁寄存器；否则，所有对 ITM 寄存器的写操作都被忽略。最后，ITM 自己也是另一个控制寄存器（可能是说控制寄存器的名字也是 ITM），用于控制对各功能的独立使能。控制寄存器中含有 ATID 位段，作为 ITM 在 ATB 中的 ID 值，这个 ID 必须是唯一的，每个跟踪源都必须有唯一的 ID 值，从而使调试主机能从接收到的跟踪数据包中分离出各跟踪源的数据。

3.6.6.3　嵌入式跟踪单元（ETM）

ETM 功能块用于提供指令跟踪（即指令执行的历史记录），它是个可选配件。当它使能时，并且在跟踪操作开始后，会产生指令跟踪数据包。ETM 中也有一个 FIFO 缓冲区，为跟踪数据流的捕捉提供足够的空间。为了减少产生的数据量，ETM 并不会一直忙不迭地输出控制器当前正在执行的地址，通常它只输出有关程序执行流的信息，并且只有在需要时才输出完整的地址。因为调试主机也有一份二进制映像的备份，它可以使用此备份来重建指令的执行序列。ETM 也与其他的调试组件互相交互。例如，它与 DWT 的比较器就有关系，DWT 的比较器可以用于产生 ETM 的出发信号，或者控制跟踪的启动与停止。

与传统 ARM 控制器的 ETM 不同的是，Cortex－M4 的 ETM 没有自己的地址比较器，而是由 DWT 的比较器代为完成。事实上，Cortex – M4 的 ETM 与传统的 ARMETM 有很大的区别。欲使用 ETM，必须执行下述的建立步骤（由调试器及其周边工具完成）：

（1）把 DEMCR 的 TRCENA 位置位。

（2）解锁 ETM 以编程它的寄存器，往 ETMLOCK_ACCESS 寄存器中写 0xC5AC_CE55。

（3）编程 ATBID 寄存器（ATID），赋予 ETM 一个唯一的标识，以便把它的跟踪数据包与其他跟踪源的跟踪数据包分开。

（4）ETM 的 NIDEN 输入信号必须为高电平，该信号的实现取决于具体的器件，还需要参考该器件的数据手册。

（5）编程 ETM 控制寄存器组以产生跟踪数据。

3.6.6.4　跟踪端口接口单元（TPIU）

如前所述，ITM、DWT 和 ETM 的跟踪数据都在 TPIU 处汇聚，TPIU 把这些跟踪数据格式化后并输出到片外，以供跟踪端口分析仪之类的设备接收使用。Cortex – M4 的 TPIU 支持两种输出模式：①带时钟模式（clocked mode），使用最多 4 位的并行数据输出端口；②串行线观察器（SWV）模式，使用单一位的 SWV 输出。

在带时钟模式下，数据输出端口实际使用的位数是可编程的。这取决于两点：①芯片的封装；②在应用中提供了多少个信号引脚给跟踪输出使用。在具体的芯片中，通过检查 TPIU 的寄存器，可以判断跟踪端口的最大尺寸；此外，跟踪数据输出的速度也是可编程的。在 SWV 模式下，则使用 SWV 协议。它减少了所需的输出信号数，但是跟踪输出的最大带宽也减少了。欲使用 TPIU，需要先把 DEMCR 的 TRCENA 位置位。还要编程协议选择寄存器和跟踪端口尺寸寄存器，这个工作由跟踪捕获软件完成。

3.6.6.5　闪存地址重载及断点单元（FPB）

FPB 有以下两项功能：①硬件断点支持，产生一个断点事件，从而使控制器进入调试模式（停机或调试监视器异常）；②把代码地址空间中对指令或字面值（literal data）的加载，重载到 SRAM 的地址间中。

FPB 有 8 个比较器，分别为 6 个指令比较器、2 个字面值比较器。在 FPB 中有一个内存地址重载控制寄存器，它包含了 FPB 的使能位；此外，每个比较器在它自己的控制寄存器中，都还有各自的使能位，前者是总开关，两种使能位必须都为 1 时才能启用比较器。可以通过编程比较器，把指令空间的地址重载（重映射）到 SRAM 地址空间中。在使用此功能时，需要编程 REMAP 寄存器，以提供需要重映射内容的基址。REMAP 寄存器的最高 3 位［31～29］被硬线连接成 0b001，因此限定了重映射后的地址范围在 0x2000_0000 ～ 0x3FFF_FF80 之间，这段地址正好落在 SRAM 地址空间中。当指令地址或字面值地址与比较器中的数值发生匹配命中时，读访问就会根据 REMAP 的设置被重映射。使用这个重映射功能，可以创建一些"如果……将会……"（what if）形式的测试，通过把原始指令或字面值取代成另一个来实现，即使是在 ROM 或 Flash 中运行的代码，也能够参与此种测试。另一种用法很像"狸猫换太子"，对于某个位于 Flash 中的子程序，在 SRAM 中提供一个冒充它的子程序。通过闪存地址重载，使得在执行到调用该子程序的指令（BL）时，实际上执行的是被"调包"过的，位于 SRAM 中的 BL，后者则跳转到"狸猫"中。这种机制使基于 ROM 的设备也可以调试（修改过的子程序暂时放到 SRAM 中）。除了地址重载，指令地址比较器还可用于产生硬件断点（共 6 个），当地址匹配时使控制器进入调试模式。

3.7 标准函数库（固件库）

STM32F4 固件库文件体系架构如图 3.13 所示。整个体系结构可以分为 3 层，底层是硬件层（PPP）、中间层是 API 层、顶层是应用程序层。硬件层包括内核、定时器、串口、中断控制器等。API 层由 STM32F4 库函数组成，向下负责与内核和外设直接交互，向上提供用户程序调用的函数接口。应用程序层体现为 Application.c 文件，该文件名称可以任意取，在工程中，一般取名为 main.c。

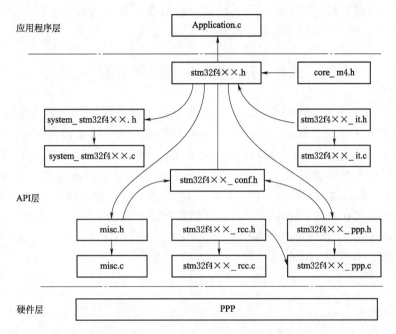

图 3.13 STM32F4 固件库文件体系架构

中间层 API 层中包含各种符合 CNMSIS 的 STM32F4 库函数，这些库函数存储于一系列文件中。这些文件的作用及相互关系如下：

（1）文件 Core_cm4.h 位于 \ STM3F4xx_DSP_StdPeriph_Lib_V1.4.0 \ Libraries \ CMSIS \ Include 目录下面，是 CMSIS 核心文件，提供进入 Cortex - M4 内核的接口，由 ARM 公司提供，对所有 M4 内核的芯片都一样。

（2）文件 stm32f4××.h 是 STM32F4 控制器片上外设访问层头文件。这个文件中包含非常多的结构体及宏定义。这个文件中主要包含系统寄存器定义声明及包装内存操作，同时该文件还包含一些时钟相关的定义、FPU 和 MPU 开启定义、中断相关定义等。

（3）文件 system_stm32f4××.h 是片上外设接入层系统头文件，主要用于声明设置系统及总线时钟相关的函数。其对应的源文件是 system_stm32f4××.c，这个文件中有一个非常重要的 SystemInit() 函数声明，这个函数在系统启动的时候会被调用，用来设置系统的整个系统时钟和总线时钟。

（4）文件 stm32f4××_it.c 和 stm32f4××_it.h 用来编写中断服务函数，中断服务函数也可以随意编写在工程里面的任意一个文件中。

（5）文件 stm32f4××.conf.h 是外设驱动配置文件。打开该文件可以看到一堆 ♯ include，建立工程的时候，可以注释掉一些不需要的外设头文件。

（6）文件 misc.c、misc.h、stm32f4×× _ ppp.c、stm32f4×× _ ppp.h、stm32f4×× _ rcc.c 和 stm32f4×× _ rcc.h 存放在目录 Libraries \ STM32F4×× _ StdPeriph _ Driver 中。这些文件是 STM32F4 标准的外设库文件。其中：misc.c 和 misc.h 是与定义中断优先级分组及 SysTick 定时器相关的函数；stm32f4×× _ rcc.c 和 stm32f4×× _ rcc.h 是与 RCC 相关的一些操作函数，作用主要是一些时钟的配置和使能，在任何一个 STM32 工程中，RCC 相关的源文件和头文件是必须添加的；文件 stm32f4×× _ ppp.c 和 stm32f4×× _ ppp.h 是 STM32F4 控制器标准外设固件库对应的源文件和头文件，包括一些常用外设，如 GPIO、ADC、USART、I²C、定时器等。

3.8　开发环境介绍

本节介绍 Cortex - M4 的开发环境，Cortex - M4 主要使用 MDK5 作为开发工具。MDK 源自德国的 KEIL 公司，是 RealView MDK 的简称，在全球 MDK 被超过 10 万名嵌入式开发工程师使用，目前最新版本为 MDK5.11a，该版本使用 μVision5 IDE 集成开发环境，是目前针对 ARM 控制器，尤其是 Cortex - M 内核控制器的最佳开发工具。MDK5 向后兼容 MDK4 和 MDK3 等，以前的项目同样可以在 MDK5 上进行开发（但是头文件方面得全部自已添加），MDK5 同时加强了针对 Cortex - M 微控制器开发的支持，并且对传统的开发模式和界面进行了升级。MDK5 由两个部分组成：MDK 核心和软件包。其中，软件包可以独立于工具链进行新芯片支持和中间库的升级，如图 3.14 所示。

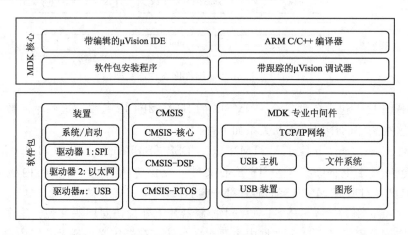

图 3.14　MDK5 的组成

由图 3.14 可见，MDK 核心又分成 4 个部分：带编辑的 μVision IDE、ARM C/C++编译器、软件包安装程序、带跟踪的 μVision 调试器。μVision IDE 从 MDK4.7 版本开始就加入了代码提示功能和语法动态检测等实用功能，相对于以往的 IDE 改进很大。软件包又分为装置、CMSIS（ARM Cortex 微控制器软件接口标准）和 MDK 专业中间件 3 个部分，通过包安装器可以安装最新的组件，从而支持新的器件，提供新的设备驱动库以及最新例程等，加速产品开发进度。同以往的 MDK 不同，以往的 MDK 把所有组件包含到了一个安装包里面，显得十分

"笨重"，MDK5 则不一样，MDK 核心是一个独立的安装包，并不包含器件支持、设备驱动、CMSIS 等组件，大小为 300MB 左右，相对于 MDK4.70A 的 500MB，"瘦身明显"，MDK5 安装包可以在 https：//www.keil.com/demo/eval/arm.htm♯/DOWNLOAD 下载；而器件支持、设备驱动、CMSIS 等组件，则可以单击 MDK5 的 Build Toolbar 的最后一个图标调出 PackInsTalleR 来安装各种组件，也可以在 http：//www.keil.com/dd2/pack 下载安装。

思 考 题 与 习 题

1. 简述 ARM 控制器指令集的特点。

2. ARM 控制器指令集的寻址方式有哪些？

3. 简述堆栈寻址方式的分类。

4. C 程序调用汇编的步骤是什么？

5. 简述 Cortex – M4 的调试方法。

6. Cortex – M4 控制器指令可接条件码后缀共多少种？至少举 3 个条件码后缀的例子并解释其含义。

7. 批量加载/存储指令的执行方式有哪几种？各有何区别？

8. 何为堆栈？其操作顺序是怎样的？根据寻址方式不同，可分为哪 4 种？

9. 简述 Cortex – M4 存储器访问指令的 6 种访问形式。

10. Cortex – M4 的数据处理类指令可细分为哪几类？每类试举一条指令说明。

11. 异常相关指令的作用是什么？具体包括哪两条指令？

12. 简述 DSP 扩展和 FP 扩展的概念。

13. 简述汇编语言与 C 语言各自的优缺点。

14. ATPCS 规则的作用是什么？它体现了怎样的程序设计思想？

15. Cortex – M4 的异常可分为哪些种类？一个异常被挂起的原因是什么？

第4章　系统控制和存储管理

Cortex‐M4 微控制器的系统控制模块配置器件的整体操作，并提供器件的有关信息。这些操作包括复位、电源、时钟、低功耗模式的控制以及不可屏蔽中断控制。

存储器是微控系统中重要的器件之一，系统中所有程序的运行均是在存储器中进行的，因此存储器性能的高低对整个微控系统至关重要。Cortex‐M4 微控制器可以对 32 位存储器进行寻址，因此存储器空间能够达到 4GB。

4.1　系　统　控　制

系统控制模块的具体功能为：①提供器件标识信息；②局部控制：复位、电源和时钟控制；③工作模式控制：运行、睡眠、深度睡眠模式和休眠模式控制。

4.1.1　系统控制模块的信号

系统控制模块的输入信号包括 NMI、主振荡器、时钟输入 OSC0 和 OSC1 以及 RST 等。NMI 信号是 GPIO 信号的备用功能，复位后用作 GPIO 信号。系统控制模块的外部信号及其功能描述，见表 4.1。

表 4.1　　　　　　　　　　　　　系统控制模块的外部信号

引脚名称	引脚编号	引脚复用/赋值	引脚类型	缓冲区类型	描　　述
DIVSCLK	102	PQ4(7)	输出	TTL	基于选定的时钟源，输出一个可选择的分频参考时钟
NMI	128	PD7(8)	输入	TTL	不可屏蔽中断
OSC0	88	固定	输入	模拟	主振荡器晶体输入或外部时钟参考输入
OSC1	89	固定	输出	模拟	主振荡器晶体输出。当使用外部单端参考时钟源时，此引脚应悬空
RST	70	固定	输入	TTL	系统复位输入

4.1.2　系统控制模块的功能

系统控制模块的功能包括器件标识信息、电源控制、时钟控制、复位控制、NMI 控制、工作模式控制以及系统初始化与配置。其中电源控制、时钟控制、复位控制已经在第 2 章的电源电路、时钟电路、复位电路章节描述，NMI 控制将在第 5 章介绍，这里不再累述。

1. 器件标识信息

Cortex‐M4 微控制器中有些只读寄存器给软件提供有关微控制器的信息，包括版本、元件型号、内部存储器大小和外设信息等。例如，器件标识 0 寄存器 DID0 和器件标识 1 寄存器 DID1 提供器件版本、封装和工作温度范围等信息。具体说明请参考 STM32F4 的数据手册。

2. 工作模式控制

为了进行功耗控制，位于系统控制寄存器区偏移地址为 0x600、0x700、0x800 开始的外设专用寄存器 RCGCx、SCGCx、DCGCx（其中，x 代表外设英文缩写字母，例如看门狗专用寄存器为 RCGCWD），可在系统运行、睡眠、深度睡眠以及休眠时控制对应外设的时钟。

(1) 运行模式。在运行模式下，微控制器正常执行代码，所有已被外设专用 RCGC 寄存器设置为使能的外设正常运行，系统时钟源可以是任意一种时钟源及其 PLL 分频。

(2) 睡眠模式。在睡眠模式下，运行中的外设时钟频率不变，但是微控制器和存储器子系统不使用时钟，所以不再执行代码。睡眠模式是通过 Cortex-M4 内核执行一条 WFI（等待中断）指令。系统中任何正确配置的中断事件都可以将微控制器带回到运行模式。

(3) 深度睡眠模式。在深度睡眠模式下，除了正在停止的控制器时钟之外，有效外设的时钟频率可以改变（取决于深度睡眠模式的时钟配置）。中断可以让微控制器从睡眠模式返回到运行模式；代码请求可以进入睡眠模式。要进入深度睡眠模式，首先置位系统控制（SYSCTRL）寄存器的 SLEEPDEEP 位，然后执行一条 WFI 指令。系统中任何正确配置的中断事件都可以将微控制器带回到运行模式。

Cortex-M4 微控制器内核和存储器子系统在深度睡眠模式中不计时。当自动时钟门控启用时，外设专用 DSCG 寄存器启用的外设时钟被使用；当自动时钟门控禁用时，外设专用 RCGC 寄存器启用的外设时钟被使用。系统时钟源在寄存器 DSCLKCFG 中规定。当使用寄存器 DSCLKCFG 时，内部振荡器源将上电，如果有必要，其他时钟会掉电。为进一步节省电能，可以通过置位寄存器 DSCLKCFG 的 PIOSCPD 位禁用 PIOSC。执行 WFI 指令时，USBPLL 不会掉电，当深度睡眠退出事件发生时，硬件会把系统时钟带回到深度睡眠模式开始时的源和频率，然后使能在深度睡眠期间停止的时钟。如果 PIOSC 被用作 PLL 的参考时钟源，在深度睡眠期间它会继续提供时钟。

要实现尽可能低的深度睡眠功耗，或者无须为时钟更改而重新配置外设即可从外设唤醒控制器的能力，一些通信模块在模式寄存器空间的偏移量 0xFC8 处提供了时钟控制寄存器。时钟控制寄存器中 CS 位域允许用户选择 PIOSC 或全面备用时钟（ALTCLK）作为模块波特时钟的时钟源。微控制器进入深度睡眠模式时，PIOSC 也成为模块时钟的时钟源，允许发送和接收（FIFO）在该部分处于深度睡眠时继续操作。图 4.1 显示了模块时钟选择。

(4) 休眠模式。在休眠模式下，只有休眠模块运行，控制器及其他外设不运行，外部唤醒信号 WAKE 或者 RTC（real-time clock）事件将使系统回到运行模式。RTC 是一个内部32 位实时秒计数器，可定时唤醒系统。休眠模块负责管理电源的禁能和恢复，当控制器或者外设空闲时，可以将其电源禁能。

Cortex-M4 微控制器和外围设备之外的休眠模块检测到一个正常的"启动"序列，然后控制器开始运行。如果 HIB 模块已经在休眠模

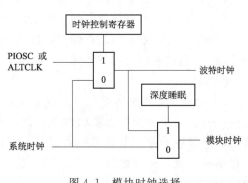

图 4.1 模块时钟选择

式下又发生复位，复位处理程序应该检查 HIB 原始中断状态寄存器（HIBRIS）在 HIB 模块确定复位的原因。

4.1.3 系统初始化与配置

对 PLL 的配置可直接通过对 PLLFREQn、MEMTIM0 和 PLLSTAT 寄存器执行写操作来实现。改变基于 PLL 的系统时钟所需的步骤如下：

（1）一旦上电复位完成，则 PIOSC 作为系统时钟。

（2）通过清零 MOSCCTL 寄存器上的 NOXTAL 位来给 MOSC 上电。

（3）如果需要使用单端 MOSC 模块，那么可以直接使用；如果需要使用晶振模块，那么需要清零 PWRDN 位和等待 MOSCPUPRIS 位在 RIS 中置位，这表明 MOSC 晶振模块可以使用。

（4）给 RSCLKCFG 寄存器赋值 0x3。

（5）如果应用程序还需要 MOSC 作为深度睡眠时钟源，DSCLKCFG 需要赋值 0x3。

（6）编写 PLLFREQ0 和 PLLFREQ1 寄存器的值（Q、N、MINT 和 MFRAC）来配置所需的 VCO 频率设置。

（7）MEMTIM 0 寄存器写入相对应的新系统时钟设置。

（8）等待 PLLSTAT 寄存器指示 PLL 已经锁定在新操作点。

（9）编写 RSCLKCFG 寄存器的 PSYSDIV 位值，USEPLL 位和 MEMTIMU 位使能，启用 PLL。

4.2 内 存 映 射

Cortex - M 微控制器的存储器系统支持多个特性：

（1）多个总线接口，指令和数据可以同时访问（哈佛总线结构）。

（2）基于 AMBA（高级微控制器总线架构）的总线接口设计，实际上也是一种片上总线标准：用于存储器和系统总线流水线操作的 AHB（AMBA 高性能总线）Lite 协议，以及用于和调试部件通信的 APB（高级外设总线）协议。

（3）同时支持小端和大端的存储器系统。

（4）支持非对齐数据传输。

（5）支持排他传输（用于具有嵌入式 OS 或 RTOS 系统的信号量操作）。

（6）可位寻址的存储器空间（位段）。

（7）不同存储器区域的存储器属性和访问权限。

（8）可选的存储器保护单元（MPU）。若 MPU 存在，则可以在运行时设置存储器属性和访问权限。

Cortex - M4 微控制器有一个固定的内存映射，提供高达 4GB 可寻址的存储器空间，有些部分被指定为控制器中的内部外设，有些部分被指定为 SRAM 区域，包括位段区域，这些内部部件的存储器位置是固定的，如图 4.2 所示。存储器空间在架构上被划分为多个存储器区域，这样控制器可以设计支持不同种类的存储器和设备，使得系统达到更优的性能。

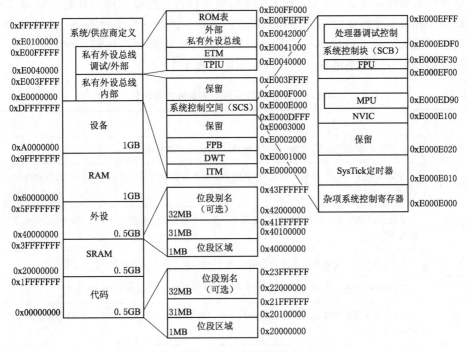

图 4.2 内存映射图

首先来看存储器区域定义，它们位于图 4.2 的左侧。表 4.2 则对存储器区域定义进行了描述。

表 4.2 存 储 器 区 域

区域	地址范围	描 述
代码	0x00000000~0x1FFFFFFF	512MB 的存储器空间，主要用于程序代码，包括作为程序存储器一部分的默认向量表，该区域也允许数据访问
SRAM	0x20000000~0x3FFFFFFF	SRAM 区域位于存储器空间中的下一个 512MB，主要用于连接 SRAM，其大多为片上 SRAM，不过对存储器的类型没有什么限制。若支持可选的位段特性，则 SRAM 区域的第一个 1MB 可位寻址，还可以在这个区域中执行程序代码
外设	0x40000000~0x5FFFFFFF	外设存储器区域的大小同样为 512MB，而且多数用于片上外设。与 SRAM 区域类似，若支持可选的位段特性，则外设区域的第一个 1MB 可位寻址
RAM	0x60000000~0x9FFFFFFF	RAM 区域包括两个 512MB 存储器空间（总共 1GB），用于片外存储器等其他 RAM，且可存放程序代码和数据
设备	0xA0000000~0xDFFFFFFF	设备区域包括两个 512MB 存储器空间（总共 1GB），用于片外外设等其他存储器
系统	0xE0000000~0xE00FFFFF	私有外设总线（PPB），用于访问 NVIC、SysTick、MPU 等系统部件以及内部调试部件，多数情况下，该存储空间只能由运行在特权状态的程序代码访问
系统	0xE0100000~0xFFFFFFFF	供应商定义区域，多数情况是用不到的

尽管可以将程序存放在 SRAM 和 RAM 区域并执行，控制器设计在进行这种操作时效果并非最优，在取每个指令时还需要一个额外的周期。因此，在通过系统总线执行程序代码时，性能会稍微低一些。程序不允许在外设、设备和系统存储器区域中执行。如图 4.2 所示，存储器映射中存在多个内置部件，具体描述见表 4.3。

表 4.3　　　　　　　　　　　Cortex - M4 存储器映射中的各种内置部件

部　件	描　　述
NVIC	嵌套向量中断控制器，异常（包括中断）处理的内置中断控制器
MPU	存储器保护单元，可选的可编程单元，用于设置各存储器区域的存储器访问权限和存储器访问属性（特性或行为）
SysTick	系统节拍定时器，24 位定时器，主要用于产生周期性的 OS 中断。若未使用 OS，还可被应用程序代码使用
SCB	系统控制块，用于控制控制器行为的一组寄存器，并可提供状态信息
FPU	浮点单元，这里存在多个寄存器，用于控制浮点单元的行为，并可提供状态信息
FPB	Flash 补丁和断点单元，用于调试操作，其中包括最多 8 个比较器，每个比较器都可被配置为产生硬件断点事件
DWT	数据监视点和跟踪单元，用于调试和跟踪操作，其中包括最多 4 个比较器，每个比较器都可被配置为产生数据监视点事件
ITM	指令跟踪宏单元，用于调试和跟踪的部件。软件可以利用它产生可被跟踪接口捕获的数据跟踪。它还可以在跟踪系统中生成时间戳包
ETM	嵌入式跟踪宏单元，产生调试软件可用的指令跟踪的部件
TPIU	跟踪端口接口单元，该部件可以将跟踪包从跟踪源转换到跟踪接口协议，这样可以用最少的引脚捕获跟踪数据
ROM 表	调试工具用的简单查找表，表示调试和跟踪部件的地址，以便调试工具识别出系统中可用的调试部件。它还提供了用于系统识别的 ID 寄存器

NVIC、MPU、SCB 和各种系统外设所在的存储器空间被称为系统控制空间（SCS）。书中有很多章节将会介绍这些部件的更多信息。

4.3　位　段　操　作

位段区域为位数据提供位操作。

（1）位段区域。支持位段操作的存储器地址区域。

（2）位段别名。访问位段别名（位段操作）会引起对位段区域的访问（注意，执行了存储器重映射）。

利用位段操作，一次加载/存储操作可以访问（读/写）一个位。对于 Cortex - M4 微控制器，两个名为位段区域的预定义存储器区域支持这种操作，其中一个位于 SRAM 区域的第一个 1MB（0x20000000 ～ 0x200FFFFF），另一个则位于外设区域的第一个 1MB

（0x40000000～0x400FFFFF）。这两个区域可以同普通存储器一样访问，而且还可以通过名为位段别名的一块独立的存储器区域进行访问。当使用位段别名地址时，每个位都可以通过对应的字对齐地址的最低位（LSB）单独访问，如图 4.3 所示。

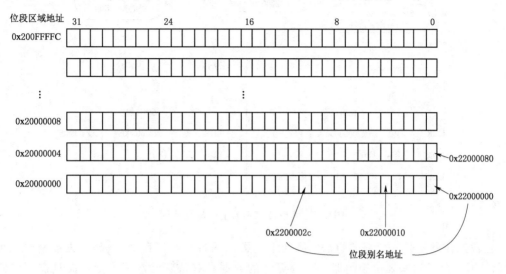

图 4.3　通过位段别名对位段区域进行位访问（SRAM 区域）

例如，要设置地址 0x20000000 处字数据的第 2 位，除了使用指令读取数据、设置位、将结果写回之外，还可以使用一条单独的指令，如图 4.4 所示。

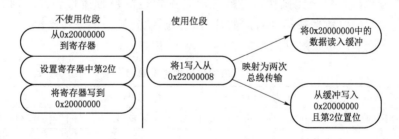

图 4.4　写入位段别名

这两种情况的汇编流程可以表示为图 4.5 所示的情形。

	不使用位段			使用位段	
LDR	R0，=0x20000000	；设置地址	LDR	R0，=0x22000008	；设置add
LDR	R1，[R0]	；读	MOV	R1，#1	；设置dat
ORR.W	R1，#0x4	；修改位	STR	R1，[R0]	；写
STR	R1，[R0]	；写回结果			

图 4.5　使用和不使用位段写入位的汇编流程示例

类似地，若需要读出某存储器位置中的一位，位段特性也可以简化应用程序代码。例如，若需要确定地址 0x20000000 的第 2 位，可以采取图 4.6 所示的步骤。这两种情况的汇编流程可以表示为图 4.7 所示的情形。

图 4.6   读取段位别名

不使用位段

LDR   R0,   =0x20000000   ;设置地址

LDR   R1,   [R0]   ;读

UBFX.W R1,   R1,#2, #1   ;提取bit[2]

使用位段

LDR   R0,   =0x22000008   ;设置地址

LDR   R1,   [R0]   ;读

图 4.7   读取位段别名汇编流程示例

位段操作并不是一个新的想法。事实上，类似的特性已经在 8051 等 8 位控制器上出现 30 余年了。对于这些 8 位控制器，可位寻址的数据具有特殊的数据类型，而且需要特殊的指令来访问位数据。尽管 Cortex - M4 微控制器中没有位操作的特殊指令，不过定义了特殊的存储器区域后，对这些区域的数据访问会被自动转换为位段操作。在位段区域，每个字由位段别名地址区域 32 个字的 LSB 表示。实际情况是，当访问位段别名地址时，该地址就会被重映射到位段地址。对于读操作，字被读出且选定位的位置被移到读返回数据的 LSB。对于写操作，待写的位数据被移到所需的位置，然后执行读—改—写操作。对于 SRAM 存储器区域，位段别名的重映射见表 4.4。

表 4.4   SRAM 区域的位段地址重映射

位 段 区 域	别 名 等 价	位 段 区 域	别 名 等 价
0x20000000 bit[0]	0x22000000 bit[0]	0x20000004 bit[0]	0x22000080 bit[0]
0x20000000 bit[1]	0x22000004 bit[0]	⋮	⋮
0x20000000 bit[2]	0x22000008 bit[0]	0x20000004 bit[31]	0x220000FC bit[0]
⋮	⋮	⋮	⋮
0x20000000 bit[31]	0x2200007C bit[0]	0x200FFFFC bit[31]	0x23FFFFFC bit[0]

类似地，外设存储器区域的位段可以通过位段别名地址访问，见表 4.5。

表 4.5   外设存储器区域的位段地址重映射

位 段 区 域	别 名 等 价	位 段 区 域	别 名 等 价
0x40000000 bit[0]	0x42000000 bit[0]	0x40000004 bit[0]	0x42000080 bit[0]
0x40000000 bit[1]	0x42000004 bit[0]	⋮	⋮
0x40000000 bit[2]	0x42000008 bit[0]	0x40000004 bit[31]	0x420000FC bit[0]
⋮	⋮	⋮	⋮
0x40000000 bit[31]	0x4200007C bit[0]	0x400FFFFC bit[31]	0x43FFFFFC bit[0]

下面举一个简单的例子：

（1）将地址 0x20000000 设置为 0x3355AACC。

（2）读地址 0x22000008。本次读访问被重映射为到 0x20000000 的读访问，返回值为 1（0x3355AACC 的 bit［2］）。

（3）将 0x22000008 写为 0。本次写访问被重映射为到地址 0x20000000 的读—改—写。数值 0x3355AACC 被从存储器中读出来，清除第 2 位后，结果 0x3355AAC8 被写入地址 0x20000000。

（4）现在读取 0x20000000，这样会得到返回值 0x3355AAC8（［bit［2］被清除）。

在访问位段别名地址时，只会用到数据的 LSB（bit［0］）。另外，对位段别名区域的访问不应该是非对齐的。若非对齐访问在位段别名地址区域内执行，结果是不可预测的。

4.4 内存保护单元

内存保护单元（MPU）是一种可编程的部件，用于定义不同存储器区域的存储器访问权限（如只支持特权访问或全访问）和存储器属性（如可缓冲、可缓存）。Cortex-M4 微控制器中的 MPU 支持多达 8 个可编程存储器区域，每个都具有自己可编程的起始地址、大小及设置，另外还支持一种背景区域特性。

MPU 可以提高嵌入式系统的健壮性，可以使系统更加安全：

（1）避免应用任务破坏其他任务或 OS 内核使用的栈或数据存储器。

（2）避免非特权任务访问对系统可靠性和安全性很重要的外设。

（3）将 SRAM 或 RAM 空间定义为不可执行的（永不执行，XN），防止代码注入攻击。

还可以利用 MPU 定义其他存储器属性，如可被输出到系统级缓存单元或存储器控制器的可缓存性。若存储器访问和 MPU 定义的访问权限冲突，或者访问的存储器位置未在已编程的 MPU 区域中定义，则传输会被阻止且触发一次错误异常。触发的错误异常处理可以使 MemManage（存储器管理）错误或 HardFault 异常，实际情况取决于当前的优先级及 MemManage 错误是否使能。然后异常处理就可以确定系统是否应该复位或执行 OS 环境中的攻击任务。在使用 MPU 前需要对其进行设置和使能，若未使能 MPU，控制器会认为 MPU 不存在。若 MPU 区域可以出现重叠，且同一个存储器位置落在两个 MPU 区域中，则存储器访问属性和权限会基于编号最大的那个区域。例如，某传输地址位于区域 1 和区域 4 定义的地址范围内，则会使用区域 4 的设置。

4.4.1 使用 MPU

对于没有嵌入式 OS 的系统，MPU 可以被编程为静态配置。该配置可用于以下功能：

（1）将 RAM/SRAM 区域设置为只读，避免重要数据被意外破坏。

（2）将栈底部的一部分 RAM/SRAM 空间设置为不可访问的，以检测栈溢出。

（3）将 RAM/SRAM 区域设置为 XN，避免代码注入攻击。

（4）定义可被系统缓存（2 级）或存储器控制器使用的存储器属性配置。

对于具有嵌入式 OS 的系统，在每次上下文切换时都可以配置 MPU，每个应用任务都有不同的 MPU 配置。该配置可用于以下功能：

（1）定义存储器访问权限，使得应用任务只能访问分配给自己的栈空间，因此可以避免因为栈泄露而破坏其他栈。

（2）定义存储器访问权限，使得应用任务只能访问有限的外设。

（3）定义存储器访问权限，使得应用任务只能访问自己的数据或自己的程序数据（设置起来可能会有些麻烦，因为多数情况下 OS 和程序代码是一起编译的，因此数据在存储器映射中也可能是混在一起的）。如果需要的话，具有嵌入式 OS 的系统还可以使用静态配置。

4.4.2　MPU 寄存器

MPU 中存在多个寄存器，这些寄存器位于系统控制空间（SCS）。CMSIS - Core 头文件为 MPU 寄存器定义了一个数据结构体，方便对这些寄存器的访问。表 4.6 对这些寄存器进行了总结。

表 4.6　　　　　　　　　　　　　　　　MPU 寄存器一览

地　址	寄存器	CMSIS - Core 符号	功　能
0xE000ED90	MPU 类型寄存器	MPU->TYPE	提供 MPU 方面的信息
0xE000ED94	MPU 控制寄存器	MPU->CTRL	MPU 使能/禁止和背景区域控制
0xE000ED98	MPU 区域编号寄存器	MPU->RNR	选择待配置的 MPU 区域
0xE000ED9C	MPU 基地址寄存器	MPU->RBAR	定义 MPU 区域的基地址
0xE000EDA0	MPU 区域基本属性和大小寄存器	MPU->RASR	定义 MPU 区域的属性和大小
0xE000EDA4	MPU 别名 1 区域基地址寄存器	MPU->RBAR_A1	MPU->RBAR 的别名
0xE000EDA8	MPU 别名 1 区域属性和大小寄存器	MPU->RASR_A1	MPU->RASR 的别名
0xE000EDAC	MPU 别名 2 区域基地址寄存器	MPU->RBAR_A2	MPU->RBAR 的别名
0xE000EDB0	MPU 别名 2 区域属性和大小寄存器	MPU->RASR_A2	MPU->RASR 的别名
0xE000EDB4	MPU 别名 3 区域基地址寄存器	MPU->RBAR_A3	MPU->RBAR 的别名
0xE000EDB8	MPU 别名 3 区域属性和大小寄存器	MPU->RASR_A3	MPU->RASR 的别名

（1）MPU 类型寄存器（MPU->TYPE，0xE000ED90）。可以利用 MPU 类型寄存器确定 MPU 是否存在。若 DREGION 域读出为 0，则说明 MPU 不存在。

（2）MPU 控制寄存器（MPU->CTRL，0xE000ED94）。MPU 由多个寄存器控制。第一个为 MPU 控制寄存器，见表 4.7，它具有 3 个控制位。复位后，该寄存器的数值为 0，表示 MPU 禁止。要使能 MPU，软件应该首先设置每个 MPU 区域，然后再设置 MPU 控制寄存器的 ENABLE 位。

表 4.7　　　　　　　　　　　　　　　　MPU 控制寄存器

位	名　称	类型	复位值	描　述
2	PRIVDEFENA	R/W	0	特权等级的默认存储器映射使能，当其为 1 且 MPU 使能时，特权访问时会将默认的存储器映射用作背景区域；若其未置位，则背景区域被禁止且对不属于任何使能区域的访问会引发错误
1	HFNMIENA	R/W	0	若为 1，则 MPU 在硬件错误处理和不可屏蔽中断（NMI）处理中也是使能的；否则，硬件错误及 NMI 中 MPU 不使能
0	ENABLE	R/W	0	若为 1，则使能 MPU

（3）MPU 区域编号寄存器（MPU->RNR，0xE000ED98）。在设置每个区域前，写入

这个寄存器，可以选择要编程的区域。

（4）MPU 基地址寄存器（MPU－>RBAR，0xE000ED9C）。每个区域的起始地址在 MPU 区域基地址寄存器中定义。利用该寄存器中的 VALID 和 REGION 域，可以跳过设置 MPU 区域编号寄存器这一步。这样可以降低程序代码的复杂度，特别是整个 MPU 设置定义在一个查找表中时。

（5）MPU 区域基本属性和大小寄存器（MPU－>RASR，0xE000EDA0）。每个区域的属性由它来定义，见表 4.8。

表 4.8　　　　　　　　　　　　　MPU 区域基本属性和大小寄存器

位	名　称	类　型	复位值	描　　述
31～29	保留	—	—	—
28	XN	R/W	0	指令访问禁止(1—禁止该区域的取值,非要这么做会引发存储器管理错误)
27	保留	—	—	—
26～24	AP	R/W	000	数据访问允许域
23～22	保留	—	—	—
21～19	TEX	R/W	000	类型展开域
18	S	R/W	—	可共用
17	C	R/W	—	可缓存
16	B	R/W	—	可缓冲
15～8	SRD	R/W	0x00	子区域禁止
7～6	保留	—	—	—
5～1	REGIO 大小	R/W	—	MPU 保护区域大小
0	ENABLE	R/W	0	区域使能

（6）MPU 别名寄存器（MPU－>RBAR 和 MPU－>RBSR）。这两个寄存器为别名寻址区域。在访问这些地址时，实际访问的是 MPU－>RBAR 或 MPU－>RBSR。之所以要有这些寄存器别名，是为了能一次性设置多个 MPU 区域，如使用多存储（STM）指令。

4.4.3　设置 MPU

简单应用大多不需要使用 MPU。MPU 默认为禁止状态，而且系统运行时它就如同不存在一样。在使用 MPU 前，需要确定程序或者应用任务要访问（以及允许访问）的存储器区域。在定义存储器区域的地址和大小时，注意区域的基地址必须要对齐到区域大小的整数倍上。若使用 MPU 的目的是防止非特权任务访问特定的存储器区域，则可以利用背景区域特性减少所需的设置步骤。只需设置非特权任务所用的区域，而利用背景区域，特权任务和异常处理则对其他存储器空间具有全访问权限。简单的 MPU 设置函数的流程如图 4.8 所示。

除了存储器保护，MPU 还可以用于其他目的，比如禁止控制器内的写缓冲，或者设置某 RAM 存储器空间为不可执行等。

4.5　内 部 Flash 存 储 器

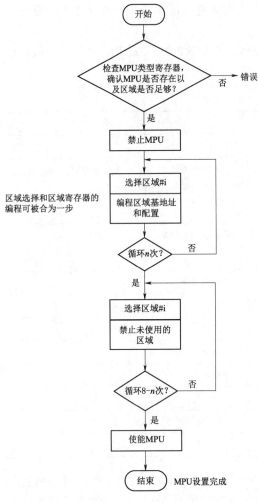

图 4.8　MPU 设置示例

Flash 存储器具有以下主要特性：

(1) 对于 STM32F40x 和 STM32F41x，容量高达 1MB；对于 STM32F42x 和 STM32F43x，容量高达 2MB。

(2) 128 位宽数据读取。

(3) 字节、半字、字和双字数据写入。

(4) 扇区擦除与全部擦除。

(5) 存储器组织结构。Flash 存储器的结构如下：

1) 主存储器块，分为 4 个 16KB 扇区、1 个 64KB 扇区和 7 个 128KB 扇区。

2) 系统存储器，器件在系统存储器自举模式下从该存储器启动。

3) 512B OTP（一次性可编程），用于存储用户数据。OTP 区域还有 16 个额外字节，用于锁定对应的 OTP 数据块。

4) 选项字节，用于配置读写保护、BOR 级别、软件/硬件看门狗以及器件处于待机或停止模式下的复位。

(6) 低功耗模式。

Cortex - M4 微控制器不同的芯片，Flash 模块构成有差异，以 STM32 为例，STM32F40x 和 STM32F41x 闪存模块内存组织见表 4.9，STM32F42x 和 STM32F43x 闪存模块内存组织见表 4.10。

表 4.9　　　　　　　　　　　　　Flash 模块构成（STM32F40x 和 STM32F41x）

模　块	名　　称	块　基　址	大　小
主存储器	扇区 0	0x0800 0000～0x0800 3FFF	16KB
	扇区 1	0x0800 4000～0x0800 7FFF	16KB
	扇区 2	0x0800 8000～0x0800 BFFF	16KB
	扇区 3	0x0800 C000～0x0800 FFFF	16KB
	扇区 4	0x0801 0000～0x0801 FFFF	64KB
	扇区 5	0x0802 0000～0x0803 FFFF	128KB
	扇区 6	0x0804 0000～0x0805 FFFF	128KB
	⋮	⋮	⋮
	扇区 11	0x080E 0000～0x080F FFFF	128KB

续表

模　块	名　称	块　基　址	大　小
系统存储器		0x1FFF 0000～0x1FFF 77FF	30KB
OTP 区域		0x1FFF 7800～0x1FFF 7A0F	528B
选项字节		0x1FFF C000～0x1FFF C00F	16B

表 4.10　　　　　Flash 模块构成（STM32F42x 和 STM32F43x ）

模　块	名　称	块　基　址	大　小
主存储器	扇区 0	0x0800 0000～0x0800 3FFF	16KB
	扇区 1	0x0800 4000～0x0800 7FFF	16KB
	扇区 2	0x0800 8000～0x0800 BFFF	16KB
	扇区 3	0x0800 C000～0x0800 FFFF	16KB
	扇区 4	0x0801 0000～0x0801 FFFF	64KB
	扇区 5	0x0802 0000～0x0803 FFFF	128KB
	扇区 6	0x0804 0000～0x0805 FFFF	128KB
	⋮	⋮	⋮
	扇区 11	0x080E 0000～0x080F FFFF	128KB
	扇区 12	0x0810 0000～0x0810 3FFF	16KB
	扇区 13	0x0810 4000～0x0810 7FFF	16KB
	扇区 14	0x0810 8000～0x0810 BFFF	16KB
	扇区 15	0x0810 C000～0x0810 FFFF	16KB
	扇区 16	0x0811 0000～0x0811 FFFF	64KB
	扇区 17	0x0812 0000～0x0813 FFFF	128KB
	扇区 18	0x0814 0000～0x0815 FFFF	128KB
	⋮	⋮	⋮
	扇区 23	0x081E 0000～0x081F FFFF	128KB
系统存储器		0x1FFF 0000～0x1FFF 77FF	30KB
OTP 区域		0x1FFF 7800～0x1FFF 7A0F	528B
选项字节		0x1FFF C000～0x1FFF C00F	16B
		0x1FFE C000～0x1FFE C007	16B

Flash 接口可管理 CPU 通过 AHB I-Code 和 D-Code 对 Flash 进行的访问。该接口可针对 Flash 执行擦除和编程操作，并实施读写保护机制。Flash 接口通过指令预取和缓存机制加速代码执行。接口的主要特性还包括：Flash 读操作、Flash 编程/擦除操作、读/写保护、I-Code 上的预取操作、I-Code 上的 64 个缓存（128 位宽）、D-Code 上的 8 个缓存（128 位宽）。

4.6　外部总线扩展接口

外部总线扩展接口（external peripheral interface，EPI）是一种用于连接片外设备或存储器的高速并行总线接口。片外设备接口有多种工作方式，能够实现与各种片外设备的无缝连接。片外设备接口实际上与普通控制器的地址/数据总线非常相似，只不过片外设备接口通常只允许连接一种类型的片外设备。片外设备接口还具有一些增强的功能，例如支持时钟控制、支持μDMA、支持片外 FIFO 缓冲等。

4.6.1　EPI 功能与特点

EPI 模块具有 8 位、16 位、32 位专用并行总线，用于连接片外设备或存储器。它的存储器接口支持自动步进式连续访问，且不受数据总线宽度的影响，因此能够直接在 SDRAM、SRAM 或 Flash 存储器中运行程序代码。EPI 控制器支持阻塞式/非阻塞式读操作。模块还内置写 FIFO，因而控制器无须关注时序细节。EPI 模块与微型直接存储器访问（μDMA）控制器结合使用，可实现高效的数据传输。

EPI 的特点如下：

（1）相互独立的读通道和写通道。

（2）当片内非阻塞式读 FIFO（NBRFIFO）达到预设深度时，自动产生读通道请求信号。

（3）当片内写 FIFO（WFIFO）空时，自动产生写通道请求信号。

EPI 模块有 3 种主要工作模式，特点如下：

（1）同步动态随机访问存储器（SDRAM）模式。这种模式支持 16 位宽的（单数据率）SDRAM，频率最高为 60MHz。支持低成本的 SDRAM，最大可达 64MB。该模式内置自动刷新功能，可访问任意 bank 或任意行。支持休眠/待机模式，在保持内容不丢失的前提下尽量节省功耗。该模式复用地址/数据引脚，以控制引脚数目。

（2）主机总线（HB）模式。该模式使用传统的 8 位、16 位微控制器总线接口，可兼容许多常见的微控制器总线，例如 PIC、ATMega、8051 或者其他单片机。可访问 SRAM、NOR Flash 以及其他类型的并行总线设备。非复用模式下寻址能力为 1MB，复用模式下寻址能力为 256MB。可用于访问各种集成了无地址 FIFO 的 8/16 位接口外设。支持片外 FIFO（XFIFO）的 EMPTY 和 FULL 信号。该模式下访问速度可控，读/写数据时可添加等待状态，支持对总线的读/写模式，支持多种片选方式，包括带 ALE 或不带 ALE 的 1 片、2 片或 4 片选方式。可以降低读和写速度的外部 iRDY 信号，可以手动控制片使能信号。

（3）通用模式。该模式可用于同 CPLD 或 FPGA 进行快速数据交换，数据宽度可达 32 位，数据传输率可达 150MB/s，有可选配置。EPI 模块也可以将其引脚用作自定义的 GPIO，但用法有别于标准 GPIO，而是像通信外设的机制一样需要经过 FIFO 访问端口数据，并且 I/O 速度由时钟信号决定。

4.6.2　EPI 内部结构及功能描述

EPI 控制器为常见的片外设备，例如 SDRAM、8 位/16 位主机总线器件、RAM、NOR Flash 存储器、CPLD、FPGA 等，提供了可编程的无缝接口，其内部框图如图 4.9 所示。

另外，EPI 控制器也能够当作自定义 GPIO 使用，但其读写仍然是经过速度可控的 FIFO 实现的，即片内写 FIFO（WFIFO）或非阻塞式读 FIFO（NBRFIFO）。WFIFO 最多可保存 4 个字的数据，并按 EPI 主波特率寄存器制定的速率输出到外部接口。VBRFIFO 最多可保存 8 个字的数据，并按 EPI 主波特率寄存器指定的速率对外部接口进行采样。普通的 GPIO 会受到片内总线冲突仲裁以及总线桥间延时的影响，其时序充满变数；与之相比，EPI 控制器的 GPIO 操作都是可预测的，因而具有更优良的性能。阻塞式读操作在数据会话完成之前挂起 CPU；非阻塞式读操作则在后台运行，不影响控制器继续执行后续任务。此外，写操作时数据也会暂存在 WFIFO 中，这样就能连续不间断地执行写操作。

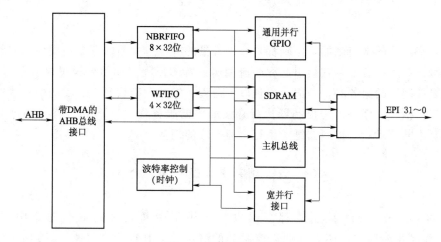

图 4.9　EPI 模块框图

思 考 题 与 习 题

1. 系统控制模块的输入信号包括哪些？

2. 系统控制模块的功能包括哪些方面？

3. Cortex - M4 有哪几种工作模式？

4. 什么是位段操作、位段别名区和位段区？试计算 0x20060000 的第 3 位的位段别名。

5. 请描述向 Flash 写一个 32 位字的步骤。

6. 简述 EPI 3 种不同工作模式的应用场合。

7. 简述内存保护单元 MPU 的功能，举例其存储器的设置。

8. 试说明 Cortex - M4 存储器系统的特点。

9. 试说明 Cortex - M4 存储器系统的映射分区。

10. Cortex - M 有何特色？简述其存储器映射空间的分配。

第5章 中断和异常处理

对于几乎所有的微控制器，中断都是一种常见的特性。中断一般是由硬件（如外设和外部输入引脚）产生的事件，它会引起程序流偏离正常的流程（如给外设提供服务）。当外设或硬件需要控制器的服务时，一般会出现以下流程：①外设确认到控制器的中断请求；②控制器暂停当前执行的任务；③控制器执行外设的中断服务程序（ISR），若有必要可以选择由软件清除中断请求；④控制器继续执行之前暂停的任务。

5.1 中断系统概述

所有的 Cortex－M4 控制器都会提供一个用于中断处理的嵌套向量中断控制器（NVIC）。除了中断请求，还有其他需要服务的事件，将其称为"异常"。按照 ARM 的说法，中断也是一种异常。Cortex－M4 控制器中的其他异常包括错误异常和其他用于 OS 支持的系统异常（如 SVC 指令）。处理异常的程序代码一般被称为异常处理，它们属于已编译程序映像的一部分。

ARM Cortex－M4 内核支持 256 个中断（16 个内核中断和 240 个外部中断）和可编程256 级中断优先级的设置，与其相关的中断控制和中断优先级控制寄存器（NVIC、SysTick等）也都属于 Cortex－M4 内核的部分。STM32F401 采用 Cortex－M4 内核，所以这部分仍旧保留使用，但 STM32 并没有使用 Cortex－M4 内核全部的东西（如内存保护单元 MPU等），因此它的 NVIC 是 Cortex－M4 内核的 NVIC 的子集。STM32F401 具有 82 个可屏蔽中断通道（不包括 Cortex－M4 的 16 根中断线），16 个可编程优先级（使用了 4 位中断优先级）。尽管每个中断对应一个外围设备，但该外围设备通常具备若干个可以引起中断的中断源或者中断事件，而该设备的所有中断都只能通过指定的"中断通道"向内核申请中断。在典型的 Cortex－M4 微控制器中，NVIC 接收多个中断源产生的中断请求，如图 5.1 所示。

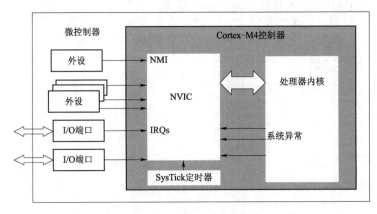

图 5.1　典型微控制器中的各种异常源

5.1.1 中断优先级

当该中断通道的优先级确定后，也就确定了该外围设备的中断优先级，并且该设备所能产生的所有类型的中断，都享有相同的通道中断优先级。至于该设备本身产生的多个中断的执行顺序，则取决于用户的中断服务程序。STM32F401 可以支持的 82 个外部中断通道，已经固定地分配给相应外部设备。每个中断通道都具备自己的中断优先级控制字节 PRI _ n（8 位，但在 STM32 中只使用 4 位，高 4 位有效），每 4 个通道的 8 位中断优先级控制字（PRI _ n）构成一个 32 位的优先级寄存器，它们是 NVIC 寄存器中的一个重要部分。对于 4 位的中断优先级控制位分成 2 组：从高位开始，前面是定义抢先式优先级，后面用于定义子优先级。4 位的分组组合形式可以见表 5.1。在一个系统中，通常只使用 5 种分配情况中的一种，具体采用哪一种，需要在初始化时写入一个 32 位寄存器 AIRC。

表 5.1 中断优先级控制位描述

组	ATRCR[10~8]	Bit[7~4]分配情况	分 配 结 果
0	111	0~4	0 位抢占优先级,4 位响应优先级
1	110	1~3	1 位抢占优先级,3 位响应优先级
2	101	2~2	2 位抢占优先级,2 位响应优先级
3	100	3~1	3 位抢占优先级,1 位响应优先级
4	011	4~0	4 位抢占优先级,0 位响应优先级

5.1.2 中断控制位

Cortex - M4 内核对于每一个外部中断通道都有相应的控制字和控制位，用于单独地和总地控制该中断通道，它们包括：中断优先级控制字 PRI _ n；中断允许设置位，在 ISER 寄存器中；中断允许清除位，在 ICER 寄存器中；中断悬挂 Pending（排队等待）位置位，在 ISPR 寄存器中；中断悬挂 Pending（排队等待）位清除，在 ICPR 寄存器中；正在被服务（活动）的中断（Active）标志位，在 IABR 寄存器中。在 NVIC 中与某个中断通道相关的位有 13 个，它们是 PRI _ 28（IP [28]）的 8 个位（只用高 4 位）、中断通道允许设置位、中断通道清除位、中断通道 Pending 位置位、中断通道 Pending 位清除、正在被服务的中断（Active）标志位，各 1 个位。

5.1.3 中断过程

1. 初始化过程

首先要设置寄存器 AIRC 中 PRIGROUP 的值，规定系统中的抢先优先级和子优先级的个数（在 4 个位中占用的位数）；设置中断通道本身的寄存器，允许相应的中断，如允许 UIE（TIMEx _ DIER 的第 [0] 位）设置中断通道的抢先优先级和子优先级（IP [28]，在 NVIC 寄存器组中），设置允许中断通道（在 NVIC 寄存器组的 ISER 寄存器中的一位）。

2. 中断响应过程

当 TIMEx 的 UIE 条件成立（更新，上溢或者下溢），硬件将 TIMEx 本身寄存器中的 UIE 中断标志置位，然后通过中断通道向内核申请中断服务。此时内核硬件将 TIMEx 中断通道的 Pending 标志置位（相当于中断通道标志置位），表示 TIMEx 有中断申请。如果当前有中断在处理，TIMEx 的中断级别不够高，那么就保持 Pending 标志，当然用户可以在软件中通过写 ICPR 寄存器中相应的位，把本次中断清除掉。当内核有空，开始响应 TIMEx 的中断，进入 TIMEx 的中断服务。此时硬件将 IABR 寄存器中相应的标志位置位，表示 TIMEx 中断正在被处理。同时硬件清除 TIMEx 的 Pending 标志位。

3. 执行 TIMEx 的中断服务程序

所有 TIMEx 的中断事件，都是在一个 TIMEx 中断服务程序中完成的，所以进入中断程序后，中断程序需要首先判断是哪个 TIMEx 的具体事件的中断，然后转移到相应的服务代码段。此处要注意把该具体中断事件的中断标志位清除掉，硬件不会自动清除中断通道寄存器中具体的中断标志位。如果 TIMEx 本身的中断事件多于 2 个，那么它们服务的先后次序就由用户编写的中断服务决定。换言之，对于 TIMEx 本身的多个中断的优先级，系统是不能设置的。所以用户在编写服务程序时，应该根据实际情况和要求，通过软件的方式，将重要的中断优先处理掉。

4. 中断返回

内核执行完中断服务后，便进入中断返回过程，在这个过程中硬件将 IABR 寄存器中相应的标志位清零，表示该中断处理完成。如果 TIMEx 本身还有中断标志位置位，表示 TIMEx 还有中断在申请，则重新将 TIMEx 的 Pending 标志置为 1，等待再次进入 TIME2 的中断服务。

5.1.4　异常类型及流程简介

Cortex - M4 微控制器的异常架构具有多种特性，支持多个系统异常和外部中断。编号 1~15 为系统异常，见表 5.2；编号 16 及以上则为中断输入（控制器的输入，不必从封装上的 I/O 引脚上访问），见表 5.3。包括所有中断在内的多数异常，都具有可编程的优先级，一些系统异常则具有固定的优先级。不同 Cortex - M4 微控制器的中断源的编号（1~240）可能会不同，优先级也可能会有所差异。这是为了满足不同的应用需求，芯片设计者可能会对其设计进行相应的配置。

表 5.2　　　　　　　　　　　　　　系 统 异 常 列 表

异常编号	异常类型	优先级	描　　述
1	复位	−3(最高)	复位
2	NMI	−2	不可屏蔽中断(外部 NMI 输入)
3	硬件错误	−1	所有的错误都可能会引发，前提是相应的错误处理未使能
4	MemManage 错误	可编程	存取器管理错误,存储器管理单元 MPU 冲突或访问非法位置
5	总线错误	可编程	当高级高性能总线 AHB 接口收到从总线的错误响应时产生
6	使用错误	可编程	程序错误
7~10	保留	NA	—
11	SVC	可编程	请求管理调用。一般用于 OS 环境且允许应用任务访问系统服务
12	调试监控	可编程	在使用基于软件的调试方案时,断点和监视点等调试事件的异常
13	保留	NA	—
14	PendSV	可编程	可挂起的服务调用。OS 一般用该异常进行上下文切换
15	SYSTICK	可编程	系统节拍定时器。当其在控制器中存在时,由定时器外设产生。可用于 OS 或简单的定时器外设

表 5.3   中 断 列 表

异 常 编 号	异常类型	优先级	描 述
16	外部中断#0	可编程	
17	外部中断#1	可编程	
⋮	⋮	⋮	可由片上外设或者外设中断源产生
255	外部中断#239	可编程	

为了继续执行被中断的程序，异常流程需要利用一些手段来保存被中断程序的状态，这样在异常流程完成后还可以被恢复。一般而言，这个过程可以由硬件机制实现，也可由硬件和软件操作共同完成。对于 Cortex - M4 微控制器，当异常被接受后，有些寄存器会被自动保存到栈中，而且也会在返回流程中自动恢复。利用这种机制，可以将异常处理写为普通的 C 函数，同时不会带来额外的软件开销。异常流程一般包括接受异常请求、异常进入流程、执行异常处理、异常返回 4 个步骤。

5.2 嵌套向量中断控制器

嵌套向量中断控制器（NVIC）包含以下特性：

（1）STM32F405××/07×× 和 STM32F415××/17×× 具有 82 个可屏蔽中断通道，STM32F42××× 和 STM32F43××× 具有多达 86 个可屏蔽中断通道。

（2）16 个可编程优先级（使用了 4 位中断优先级）。

（3）低延迟异常和中断处理。

（4）电源管理控制。

（5）系统控制寄存器的实现。

嵌套向量中断控制器和控制器内核接口紧密配合，可以实现低延迟的中断处理和晚到中断的高效处理。包括内核异常在内的所有中断均通过 NVIC 进行管理。NVIC 中有多个用于中断控制的寄存器（异常类型 16～255），这些寄存器位于系统控制空间（SCS）地址区域，见表 5.4。除了软件触发中断寄存器（STIR）外，所有这些寄存器都只能在特权等级访问。STIR 默认只能在特权等级访问，不过可以配置为非特权等级访问。根据默认设置，系统复位后，所有中断被禁止（使能位为 0）；所有中断的优先级为 0（最高的可编程优先级）；所有中断的挂起状态清零。

表 5.4   用于中断控制的 NVIC 寄存器列表

地 址	寄存器	CMSIS - Core 符号	功 能
0xE000E100～ 0xE000E11C	中断设置使能寄存器	NVIC—>ISER[0]～NVIC—>ISER[7]	写 1 设置使能
0xE000E180～ 0xE000E19C	中断清除使能寄存器	NVIC—>ICER[0]～NVIC—>ICER[7]	写 1 清除使能
0xE000E200～ 0xE000E21C	中断设置挂起寄存器	NVIC—>ISPR[0]～NVIC—>ISPR[7]	写 1 设置挂起状态

续表

地　址	寄存器	CMSIS-Core 符号	功　能
0xE000E280～ 0xE000E29C	中断清除挂 起寄存器	NVIC->ICPR[0]～NVIC->ICPR[7]	写1清除挂起状态
0xE000E300～ 0xE000E31C	中断活跃 位寄存器	NVIC->IABR[0]～NVIC->IABR[7]	活跃状态位,只读
0xE000E400～ 0xE000E4EF	中断优先 级寄存器	NVIC->IP[0]～NVIC->IP[239]	每个中断的中断优先级(8位宽)
0xE000EF00	软件触发中 断寄存器	NVIC->STIR	写中断编号设置相应中断的挂起状态

5.2.1　中断使能寄存器

中断使能寄存器可由两个地址进行配置。要设置使能位,需要写入 NVIC->ISER[n] 寄存器地址;要清除使能位,需要写入 NVIC->ICER[n]寄存器地址。这样,使能或禁止一个中断时就不会影响其他的中断使能状态,ISER/ICER 寄存器都是 32 位宽,每个位代表一个输入。由于 Cortex-M4 微控制器中可能存在 32 个以上的外部中断,因此 ISER 和 ICER 寄存器也会不止一个,如 NVIC->ISER[0]和 NVIC->ISER[1]等,见表 5.5。只有存在的中断的使能位才会被实现,因此,若只有 32 个中断输入,则寄存器只会有 ISER 和 ICER。尽管 CMSIS-Core 头文件将 ISER 和 ICER 定义成了字(32 位),这些寄存器可以按照字、半字或者字节的方式访问。由于前 16 个异常类型为系统异常,外部中断♯0 的异常编号为 16,见表 5.5,寄存器地址为 0xE000E100～0xE000E11C 和 0xE000E180～0xE000E19C。

表 5.5　　　　　　　　　　　　中断使能设置和清除寄存器

地　址	名　称	类型	复位值	描　述
0xE000E100	NVIC->ISER[0]	R/W	0	设置中断 0～31 的使能,Bit[0]用于中断♯0(异常16),Bit[1]用于中断♯1(异常 17)……Bit[31]用于中断♯31(异常 47)。写 1 将位置 1,写 0 无作用,读出值表示当前使能状态
0xE000E104	NVIC->ISER[1]	R/W	0	设置中断 32～63 的使能。写 1 将位置 1,写 0 无作用,读出值表示当前使能状态
0xE000E108	NVIC->ISER[2]	R/W	0	设置中断 64～95 的使能。写 1 将位置 1,写 0 无作用,读出值表示当前使能状态
⋮	⋮	⋮	⋮	⋮
0xE000E180	NVIC->ICER[0]	R/W	0	清零中断 0～31 的使能,Bit[0]用于中断♯0(异常16),Bit[1]用于中断♯1(异常 17)……Bit[31]用于中断♯31(异常 47)。写 1 将位置 0,写 0 无作用,读出值表示当前使能状态
0xE000E184	NVIC->ICER[1]	R/W	0	清零中断 32～63 的使能。写 1 将位置 0,写 0 无作用,读出值表示当前使能状态
0xE000E188	NVIC->ICER[2]	R/W	0	清零中断 64～95 的使能。写 1 将位置 0,写 0 无作用,读出值表示当前使能状态
⋮	⋮	⋮	⋮	⋮

CMSIS－Core 提供了下面用于访问中断使能寄存器的函数：

void　NVIC_EnableIRQ (IRQn_Type　IRQn)；　　　//使能中断
void　NVIC_DisableIRQ (IRQn_Type　IRQn)；　　　//禁止中断

5.2.2　设置中断挂起和清除中断挂起

　　若中断产生但没有立即执行（例如，若正在执行另一个更高优先级的中断处理），它就会被挂起。中断挂起状态可以通过中断设置挂起（NVIC－＞ISPR[n]）和中断清除挂起（NVIC－＞ICPR[n]）寄存器访问。与使能寄存器类似，若存在 32 个以上的外部中断输入，则挂起状态控制寄存器可能会不止一个。挂起状态寄存器的数值可由软件修改，因此可以通过 NVIC－＞ICPR[n]取消一个当前被挂起的异常，或通过 NVIC－＞ISPR[n]产生软件中断，见表 5.6，寄存器地址为 0xE000E200～0xE000E21C、0xE000E280～0xE000E29C。

表 5.6　　　　　　　　　　　中断挂起设置和清除寄存器

地址	名　称	类型	复位值	描　　述
0xE000E200	NVIC－＞ISPR[0]	R/W	0	设置外部中断 0～31 的挂起,Bit[0]用于中断♯0（异常 16）,Bit[1]用于中断♯1(异常 17)……Bit[31]用于中断♯31(异常 47)。写 1 将位置 1,写 0 无作用,读出值表示当前状态
0xE000E204	NVIC－＞ISPR[1]	R/W	0	设置外部中断 32～63 的挂起。写 1 将位置 1,写 0无作用,读出值表示当前状态
0xE000E208	NVIC－＞ISPR[2]	R/W	0	设置外部中断 64～95 的挂起。写 1 将位置 1,写 0无作用,读出值表示当前状态
⋮	⋮	⋮	⋮	⋮
0xE000E280	NVIC－＞ICPR[0]	R/W	0	清零外部中断 0～31 的挂起,Bit[0]用于中断♯0（异常 16）,Bit[1]用于中断♯1(异常 17)……Bit[31]用于中断♯31(异常 47)。写 1 将位置 0,写 0 无作用,读出值表示当前挂起状态
0xE000E284	NVIC－＞ICPR[1]	R/W	0	清零外部中断 32～63 的挂起。写 1 将位置 0,写 0无作用,读出值表示当前挂起状态
0xE000E288	NVIC－＞ICPR[2]	R/W	0	清零外部中断 64～95 的挂起。写 1 将位置 0,写 0无作用,读出值表示当前挂起状态
⋮	⋮	⋮	⋮	⋮

　　CMSIS－Core 提供了下面用于访问中断挂起寄存器的函数：

void　NVIC_SetPendingIRQ (IRQn_Type　IRQn)；　　//设置中断的挂起状态
void　NVIC_ClearPendingIRQ (IRQn_Type　IRQn)；　　//清除中断的挂起状态
uint32_t NVIC_GetPendingIRQ (IRQn_Type　IRQn)；　　//查询中断的挂起状态

5.2.3　活跃状态

　　每个外部中断都有一个活跃状态位，当控制器开始执行中断处理时，该位会被置 1，而在执行中断返回时会被清零。不过，在中断服务程序（ISR）执行期间，更高优先级的中断可能会产生且抢占。在此期间，尽管控制器在执行另一个中断处理，之前的中断仍会被定义为活跃的。中断活跃状态寄存器为 32 位宽，不过还能通过半字或者字节传输访问。若外部中断的数量超过 32，则活跃状态寄存器会不止一个。外部中断的活跃状态寄存器为只读，见表 5.7，寄存器地址为 0xE000E300～0xE000E31C。CMSIS-Core 提供了下面用于访问中断活跃状态寄存器的函数：

uint32_t　NVIC_GetActive (IRQn_Type　IRQn)；　//获取中断的活跃状态

表 5.7　　　　　　　　　　　　　　　中断活跃状态寄存器

地址	名　称	类型	复位值	描　　述
0xE000E300	NVIC−>IABR[0]	R	0	外部中断 0～31 的活跃状态，Bit[0]用于中断＃0，Bit[1]用于中断＃1……Bit[31]用于中断＃31
0xE000E304	NVIC−>IABR[1]	R	0	外部中断 32～63 的活跃状态
⋮	⋮	⋮	⋮	⋮

5.2.4　优先级

每个中断都有对应的优先级寄存器，其最大宽度为 8 位，最小为 3 位。每个寄存器可以根据优先级分组设置被进一步划分为分组优先级和子优先级。优先级寄存器可以通过字节、半字或字访问。优先级寄存器的数量取决于芯片中实际存在的外部中断数，见表 5.8，寄存器地址为 0xE000E400～0xE000E4EF。

表 5.8　　　　　　　　　　　　　　　中 断 优 先 级 寄 存 器

地　址	名　称	类型	复位值	描　　述
0xE000E400	NVIC−>IP[0]	R/W	0(8 位)	外部中断＃0 的优先级
0xE000E401	NVIC−>IP[1]	R/W	0(8 位)	外部中断＃1 的优先级
⋮	⋮	⋮	⋮	⋮
0xE000E41F	NVIC−>IP[31]	R/W	0(8 位)	外部中断＃31 的优先级
⋮	⋮	⋮	⋮	⋮

CMSIS-Core 提供了下面用于访问中断优先级寄存器的函数：

void　NVIC_SetPriority (IRQn_Type IRQn, uint32_t priority)　　　　//设置中断或异常的优先级
uint32_t NVIC_GetPriority (IRQn_Type　IRQn)　　　　　　　　　//读取中断或异常的优先级

若需要确定 NVIC 中可用的优先级数量，可以使用微控制器供应商提供的 CMSIS-Core 头文件中的 "_NVIC_PRIO_BITS" 伪指令。另外，还可以将 0xFF 写入其中一个中断优先级寄存器，并在将其读回后查看多少位为 1。若设备实际实现了 8 个优先级（3 位），读回值则为 0xE0。

5.2.5　软件触发中断寄存器

除了 NVIC−>ISPR[n]寄存器外，还可以通过软件触发中断寄存器（NVIC−>STIR）利用软件来触发中断，见表 5.9，寄存器地址为 0xE000EF00。

表 5.9　　　　　　　　　　　　　　　　软件触发中断寄存器

位	名　称	类型	复位值	描　　述
8:0	NVIC—>STIR	W	—	写中断编号可以设置中断的挂起位,如写 0 挂起外部中断♯0

例如,利用下面的 C 代码可以产生中断♯3:

NVIC—>STIR=3;

其功能和下面利用 NVIC—>ISPR[n]的 CMSIS - Core 函数调用相同:

NVIC_SetPendingIRQ(Timer0_IRQn)　　　//假定 Time0_IRQn 等于 3

//Time0_IRQn 为定义在设备相关头文件中的枚举

与只能在特权等级访问的 NVIC—>ISPR[n]不同,要让非特权程序代码触发一次软件中断,可以设置配置控制寄存器(地址 0xE000ED14)中的第 1 位(USERSETMPEND)。USERSETMPEND 默认为清零状态,这就意味着只有特权代码才能使用 NVIC—>STIR。与 NVIC—>ISPR[n] 类似,NVIC—>STIR 无法触发 NMI 以及 SysTick 等系统异常。系统控制块 SCB 中的其他寄存器可用于系统异常管理。

5.2.6　中断控制器类型寄存器

NVIC 还有一个中断控制器类型寄存器在 0xE000E004 地址处,它是一个只读寄存器,给出了 NVIC 支持的中断输入的数量,单位为 32,见表 5.10。

表 5.10　　　　　　　　　　　　　　　　中断控制器类型寄存器

位	名　称	类型	复位值	描　　述
4:0	INTLINESNUM	R	—	以 32 为单位的中断输入数量,0=1~32,1=33~64…

利用 CMSIS 的设备驱动库,可以使用 SCnSCB—>ICTR 来访问这个只读寄存器。SCnSCB 表示"未在 SCB 中的系统控制寄存器",与中断控制器类型寄存器只能给出可用中断的大致数量不同,可以在 PRIMASK 置位的情况下(禁止中断产生),通过下述方法得到可用中断的确切数量:写入中断使能/挂起寄存器等中断控制寄存器,读回后查看中断使能/挂起寄存器中实际实现的位数。除了 CMSIS - Core 中的 NVIC 数据结构,系统控制块 SCB 的数据结构中还包含一些常用于中断控制的寄存器,可以通过查阅芯片手册获得。

5.3　外部中断/事件控制器

外部中断/事件控制器(EXTI)包含多达 23 个用于产生事件/中断请求的边沿检测器。每根输入线都可单独进行配置,以选择类型(中断或事件)和相应的触发事件(上升沿触发、下降沿触发或边沿触发)。每根输入线还可单独屏蔽。挂起寄存器用于保持中断请求的状态线。外部中断/事件控制器框图如图 5.2 所示。

EXTI 控制器的主要特性如下:

(1)每根中断/事件线上都具有独立的触发和屏蔽。

(2)每根中断线都具有专用的状态位。

(3)支持多达 23 个软件事件/中断请求。

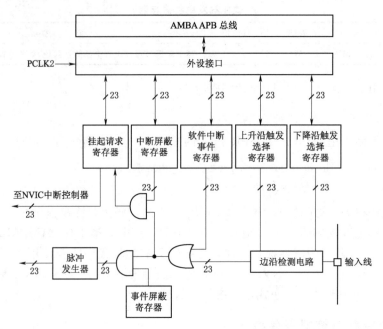

图 5.2　外部中断/事件控制器框图

（4）检测脉冲宽度低于 APB2 时钟宽度的外部信号。

5.3.1　唤醒事件管理

STM32F4××能够处理外部或内部事件来唤醒内核（WFE）。唤醒事件可通过以下方式产生：

（1）在外设的控制寄存器使能一个中断，但不在 NVIC 中使能，同时使能 Cortex - M4F 系统控制寄存器中的 SEVONPEND 位。当 MCU 从 WFE 恢复时，需要清除相应外设的中断挂起位和外设 NVIC 中断通道挂起位（在 NVIC 中断清除挂起寄存器中）。

（2）配置一个外部或内部 EXTI 线为事件模式。当 CPU 从 WFE 恢复时，因为对应事件线的挂起位没有被置位，不必清除相应外设的中断挂起位或 NVIC 中断通道挂起位。

要产生中断，必须先配置好并使能中断线。根据需要的边沿检测设置 2 个触发寄存器，同时在中断屏蔽寄存器的相应位写 1 使能中断请求。当外部中断线上出现选定信号沿时，便会产生中断请求，对应的挂起位也会置 1。在挂起寄存器的对应位写 1，将清除该中断请求。

要产生事件，必须先配置好并使能事件线。根据需要的边沿检测设置 2 个触发寄存器，同时在事件屏蔽寄存器的相应位写 1 允许事件请求。当事件线上出现选定信号沿时，便会产生事件脉冲，对应的挂起位不会置 1。

通过在软件中对软件中断/事件寄存器写 1，也可以产生中断/事件请求。

（1）硬件中断选择。要配置 23 根线作为中断源，需执行以下步骤：①配置 23 根中断线的屏蔽位（EXTI＿IMR）；②配置中断线的触发选择位（EXTI＿RTSR 和 EXTI＿FTSR）；③配置对应到外部中断控制器（EXTI）的 NVIC 中断通道的使能和屏蔽位，使得 23 根中断线中的请求可以被正确地响应。

（2）硬件事件选择。要配置 23 根线作为事件源，需执行以下步骤：①配置 23 根事件线的屏蔽位（EXTI_EMR）；②配置事件线的触发选择位（EXTI_RTSR 和 EXTI_FTSR）。

（3）软件中断/事件选择。可将这 23 根线配置为软件中断/事件线，以下为产生软件中断的步骤：①配置 23 根中断/事件线的屏蔽位（EXTI_IMR、EXTI_EMR）；②在软件中断寄存器设置相应的请求位（EXTI_SWIER）。

5.3.2 外部中断/事件线映射

以 STM32F401 为例，STM32F401 的 82 个 GPIO 通过图 5.3 所示方式连接到 16 根外部中断/事件线。

另外 7 根 EXTI 线连接方式如下：

（1）EXTI 线 16 连接到 PVD 输出。

（2）EXTI 线 17 连接到 RTC 闹钟事件。

（3）EXTI 线 18 连接到 USB OTG FS 唤醒事件。

（4）EXTI 线 19 连接到以太网唤醒事件。

（5）EXTI 线 20 连接到 USB OTG HS（在 FS 中配置）唤醒事件。

（6）EXTI 线 21 连接到 RTC 入侵和时间戳事件。

（7）EXTI 线 22 连接到 RTC 唤醒事件。

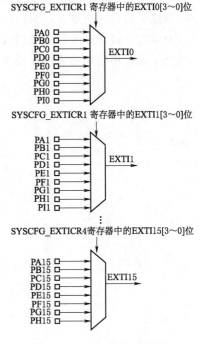

图 5.3　外部中断映射图

5.3.3 外部中断/事件控制器的寄存器

本节内容请扫描下方二维码学习。

思 考 题 与 习 题

1. Cortex-M4 内核支持多少个中断和优先级？STM32F401 支持多少个中断和优先级？

2. 中断是什么？异常是什么？

3. 阐述 NVIC 的特性。

4. NVIC 有多少个用于中断控制的寄存器，分别是什么？

5. 跟外部中断/事件控制器 EXTI 相关的寄存器是哪几个？它们各有何作用？

6. 使用外部中断要注意哪些事项？

7. 外部中断使用初始化的步骤是什么？

8. 简述中断优先级划分与抢占过程。

9. 响应优先级和抢占优先级的区别是什么？

10. STM32 中断向量表的作用是什么？

第6章 GPIO 和 FSMC

通用 I/O 接口是一个比较重要的概念，通俗地讲就是一些引脚，可以通过它们输出高低电平或者通过它们读入引脚的状态（高电平或者低电平）。用户可以通过它们和硬件进行数据交互、控制硬件工作、读取硬件的工作状态信号等，通用 I/O 接口的使用非常广泛。静态存储控制器的主要用途是将 AHB 数据通信事务转换为适当的外部器件协议和满足外部器件的访问时序要求，所有外部存储器共享地址、数据和控制信号，但有各自的片选信号。静态存储控制器一次只能访问一个外部器件。

6.1 通用 I/O 接口的基本概念及连接方法

STM32F4×× 系列每个通用 I/O 接口（general-purpose input output，GPIO）都包括 4 个 32 位配置寄存器（GPIOx_MODER、GPIOx_OTYPER、GPIOx_OSPEEDR 和 GPIOx_PUPDR）、2 个 32 位数据寄存器（GPIOx_IDR 和 GPIOx_ODR）、1 个 32 位置位/复位寄存器（GPIOx_BSRR）、1 个 32 位锁定寄存器（GPIOx_LCKR）和 2 个 32 位复用功能选择寄存器（GPIOx_AFRH 和 GPIOx_AFRL）。它的主要特性如下：

（1）受控 I/O 多达 16 个。

（2）输出状态：推挽或开漏以及上拉/下拉。

（3）从输出数据寄存器（GPIOx_ODR）或外设（复用功能输出）输出数据。

（4）可为每个 I/O 选择不同的速度。

（5）输入状态包括浮空、上拉/下拉、模拟。

（6）将数据输入到输入数据寄存器（GPIOx_IDR）或外设（复用功能输入）。

（7）置位和复位寄存器（GPIOx_BSRR），对 GPIOx_ODR 具有按位写权限。

（8）锁定机制（GPIOx_LCKR），可冻结 I/O 配置。

（9）具有模拟功能。

（10）复用功能输入/输出选择寄存器（一个 I/O 最多可具有 16 个复用功能）。

（11）可以快速翻转，每次翻转最快只需要两个时钟周期。

（12）引脚复用非常灵活，允许将 I/O 引脚用作 GPIO 或多种外设功能中的一种。

6.1.1 通用 I/O 接口的基本概念

根据列出的每个 I/O 接口的特性，可通过软件将通用 I/O（GPIO）接口的各个接口位分别配置为多种模式：输入浮空、输入上拉、输入下拉、模拟功能、具有上拉或下拉功能的开漏输出、具有上拉或下拉功能的推挽输出、具有上拉或下拉功能的复用功能推挽、具有上拉或下拉功能的复用功能开漏。

每个 I/O 接口位均可自由编程，但 I/O 接口寄存器必须按 32 位字、半字或字节进行访问。GPIOx_BSRR 寄存器旨在实现对 GPIO ODR 寄存器进行原子读取/修改访问。这样便可确保在读取和修改访问之间发生中断请求也不会有问题。图 6.1 所示为 GPIO 的基本结构，可能的接口位配置方案见表 6.1。图 6.1 显示的是 5V 容忍 I/O 接口位的基本结构，V_{DD}_FT 是和 5V 容忍 I/O 相关的电位，与 V_{DD} 不同。

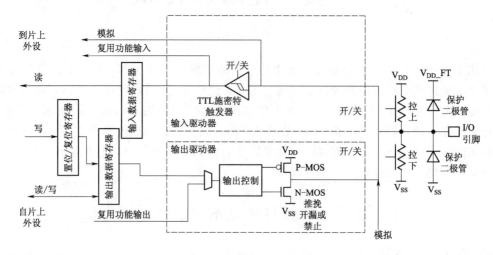

图 6.1　GPIO 基本结构

表 6.1　接口位配置表

MODER(i) [1~0]	OTYPER(i)	OSPEEDR(i) [B~A]	PUPDR(i) [1~0]		I/O 配置	
01	0	SPEED [B~A]	0	0	GP 输出	PP
	0		0	1	GP 输出	PP+PU
	0		1	0	GP 输出	PP+PD
	0		1	1	保留	
	1		0	0	GP 输出	OD
	1		0	1	GP 输出	OD+PU
	1		1	0	GP 输出	OD+PD
	1		1	1	保留(GP 输出 OD)	
10	0	SPEED [B~A]	0	0	AF	PP
	0		0	1	AF	PP+PU
	0		1	0	AF	PP+PD
	0		1	1	保留	
	1		0	0	AF	OD
	1		0	1	AF	OD+PU
	1		1	0	AF	OD+PD
	1		1	1	保留	

MODER(i) [1~0]	OTYPER(i)	OSPEEDR(i) [B~A]		PUPDR(i) [1~0]		I/O 配置	
00	×	×	×	0	0	输入	
	×	×	×	0	1	输入	
	×	×	×	1	0	输入	
	×	×	×	1	1	保留（输入浮空）	
11	×	×	×	0	0	输入/输出	模拟
	×	×	×	0	1	保留	
	×	×	×	1	0		
	×	×	×	1	1		

注 GP—通用，PP—推挽，PU—上拉，PD—下拉，OD—开漏，AF—复用功能。

6.1.2 通用 I/O 接口的连接

STM32F4××系列的 GPIO，在复位期间及复位刚刚完成后，复用功能尚未激活，I/O 接口被配置为输入浮空模式。复位后，调试引脚处于复用功能上拉/下拉状态，其中，PA15：JTDI 处于上拉状态；PA14：JTCK/SWCLK 处于下拉状态；PA13：JTMS/SWDAT 处于下拉状态；PB4：NJTRST 处于上拉状态；PB3：JTDO 处于浮空状态。

当引脚配置为输出后，写入到输出数据寄存器（GPIOx_ODR）的值将在 I/O 引脚上输出。可以在推挽模式下或开漏模式下使用输出驱动器（输出 0 时仅激活 N-MOS）。输入数据寄存器（GPIOx_IDR）每隔 1 个 AHB1 时钟周期捕获一次 I/O 引脚的数据。所有 GPIO 引脚都具有内部弱上拉及下拉电阻，可根据 GPIOx_PUPDR 寄存器中的值来打开或者关闭。

微控制器 I/O 引脚通过一个复用器连接到板载外设/模块，该复用器一次仅允许一个外设的复用功能（AF）连接到 I/O 引脚。这可以确保共用同一个 I/O 引脚的外设之间不会发生冲突。每个 I/O 引脚都有一个复

对于引脚0~引脚7，GPIOx_AFRL[31~0]寄存器会选择专用的复用功能

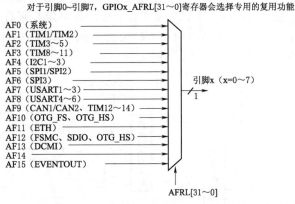

对于引脚8~引脚15，GPIOx_AFRH[31~0]寄存器会选择专用的复用功能

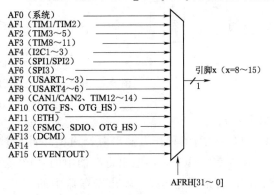

图 6.2 复用功能映射图

用器，该复用器采用 16 路复用功能输入（AF0～AF15），可通过 GPIOx_AFRL（针对引脚 0～引脚 7）和 GPIOx_AFRH（针对引脚 8～15）寄存器对这些输入进行配置，映射图如图 6.2 所示。①每次重启后，所有 I/O 接口都连接到系统备用函数（AF0）；②外设备用功能函数映射到 AF1～AF13；③Cortex－M4F 的 EVENTOUT 功能函数映射到 AF15。

有两个寄存器 AFRL、AFRH 可用来从每个 I/O 可用的 16 个复用功能输入/输出中进行选择，寄存器的相关介绍在后续章节。借助这些寄存器，可根据应用程序的要求将某个复用功能连接到其他某个引脚。这意味着可使用 GPIOx＿AFRL 和 GPIOx＿AFRH 复用功能寄存器在每个 GPIO 上复用多个可用的外设功能。这样一来，应用程序可为每个 I/O 选择任何一个可用功能。由于 AF 选择信号由复用功能输入和复用功能输出共用，所以只需为每个 I/O 的复用功能输入/输出选择一个通道即可。

6.2　GPIO 模块的模式与接口控制模块

6.2.1　通用 I/O 接口的模式

GPIO 有 4 种模式，分别是输入模式、输出模式、复用功能模式、模拟模式。下面分别进行介绍。

1. 输入模式

对 I/O 接口进行编程作为输入时，输出缓冲器被关闭；施密特触发器 Schmitt 输入被打开；根据 GPIOx＿PUPDR 寄存器中的值决定是否打开上拉和下拉电阻；输入数据寄存器每隔 1 个 AHB1 时钟周期对 I/O 引脚上的数据进行一次采样；对输入数据寄存器的读访问可获取 I/O 状态，如图 6.3 所示。

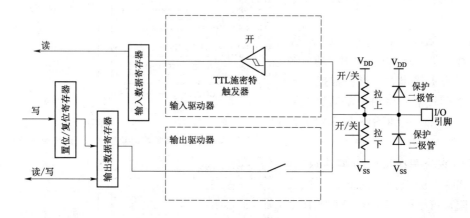

图 6.3　输入浮空/上拉/下拉配置

2. 输出模式

对 I/O 接口进行编程作为输出时，输出缓冲器被打开，若是开漏模式，输出寄存器中的"0"可激活 N－MOS，而输出寄存器中的"1"会使端口保持高组态（Hi－Z）（P－MOS 始终不激活）；若是推挽模式，输出寄存器中的"0"可激活 N－MOS，而输出寄存器中的"1"可激活 P－MOS。施密特触发器 Schmitt 输入被打开。根据 GPIOx＿PUPDR 寄存器中的值决定是否打开弱上拉电阻和下拉电阻。输入数据寄存器每隔 1 个 AHB1 时钟周期对 I/O 引脚上的数据进行一次采样。对输入数据寄存器的读访问可获取 I/O 状态。对输出数据寄存器的读访问可获取最后的写入值，如图 6.4 所示。

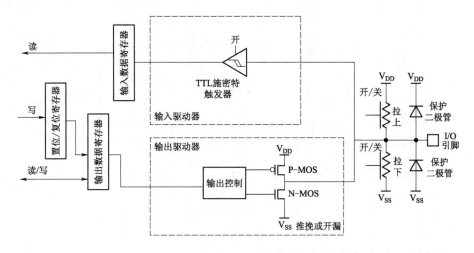

图 6.4　输出模式

3. 复用功能模式

对 I/O 接口进行编程作为复用功能时，可将输出缓冲器配置为开漏或推挽；输出缓冲器由来自外设的信号驱动（发送器使能和数据）；施密特触发器 Schmitt 输入被打开；根据 GPIOx_PUPDR 寄存器中的值决定是否打开弱上拉电阻和下拉电阻；输入数据寄存器每隔 1 个 AHB1 时钟周期对 I/O 引脚上的数据进行一次采样；对输入数据寄存器的读访问可获取 I/O 状态，如图 6.5 所示。

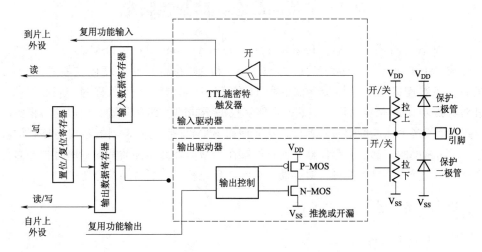

图 6.5　复用功能模式

4. 模拟模式

对 I/O 接口进行编程作为模拟配置时，输出缓冲器被禁止。施密特触发器输入停用，I/O 引脚的每个模拟输入的功耗变为 0。施密特触发器的输出被强制处理为恒定值（0）。弱上拉和下拉电阻被关闭。对输入数据寄存器的读访问值为"0"，如图 6.6 所示。

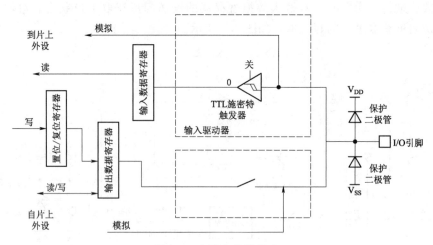

图 6.6 高阻态模拟模式

6.2.2 GPIO 接口控制模块寄存器

本节内容请扫描下方二维码学习。

6.3 灵活的静态存储器控制器

灵活的静态存储器控制器（flexible static memory controller，FSMC）是 STM32 系列中内部集成 256 KB 以上 Flash、后缀为 xC、xD 和 xE 的高存储密度微控制器特有的存储控制机制，能够连接同步、异步存储器和 16 位 PC 存储卡。之所以称为"灵活的"，是由于通过对特殊功能寄存器的设置，FSMC 能够根据不同的外部存储器类型，发出相应的数据/地址/控制信号类型以匹配信号的速度，从而使得 STM32 系列微控制器不仅能够应用各种不同类型、不同速度的外部静态存储器，而且能够在不增加外部器件的情况下同时扩展多种不同类型的静态存储器，满足系统设计对存储容量、产品体积以及成本的综合要求。

6.3.1 FSMC 的优点

FSMC 具有以下优点：

（1）支持多种静态存储器类型。STM32 通过 FSMC 可以与 SRAM、ROM、PSRAM、NOR Flash 和 NAND Flash 存储器的引脚直接相连。

（2）支持丰富的存储操作方法。FSMC 不仅支持多种数据宽度的异步读/写操作，而且支持对 NOR/PSRAM/NAND 存储器的同步突发访问方式。

（3）支持同时扩展多种存储器。FSMC 的映射地址空间中，不同的 BANK 是独立的，可用于扩展不同类型的存储器。当系统中扩展和使用多个外部存储器时，FSMC 会通过总线悬空延迟时间参数的设置，防止各存储器对总线的访问冲突。

（4）支持更为广泛的存储器型号。通过对 FSMC 的时间参数设置，扩大了系统中可用存储器的速度范围，为用户提供了灵活的存储芯片选择空间。支持代码从 FSMC 扩展的外部存储器中直接运行，而不需要首先调入内部 SRAM。

6.3.2　FSMC 的主要功能

FSMC 具有以下主要功能：

（1）具有静态存储器接口的器件包括：静态随机存储器（SRAM）、只读存储器（ROM）、NOR 闪存、PSRAM（4 个存储器块）。

（2）两个 NAND 闪存块，支持硬件 ECC 并可检测多达 8KB 数据。

（3）16 位的 PC 卡兼容设备。

（4）支持对同步器件的成组（Burst）访问模式，如 NOR 闪存和 PSRAM。

（5）8 位或 16 位数据总线。

（6）每一个存储器块都有独立的片选控制。

（7）每一个存储器块都可以独立配置。

（8）时序可编程以支持各种不同的器件：等待周期可编程（多达 15 个周期）、总线恢复周期可编程（多达 15 个周期）、输出使能和写使能延迟可编程（多达 15 周期）、独立的读写时序和协议，可支持宽范围的存储器和时序。

（9）PSRAM 和 SRAM 器件使用的写使能和字节选择输出。

（10）将 32 位的 AHB 访问请求，转换到连续的 16 位或 8 位的，对外部 16 位或 8 位器件的访问。

（11）具有 16 个字，每个字 32 位宽的写入 FIFO，允许在写入较慢存储器时释放 AHB 进行其他操作。在开始一次新的 FSMC 操作前，FIFO 要先被清空。

（12）外部异步等待控制。

定义外部器件类型和其特性的 FSM 寄存器通常在启动时进行设置，并且在下次上电或复位前保持不变。但也可随时更改这些设置。

6.3.3　FSMC 的组成

FSMC 主要包含 4 个主要模块：AHB 接口（包括 FSMC 配置寄存器）、NOR Flash/PSRAM 控制器、NAND Flash/PC 卡控制器、外部器件，如图 6.7 所示。

1. AHB 接口

CPU 和其他 AHB 总线主设备可通过该 AHB 从设备接口访问外部静态存储器。AHB 事务会转换为外部器件协议。尤其是当所选外部存储器的宽度为 16 位或 8 位时，AHB 中的 32 位宽事务将被划分成多个连续的 16 位或 8 位访问。片选将在每次访问时进行切换。出现以下条件时，FSMC 将产生 AHB 错误：①读取或写入未使能的 FSMC 存储区域；②在 FSMC_BCRx 寄存器中的 FACCEN 位复位时读取或写入 NOR Flash 存储区域；③在输入引脚 FSMC_CD（card presence detection）为低电平时读取或写入 PC 卡存储区域。AHB 错误的影响具体取决于尝试进行读写访问的 AHB 主设备：如果为 Cortex-M4F CPU，则

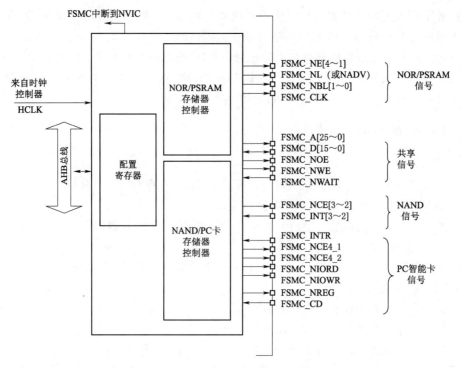

图 6.7　FSMC 框图

会生成硬性故障（hard fault）中断；如果为 DMA，则会生成 DMA 传输错误，并会自动禁用相应的 DMA 通道。AHB 时钟（HCLK）是 FSMC 的参考时钟。

2. NOR Flash/PSRAM 控制器

FSMC 会生成适当的信号时序，以驱动以下类型的存储器：

（1）8 位、16 位、32 位的异步 SRAM 和 ROM。

（2）异步模式或突发模式、复用或非复用的 PSRAM（cellular RAM）。

（3）异步模式或突发模式、复用或非复用的 NOR Flash。

FSMC 会为每个存储区域输出唯一的片选信号 NE［4～1］。所有其他信号（地址、数据和控制）均为共享信号。对于同步访问，FSMC 只有在读/写事务期间才会向所选的外部器件发出时钟（CLK）。HCLK 时钟频率是该时钟的整数倍。每个存储区域的大小固定，均为 64MB。每个存储区域都通过专用的寄存器进行配置，在后续章节会介绍。存储器的可编程参数包括对等待管理的支持（用于在突发模式下访问 NOR Flash 和 PSRAM）和访问时序，见表 6.2。

表 6.2　　　　　　　　　　　NOR Flash/PSRAM 的可编程访问参数

参数	功　　能	访问模式	单　位	最小值	最大值
地址建立	地址建立阶段的持续时间	异步	AHB 时钟周期（HCLK）	0	15
地址保持	地址保持阶段的持续时间	异步，复用 I/O		1	15
数据建立	数据建立阶段的持续时间	异步		1	256
总线周转	总线周转阶段的持续时间	异步和同步读取		0	15

续表

参数	功　　能	访问模式	单　位	最小值	最大值
时钟分频比	构建一个存储器时钟周期（CLK）所需的 AHB 时钟周期（HCLK）数量	同步	AHB 时钟周期（HCLK）	2	16
数据延迟	在发出突发的第一个数据前向存储器发出的时钟周期数量	同步	存储器时钟周期（CLK）	2	17

3. NAND Flash/PC 卡控制器

FSMC 会生成相应的信号时序，用于驱动以下类型的设备：①8 位或 16 位 NAND Flash；②16 位 PC 卡兼容设备。NAND Flash/PC 卡控制器可以控制 3 个外部存储区域。存储区域 2 和存储区域 3 支持 NAND Flash 设备；存储区域 4 支持 PC 卡设备。每个存储区域都通过专用的寄存器配置，在后续章节会介绍。存储器的可编程参数包括 ECC 配置和访问时序，见表 6.3。

表 6.3　　　　　　　　　　　　NAND Flash/PC 卡的可编程访问参数

参　数	功　　能	访问模式	单位	最小值	最大值
存储器建立时间	命令使能前地址建立的时钟周期（HCLK）数	读/写	AHB 时钟周期（HCLK）	1	256
存储器等待	命令使能的最小持续时间（HCLK 时钟周期）	读/写		2	256
存储器保持	命令禁止后保持地址（以及进行写访问时保持数据）的时钟周期（HCLK）数读	读/写		1	255
存储器数据总线高阻态	开始进行写访问后,数据总线保持高阻状态期间的时钟周期（HCLK）数	写		0	255

4. 外部器件

从 FSMC 的角度，外部存储器被划分为 4 个固定大小的存储区域，每个存储区域的大小为 256 MB，如图 6.8 所示。

存储区域 1 可连接多达 4 个 NOR Flash 或 PSRAM 存储器器件。此存储区域被划分为 4 个 NOR/PSRAM 区域，带 4 个专用片选信号；存储区域 2 和存储区域 3 用于连接 NAND Flash 器件。注意，每个存储区域一个器件；存储区域 4 用于连接 PC 卡设备。对于每个存储区域，所要使用的存储器类型由用户在配置寄存器中定义。

6.3.4　FSMC 寄存器映射

FSMC 寄存器映射汇总见表 6.4，如有需要，可以通过查表获得。

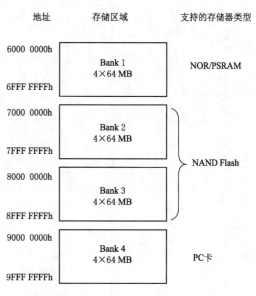

图 6.8　FSMC 存储区域

表 6.4　FSMC 寄存器映射

偏移	寄存器	31	30	29	28	27	26	25	24	23	22	21	20	19	18	17	16	15	14	13	12	11	10	9	8	7	6	5	4	3	2	1	0
0xA000 0000	FSMC_BCR1	Reserved												CBURSTRW	Reserved			ASYNCWAIT	EXTMOD	WAITEN	WREN	WAITCFG	WRAPMOD	WAITPOL	BURSTEN	Reserved	FACCEN	MWID	MWID	MTYP	MTYP	MUXEN	MBKEN
0xA000 0008	FSMC_BCR2	Reserved												CBURSTRW	Reserved			ASYNCWAIT	EXTMOD	WAITEN	WREN	WAITCFG	WRAPMOD	WAITPOL	BURSTEN	Reserved	FACCEN	MWID	MWID	MTYP	MTYP	MUXEN	MBKEN
0xA000 0010	FSMC_BCR3	Reserved												CBURSTRW	Reserved			ASYNCWAIT	EXTMOD	WAITEN	WREN	WAITCFG	WRAPMOD	WAITPOL	BURSTEN	Reserved	FACCEN	MWID	MWID	MTYP	MTYP	MUXEN	MBKEN
0xA000 0018	FSMC_BCR4	Reserved												CBURSTRW	Reserved			ASYNCWAIT	EXTMOD	WAITEN	WREN	WAITCFG	WRAPMOD	WAITPOL	BURSTEN	Reserved	FACCEN	MWID	MWID	MTYP	MTYP	MUXEN	MBKEN
0xA000 0004	FSMC_BTR1	Res.		ACCMOD		DATLAT				CLKDIV				BUSTURN				DATAST								ADDHLD				ADDSET			

续表

偏移	寄存器	31	30	29	28	27	26	25	24	23	22	21	20	19	18	17	16	15	14	13	12	11	10	9	8	7	6	5	4	3	2	1	0
0xA000 000C	FSMC_BTR2	Res.		ACCMOD		DATLAT				CLKDIV				BUSTURN				DATAST								ADDHLD				ADDSET			
0xA000 0014	FSMC_BTR3	Res.		ACCMOD		DATLAT				CLKDIV				BUSTURN				DATAST								ADDHLD				ADDSET			
0xA000 001C	FSMC_BTR4	Res.		ACCMOD		DATLAT				CLKDIV				BUSTURN				DATAST								ADDHLD				ADDSET			
0xA000 0104	FSMC_BWTR1	Res.		ACCMOD		DATLAT				CLKDIV				BUSTURN				DATAST								ADDHLD				ADDSET			
0xA000 010C	FSMC_BWTR2	Res.		ACCMOD		DATLAT				CLKDIV				BUSTURN				DATAST								ADDHLD				ADDSET			
0xA000 0114	FSMC_BWTR3	Res.		ACCMOD		DATLAT				CLKDIV				BUSTURN				DATAST								ADDHLD				ADDSET			
0xA000 011C	FSMC_BWTR4	Res.		ACCMOD		DATLAT				CLKDIV				BUSTURN				DATAST								ADDHLD				ADDSET			
0xA000 0060	FSMC_PCR2	Reserved												ECCPS			TAR				TCLR				Res.		ECCEN	PWID		PTYP	PBKEN	PWAITEN	Reserved
0xA000 0080	FSMC_PCR3	Reserved												ECCPS			TAR				TCLR				Res.		ECCEN	PWID		PTYP	PBKEN	PWAITEN	Reserved

续表

位	FSMC_PCR4	FSMC_PCR2	FSMC_PCR3	FSMC_PCR4	FSMC_SR2	FSMC_SR3
0	Reserved	Reserved	Reserved	Reserved	IRS	IRS
1	PWAITEN	PWAITEN	PWAITEN	PWAITEN	ILS	ILS
2	PBKEN	PBKEN	PBKEN	PBKEN	IFS	IFS
3	PTYP	PTYP	PTYP	PTYP	IREN	IREN
4	PWID	PWID	PWID	PWID	ILEN	ILEN
5	PWID	PWID	PWID	PWID	IFEN	IFEN
6	ECCEN	ECCEN	ECCEN	ECCEN	FEMPT	FEMPT
7	Res.	Res.	Res.	Res.		
8	Res.	Res.	Res.	Res.		
9	TCLR	TCLR	TCLR	TCLR		
10	TCLR	TCLR	TCLR	TCLR		
11	TCLR	TCLR	TCLR	TCLR		
12	TCLR	TCLR	TCLR	TCLR		
13	TAR	TAR	TAR	TAR		
14	TAR	TAR	TAR	TAR		
15	TAR	TAR	TAR	TAR		
16	TAR	TAR	TAR	TAR		
17	ECCPS	ECCPS	ECCPS	ECCPS		
18	ECCPS	ECCPS	ECCPS	ECCPS		
19	ECCPS	ECCPS	ECCPS	ECCPS		
20	Reserved	Reserved	Reserved	Reserved	Reserved	Reserved
21	Reserved	Reserved	Reserved	Reserved	Reserved	Reserved
22	Reserved	Reserved	Reserved	Reserved	Reserved	Reserved
23	Reserved	Reserved	Reserved	Reserved	Reserved	Reserved
24	Reserved	Reserved	Reserved	Reserved	Reserved	Reserved
25	Reserved	Reserved	Reserved	Reserved	Reserved	Reserved
26	Reserved	Reserved	Reserved	Reserved	Reserved	Reserved
27	Reserved	Reserved	Reserved	Reserved	Reserved	Reserved
28	Reserved	Reserved	Reserved	Reserved	Reserved	Reserved
29	Reserved	Reserved	Reserved	Reserved	Reserved	Reserved
30	Reserved	Reserved	Reserved	Reserved	Reserved	Reserved
31	Reserved	Reserved	Reserved	Reserved	Reserved	Reserved
寄存器	FSMC_PCR4	FSMC_PCR2	FSMC_PCR3	FSMC_PCR4	FSMC_SR2	FSMC_SR3
偏移	0xA000 00A0	0xA000 0060	0xA000 0080	0xA000 00A0	0xA000 0064	0xA000 0084

偏移	寄存器	31	30	29	28	27	26	25	24	23	22	21	20	19	18	17	16	15	14	13	12	11	10	9	8	7	6	5	4	3	2	1	0
0xA000 00A4	FSMC_SR4	Reserved																									FEMPT	IFEN	ILEN	IREN	IFS	ILS	IRS
0xA000 0068	FSMC_PMEM2	MEMHIZx								MEMHOLDx								MEMWAITx								MEMSETx							
0xA000 0088	FSMC_PMEM3	MEMHIZx								MEMHOLDx								MEMWAITx								MEMSETx							
0xA000 00A8	FSMC_PMEM4	MEMHIZx								MEMHOLDx								MEMWAITx								MEMSETx							
0xA000 006C	FSMC_PATT2	ATTHIZx								ATTHOLDx								ATTWAITx								ATTSETx							
0xA000 008C	FSMC_PATT3	ATTHIZx								ATTHOLDx								ATTWAITx								ATTSETx							
0xA000 00AC	FSMC_PATT4	ATTHIZx								ATTHOLDx								ATTWAITx								ATTSETx							
0xA000 00B0	FSMC_PIO4	IOHIZx								IOHOLDx								IOWAITx								IOSETx							
0xA000 0074	FSMC_ECCR2	ECCx																															
0xA000 0094	FSMC_ECCR3	ECCx																															

6.4　GPIO　应　用

本小节阐述一个简单的 GPIO 应用实例,以加深对 GPIO 基本寄存器的理解和应用,掌握如何使用 GPIO 作为单片机的输入输出口。

例如:实现一个按键控制一个 LED 灯亮灭。

假设将按键连接对应的 PC_13 端口设置成上拉输入模式;将 LED 对应的 PA_5 端口设置成上拉输出模式。通过按下按键来使 LED 点亮,松开按键关闭 LED。本例代码如下:

```
/* 文件名:LED-system.c
硬件描述:按键连接 PC13,LED 连接 PA5
主要函数描述:main()函数通过定义的按键、LED 初始化,对相应寄存器赋值实现按键控制 LED 亮灭 */
#include "stm32f4xx.h"
void  init_button()
{  //使能 GPIO 端口 C
   RRC->AHB1ENR |= RRC_AHB1ENR_GPIOCEN;
   //设置管脚为输入模式
   GPIOC->MODER &= ~GPIO_MODER_MODER13_0 | ~GPIO_MODER_MODER13_1;
   //设置管脚为上拉模式
   GPIOC->PUPDR |= GPIO_PUPDR_PUPDR13_0;
   GPIOC->PUPDR &= ~GPIO_PUPDR_PUPDR13_1;
}
 void  init_led()
{  //使能 GPIO 端口 A
   RRC->AHB1ENR |= RRC_AHB1ENR_GPIOAEN;
   //设置管脚为输出模式
   GPIOA->MODER |= GPIO_MODER_MODER5_0;
   GPIOA->MODER &= ~GPIO_MODER_MODER5_1;
   //设置管脚为推挽输出模式
   GPIOA->OTYPER &= ~GPIO_OTYPER_OT_5;
   //设置管脚为上拉模式
   GPIOA->PUPDR |= GPIO_PUPDR_PUPDR5_0;
   GPIOA->PUPDR &= ~GPIO_PUPDR_PUPDR5_1;
   //设置管脚为快速模式
   GPIOA->OSPEEDR &= ~GPIO_OSPEEDER_OSPEEDR5_0;
   GPIOA->OSPEEDR |= GPIO_OSPEEDER_OSPEEDR5_1;
}
//设置 PA5 管脚输出高电平
void  led_on()
{  GPIOA->BSRRL |= GPIO_BSRR_BS_5;
}
//设置 PA5 管脚输出低电平
void  led_off()
{  GPIOA->BSRRH |= GPIO_BSRR_BS_5;
}
```

```
/*主函数   */
int  main()
{  //初始化 LED 以及按键
    init_led();
    init_button();
    while(1)
    { if (! (GPIOC->IDR & GPIO_IDR_IDR_13))
        {  //如果按键按下打开 LED
            led_on();
        }
        else
        { //如果按键按下关闭 LED
            led_off();
        }
    }
}
```

代码编译后通过烧写到实验开发板，执行程序，结果为：复位后 LED 灯不亮，按下按键后 LED 灯亮，松开按键后 LED 灯灭。证明实例成功达到 GPIO 输入输出的基本要求。

思 考 题 与 习 题

1. GPIO 的中英文全称分别是什么？
2. 通用 I/O 接口的工作模式有几种？分别是什么？
3. FSMC 的中英文全称分别是什么？
4. FSMC 的优势体现在哪些方面？
5. 尝试编程实现 3 个按键控制 3 个 LED 灯亮灭。
6. 简要描述 FSMC 静态存储器控制器的特点。
7. STM32 的 GPIO 最多有几种复用功能？
8. STM32 的 GPIO 的配置模式有哪几种？如何进行配置？
9. 简述 FSMC 的结构与工作原理。
10. 设置引脚为 GPIO 功能时，如何控制某个引脚单独输入/输出？

第7章 Timer 模 块

基于 Cortex‑M4 内核的微控制器内部有几种常用的定时接口模块，包括系统时钟（SysTick）、低功耗定时器（LPTMR）、低功耗中断定时器（LPIT）、延时定时器（PDB）和实时时钟（RTC）等，本章分别介绍这些定时模块的工作原理及其编程结构，其中的低功耗定时器、低功耗中断定时器、延时定时器将基于 S32K 系列微控制器进行介绍。

7.1 系 统 时 钟 模 块

系统时钟模块 SysTick 定时器专用于实时操作系统，也可以作为标准的递减计数器使用。它具有以下特性：

(1) 24 位递减计数器。

(2) 可编程时钟源。

(3) 具有自动重载功能。

(4) 当计数器计数为零时产生可屏蔽系统中断。

7.1.1 定时的实现方法

在嵌入式应用系统中，有时要求对外部脉冲信号或开关信号进行计数，这可通过计数器来完成；有些设备要求每间隔一定时间开启并在一段时间后关闭，有些指示灯要求不断闪烁，这些都可以利用定时器来完成。另外，系统日历时钟、产生不同频率的声源等也需要定时信号。

计数与定时问题的解决方法本质上是一致的，只不过是同一个问题的两种表现形式。实现计数与定时的基本方法有 3 种：完全硬件方式、完全软件方式、可编程定时计数器。完全硬件方式基于逻辑电路实现，现已很少使用。完全软件方式是指通过计算机执行指令来实现某种定时任务的方式，但这种方式对 CPU 的占用率较高，不适用于多任务环境，一般仅用于时间极短的延时且重复次数较少的情况。

利用可编程定时计数器来完成某种定时任务是比较常用的定时方法。首先 CPU 向定时计数器写入控制字和计数初值，然后 CPU 可通过指令来启动整个定时计数过程，此时定时计数器与 CPU 并行工作，不占用 CPU 的工作时间。当定时计数器计数到指定值时，便自动产生一个定时输出或中断信号告知 CPU。整过定时计数过程无须 CPU 的干预，利用定时器产生的中断信号还可以建立多任务环境，可大大提高 CPU 的利用率。

7.1.2 系统定时器 SysTick 概述

1. 滴答定时器

ARM Cortex‑M4 微控制器内核中集成了一个小型的 SysTick（系统节拍）定时器，又称为滴答定时器。此定时器专用于实时操作系统，其主要功能是为操作系统提供一个硬件定时中断，也称滴答中断。若应用中不需要使用操作系统，SysTick 定时器也可作为简单的定时器外设使用，用以产生周期性的中断、延时或时间测量。SysTick 定时器被捆绑在 NVIC（嵌套向量中断控制器）中，属于 NVIC 的一部分，为 24 位减法计数器，可以使用控制器时钟或者外部参考时钟（通常是片上时钟源），当计数到 0 时，会产生可屏蔽系统中断，并自动重载。

2. 滴答中断

现代的操作系统需要一个周期性的中断信号来定期触发 OS 内核，用于任务管理和上下文切换，控制器也可以在不同的时间片内处理不同的任务。例如，操作系统首先需要把整个时间段分成很多小的时间片，规定每个任务每次只能运行一个"时间片"的时间长度就必须退出让给其他的任务运行，从而确保任何一个任务不会独占操作系统；或者把每个定时周期的某个时间范围分配给特定的任务；操作系统提供的各种定时任务都与滴答定时器 SysTick 有关。因此，嵌入式操作系统或使用了时基的嵌入式应用系统，都必须由一个硬件定时器来产生滴答中断（周期性的中断）来作为整个系统的时基。

由于所有使用 Cortex – M4 内核的芯片都带有 SysTick 定时器，并且在这些芯片中 SysTick 的处理方式（寄存器映射地址及作用）都是相同的，所以使用 SysTick 产生时间"滴答"可以化简嵌入式软件在 Cortex – M4F 内核芯片间的移植工作。此外，系统定时模块 SysTick 的内部寄存器不能被用户程序随意访问，尤其是 SysTick 定时器模块的控制及状态寄存器中的使能位不被任意清除，以维持操作系统规律的滴答节律。因此控制器的设计还需要确保运行在非特权等级的应用任务无法禁止该定时器，否则应用任务可能会禁止 SysTick 定时器并锁定整个系统。

7.1.3 SysTick 定时器模块的编程结构

SysTick 定时器中存在有 4 个 32 位寄存器，见表 7.1。CMSIS – Core 文件中定义了一个名为 SysTick 的结构体，方便对这些寄存器的访问。

表 7.1　　　　　　　　　　　　　SysTick 寄 存 器 一 览 表

地　址	CMSIS – Core 符号	寄存器	地　址	CMSIS – Core 符号	寄存器
0xE000E010	SysTick –>CTRL	SysTick 控制和状态寄存器	0xE000E018	SysTick –>VAL	SysTick 当前值寄存器
0xE000E014	SysTick –>LOAD	SysTick 重装载值寄存器	0xE000E01C	SysTick –>CALIB	SysTick 校准值寄存器

SysTick 内部包含一个 24 位减 1 计数器，如图 7.1 所示。它会根据控制器时钟或一个参考时钟信号（在 ARM Cortex – M3 或 Cortex – M4 技术参考手册中也被称为 STCLK）来减 1 计数。参考时钟信号取决于微控制器的实际设计，有些情况下，它可能会不存在。由于要检测上升沿，参考时钟的周期至少是控制器时钟周期的两倍。

在设置控制和状态寄存器的第 0 位使能该计数器后，当前值寄存器在每个控制器时钟周期或参考时钟的上升沿都会减 1。若计数减至 0，它会从重加载寄存器中加载数值并继续运行。

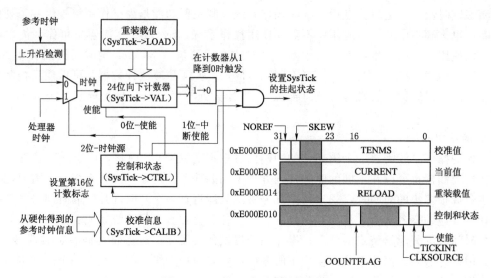

图 7.1　SysTick 定时器结构框图

另外一个寄存器为 SysTick 校准值寄存器，它为软件提供了校准信息。由于 CMSIS - Core 提供了一个名为 SystemCoreClock 的软件变量（CMSIS1.2 及之后版本可用，CMSIS1.1 或之前的版本则使用变量 Systemfrequence），因此它就未使用 SysTick 校准值寄存器。系统初始化函数设置了该变量，而且每次系统时钟配置改变时都要对其进行更新。这种软件手段比利用 SysTick 校准值寄存器的硬件方式更灵活。SysTick 寄存器的细节见表7.2～表 7.5。

表 7.2　　　　　　　　　　　　　　　SysTick 控制和状态寄存器

位	名　称	类型	复位值	描　述
16	COUNTFLAG	RO	0	当 SysTick 定时器计数到 0 时,该位变为 1,读取寄存器或清除计数器当前值时会被清零
2	CLKSOURCE	R/W	0	0—外部参考时钟(STCLK) 1—使用内核时钟
1	TICKINT	R/W	0	1—SysTick 定时器计数减至 0 时产生异常 0—不产生异常
0	ENABLE	R/W	0	SysTick 定时器使能

表 7.3　　　　　　　　　　　　　　　SysTick 重装载值寄存器

位	名　称	类型	复位值	描　述
23～0	RELOAD	R/W	未定义	定时器计数为 0 时的重装载值

表 7.4　　　　　　　　　　　　　　　SysTick 当前值寄存器

位	名　称	类型	复位值	描　述
23～0	CURRENT	R/Wc	0	读出值为 SysTick 定时器的当前数值。写入任何值都会清除寄存器,SysTick 控制和状态寄存器中的 COUNTFLAG 也会清零

表 7.5　　　　　　　　　　　　　　SysTick 校准值寄存器

位	名　称	类型	复位值	描　　述
31	NOREF	R	—	1—没有外部参考时钟(STCLK 不可用) 0—有外部参考时钟可供使用
30	SKEW	R	—	1—校准值并非精确的 10ms 0—校准值准确
23～0	TENMS	R/W	0	10ms 校准值。芯片设计者应通过 Cortex - M3 的输入信号提供该数值,若读出为 0,则表示校准值不可用

7.2　低功耗定时器模块

7.2.1　LPTMR 模块概述

以 Cortex - M4F 为内核的 S32K144 微控制器内部配置一个低功耗定时器（low power timer，LPTMR）模块。该模块既可以被配置成具有可选预分频因子的定时器，也可以被配置成带有脉冲干扰滤波器功能的脉冲计数器。LPTMR 模块可以工作在所有的电源模式下，用于一次性计时。时钟源可选择的范围广，可以选择 1kHz 时钟、32kHz 时钟、8MHz 时钟，甚至 128MHz 时钟；时钟源分频范围大，最小分频为 1，最大分频为 65536。作为低功耗定时器，LPTMR 正常工作电流比较低，最小可低至 777μA；工作时间可以很长，当采用 1kHz 时钟时，定时周期可长达数 10 天。LPTMR 模块内含 1 个 16 位的加法定时器，不同型号的微控制器中 LPTMR 模块对应的中断向量号和非内核中断请求 IRQ 号不同。在 LPT-MR 模块初始化后，加法定时器从 0 开始加 1 计数，当计数器 LPTMR _ CNR 的值与重载寄存器 LPTMR _ CMR 的值相等时，控制和状态寄存器 LPTMR _ CSR 的比较标志位 TCF 将被置 1 并产生中断，程序转而运行该中断向量号对应的中断处理程序，并在程序中清除比较标志 TCF，则 LPTMR 模块将重新开始计时。

7.2.2　LPTMR 模块的编程结构

LPTMR 模块内部有 4 个 32 位寄存器，分别是控制和状态寄存器（LPTMR _ CSR）、预分频寄存器（LPTMR _ PSR）、重载寄存器（LPTMR _ CMR）和计数器（LPTMR _ CNR）。通过对这些寄存器编程，就可以使用 LPTMR 模块进行定时。具体内容请扫描下方二维码学习。

7.3　低功耗中断定时器模块

7.3.1　LPIT 模块概述

除了配置低功耗定时器 LPTMR 以外，S32K144 微控制器一般还配置了一个低功耗中

断定时器 (low power interrupt timer, LPIT) 模块。LPIT 模块内部含有 4 个通道，而且没有外部引脚与之相连。每个通道都有一个独立的 32 位减 1 计数器，时钟源固定为系统总线时钟且不可分频。当 LPIT 模块的某个通道使能后，计数器开始计数，当计数器的值等于定时器值时，状态寄存器 LPIT_MSR 的 TIFn 位被置位，并产生定时溢出中断。最长的定时时间可以根据计数器的位数和时钟源的频率计算得到。

7.3.2　LPIT 模块的编程结构

LPIT 模块内部共有 19 个 32 位寄存器，包括模块控制寄存器 (MCR)、模块状态寄存器 (MSR)、模块中断使能寄存器 (MIER)、设置定时器使能寄存器 (SETTEN)、清定时器使能寄存器 (CLRTEN)、定时器值寄存器 (TVALn)、当前计数值寄存器 (CVALn)、时间控制寄存器 (TCTRLn)。具体内容请扫描下方二维码学习。

7.4　可编程延迟模块

7.4.1　PDB 模块概述

可编程延迟模块 (programmable delay block, PDB) 具有定时器和延时触发的功能。PDB 模块可为来自内部或外部的触发信号提供可编程的时间延迟，或者通过可编程的时间间隔来触发 ADC 或 DAC 模块，从而为 A/D 转换和 D/A 转换输出提供精确的时间间隔。另外，PDB 模块还可以选择性提供脉冲输出，类似 CMP 块中的采样窗口。PDB 模块一般包含若干个输入触发中断源和软件触发中断源、可配置用于 ADC 触发的 PDB 通道 (一个通道可以连接一个 ADC)、DAC 内部触发源和脉冲输出，在不同型号的微控制器中这些内部资源的配置数量会有不同。PDB 模块主要包括以下特性：

(1) 每个 PDB 通道都可以提供一个 ADC 硬件触发输出或者多达 8 个 ADC 预触发输出。

(2) 触发输出可以独立地关闭或开启。

(3) 每个预触发输出拥有一个 16 位的延时寄存器。

(4) 具有可以选择的旁路预触发输出的延时寄存器。

(5) 具有单向一次或者持续计数工作模式。

(6) 可以选择环形操作模式，在这种模式下可以让 ADC 在转换完成时触发下一个 PDB。

7.4.2　PDB 模块的编程结构

S32K144 微控制器的 PDB 模块内部包括 PDB 模块状态控制寄存器 (PDB_SC)、PDB 模块模式寄存器 (PDB_MOD)、PDB 模块计数寄存器 (PDB_CNT)、PDB 模块中断延时寄存器 (PDB_IDLY) 等数 51 个 32 位寄存器。具体内容请扫描下方二维码学习。

7.5 实 时 时 钟 模 块

实时时钟（real‑time clock，RTC）是一种由晶体控制精度、向主系统提供 BCD 码表示的时间和日期的器件。当主电源断电或无法使用时，实时时钟 RTC 可由备用电源继续供电，保持 RTC 内部寄存器状态不变，从而确保 RTC 计时器能正常运行。与其他时钟相比，实时时钟具有功耗低、输出更为精确的优点，同时使用实时时钟也使主系统的工作更具时效性。

7.5.1 RTC 模块概述

实时时钟 RTC 是一个独立的 BCD 定时/计数器。STM32F4 系列的 RTC 提供一个日历时钟、两个可编程闹钟中断，以及一个具有中断功能的周期性可编程唤醒标志。RTC 还包含用于管理低功耗模式的自动唤醒单元，两个 32 位寄存器包含 BCD 格式的秒、分钟、小时（12 小时或 24 小时制）、星期、日期、月份和年份等信息。此外，RTC 还可提供二进制格式的亚秒值。系统可以自动将月份的天数补偿为 28 天、29 天（闰年）、30 天和 31 天。RTC 的其他 32 位寄存器还包含可编程的闹钟亚秒、秒、分钟、小时、星期和日期。此外，RTC 模块还可以使用数字校准功能对晶振精度的偏差进行补偿。RTC 内部结构以及各个部件之间的逻辑联系如图 7.2 所示。上电复位后，所有 RTC 寄存器都会受到保护，以防止可能的非正常写访问。无论器件状态如何（运行模式、低功耗模式或处于复位状态），只要电源电压保持在工作范围内，RTC 便不会停止工作。系统处于低功耗模式对 RTC 模块的影响见表 7.6。

表 7.6 低功耗模式对 RTC 的作用

模式	说　　明
睡眠	无影响 RTC 中断可使器件退出睡眠模式
停止	当 RTC 时钟源为 LSE 或 LSI 时,RTC 保持工作状态。RTC 闹钟、RTC 入侵事件、RTC 时间戳事件和 RTC 唤醒会使器件退出停止模式
待机	当 RTC 时钟源为 LSE 或 LSI 时,RTC 保持工作状态。RTC 闹钟、RTC 入侵事件、RTC 时间戳事件和 RTC 唤醒会使器件退出待机模式

RTC 模块的主要特性如下：

（1）包含亚秒、秒、分钟、小时（12 小时或 24 小时制）、星期、日期、月份和年份的日历。

（2）具有软件可编程的夏令时补偿功能。

（3）两个具有中断功能的可编程闹钟。可通过任意日历字段的组合驱动闹钟。

（4）自动唤醒单元，可周期性地生成标志以触发自动唤醒中断。

（5）参考时钟检测功能可使用更加精确的第二时钟源（50 Hz 或 60 Hz）来提高日历的精确度。

（6）利用亚秒级移位特性与外部时钟实现精确同步。

（7）可屏蔽中断包括闹钟 A、闹钟 B、唤醒中断、时间戳、入侵检测等事件。

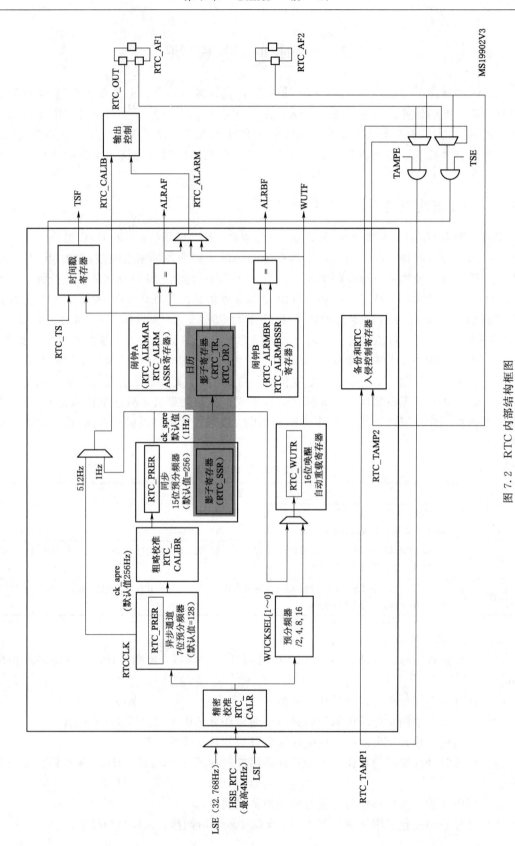

图 7. 2 RTC 内部结构框图

（8）数字校准电路（周期性计数器调整），可在数秒的校准窗口中获得 5×10^{-6} 和 0.95×10^{-6} 两种校准精度。

（9）时间戳功能，可用于事件保存（1 个事件）。

（10）入侵检测功能有两个入侵检测输入可用，这两个输入既可配置为边沿检测，也可配置为带过滤的电平检测。

（11）20 个备份寄存器（80B）。发生入侵检测事件时，将复位备份寄存器。

7.5.2　RTC 模块的编程结构

与 RTC 模块编程相关的寄存器的具体内容请扫描下方二维码学习。

将 RTC 内部的中断控制位汇总于表 7.7。

表 7.7　　　　　　　　　　　　　　RTC 内部的中断控制位

中断事件	事件标志	使能控制位	退出睡眠模式	退出停止模式	退出待机模式
闹钟 A	ALRAF	ALRAIE	是	是[①]	是[①]
闹钟 B	ALRBF	ALRBIE	是	是[①]	是[①]
Wakeup	WUTF	WUTIE	是	是[①]	是[①]
TimeStamp	TSF	TSIE	是	是[①]	是[①]
TAMPER1 检测	TAMP1F	TAMPIE	是	是[①]	是[①]
TAMPER2 检测[②]	TAMP2F	TAMPIE	是	是[①]	是[①]

① 仅当 RTC 时钟源为 LSE 或 LSI 时，才能从停机和待机模式唤醒。

② 有的芯片内部没有 RTC_TAMPER2 引脚。

思 考 题 与 习 题

1. 什么是滴答定时器？

2. RTC 定时器有哪些特点？

3. 低功耗定时器的低功耗设计体现在哪些方面？

4. 定时任务有几种实现方法？

5. 简述 PDB 的功能及应用场合。

6. 什么是滴答中断？

7. RTC 定时器内部可产生哪些中断事件？

8. 什么是时间戳（TimeStamp）？

9. SysTick 定时器有别于一般的定时器的独特之处是什么？

10. RTC 定时器可设置为几种低功耗模式？

第 8 章　PWM 和正交编码器接口

STM32F4××系列微控制器中内置了包括高级控制定时器、通用定时器在内的多个 16 位和 32 位定时器。其中每个定时器都是集成了基本定时、PWM、输入捕捉/输出比较等多种功能的综合定时器，用来满足电机控制、智能照明和开关电源等技术需要。本章主要介绍基于 STM32F4××系列的高级控制定时器的 PWM 功能及正交编码器接口。

8.1　脉宽调制、输入捕捉与输出比较的通用基础知识

8.1.1　PWM 的基础知识

1. PWM 的基本概念

脉冲宽度调制（pulse width modulation，PWM，简称"脉宽调制"）是一种对模拟信号电平进行数字化编码的方法，是电机控制的重要方式之一。PWM 信号是一个高低电平重复交替的输出信号，通常也称为脉宽调制波或 PWM 波。通过 MCU 输出 PWM 脉冲控制信号的方法与使用纯电力电子的方法相比，具有操作简单、方便实现的优点，因而得到了广泛的应用。

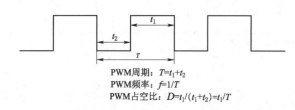

PWM周期：$T=t_1+t_2$
PWM频率：$f=1/T$
PWM占空比：$D=t_1/(t_1+t_2)=t_1/T$

图 8.1　PWM 波示意

PWM 波是连续的波形，在一个周期中，其高电平和低电平的时间宽度是不同的，一个典型的 PWM 波形如图 8.1 所示。图中，T 是 PWM 波的周期，t_1 是高电平的时间宽度，t_2 是低电平的时间宽度。假设当前高电平的电压值为 5V，高电平所占的时间比例为 $t_1/(t_1+t_2)=t_1/T=50\%$，那么当该 PWM 波通过一个积分器（低通滤波器）后，可以得到其输出的平均电压为 5V× 0.5=2.5V。在实际应用中，常利用 PWM 波的输出实现 D/A 转换，调节电压或电流以改变电机的转速，实现变频控制等功能。

2. PWM 的主要参数

PWM 信号的主要参数有周期、极性、脉冲宽度、占空比、分辨率和对齐方式等。

（1）PWM 信号周期。PWM 信号周期即一个完整的 PWM 脉冲持续的时间，可用时钟周期个数来度量。例如 PWM 信号的周期是 8 个时钟周期，则 $T_{PWM}=8\times T_{CLK}$。

（2）PWM 信号极性。PWM 信号极性决定了 PWM 信号的有效电平。正极性表示 PWM 信号的有效电平为高电平，在边沿对齐时，PWM 信号的平时电平（也称空闲电平）为低电平，开始产生的 PWM 信号为高电平，到达比较值时，跳变为低电平，到达 PWM 周期时又变为高电平，周而复始。负极性则相反，PWM 信号的平时电平（空闲电平）为高电平，有效电平为低电平。

（3）PWM 信号脉冲宽度。脉冲宽度是指在一个 PWM 周期内高电平持续的时间，简称脉宽，可以用占空比与周期计算出来，如图 8.2 所示。

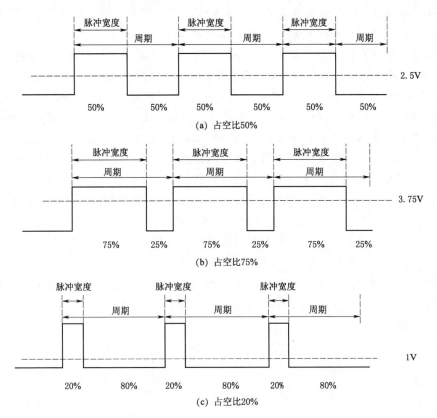

图 8.2　PWM 占空比示意以及对应的输出等效模拟电压

（4）PWM 占空比。PWM 占空比被定义为在一个脉冲周期内高电平持续的时间占整个周期时间的比例，一般用百分比表征。假设当前高电平的电压为 5V，则图 8.2（a）的 PWM 信号的高电平的时间占比为 50%，所以占空比为 50%，对应的输出等效模拟电压为 2.5V；图 8.2（b）的 PWM 信号占空比为 75%，对应的输出等效模拟电压较高，为 3.75V；图 8.2（c）的 PWM 信号高电平持续时间较短，占空比为 20%，对应的输出等效模拟电压也较低，只有 1V。可见，PWM 信号的脉宽越宽，占空比越大，同时得到的输出模拟电压也越高。因此，用图 8.2（b）的信号去控制直流电机就比图 8.2（c）的转速高。

（5）PWM 信号的分辨率。PWM 信号的分辨率是指脉冲宽度的最小时间增量。例如，PWM 信号的时钟源频率为 48MHz，即 1 个时钟周期 $T = (1/48)\mu s = 0.0208\mu s = 20.8ns$，那么脉冲宽度的每一增量为 20.8ns，这就是 PWM 信号分辨率，它是脉冲宽度的最小时间增量。实际上，脉冲宽度正是用高电平持续的时钟周期数（整数）来表征的。

3. PWM 的应用场合

（1）PWM 为其他设备产生类似于时钟的信号。例如，PWM 可用来控制灯以一定的频率闪烁。此外，还可通过 PWM 实现呼吸灯的设计，即实现对 LED 灯亮度的动态控制。LED 灯的亮度与 PWM 波的占空比有关，动态调整 PWM 的占空比，使 LED 灯由亮到暗规律地变化，类似于人的呼吸。

（2）利用 PWM 控制输入某个设备的平均电流或电压。例如，PWM 信号控制直流电动机的转速。直流电动机在输入电压时转动，其转速与平均输入电压的大小成正比。通过调节 PWM 信号的占空比可改变电动机的平均输入电压，进而调节电动机的转速。只要所设置的周期足够小，电动机就可以平稳运转（不会明显感觉到电动机在加速或减速）。PWM 控制电动机的转速电路原理如图 8.3 所示。图中，VT1 为功率晶体三极管（开关元件），VD1 是续流二极管。PWM 脉冲信号控制 VT1 高速间歇性地导通/关断流入电动机的电流，通过调节开关 VT1 通断的时间比值（即调节占空比）来改变直流电动机上的平均直流电压，进而达到控制电动机的目的。直流电动机为感性负载，其线圈有很大的电感，即有很强的储存能量的能力。当 PWM 脉冲信号控制 VT1 关断时，电感会使电流持续流动，续流二极管可让这个反向电流通过，为直流电动机线圈上的电能提供了通路，使得电流持续流动。

（3）利用 PWM 信号控制命令字编码。例如利用 PWM 信号控制无线遥控车，通过发送不同的脉冲宽度代表不同的命令含义：脉冲宽度为 1ms 代表左转命令；脉冲宽度为 4ms 代表右转命令；脉冲宽度为 8ms 代表前进命令。在接收端可以使用定时器来测量脉冲宽度。在脉冲开始时启动定时器，脉冲结束时停止定时器，由此来确定所经过的时间，从而判断接收到的命令。此外，还可用 PWM 信号控制舵机，通过发送频率固定、占空比不同的控制信号来控制舵机产生不同的转角。舵机的频率一般为 50Hz，也就是一个 20ms 左右的时基脉冲，脉冲宽度为 500~2500 μs 的 PWM 信号对应控制 180°舵机的−90°~90°转角，具体对应关系如图 8.4 所示。

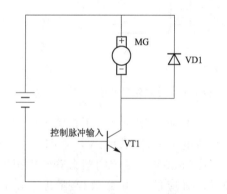
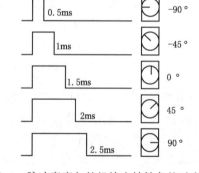

图 8.3　PWM 控制电动机转速电路原理图　　图 8.4　脉冲宽度与舵机输出轴转角的对应关系

8.1.2　输入捕捉和输出比较的基础知识

1. 输入捕捉的基本含义与应用场合

输入捕捉常用于监测外部的开关量信号的变化时刻。当外部信号在指定的 MCU 输入捕捉引脚上发生一个跳变（上升沿或下降沿）时，在定时器捕捉到这一跳变之后，把计数器的当前值锁存到捕捉/比较寄存器（capture/compare register），同时产生输入捕获中断或者 DMA 请求，利用中断处理程序可以得到跳变发生瞬间的时刻，这个时刻是在定时器工作基础上的更为精细的时刻。输入捕捉的应用场合主要有测量脉冲信号的周期与波形。例如，可利用输入捕捉功能来测试自编程的 PWM 信号的频率是否达到要求，只需将 PWM 信号直接连接输入捕捉引脚，通过输入捕捉的方法进行测量，查看是否达到了要求。输入捕捉的应用场合还有电动机的速度测量。例如，首先通过光电传感器将电动机的速度转换为脉冲信号送入捕捉引脚，利用输入捕捉功能测量脉冲信号的周期，再经过计算换算为电动机的速度。

2. 输出比较的基本含义与应用场合

输出比较功能通常用来输出某种特定的波形或者输出某种电平信号声明定时时间到，进而实现对外部电路的控制。MCU 输出比较模块的基本工作原理是，当定时器的某一通道用于输出比较时，通道的捕捉/比较寄存器 CCMR 的值和计数器的值相比较，当两个值相等时，输出比较模块将定时器捕捉/比较寄存器的中断标志位置位，并且在该通道的引脚上输出预先设定的电平。如果允许输出比较中断，还会产生一个中断或 DMA 请求。输出比较的典型应用实例是实现软件模拟串行通信，利用输入捕捉作为数据输入，利用输出比较作为数据输出。首先根据通信的波特率向通道寄存器写入延时的值，然后根据等待传输的数据位确定有效输出电平的高低，在输出比较中断处理程序中，重新更改通道寄存器的值，并根据下一位数据来改写有效输出电平控制位，来模拟串行数据的输出。

8.2　高级控制定时器模块简介

STM32F4×× 系列微控制器内部最多包含 10 个通用定时器 TM2～TM5 和 TM9～TM14，2 个基本定时器 TM6 和 TM7，2 个高级控制定时器 TM1 和 TM8 专门用于电动机控制。不同型号的 STM32F4×× 系列 MCU 内部配置的定时器种类和数量会有不同。本章的后续内容，包括 8.3 节和 8.4 节都是以高级控制定时器为例进行介绍。高级控制定时器的功能覆盖通用定时器和基本定时器，在通用定时器的基础上又附加了一部分新的功能。每个高级控制定时器内置一个 16 位自动重载计数器，该计数器由可编程预分频器驱动，可用于各种用途包括测量输入信号的脉冲宽度（输入捕捉），或者生成输出波形（输出比较、PWM和带死区插入的互补 PWM）。使用 TIM1 定时器预分频器和 RCC 时钟控制器预分频器，可将脉冲宽度和波形周期从几微秒调制到几毫秒。

8.2.1　高级控制定时器主要特性

高级控制定时器的内部结构如图 8.5 所示，其主要特性汇总如下：

（1）16 位递增、递减、递增/递减自动重载计数器。

（2）16 位可编程预分频器，用于对计数器时钟频率进行分频（即运行时修改），分频系数在 1～65536。

（3）多达 4 个独立通道，可用于：①输入捕捉；②输出比较；③PWM 生成（边沿和中心对齐模式）；④单脉冲模式输出。

（4）带可编程死区的互补输出。

（5）使用外部信号控制定时器且可实现多个定时器互连的同步电路。

（6）重复计数器，用于仅在给定数目的计数器周期后更新定时器寄存器。

（7）用于将定时器的输出信号置于复位状态或已知状态的断路输入。

（8）发生如下事件时生成中断/DMA 请求：①更新：计数器上溢/下溢、计数器初始化（通过软件或内部/外部触发）；②触发事件（计数器启动、停止、初始化或通过内部/外部触发计数）；③输入捕捉；④输出比较；⑤断路输入。

（9）支持定位用增量（正交）编码器和霍尔传感器电路。

（10）外部时钟触发输入或逐周期电流管理。

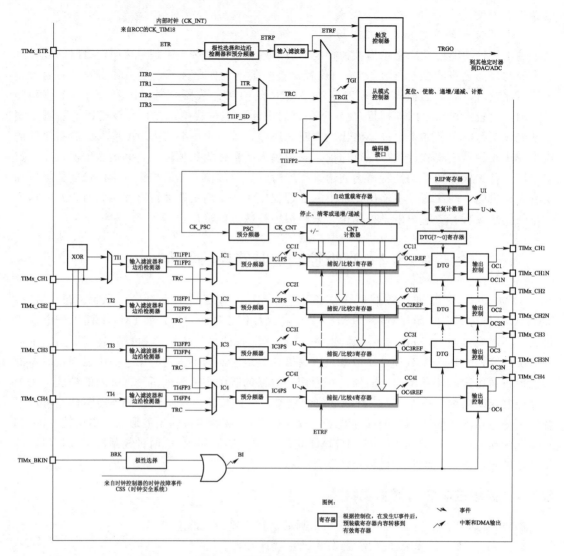

图 8.5　高级控制定时器结构框图

8.2.2　高级控制定时器模块的技术要点

1. 计数时钟源与分频

高级控制定时器模块的时钟源可进行配置，可以是内部时钟（CK_INT），也可以是外部时钟。外部时钟提供两种模式，外部时钟模式 1 要求时钟信号与指定的外部输入引脚相连；外部时钟模式 2 要求时钟信号与外部触发输入 ETR 相连。此外，外部触发输入引脚（ITRx）可使用一个定时器作为另一定时器的预分频器，例如可将定时器 1 配置为定时器 2 的预分频器。如果禁止从模式控制器即 TIMx_SMCR 寄存器 SMS＝000，则 TIMx_CR1 寄存器中 CEN 位、DIR 位和 TIMx_EGR 寄存器中 UG 位为实际控制位，并且只能通过软件进行更改（UG 除外，仍保持自动清零）。当对 CEN 位写入 1 时，预分频器的时钟就由内部时钟 CK＿INT 提供。通过在 TIMx＿SMCR 寄存器中写入 SMS＝111 可选择外部时钟模式 1，如图 8.6 所示。TI2 作为被选定的输入信号需要先后进行数字滤波、边沿检测、信号极性选择（即选择上升沿或下降沿）、时钟源模式选择开关等环节，最后成为计数器的时钟信号。计数器可在选定的输入信号上出现上升沿或下降沿时计数。

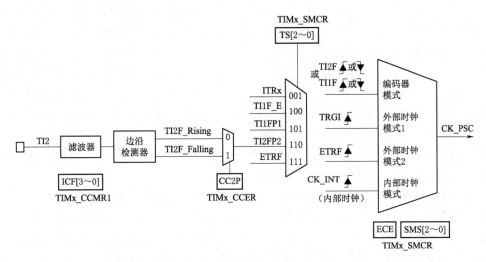

图 8.6 外部时钟模式 1 内部连接示意

通过在 TIMx＿SMCR 寄存器中写入 ECE＝1 可选择外部时钟模式 2。计数器可在外部触发输入 ETR 引脚出现上升沿或下降沿时计数。预分频器可对计数器时钟频率进行分频，分频系数在 1～65536。该预分频器基于 16 位预分频寄存器 TIMx＿PSC 所控制的 16 位计数器。由于该寄存器具有缓冲功能，因此可对预分频器进行实时更改，在定时器启动后更改 TIMx＿PSC 的值（即分频系数）并不会立即影响当前定时器的时钟频率。而新的预分频系数将在下一更新事件发生时被采用。

2. 计数器

高级控制定时器模块内部有一个具有自动重载功能的 16 位计数器。计数器有递增计数、递减计数或交替进行递增和递减计数 3 种计数模式。

（1）递增计数模式。在递增计数模式下，计数器从 0 计数到自动重载值（TIMx＿ARR 寄存器的内容），然后重新从 0 开始计数并生成计数器上溢事件。如果使用重复计数器，则当递增计数的重复次数达到重复计数器寄存器中编程的次数加一次（TIMx＿RCR＋1）后，将生成更新事件（UEV）。否则，将在每次计数器上溢时产生更新事件。通过软件将 TIMx＿CR1 寄存器中的 UDIS 位置 1 可禁止 UEV 事件。此外，将 TIMx＿EGR 寄存器的 UG 位置 1（通过软件或使用从模式控制器）时，也将产生更新事件。例如，设置自动重载值 TIMx＿ARR＝0x36，则在递增计数模式下计数器从 0 开始加 1 计数，当计数器计数值增至 0x36 时产生上溢脉冲信号，如图 8.7 所示，同时计数器

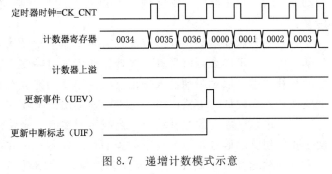

图 8.7 递增计数模式示意

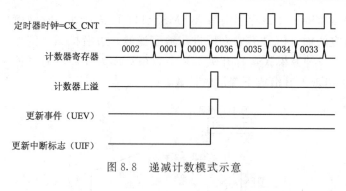

图 8.8　递减计数模式示意

的内容归零。

（2）递减计数模式。在递减计数模式下，计数器从自动重载值（TIMx_ARR 寄存器的内容）开始递减计数到 0，然后重新从自动重载值开始计数并生成计数器下溢事件。如果使用重复计数器，则当递减计数的重复次数达到重复计数器寄存器中编程的次数加一次

（TIMx_RCR+1）后，将生成更新事件（UEV）。否则，将在每次计数器下溢时产生更新事件。例如，设置自动重载值 TIMx_ARR=0x36，则在递减计数模式下计数器从 0x36 开始减 1 计数，当计数器计数值减到 0 瞬间时产生下溢脉冲信号，如图 8.8 所示，同时计数器的内容被重载为 0x36，重新开始新一轮计数。

（3）中央对齐计数模式（递增/递减计数）。在中心对齐模式下，计数器从 0 开始计数到自动重载值（TIMx_ARR 寄存器的内容）减 1 的数值，生成计数器上溢事件；然后从自动重载值开始向下计数到 1 并生成计数器下溢事件，之后计数器从 0 开始重新计数。图 8.9 所示为自动重载值设置为 4 的中央对齐计数模式的计数过程示意。

3．通道功能

高级控制定时器与通用定时器和基本定时器都有类似的结构。但是相比通用定时器，高级定时器在基本功能之上又增加了一些高级的特性，来为电动机控制提供更好的支持。高级控制定时器具有可编程死区时间的功能、紧急制动功能、一个可以和编码器连接的正交编码器接口。

（1）基本功能。除了基本的定时功能以外，每个高级定时器还带有 4 个捕捉比较单元。这些单元不仅具备基本的捕捉比较功能，同时还有一些特殊的工作模式。如在捕捉模式下，定时器将启用一个输入过滤器和一个特殊的 PWM 测量模块，同时还支持编码输入；而在比较模式下，定时器可实现标准的比

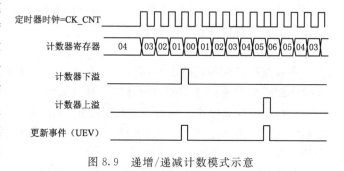

图 8.9　递增/递减计数模式示意

较功能，输出可定制的 PWM 波形，以及产生单次脉冲。每个定时器都支持中断和 DMA 传输。

（2）紧急制动功能。高级定时器有一个紧急制动输入通道，制动输入既可以来自指定的外部引脚，也可以来自监视外部高速振荡器的时钟安全系统。定时器的 PWM 输出通道和它们的互补通道可以对制动输入做出反应。制动功能完全由硬件实现，保证在 STM32 的时钟崩溃或者外部硬件发生错误时，将 PWM 输出固定在一个安全的状态。

（3）带死区插入的互补输出。高级定时器有 3 个输出通道可进行互补输出，即同时输出两个相位相反的信号，但存在可编程的死区延时，一共可以提供 6 路 PWM 信号。

互补输出是针对高端与低端开关提供交替驱动所必需的信号。例如，无刷直流电动

机（brushless direct current motor，BLDCM）每转一圈，每个相位的驱动电流方向便会改变两次。这必须使连接在该相位端的驱动电压改变方向。这种电压换向是将每个相位端通过分立式 MOSFET 或 GIBT 驱动器，并连接到电源的正向输出和负向输出来实现的。当一个驱动器接通时，另一个关闭，这就意味着需要互补驱动输入的互补驱动器。带有死区插入的一对互补输出 PWM 信号用来驱动半 H 桥，可以避免击穿电流破坏电力电子器件。

8.2.3 部分寄存器简介

本节内容请扫描下方二维码学习。

8.3 PWM 功能描述与初始化

8.3.1 PWM 功能描述

PWM 信号的产生主要应用了定时器中的计数单元、捕捉比较单元和重载寄存器。捕捉/比较寄存器 TIMx_CCR 需要被设置为比较输出和 PWM 输出功能，下面对捕捉/比较寄存器简称比较器。此外，PWM 信号的生成还需要配置时钟模块、死区发生器以及输出控制块等。

1. 时钟配置

定时器的时钟驱动源可在系统主时钟提供的专用时钟、另外一个定时器所产生的边沿输出时钟以及通过捕捉比较引脚输入的外部时钟之中进行选择，如图 8.10 中的触发时钟输入项所示。如要使用定时器边沿输出时钟或外部时钟，则需要通过 ETR 引脚将定时器内部的输入门控打开。

2. 计数器

PWM 信号的生产过程中，计数器扮演重要角色。计数器可运行在 3 种模式下：递增计数模式、递减计数模式、递增/递减计数模式（先递增后递减模式）。前两种计数模式用来生成边沿对齐（即左对齐或右对齐）的 PWM 信号，先递增后递减的计数模式用来生成中央对齐的 PWM 信号。

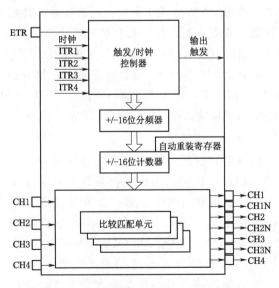

图 8.10　高级控制定时器的内部结构简图

3. 带 PWM 输出的比较器

在基本比较模式的基础上，每个定时器都拓展了一个专门的 PWM 输出模式。在 PWM 输出模式下，PWM 的周期在定时器自动重载寄存器（auto reload register）中设置，而占空比则在捕捉/比较寄存器中设置。每个通用定时器可以产生最多 4 路 PWM 信号。每个通道都可以选择以边沿对齐或者中央对齐的计数方式产生 PWM 信号。在边沿对齐模式下，每当定时器重载事件产生时会在对应引脚出现负跳变。通过改变捕捉/比较寄存器的值可以调整上升沿出现的时间。在中央对齐模式下，定时器从中间开始往两边计数，当匹配事件产生时在相应引脚执行翻转操作。两种 PWM 信号如图 8.11 所示。

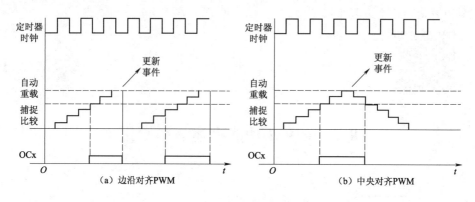

图 8.11　边沿对齐 PWM 和中央对齐 PWM 模式

每个通道还可选择两种 PWM 输出模式：PWM1 模式和 PWM2 模式。两种模式的输出信号波形反相。例如，计数器工作于在递增模式选择 PWM 模式 1 输出时，一旦计数值等于比较器比较参考值，则对应引脚输出低电平，反之输出高电平。PWM 信号生成示例：配置计数器 TIMx_CNT 为递增计数模式，配置重载寄存器 TIMx_ARR 为数值 N、比较寄存器 TIMx_CCR 为数值 A（$A < N$），配置输出模式为 PW2，以及配置 GPIO 的某一引脚为 PWM 输出引脚。启动计数，计数器的数值 X 从 0 开始不断累加，当 X 小于比较寄存器值 A 时，输出低电平；当计数值 X 累加至等于比较参考值 A 时，输出翻转为高电平；当计数值 X 继续累积至等于重载寄存器数值 N 时，输出再次翻转为低电平，计数值 X 归零，重新开始计数。如此循环往复，得到的输出脉冲波即为 PWM 波，如图 8.12 所示。PWM 周期：重载寄存器存储的数值（$N+1$）×触发脉冲的时钟周期；脉冲宽度：比较寄存器的值 A×触发脉冲的时钟周期；PWM 占空比：$A/(N+1)$。

4. 死区发生器

高级定时器的一个重要功能是可编程死区时间，功能覆盖具有互补输出能力的 3 个通道。用户可以根据需求来设置 3 个互补 PWM 输出通道的死区时间。具体操作为在一个 PWM 输出通道关闭，另一个互补通道开启之前插入一个延时。通过寄存器的设置可使能死区插入功能，死区发生器将基于 PWM 参考信号 OCxREF 生成 2 个互补输出 OCx 和 OCxN。若 OCx 和 OCxN 为高电平有效，则 3 个信号的位置关系如图 8.13 所示。输出信号 OCx 与参考信号 OCxREF 同相，只是其上升沿相对参考上升沿存在延迟；互补输出信号 OCxN 与参考信号 OCxREF 反相，并且其上升沿相对参考下降沿存在延迟。

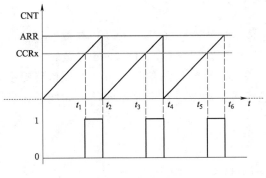

图 8.12 PWM 信号示意

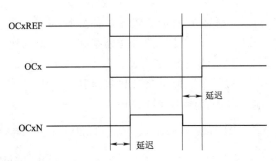

图 8.13 带死区插入的互补输出

具体延时时间由制动和死区寄存器 TIMx_BDTR 中的 DTG[7~0] 8 个位控制。

DTG[7~5]=0xx，即 $DT = DTG[7~0] \times t_{dtg}$，$t_{dtg} = t_{DTS}$

DTG[7~5]=10x，即 $DT = (64 + DTG[5~0]) \times t_{dtg}$，$t_{dtg} = 2 \times t_{DTS}$

DTG[7~5]=110，即 $DT = (32 + DTG[4~0]) \times t_{dtg}$，$t_{dtg} = 8 \times t_{DTS}$

DTG[7~5]=111，即 $DT = (32 + DTG[4~0]) \times t_{dtg}$，$t_{dtg} = 16 \times t_{DTS}$

其中：t_{DTS} 为数字滤波器所使用的采样时钟周期；t_{dtg} 为死区延时时间步长。

示例：若 $t_{DTS} = 125ns$（8MHz），DTG[7~5]=110，DTG[4~0]位用户可根据需要编程，变化区间 00000~11111，对应 0~31。则死区时间计算如下：

$$DT_{max} = (32 + 31) \times 125 \times 8 = 63000(ns) = 63\,\mu s$$
$$DT_{min} = (32 + 0) \times 125 \times 8 = 32000(ns) = 32\,\mu s$$

8.3.2 PWM 的初始化与配置

STM32 的 PWM 初始化与配置涉及 3 个部分：输出通道、定时器和 PWM 输出特性。在设置这 3 个部分之前，还必须正确设置 RCC 时钟系统。

1. 配置输出通道

输出通道即 PWM 波形的输出引脚，STM32 单片机的每个定时器通常都有对应的 4 个输出通道，即 TIMx_CHX，其中 x 代表定时器号，X 代表定时器对应的通道号。选定的 PWM 输出通道必须进行时钟和引脚输出方式配置。按照 STM32 使用手册的要求，PWM 输出口要配置为复用推挽输出 GPIO Mode AF PP。

2. 配置定时器

设置 TIMx 定时器的相关寄存器。主要是设置 ARR 和 PSC，即自动重装溢出值和预分频值。配置定时器的主要设置如下：

（1）设置定时器内部计数时钟。TIM1 为内部计数时钟。如果要选择其他时钟，设置相对比较复杂。STM32 的时钟源选择比较丰富。在默认情况下，采用内部时钟源作为输入时钟信号，即

```
TIM_DeInit(TIM1);                //利用 TIM_DeInitTime( ) 置为默认值
TIM_lnternalClockConfig(TIM1);   //TIMx 选择设置内部时钟源
```

（2）设置预分频系数。例如，设置预分频系数为 84，则计数器时钟为输入时钟的 84 分频，即

TIM_TimeBaseStructure. TIM_Prescaler = 84;

（3）设置时钟分频。时钟分频的定义是在定时器时钟频率（CK_INT）与数字滤波器（ETR，TIx）使用的采样频率之间的分频比例。表 8.1 为 TIM ClockDivision 参数表。

数字滤波器（ETR，TIx）是为了将从 ETR 进入的分频后的信号滤波，保证信号频率不超过某个限值。该参数只是用于对输入信号进行数字滤波，对定时器的计数周期并无影响。在固件库中其设置是：

TIM_TimeBaseStructure. TIM_ClockDivision = TIM_CKD_DIV1;

表 8.1   TIM ClockDivision 参数表

TIM_ClockDivision	描　述	二进制值	TIM_ClockDivision	描　述	二进制值
TIM_CKD_DIV1	t_{DTS}＝Tck_tim	0x00	TIM_CKD_DIV4	t_{DTS}＝4 * Tck_tim	0x10
TIM_CKD_DIV2	t_{DTS}＝2 * Tck_tim	0x01			

（4）设置计数器的计数模式。高级控制定时器 TIM1 和 TIM8 的计数模式有向上计数、向下计数、向上向下双向计数 3 种模式可选择。下例为设置向上计数模式：

TIM_TimeBaseStructure. TIM_CounterMode = TIM_CounterMode_Up;

（5）设置计数溢出大小。该参数即设置 PWM 波形的周期（定时器的周期）。下例设置为每计 1000 个数就产生一个更新事件：

TIM_TimeBaseStructure. TIM_Period = 1000－1;

（6）将上述配置应用到具体的定时器中。下例是将上述配置应用到 TIM1：

TIM_TimeBaseInit(TIM1,&TIM_TimeBaseStructure);

（7）配置 ARR 预装载缓冲器。STM32 定时器中的预分频寄存器、自动重载寄存器和捕捉/比较寄存器在物理上对应一个可以写入或读出的寄存器，称为预装载寄存器。此外还有影子寄存器。设计预装载寄存器和影子寄存器的好处是，计数器可以在同一个时间（发生更新事件时）被更新为所对应的预装载寄存器的内容，这样可以保证多个通道的操作能够准确同步。因此，在多通道输出时为了保持同步，必须设置预装载寄存器。在不需要同步输出的时候，可以禁止预装载，即

TIM_ARRPreloadConfig(TIM1,DISABLE);

（8）最后，必须使能相应的定时器 TIMx，即

TIM_Cmd(TIM1,ENABLE);

（9）设置 TIMx 定时器的 PWM 相关寄存器。这部分的作用是：设置 TIMx 某一通道的 PWM 模式，并使能其输出。

3. 配置 PWM 模式

根据需要设置 TIMx 的选定输出通道的 PWM 模式（默认是冻结的），包括 PWM 输出模式、占空比、信号输出极性以及输出状态使能、输出通道使能和 PWM 使能。PWM 的通道设置通过函数 TIM_OCxInit( )来实现，其中 x＝1～4。在库函数中不同通道的设置函数是不同的。例如，设置通道 3，则使用的函数 TIM_OC3Init( )。

```
//设置默认值
TIM_OCStructInit(&TimOCinitStructure);
//PWM模式1输出
TimOCinitStructure.TIM_OCMode = TIM_OCMode PWM1;
//设置占空比 N
TimOCinitStructure.TIM Pulse =400-1;
//输出比较极性:高
TimOCinitStructure.TIM_OCPolarity =TIM_OCPolarity_High;
//使能输出状态
TimOCinitStructure.TIM_OutputState = TIM_OutputState_Enable;
//TIM1 的 CH3 输出
TIM_OC3Init(TIM1, &TimOCinitStructure);
//设置 TIM1 的 PWM 输出使能
TIM_CtrlPWMOuts(TIM1,ENABLE);
```

8.4 正交编码器接口概述

高级控制定时器的编码器接口可以经捕获输入引脚与外部的编码器直接相连，通过监控脉冲信号的数量以及两个信号的相对相位，跟踪编码器旋转的位置、方向和速度。

8.4.1 正交编码器

正交编码器（quadrature encoder），又名双通道增量式编码器，用于将线性位移转换成脉冲信号，可以对多种电机实现闭环控制。以增量式光电传感器为例，其内部 LED 光电发射管发出的光通过光栅被光电接收管接收，并经过光电转换将转轴的运动状态信息转换成电脉冲信号输出。光电编码器输出信号线为 3 根，分别是 A 相、B 相和 Z 相。其中 A 相和 B 相之间有 ±90°的相位差。如果正转，则 A 相输出超前 B 相 90°；如果反转，则 A 相滞后 B 相 90°；每转一周，Z 相经过 LED 一次，输出一个脉冲，可作为编码器的机械零位，也称"索引信号"。在正转和反转时，A 相、B 相与 Z 相输出波形的相位关系如图 8.14 所示。编码器内光栅的数量决定了编码器的分辨率，即每转一圈输出的 A 相、B 相的脉冲数。例如，编码器的分辨率为 2000p/r，代表每转一圈输出 2000 个脉冲。通过监控脉冲的数目和 A 相、B 相两个信号的相对相位，结合编码器的参数用户可以跟踪旋转的位置、方向和速度。

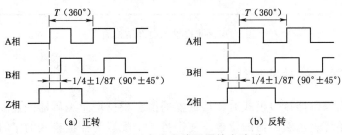

图 8.14 正交光电编码器输出波形

8.4.2 编码器接口的内部结构

每个高级定时器模块都配有一个增量（正交）编码器接口，可以方便地与正交编码器直

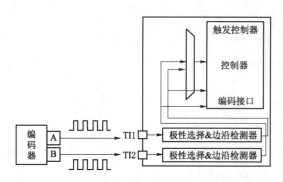

图 8.15　编码器接口内部结构及连接示意

接相连而无须外部接口逻辑。不过，通常使用比较器将编码器的差分输出转换为数字信号，这样大幅提高了抗噪声性能。用于指示机械零位的编码器第 3 个输出信号 Z 相（索引信号）可与外部中断输入相连，以触发计数器复位。编码器接口的内部结构如图 8.15 所示，增量编码器 A 相和 B 相输出分别接 TI1 和 TI2 这两路捕捉输入通道，而后经过极性选择和边沿检测之后送到内部的编码接口逻辑部件，因此可知启用编码器接口时只能使用 TI1 和 TI2 两个捕捉输入通道，选择其余的输入通道无效，这是由内部结构决定的。

　　当设置定时器工作于编码器接口模式时，启用了内部的捕捉输入单元，由捕捉引脚提供计数器的驱动时钟，捕捉单元的内部结构如图 8.16 所示。每个定时器模块最多提供 4 个捕捉比较通道。每个捕捉比较通道分别配有一个可编程的边沿检测器。当检测器检测到电平边沿变化时，定时器当前计数值就会被捕获并存入 16 位捕捉/比较寄存器中。每个捕捉通道还配有一个数字滤波器，可对输入信号进行可编程的数字滤波，去除噪声信号的干扰。

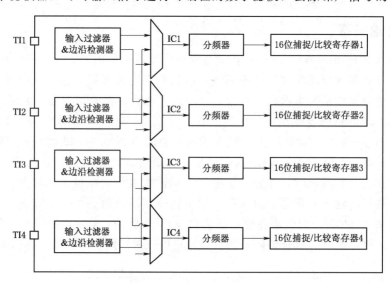

图 8.16　捕捉单元内部结构简图

8.4.3　编码器接口的功能描述

　　定时器配置为编码器接口模式时，计数器的值会根据增量编码器的速度和方向自动进行修改，因此其值始终表示编码器的位置。使用另一个配置为捕捉模式的定时器测量两个编码器事件信号之间的时间，同时利用两个定时器就能得到给定时间里计数器计量的脉冲数，从而计算得出电动机的动态速度信息（速度、加速度和减速度）。根据两个事件信号之间的时间间隔，还可设置定期读取计数器的值（即编码器的当前位置信息）。例如可以将计数器值锁存到第 3 个输入捕捉寄存器来实现此目的（捕捉信号必须为周期性信号，可以由另一个定时器产生）；还可以通过由实时时钟生成的 DMA 请求读取计数器值。计数方向对应于所连传感器的旋转方向，即电动机的转动方向。

计数方向与编码器信号关系见表 8.2，该表汇总了可能的组合（假设 TI1 和 TI2 不同时切换）。表中"相反信号电平"：TI1FP1 的相反信号是 TI2，TI2FP2 的相反信号就是 TI1，两者互为相反信号。表中的 TI1FP1 和 TI2FP2 是连接到正交编码接口的输入信号，一个来自 TI1，另一个来自 TI2。假设对于来自 TI1 和 TI2 的信号不做过滤和反相处理（即 TI1＝TI1FP1，TI2＝TI2FP2），选择同时对 TI1 和 TI2 的边沿进行计数的模式，结合表 8.2 和计数阶梯图，方向的判断过程如下：当 TI1FP1 的上升沿到来时，如果此时其相反信号 TI2 的电平为低，则计数器递增计数，代表电动机正转；如果此时其相反信号 TI2 的电平为高，则计数器递减计数，代表电动机反转。同理，当 TI1FP1 的下降沿到来时，如果此时其相反信号 TI2 的电平为低，则计数器递减计数；如果此时其相反信号 TI2 的电平为高，则计数器递增计数。

表 8.2 计数方向与编码器信号关系

有效边沿	相反信号的电平(TI1FP1 对应 TI2,TI2FP2 对应 TI1)	TI1FP1 信号		TI2FP2 信号	
		上升	下降	上升	下降
仅在 TI1 处计数	高	递减	递增	不计数	不计数
	低	递增	递减	不计数	不计数
仅在 TI2 处计数	高	不计数	不计数	递增	递减
	低	不计数	不计数	递减	递增
在 TI1 和 TI2 处均计数	高	递减	递增	递增	递减
	低	递增	递减	递减	递增

图 8.17 以计数器工作为例，说明了计数信号的生成和方向控制。在转向的位置会出现抖动。

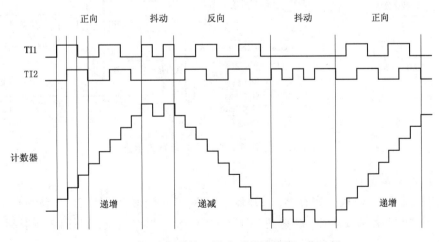

图 8.17 编码器接口模式下的计数器工作示例

图 8.18 举例说明 TI1FP1 极性反相时计数器的行为（除 CC1P＝"1"外，其他配置与上例相同）。

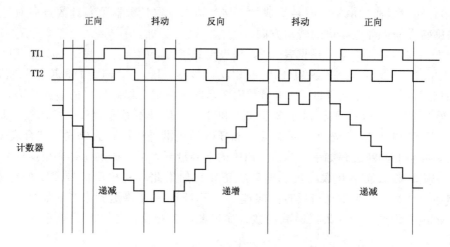

图 8.18　极性反相时的编码器接口模式示例

在编码器模式下，控制寄存器 1（TIMx_CR1）中有一位方向位（DIR），会随着编码器旋转方向的改变而改变，在编码器模式下该位处于只读模式，通过读取该位就可以判断编码器是正转还是反转。

8.4.4　编码器接口的初始化配置

编码器的初始化主要包括输入通道、输入信号极性、编码器模式以及计数器使能位进行配置。涉及的各个信号之间的位置和逻辑关系如图 8.19 所示。

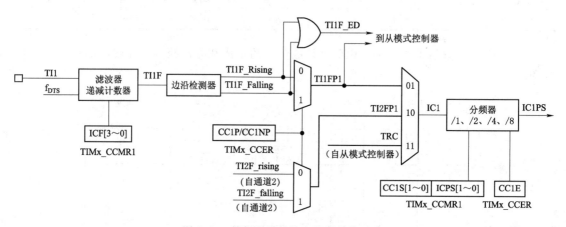

图 8.19　捕捉通道的输入阶段结构示意

1. 配置输入通道

通过编程捕捉/比较模式寄存器（TIMx_CCMR1）的 CC1S 和 CC2S 位可配置输入通道。CC1S＝"01"表示 TI1FP1 映射到 TI1 上；CC2S＝"01"表示 TI2FP2 映射到 TI2 上。

2. 配置输入信号极性和数字滤波器

通过编程捕捉/比较使能寄存器 TIMx_CCER 的 CC1P 和 CC2P 位，选择 TI1 和 TI2 极性。如果需要，还可对输入滤波器进行编程。CC1NP 和 CC2NP 必须保持低电平。例：CC1P＝"0"，CC1NP＝"0"，表示 TI1FP1 未反相，TI1FP1＝TI1；CC1P＝"1"，

CC1NP＝"0"，表示 TI1FP1 反相，TI1FP1＝TI1 取反。

如需对输入信号进行数字滤波，可编程捕捉/比较模式寄存器（TIMx_CCMR1）的 IC1F 位和 IC2F 位。例 IC1F＝0000，则不进行数字滤波，其他选择将启动数字滤波。TI1FP1 和 TI2FP2 是进行输入滤波器和极性选择后的 TI1 和 TI2 信号，如果不进行滤波和反相，则 TI1FP1＝TI1，TI2FP2＝TI2。

3. 选择编码器接口模式

编码器模式有 3 种可选，需要在从模式控制寄存器 TIMx_SMCR 的 SMS [2：0] 位进行设置。具体含义如下：SMS＝"001"表示计数器仅在 TI2 边沿处计数；SMS＝"010"表示计数器仅在 TI1 边沿处计数；SMS＝"011"表示计数器在 TI1 和 TI2 边沿处均计数。

4. 配置 TIMx_ARR 寄存器

编码器接口模式相当于带有方向选择的外部时钟。计数器仅在 0 到 TIMx_ARR 寄存器中的自动重载值之间进行连续计数（根据具体方向，从 0 递增计数到 ARR，或从 ARR 递减计数到 0）。因此，在启动之前必须配置 TIMx_ARR 寄存器。

5. 使能计数器

最后使能计数器需要设置控制寄存器 1（TIMx_CR1）的 CEN 位。只有事先通过软件将 CEN 置位，才可以使用编码器模式。CEN＝0 禁止计数器；CEN＝1 使能计数器。启动计数后，计数器的时钟由 TI1FP1 或 TI2FP2 提供。计数器将根据两个输入信号的转换序列，产生计数脉冲和 DIR 方向信号。根据该信号转换序列，计数器相应递增或递减计数，同时硬件对 TIMx_CR1 寄存器的 DIR 位进行相应修改。任何输入（TI1 或 TI2）发生信号转换时，都会计算 DIR 位，无论计数方式是在 TI1 或 TI2 边沿处计数，还是同时在 TI1 和 TI2 边沿处计数。

思 考 题 与 习 题

1. 什么是 PWM？具体说明 PWM 有哪些应用。
2. 简述利用 PWM 实现电动机变频调速的原理。
3. 简述如何利用定时器的编码器接口测量电动机的转速和方向。
4. 请简述如何利用定时器的 PWM 模式输出占空比为 20％的 PWM 信号。
5. 在某一引脚接一个发光二极管，简述如何实现亮 2s 和灭 2s，周而复始。
6. 简述 PWM 信号如何实现电动机控制。
7. 简述 PWM 的初始化和配置。
8. 说明编码器接口的功能。
9. 怎样配置和初始化编码器接口？
10. 简述如何编程 PWM 的死区时间。

第9章 Flash 模 块

Flash 存储器即 Flash memory，译为快闪存储器，简称闪存，是一种特殊的可擦除可编程只读存储器，允许在操作中被多次擦写和编程，具有非易失性，即断电后数据也不会丢失。本章将介绍 Flash 模块的基础知识、Flash 保护、Flash 驱动构件及其源程序。

9.1　Flash 存储器的基础知识

9.1.1　Flash 存储器的特性

闪存盘可用来在计算机之间交换数据。与传统计算机内存不同，闪存结合了 EPROM（可擦除可编程只读存储器）和 EEPROM（电可擦除可编程只读存储器）两项技术，具有非易失性和快速访问两大特点，并拥有一个 SRAM 接口。

与硬盘和软盘相比，闪存具有下列独特优势：

（1）闪存的读写速度更快。

（2）电可擦除、可在线编程。

（3）存储密度高、功耗低、使用寿命长。

（4）闪存盘的体积小、重量轻、方便携带。

（5）采用非机械结构的设计，抗震性好，数据存储更稳定。

（6）带加密功能的闪存保存数据更安全，用户的体验更具个性化。

闪存正在向大容量、低功耗、低成本的方向发展，目前闪存已经取代了光盘，而基于闪存技术的硬盘（SSD 硬盘）的出现预示着也许有一天闪存会取代硬盘。

9.1.2　Flash 存储器的编程模式

随着 Flash 技术的逐步成熟，Flash 存储器凭借非易失性、电可擦除、可在线编程等优点，已经成为 MCU 的重要组成部分。利用 Flash 存储器的非易失性，可用来固化程序，即通过编程器将程序写入 Flash 存储器中。Flash 存储器工作于这种模式称为监控器模式或写入器模式。此时，上位机控制软件通过串口与编程器相连，实现烧写片上 Flash。利用 Flash 存储器具有的电可擦除特性，程序在运行过程中可以对 Flash 存储区的数据或程序进行更新，Flash 工作于这种模式称为用户模式或在线编程模式，即通过运行 Flash 内部程序对 Flash 其他区域进行擦除和写入。用户模式要求片上 Flash 至少两个存储区，一个被称为 BOOT 区，另一个为存储区。系统上电运行程序在 BOOT 区，如果满足外部更新程序的条件，则对存储区的程序执行更新操作；如果不满足更新程序的条件，则指针跳至存储区，开始执行存储区的程序。因此，Flash 存储器支持两种不同的编程模式即监控器模式和用户模式来更新片上 Flash。

9.1.3 Flash 存储器的基本操作

片上 Flash 用来存储用户程序和参数。针对片上 Flash 编程的基本操作包括 Flash 擦除、Flash 编程，都有明确的控制时序。对 Flash 存储区的读写不同于对一般的 RAM，需要专门的编程过程。擦除操作的含义是指存储单元的内容由二进制的 0 变成 1，而写入操作的含义是将存储单元的某些位由二进制的 1 变成 0。Flash 在线编程的写入操作的访问宽度可以是字节、半字、字和双字，即 8 位、16 位、32 位或 64 位为单位进行。执行写入操作之前，要确保写入区域在上一次擦除后没有被写入过，即写入区域是空白的（各存储单元的内容均为0xFF）。所以在写入之前一般要先执行擦除操作。

Flash 在线编程的擦除操作，包括批量擦除和以 m 个字为单位的擦除。这 m 个字在不同的厂商或不同系列的 MCU 中，称呼不同，有的称"块"，有的称"页"，有的称"扇区"。它表示在线擦除的最小度量单位。Flash 擦除和写入过程中一般需要高于电源的电压，称为编程电压 V_P。有的芯片需要外接编程电压，有的芯片通过内部机制解决。STM32F4 系列微控制器可选择使用片外电源还是内部电源。要使用外部电源，必须在 V_{PP} 引脚施加一个外部高压电源（8～9V）。在直流电耗超过 10mA 时，该外部电源也必须能维持该电压范围。V_{PP}电源的供电时间不得超过 1h，否则 Flash 可能会损坏。

9.2 Flash 驱 动 构 件

9.2.1 Flash 构件头文件

在 STM32F4×× 的头文件 flash.h 中给出了与 Flash 驱动有关的基本构件函数，下面介绍几种主要的固件函数，包括锁定、擦除、编程和读取等。

1. Flash 的上锁和解锁

一般在擦除和编程操作之前要先完成解锁操作，在擦除和编程之后再进行上锁。头文件中提供如下两个与 Flash 锁定相关函数：

```
void    FLASH_Lock(void);    FLASH 上锁函数
void    FLASH_Unlock(void);   FLASH 解锁函数
```

（1）上锁。上锁函数 FLASH _ Lock（ ）将控制寄存器 FLASH _ CR 的 LOCK 位置位即完成了 Flash 上锁操作。若 Flash 被锁定，则不能对其执行擦除和烧写，需要解锁后进行。

（2）解锁。复位后，Flash 控制寄存器（FLASH _ CR）不允许执行写操作，以防被意外修改。解锁函数 FLASH _ Unlock（ ）在 Flash 密钥寄存器（FLASH _ KEYR）中先后写入 KEY1＝0x45670123 和 KEY2＝0xCDEF89AB 两个密钥启动解锁。当检测到解锁序列时，由硬件将 Flash 控制寄存器（FLASH _ CR）的 LOCK 位清零，实现 Flash 解锁。

2. 擦除

烧写 Flash 之前一般要先执行擦除操作。擦除可选择扇区擦除或批量擦除即整片擦除两种方式。头文件 flash.h 中提供了如下 4 个擦除函数：

```
FLASH_Status FLASH_EraseSector(uint32_t FLASH_Sector, uint8_t VoltageRange);扇区擦除
FLASH_Status FLASH_EraseAllSectors(uint8_t VoltageRange);整片擦除
```

FLASH_Status FLASH_EraseAllBank1Sectors(uint8_t VoltageRange);BANK1 擦除
FLASH_Status FLASH_EraseAllBank2Sectors(uint8_t VoltageRange);BANK2 擦除

擦除扇区可调用 FLASH _ EraseSector 函数实现。扇区擦除函数包含两个输入参数，分别是要擦除的扇区号和工作电压范围，选择不同电压范围意味着选择不同的并行位数。而函数根据输入参数配置 PSIZE 位，然后擦除扇区，擦除扇区需要一定的时间才能完成，程序中使用 FLASH _ WaitForLastOperation 函数等待，擦除完成的时候才会退出 FLASH _ EraseSector 函数。批量擦除可调用函数 FLASH _ EraseAllSectors 完成，该函数只有工作电压范围一个输入参数。FLASH _ EraseAllBank1Sectors 和 FLASH _ EraseAllBank2Sectors 两个擦除函数适用于拥有 24 个扇区的 STM32F42×××/43××× 系列 MCU，分别用来擦除 BANK1 和 BANK2。

3. 编程

Flash 编程，即烧写 Flash。烧写之前要确保待写入区是空白的，此时可根据情况决定是否需要执行擦除操作。头文件 flash.h 中提供了如下几种编程函数：

FLASH_Status FLASH_ProgramByte(uint32_t Address, uint8_t Data);
FLASH_Status FLASH_ProgramDoubleWord(uint32_t Address, uint64_t Data);
FLASH_Status FLASH_ProgramHalfWord(uint32_t Address, uint16_t Data);
FLASH_Status FLASH_ProgramWord(uint32_t Address, uint32_t Data);

4 个编程函数都有两个输入参数，分别是 32 位编程地址和待编程数据。不同之处在于编程时的数据访问类型不同，4 个函数 FLASH _ ProgramByte、FLASH _ ProgramHalfWord、FLASH _ ProgramWord、FLASH _ ProgramDoubleWord 的编程数据分别为字节（8 位数）、半字（16 位数）、字（32 位数）、双字（64 位数），即编程的并行位数不同。选择不同数据宽度的编程函数时应注意与所需的编程工作电压值相匹配。32 位和 64 位编程宽度时，编程电压范围应在 2.7~3.6V，或者选择外部电压；16 位编程宽度时，编程电压范围应在 2.1~3.6V；8 位编程宽度时适用于整个有效的供电电压范围。除了解锁 Flash 和擦除操作以外，在编程操作之前，还需要清除标志位。例如：FLASH _ ClearFlag（FLASH _ FLAG _ BSY | FLASH _ FLAG _ EOP | FLASH _ FLAG _ PGAERR | FLASH _ FLAG _ WRPERR）。Flash 的编程过程一般遵循解锁 Flash、清除标志位、擦除 Flash、编程 Flash、锁定 Flash 的操作顺序先后完成。

4. 读 Flash

读 Flash 较编程操作要简单，只要给定一个地址就可读出。例如：

Data1 = *(__IO uint8_t *)0x080E0002;//从 FLASH 中地址为 0x080E0002 处读一个字节
Data2 = *(__IO uint16_t *)0x080E0002;//从 FLASH 中地址为 0x080E0002 处读一个半字
Data3 = *(__IO uint32_t *)0x080E0002;//从 FLASH 中地址为 0x080E0002 处读一个字
Data4 = *(__IO uint64_t *)0x080E0002;//从 FLASH 中地址为 0x080E0002 处读一个双字

9.2.2 Flash 驱动构件源程序 （flash.c）

Flash 驱动构件源程序请扫描下方二维码学习。

9.3 Flash 保 护

9.3.1 Flash 保护相关控制位

在 STM32F40× 内部块基址为 0x1FFF C000～0x1FFF C00F 的 16 个字节为选项字节，与 Flash 的读写保护相关。其中，地址为 0x1FFF C000 选项字节的 D15～D8（RDP）用于设置读保护级别。RDP＝0xAA，设置 Flash 读保护级别为 0，无保护；RDP＝0xCC，则设置读保护级别为 2；RDP 为其他值，则设置读保护级别为 1，启用读保护。具体见表 9.1 和表 9.2。

表 9.1 选 项 字 节 构 成

地 址	[63～16]	[15～0]
0x1FFF C000	保留	ROP 和用户选项字节(RDP & USER)
0x1FFF C008	保留	扇区 0～11 的写保护 nWRP 位
0x1FFF C000	保留	保留
0x1FFF C008	保留	扇区 12～23 的写保护 nWRP 位

表 9.2 读保护控制位 RDP

选项字节(字,地址 0x1FFF C000)	
RDP:读保护选项字节。 读保护用于保护 Flash 中存储的软件代码	
位 15～8	0xAA:级别 0,无保护 0xCC:级别 2,芯片保护(禁止调试和从 RAM 启动) 其他值:级别 1,存储器读保护(调试功能受限)

地址为 0x1FFF C008 和 0x1FFE C008 两个字的选项字节与写保护相关，负责 24 个扇区的写保护设置。地址为 0x1FFF C008 的选项字节 D11～D0（nWRP）位负责扇区 0～11 的写保护设置；地址为 0x1FFE C008 的选项字节 D11～D0 位负责扇区 12～23 的写保护设置。写保护位 nWRPi（$0 \leqslant i \leqslant 11$）为低电平时，启动对应扇区的写保护。具体见表 9.3。

表 9.3 选项字节中的写保护位 nWRP

选项字节(字,地址 0x1FFF C008)	
位 15～12	0xF:未使用
nWRP:Flash 写保护选项字节。 扇区 0～11 可采用写保护	
位 11～0	nWRPI 0:开启所选扇区的写保护 1:关闭所选扇区的写保护

选项字节(字,地址 0x1FFE C008)	
位 15~12	0xF:未使用
nWRP:Flash 写保护选项字节。 扇区 12~23 可采用写保护	
位 11~0	nWRPI 0:开启扇区 i 的写保护。 1:关闭扇区 i 的写保护。

9.3.2 读保护

读保护用于保护 Flash 中存储的软件代码。一般可对 Flash 中的用户区域实施读保护，以防不受信任的代码恶意读取其中的数据。表 9.4 中，只有在 RDP 从级别 1 更改为级别 0 时，才会擦除主 Flash 和备份 SRAM。OTP 区域保持不变。Flash 的读保护分为 3 个级别，具体定义如下：

1. 级别 0：无读保护

将 0xAA 写入读保护选项字节（RDP）时，读保护级别即设为 0。此时，在所有自举配置（用户 Flash 自举、调试或从 RAM 自举）中，均可执行对 Flash 或备份 SRAM 的读/写操作（如果未设置写保护）。

表 9.4 不同读保护级别下的访问限制

存储区	保护级别	调试功能,从 RAM 或系统 存储器自举			从 Flash 自举		
		读	写	擦除	读	写	擦除
主 Flash 和备份 SRAM	级别 1	否		否①	是		
	级别 2	否			是		
选项字节	级别 1	是			是		
	级别 2	否			否		
OTP	级别 1	否		NA	是		NA
	级别 2	否		NA	是		NA

① 只有在 RDP 从级别 1 更改为级别 0 时，才会擦除主 Flash 和备份 SRAM。DTP 区域保持不变。

2. 级别 1：启用读保护

这是擦除选项字节后默认的读保护级别。将任意值（分别用于设置级别 0 和级别 2 的 0xAA 和 0xCC 除外）写入 RDP 选项字节时，即激活读保护级别 1。设置读保护级别 1 后：

（1）在连接调试功能或从 RAM 或系统存储器自举时，不能对 Flash 或备份 SRAM 进行访问（读取、擦除、编程）。读请求将导致总线错误。

（2）从 Flash 自举时，允许通过用户代码对 Flash 和备份 SRAM 进行访问（读取、擦除、编程）。

激活级别 1 后，如果将保护选项字节（RDP）编程为级别 0，则将对 Flash 和备份

SRAM 执行全部擦除。因此，在取消读保护之前，用户代码区域会清零。批量擦除操作仅擦除用户代码区域。包括写保护在内的其他选项字节将不受影响。OTP 区域不受批量擦除操作的影响，同样保持不变。只有在已激活级别 1 并请求级别 0 时，才会执行批量擦除。当提高保护级别（0—>1、1—>2、0—>2）时，不会执行批量擦除。

3. 级别 2：禁止调试/芯片读保护

将 0xCC 写入 RDP 选项字节时，可激活读保护级别 2。设置读保护级别 2 后：

（1）级别 1 提供的所有保护均有效。

（2）不再允许从 RAM 或系统存储器自举。

（3）JTAG、SWV（单线查看器）、ETM 和边界扫描处于禁止状态。

（4）用户选项字节不能再进行更改。

（5）从 Flash 自举时，允许通过用户代码对 Flash 和备份 SRAM 进行访问（读取、擦除、编程）。

存储器读保护级别 2 是不可更改的。激活级别 2 后，保护级别不能再降回级别 0 或级别 1，如图 9.1 所示。激活级别 2 后，将永久性禁止 JTAG 端口（相当于 JTAG 熔断）。

9.3.3 写保护

为防止某些 Flash 存储区域受意外擦除、写入的影响，可通过寄存器设置写保护。

1. 写保护功能

Flash 中有多达 24 个用户扇区具备写保护功能，可防止因程序指针错乱而发生意外的写操作。当 FLASH_OPTCR 或 FLASH_OPTCR1 寄存器中的写保护位 nWRPi（$0 \leqslant i \leqslant 11$）为低电平时，则相应的扇区处于写保护状态，用户无法对其执行擦除或编程操作。同时，如果某个扇区处于写保护状态，则无法对整个器件执行全部擦除。如果尝试对 Flash 中处于写保护状态的区域（由写保护位保护的扇区、锁定的 OTP 区域或永远不能执行写操作的 Flash 区域）执行擦除/编程操作，则

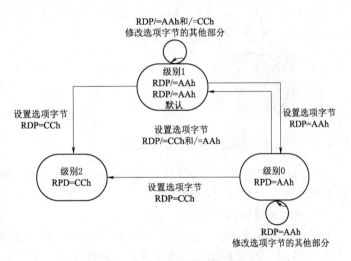

图 9.1 RDP 级别切换过程

FLASH_SR 寄存器中的写保护错误标志位（WRPERR）将置位。选择存储器读保护级别（RDP 级别=1）后，如果已连接 CPU 调试功能（JTAG 调试或单线调试）或者正在从 RAM 执行启动代码，则即使 nWRPi=1，也无法对 Flash 扇区 i 进行编程或擦除操作。

2. 写保护错误标志

如果对 Flash 的写保护区域执行擦除/编程操作，则 FLASH_SR 寄存器中的写保护错误标志位（WRPERR）将置 1。

（1）如果请求执行擦除操作，则以下情况下 WRPERR 位置 1。

1）配置全部擦除、块擦除、扇区擦除（MER 或 MER/MER1 和 SER=1）。

2）请求执行扇区擦除但扇区编号（SNB）字段无效。

3）请求执行全部擦除，但至少一个用户扇区通过选项位实施了写保护。

4）请求针对写保护扇区执行扇区擦除。

5）Flash 处于读保护状态，但检测到擦除操作企图。

（2）如果请求执行编程操作，则以下情况下 WRPERR 将置位。

1）针对系统存储器或用户特定扇区的保留区域执行写操作。

2）针对用户配置扇区执行写操作。

3）针对通过选项位实施写保护的扇区执行写操作。

4）请求针对已锁定的 OTP 区域执行写操作。

5）Flash 处于读保护状态，但检测到写操作企图。

9.4 Flash 驱动构件的设计

9.4.1 Flash 的编程结构

与 FLASH 模块在线编程相关的寄存器有 FLASH 控制寄存器（FLASH_CR）、FLASH 状态寄存器（FLASH_SR）、FLASH 密钥寄存器（FLASH_KEYR）、FLASH 选项控制寄存器（FLASH_OPTCR）以及 FLASH 选项密钥寄存器（FLASH_OPTKEYR）等。具体内容请扫描下方二维码学习。

9.4.2 Flash 驱动构件的设计要点

对 Flash 存储器进行编程时，需要先执行对应区域的擦除操作，再将事先准备好的一组数据写入相应的 Flash 区域中。

1. 编程和擦除操作的技术要点

（1）最小擦除单位。在 STM32F40×× 系列微控制器中，对 Flash 存储器的擦除只能选择整个 Flash（批量擦除）或扇区擦除，即擦除的最小单位为扇区。而 STM32F40×× 内部最小的扇区为 16KB，因此一次擦除不能只擦除几个字节。

（2）谨慎擦除。对 Flash 存储器的某个字节的擦除和写入会影响其所在的整个扇区，因此执行擦除/写入操作前，需要了解当前运行程序所在的存储位置，应避免不慎擦除运行程序所在的扇区。

（3）CPU 时钟频率（HCLK）。执行任何 Flash 擦除/编程操作时，CPU 时钟频率（HCLK）不能低于 1 MHz。如果在 Flash 操作期间发生器件复位，将无法保证 Flash 中的内容。

（4）避免读操作在对 STM32F4×× 的 Flash 执行写入或擦除操作期间，任何读取 Flash 的尝试都会导致总线阻塞。只有在完成编程操作后，才能正确处理读操作。这意味着，写/擦除操作进行期间不能从 Flash 中执行代码或获取数据。

（5）解锁 Flash 控制寄存器。当系统复位后，Flash 控制寄存器（FLASH_CR）不允许执行写操作，以防因电气干扰等原因出现对 Flash 的意外操作。因此复位后应注意先完成 Flash 控制寄存器解锁。具体解锁顺序如下：①在 Flash 密钥寄存器（FLASH_KEYR）中写入 KEY1＝0x45670123；②在 Flash 密钥寄存器（FLASH_KEYR）中写入 KEY2＝0xCDEF89AB。如果顺序出现错误，将返回总线错误并锁定 FLASH_CR 寄存器，直到下一次复位。

（6）编程/擦除并行位数。并行位数表示每次对 Flash 进行写操作时将编程的字节数，可通过 FLASH_CR 寄存器中的 PSIZE 字段设置，具体见表 9.5。可选的 PSIZE 数值受限于电源电压以及是否使用外部 V$_{PP}$ 电源。因此，在进行任何编程/擦除操作前，必须在 FLASH_CR 寄存器中对其进行正确配置。而且擦除时间的长短取决于 PSIZE 编程值。

表 9.5　　　　　　　　　　　　　　　　PSIZE　字　段　配　置

电压范围	2.7~3.6 V（使用外部 V$_{PP}$电源）	2.7~3.6 V	2.4~2.7 V	2.1~2.4 V	1.8~2.1 V
并行位数	x64	x32	x16		x8
PSIZE(1~0)	11	10	01		00

2. 扇区擦除命令

扇区擦除操作将擦除 Flash 的某个扇区中所有字节的内容。当 FLASH_SR 寄存器中的 BSY 位为 1 时，将不能修改 FLASH_CR 寄存器。BSY 位为 1 时，对该寄存器的任何写操作都会导致 AHB 总线阻塞，直到 BSY 位清零。扇区擦除的具体步骤如下：

（1）检查 FLASH_SR 寄存器中的 BSY 位，以确认当前未执行任何 Flash 操作。

（2）在 FLASH_CR 寄存器中，将 SER 位置位，并从主存储块的 12 个或 24 个扇区（不同型号的 STM32F4 系列微控制器中的主存储器的扇区数量会有所不同）中选择要擦除的扇区编号（SNB）。

（3）将 FLASH_CR 寄存器中的 STRT 位置位。

（4）等待 BSY 位清零。

3. 整体擦除（批量擦除）命令

批量擦除针对整个 Flash 执行，此时不会影响 OTP 扇区或配置扇区。另外，批量擦除控制位 MER 和扇区擦除控制位 SER 不可同时置位，否则将无法执行擦除操作。批量擦除具体步骤如下：

（1）检查 FLASH_SR 寄存器中的 BSY 位，以确认当前未执行任何 Flash 操作。

（2）将 FLASH_CR 寄存器中 MER 位置位，激活批量擦除 0~11 扇区等 12 个扇区。

（3）将 FLASH_CR 寄存器中的 MER 和 MER1 位置位，激活设置批量擦除扇区 0~11 扇区和 12~23 扇区 24 个扇区。

（4）将 FLASH_CR 寄存器中的 STRT 位置位。

（5）等待 BSY 位清零。

有 12 个扇区的微控制器选择步骤（2）激活批量擦除，有 24 个扇区的微控制器选择步骤（3）激活批量擦除。

4. 编程命令

把 Flash 的单元从"1"写为"0"时，无须执行擦除操作即可进行连续写操作。反之，则需要先执行 Flash 擦除操作。若同时激活了擦除和编程操作，则首先执行擦除操作。
Flash 标准编程顺序如下：

（1）检查 FLASH_SR 中的 BSY 位，以确认当前未执行任何主要 Flash 操作。

（2）将 FLASH_CR 寄存器中的 PG 位置 1。

（3）针对所需存储器地址（主存储器块或 OTP 区域内）执行数据写入操作：并行位数
设置为 x8、x16、x32、x64 时，分别按字节、半字、字、双字写入。

（4）等待 BSY 位清零。写访问宽度（字节、半字、字或双字）必须与所选并行位数类
型（x8、x16、x32 或 x64）相符。否则，编程操作将不会执行，并且 FLASH_SR 寄存器
中的编程并行位数错误标志位（PGPERR）将置位。

思 考 题 与 习 题

1. Flash 的编程方式有几种？

2. 什么是 Flash 自举？

3. Flash 的擦除与写入操作有什么不同？

4. 简要说明闪存模块的主要特征。

5. 对闪存的主要操作包括哪些？

6. 为何要对 Flash 存储区域进行写保护？

7. 对 Flash 中的用户区域实施读保护的意义何在？

8. 简述什么是扇区擦除和整片擦除。

9. Flash 编程的并行位数有几种？

10. 简述 Flash 模块编程和擦除的技术要点。

第 10 章 模 拟 外 设 模 块

　　模/数（A/D）和数/模（D/A）转换技术是数字技术的一个重要基础，在微机应用系统中占有重要地位。计算机处理的是二进制数字信息，而在微机用于工业控制、电测技术和智能仪器仪表等场合，输入系统的信息绝大多数是模拟量，即数值随着时间在一定范围内连续变化的物理量。按其属性，可分为电量和非电量两类，非电量（诸如温度、压力、流量、速度、位移等）还需采用传感元器件转换为电量。为使微机能够对这些模拟量进行处理，首先必须采用 A/D 转换技术将模拟量转换成数字量。在微机控制系统中，微机的输出控制信息往往需要采用 D/A 转换技术由数字量转换成模拟量后，才能驱动执行部件完成相应的操作，以实现所需的控制。由此可见，A/D 转换和 D/A 转换互为逆过程，其构成的器件分别称为 A/D 转换器（ADC）和 D/A 转换器（DAC）。

10.1　模 拟 比 较 器

10.1.1　模拟比较器概述

1. 迟滞

　　比较器将反相输入与正相输入进行比较，即使是细微的电压波动都会导致比较器输出突变。在许多应用中，这种突变不可接受。图 10.1 显示输入有噪声时的输出突变。

　　通过在比较器中添加迟滞，可以防止比较器输出突变。STM32F37× 和 STM32F30× 器件中的模拟比较器具有可配置的迟滞值：无、低、中和高迟滞值。表 10.1 显示了每种配置下的典型迟滞值。有和没有迟滞的比较器输出波形比较如图 10.2 所示。

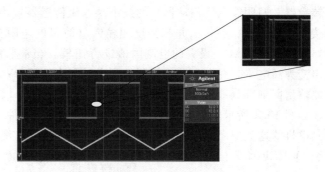

图 10.1　含噪声的输入对比较器输出的影响

表 10.1　　　　　　　　　　　　　　　　　典 型 迟 滞 值

迟　滞	典型值/mV	迟　滞	典型值/mV
无迟滞	0	中等迟滞	15
低迟滞	8	高迟滞	31

2. 传播延迟（响应时间）

模拟比较器的另一种重要功能是传播延迟，如图 10.3 所示。此延迟被定义为输入信号超过阈值的时刻与输出状态变化的时刻之间的时间（通常是在输出达到 V_{DD} 的 50％时）。需在比较器传播延迟与功耗之间进行折中：比较器速度越快，其功耗越大。STM32F30×和 STM32F37×器件中的模拟比较器能以 2ps/1.2pA 的低速/低功耗工作，还能以 50ns/75pA 的高速/高功耗工作。传播延迟的典型值为 25ns。

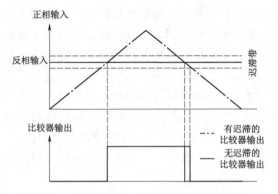

图 10.2　有和没有迟滞的比较器输出波形

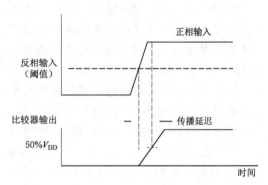

图 10.3　模拟比较器中的传播延迟

10.1.2　应用程序示例

本节描述如何在应用示例（例如逐周期电机控制、电压监测和频率测量）中使用 STM32F30×和 STM32F37×器件的内置模拟比较器。

1. 逐周期电流控制（峰值电流控制）

逐周期电流控制（也称峰值电流控制）是一种被广泛用于功率转换（通常用于直流/直流转换器、照明或电机驱动器）的技术。电流传感器输出（例如电阻分流器或电流互感器）连接到比较器正相输入，并与为反相输入（简单的电阻分压器，如果必须动态地调节设定值，则为内置 DAC）设置的电流限值进行比较。当被监测的电流超过电流限值时，比较器输出变为高电平，并在 PWM 周期的剩余时间内禁用 PWM 输出。在下一个周期中，如果比较器输出回到零（即电流低于限值），将重新使能 PWM 输出。

如图 10.4 所示，STM32F30×和 STM32F37×器件专为可在 PWM 模式下使用定时器控制电机的这类应用而设计。模拟比较器可用于实时监测电机电流。比较器输出可内部重定向至 OCREFCLR 信号，该信号控制 PWM 状态。内置 DAC 可内部连接至比较器的反相输入。

2. 频率和脉宽测量

在 STM32F30×和 STM32F37×器件中，比较器输出可重定向至内置定时器的输入捕获。此功能允许脉宽和/或频率测量。输入信号（必须测量其信号宽度/频率）连接到模拟比较器的正相输入。阈值（参考）可通过以下方式供电：内部参考电压 V_{REFINT}（1.22V）和因数（$1/4V_{REFINT}$、$1/2V_{REFINT}$、$3/4V_{REFINT}$）、内置 ADC、外部引脚。

比较器输出内部重定向至输入捕获。在该模式下，在每个有效沿捕获定时器计数。当输入信号高于参考电压时，将比较器输出设置为高电平会在定时器输入捕获时生成上升沿，并在内部寄存器中捕获定时器计数。当输入信号低于参考电压时，将比较器输出设置为低电平

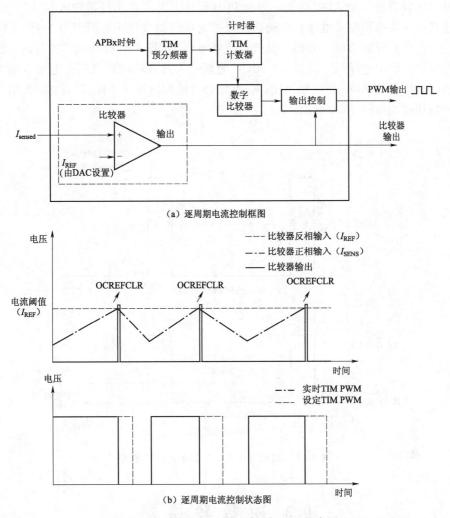

（a）逐周期电流控制框图

（b）逐周期电流控制状态图

图 10.4 逐周期电流控制原理框图和状态图

会生成下降沿，并在内部寄存器中第二次捕获定时器计数。两次连续捕获之间的时间间隔表示脉宽。因此，要执行脉宽测量，只需将第二次和第一次的捕获时间相减。

3. 模拟电压监测

STM32F30×和 STM32F37×器件内置 12 位 ADC，其采样频率极高，达到每秒数百万次采样。但是，此时电流消耗典型值为 1mA，如果连续供电，则可能不适合蓄电池供电的应用。因此，如果只需在超过预定义阈值时测量模拟电压（传感器输出），则在应用中使用模拟比较器十分有用。如图 10.5 所示在 STM32F30×和 STM32F37×器

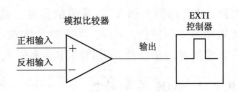

图 10.5 低功耗模式下的比较器输出能力

件中，模拟比较器被设计为即使在低功耗模式（睡眠模式和停止模式）下仍然继续工作。它们仍然带电，因此能够从低功耗模式唤醒 MCU。事实上，比较器输出连接到 EXTI 控制器，它在低功耗模式下仍保持通电。

此外，比较器输入是 ADC 通道，因此 PCB 设计者无须在比较器输入和 ADC 通道间建立外部连接。在传感器输出电压低于阈值的模拟电压监测应用中，MCU 维持停止模式以节约电力。一旦传感器输出超过阈值，模拟比较器唤醒 MCU，ADC 通电，然后测量模拟输入电压。当传感器输出电压低于阈值时，MCU 重新进入低功耗模式以延长电池寿命。与任何模拟电压下始终使能 ADC 的应用相比，仅在需要（模拟电压大于阈值）时使能 ADC，可显著减少平均功耗，如图 10.6 所示。

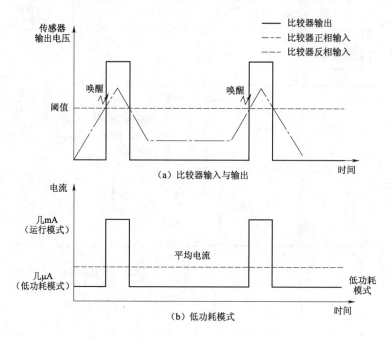

图 10.6　模拟电压监测应用中的电流消耗

10.2　模　数　转　换　器

10.2.1　ADC 简介

12 位 ADC 是逐次趋近型模数转换器。它具有多达 19 个复用通道，可测量来自 16 个外部源、2 个内部源和 V_{BAT} 通道的信号。这些通道的 A/D 转换可在单次、连续、扫描或不连续采样模式下进行。ADC 的结果存储在一个左对齐或右对齐的 16 位数据寄存器中。ADC 具有模拟看门狗特性，允许应用检测输入电压是否超过用户自定义的阈值上限或下限。

10.2.2　ADC 主要特性

ADC 主要特性如下：

（1）可配置 12 位、10 位、8 位或 6 位分辨率。

（2）在转换结束、注入转换结束以及发生模拟看门狗或溢出事件时产生中断。

（3）单次和连续转换模式。

（4）用于自动将通道 0 转换为通道 "n" 的扫描模式。

(5) 数据对齐以保持内置数据一致性。

(6) 可独立设置各通道采样时间。

(7) 外部触发器选项，可为规则转换和注入转换配置极性。

(8) 不连续采样模式。

(9) 双重/三重模式（具有 2 个或更多 ADC 的器件提供）。

(10) 双重/三重 ADC 模式下可配置的 DMA 数据存储。

(11) 双重/三重交替模式下可配置的转换间延迟。

(12) ADC 转换工作模式。

(13) ADC 电源要求：全速运行时为 2.4～3.6V，慢速运行时为 1.8V。

(14) ADC 输入范围：$V_{REF-} \leqslant V_{in} \leqslant V_{REF+}$。

(15) 规则通道转换期间可产生 DMA 请求。

10.2.3 ADC 功能说明

图 10.7 给出了单个 ADC 的框图，表 10.2 列出了 ADC 的引脚说明。

表 10.2 ADC 引 脚

名 称	信 号 类 型	备 注
V_{REF+}	正模拟参考电压输入	ADC 高/正参考电压，$1.8\ V \leqslant V_{REF+} \leqslant V_{DDA}$
V_{DDA}	模拟电源输入	模拟电源电压等于 V_{DD}，全速运行时，$2.4\ V \leqslant V_{DDA} \leqslant V_{DD}(3.6\ V)$；低速运行时，$1.8\ V \leqslant V_{DDA} \leqslant V_{DD}(3.6\ V)$
V_{REF-}	负模拟参考电压输入	ADC 低/负参考电压，$V_{REF-} = V_{SSA}$
V_{SSA}	模拟电源接地输入	模拟电源接地电压等于 V_{SS}
ADCx IN[15～0]	模拟输入信号	16 个模拟输入通道

1. ADC 开关控制

可通过将 ADC_CR2 寄存器中的 ADON 位置 1 来为 ADC 供电。首次将 ADON 位置 1 时，会将 ADC 从掉电模式中唤醒。SWSTART 或 JSWSTART 位置 1 时，启动 A/D 转换。可通过将 ADON 位清零来停止转换并使 ADC 进入掉电模式。在此模式下，ADC 几乎不耗电（只有几μA）。

2. ADC 时钟

ADC 具有两个时钟方案：

(1) 用于模拟电路的时钟。ADCCLK，所有 ADC 共用此时钟，来自经可编程预分频器分频的 APB2 时钟，该预分频器允许 ADC 在 $f_{PCLK2}/2$、$f_{PCLK2}/4$、$f_{PCLK2}/6$ 或 $f_{PCLK2}/8$ 下工作。

(2) 用于数字接口的时钟（用于寄存器读/写访问）。此时钟等效于 APB2 时钟。可以通过 RCCAPB2 外设时钟使能寄存器（RCC_APB2ENR）分别为每个 ADC 使能/禁止数字接口时钟。

3. 通道选择

有 16 条复用通道。可以将转换分为两组：规则转换和注入转换。每个组包含一个转换

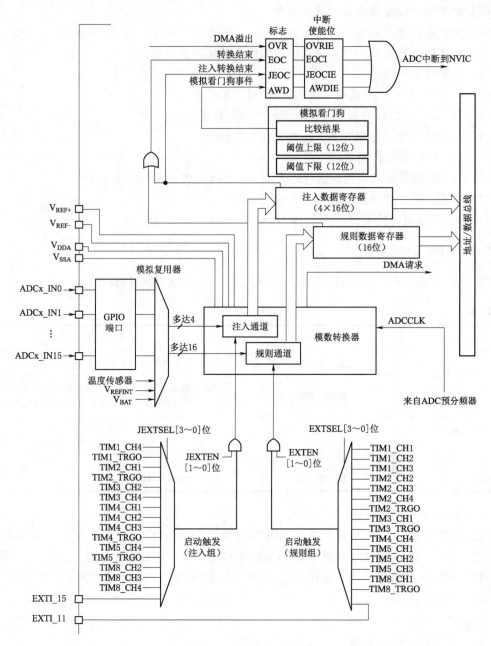

图 10.7 ADC 的框图

序列，该序列可按任意顺序在任意通道上完成。例如，可按以下顺序对序列进行转换：
ADC _ IN3、ADC _ IN8、ADC _ IN2、ADC _ IN2、ADC _ IN0、ADC _ IN2、ADC _ IN2、
ADC _ IN15。

（1）一个规则转换组最多由 16 个转换构成。必须在 ADC _ SQRx 寄存器中选择转换序列的规则通道及其顺序。规则转换组中的转换总数必须写入 ADC _ SQR1 寄存器中的 L［3～0］位。

（2）一个注入转换组最多由 4 个转换构成。必须在 ADC _ JSQR 寄存器中选择转换序列

的注入通道及其顺序。注入转换组中的转换总数必须写入 ADC _ JSQR 寄存器中的 L [1: 0] 位。

如果在转换期间修改 ADC _ SQRx 或 ADC _ JSQR 寄存器，将复位当前转换并向 ADC 发送一个新的启动脉冲，以转换新选择的组。

温度传感器、V_{REFINT} 和 V_{BAT} 内部通道为：

(1) 对于 STM32F40× 和 STM32F41× 器件，温度传感器内部连接到通道 ADC1 _ IN16。内部参考电压 V_{REFINT} 连接到 ADC1 _ IN17。

(2) 对于 STM32F42× 和 STM32F43× 器件，温度传感器内部连接到与 V_{BAT} 共用的通道 ADC1 _ N18。一次只能选择一个转换（温度传感器或 V_{BAT}）。同时设置了温度传感器和 V_{BAT} 转换时，将只进行 V_{BAT} 转换。内部参考电压 V_{REFINT} 连接到 ADC1 _ IN17。V_{BAT} 通道连接到通道 ADC1 _ IN18。该通道也可转换为注入通道或规则通道。

4. 单次转换模式

在单次转换模式下，ADC 执行一次转换。CONT 位为 0 时，可通过以下方式启动此模式：

(1) 将 ADC _ CR2 寄存器中的 SWSTART 置 1（仅适用于规则通道）。

(2) 将 JSWSTART 置 1（适用于注入通道）。

(3) 触发（适用于规则通道或注入通道）。

(4) 如果转换了规则通道：①转换数据存储在 16 位 ADC _ DR 寄存器中；②EOC（转换结束）标志置 1；EOCIE 位置 1 时将产生中断。

(5) 如果转换了注入通道：①转换数据存储在 16 位 ADC _ JDR1 寄存器中；②JEOC（注入转换结束）标志置 1；③JEOCIE 位置 1 时将产生中断。然后，ADC 停止。

5. 连续转换模式

在连续转换模式下，ADC 结束一个转换后立即启动一个新的转换。CONT 位为 1 时，可通过外部触发或将 ADC _ CR2 寄存器中的 SWSTRT 位置 1 来启动此模式（仅适用于规则通道）。

6. 时序图

图 10.8 所示为 ADC 时序图。ADC 在开始精确转换之前需要一段稳定时间 t_{STAB}，ADC 开始转换并经过 15 个时钟周期后，EOC 标志置 1，转换结果存放在 16 位 ADC 数据寄存器中。

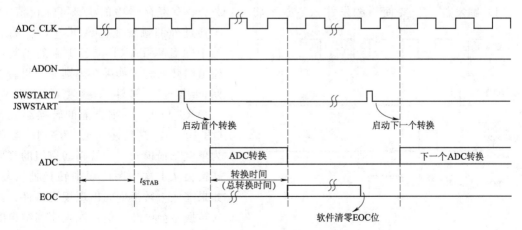

图 10.8　ADC 时序图

7. 模拟看门狗

如果 ADC 转换的模拟电压低于阈值下限或高于阈值上限，则 AWD 模拟看门狗状态位会置 1。这些阈值在 ADC_HTR 和 ADC_LTR16 位寄存器的 12 个最低有效位中进行编程。可以使用 ADC_CR1 寄存器中的 AWDIE 位使能中断。阈值与 ADC_CR2 寄存器中的 ALIGN 位的所选对齐方式无关。在对齐之前，会将模拟电压与阈值上限和下限进行比较。表 10.3 介绍了应如何配置 ADC_CR1 寄存器才能在一个或多个通道上使能模拟看门狗。

表 10.3 模拟看门狗通道选择

模拟看门狗保护的通道	ADC_CR1 寄存器控制位（x = 无关）		
	AWDSGL 位	AWDEN 位	JAWDEN 位
无	x	0	0
所有注入通道	0	0	1
所有规则通道	0	1	0
所有规则通道和注入通道	0	1	1
单个注入通道	1	0	1
单个规则通道	1	1	0
单个规则通道或注入通道	1	1	1

8. 扫描模式

此模式用于扫描一组模拟通道。通过将 ADC_CR1 寄存器中的 SCAN 位置 1 来选择扫描模式。将此位置 1 后，ADC 会扫描在 ADC_SQRx 寄存器（对于规则通道）或 ADC_SQRx 寄存器（对于注入通道）中选择的所有通道。为组中的每个通道都执行一次转换。每次转换结束后，会自动转换该组中的下一个通道。如果将 CONT 位置 1，规则通道转换不会在组中最后一个所选通道处停止，而是再次从第一个所选通道继续转换。如果将 DMA 位置 1，则在每次规则通道转换之后，均使用直接存储器访问（DMA）控制器将转换自规则通道组的数据（存储在 ADC_DR 寄存器中）传输到 SRAM。在以下情况下，ADC_SR 寄存器中的 EOC 位置 1：①如果 EOCS 位清零，在每个规则组序列转换结束时；②如果 EOCS 位置 1，在每个规则通道转换结束时。

9. 注入通道管理

（1）触发注入。要使用触发注入，必须将 ADC_CR1 寄存器中的 JAUTO 位清零。

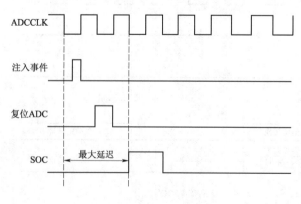

①通过外部触发或将 ADC_CR2 寄存器中的 SWSTART 位置 1 来启动规则通道组转换；②如果在规则通道组转换期间出现外部注入触发或者 JSW-START 位置 1，则当前的转换会复位（图 10.9），并且注入通道序列会切换为单次扫描模式；③规则通道组的规则转换会从上次中断的规则转换处恢复。如果在注入转换期间出现规则事件，注入转换不会中断，但在注入序列结束时会执行规则序列。

图 10.9 注入转换延迟

（2）自动注入。如果将 JAUTO 位置 1，则注入组中的通道会在规则组通道之后自动转换。这可用于转换最多由 20 个转换构成的序列，这些转换在 ADC _ SQRx 和 ADC _ JSQR 寄存器中编程。在此模式下，必须禁止注入通道上的外部触发。如果 CONT 位和 JAUTO 位均已置 1，则在转换规则通道之后会继续转换注入通道。

10. 不连续采样模式

（1）规则组。可将 ADC _ CR1 寄存器中的 DISCEN 位置 1 来使能此模式。该模式可用于转换含有 n（$n<8$）个转换的短序列，该短序列是在 ADC _ SQRx 寄存器中选择的转换序列的一部分。可通过写入 ADC _ CR1 寄存器中的 DISCNUM [2～0] 位来指定 n 的值。出现外部触发时，将启动在 ADC _ SQRx 寄存器中选择的接下来 n 个转换，直至序列中的所有转换均完成。通过 ADC _ SQR1 寄存器中的 L [3～0] 位定义总序列长度。示例如下：

$n=3$,要转换的通道=0、1、2、3、6、7、9、10

第 1 次触发:转换序列 0、1、2

第 2 次触发:转换序列 3、6、7

第 3 次触发:转换序列 9、10 并生成 EOC 事件

第 4 次触发:转换序列 0、1、2

在不连续采样模式下转换规则组时，不会出现翻转。转换完所有子组后，下一个触发信号将启动第一个子组的转换。在上述示例中，第 4 次触发重新转换了第 1 个子组中的通道 0、1 和 2。

（2）注入组。可将 ADC _ CR1 寄存器中的 JDISCEN 位置 1 来使能此模式。在出现外部触发事件之后，可使用该模式逐通道转换在 ADC _ JSQR 寄存器中选择的序列。出现外部触发时，将启动在 ADC _ JSQR 寄存器中选择的下一个通道转换，直至序列中的所有转换均完成。通过 ADC _ JSQR 寄存器中的 JL [1～0] 位定义总序列长度。示例如下：

$n=1$,要转换的通道=1、2、3

第 1 次触发:转换通道 1

第 2 次触发:转换通道 2

第 3 次触发:转换通道 3 并生成 EOC 和 JEOC 事件

第 4 次触发:通道 1

转换完所有注入通道后，下一个触发信号将启动第一个注入通道的转换。在上述示例中，第 4 次触发重新转换了第 1 个注入通道。不能同时使用自动注入和不连续采样模式。不得同时为规则组和注入组设置不连续采样模式。只能针对一个组使能不连续采样模式。

10.2.4　数据对齐

ADC _ CR2 寄存器中的 ALIGN 位用于选择转换后存储的数据的对齐方式。可选择左对齐和右对齐两种方式，如图 10.10 和图 10.11 所示。

注入组

SEXT	SEXT	SEXT	SEXT	D11	D10	D9	D8	D7	D6	D5	D4	D3	D2	D1	D0

规则组

0	0	0	0	D11	D10	D9	D8	D7	D6	D5	D4	D3	D2	D1	D0

图 10.10　12 位数据的右对齐

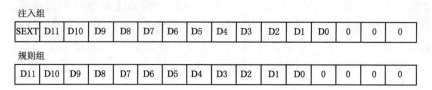

图 10.11　12 位数据的左对齐

注入通道组的转换数据将减去 ADC_JOFRx 寄存器中写入的用户自定义偏移量，因此结果可以是一个负值。SEXT 位表示扩展的符号值。对于规则组中的通道，不会减去任何偏移量，因此只有 12 个位有效。

10.2.5　可独立设置各通道采样时间

ADC 会在数个 ADCCLK 周期内对输入电压进行采样，可使用 ADC_SMPR1 和 ADC_SMPR2 寄存器中的 SMP [2～0] 位修改周期数。每个通道均可以使用不同的采样时间进行采样。总转换时间的计算公式为：T_{conv}＝采样时间＋12 个周期。例如，当 ADCCLK＝30MHz 且采样时间为 3 个周期时，T_{conv}＝3＋12＝15 个周期＝0.5μs（APB2 为 60MHz 时）。

10.2.6　外部触发转换和触发极性

可以通过外部事件（例如，定时器捕获、EXTI 中断线）触发转换。如果 EXTEN [1～0] 控制位（对于行规转换）或 JEXTEN [1～0] 位（对于注入转换）不等于 "0b00"，则外部事件能够以所选极性触发转换。表 10.4 提供了 EXTEN [1～0] 和 JEXTEN [1～0] 值与触发极性之间的对应关系。

表 10.4　　　　　　　　　　　　　　配　置　触　发　极　性

源	EXTEN[1～0]/JEXTEN[1～0]	源	EXTEN[1～0]/JEXTEN[1～0]
禁止触发检测	00	在下降沿时检测	10
在上升沿时检测	01	在上升沿和下降沿均检测	11

10.2.7　快速转换模式

可通过降低 ADC 分辨率来执行快速转换。RES 位用于选择数据寄存器中可用的位数。每种分辨率的最小转换时间如下：12 位，3＋12＝15ADCCLK 周期；10 位，3＋10＝13ADCCLK 周期；8 位，3＋8＝11ADCCLK 周期；6 位，3＋6＝9ADCCLK 周期。

10.2.8　数据管理

1. 使用 DMA 的情况下

由于规则通道组只有一个数据寄存器，因此，对于多个规则通道的转换，使用 DMA 非常有帮助。这样可以避免丢失在下一次写入之前还未被读出的 ADC_DR 寄存器中的数据。

在使能 DMA 模式的情况下（ADC_CR2 寄存器中的 DMA 位置 1），每完成规则通道组中的一个通道转换后，都会生成一个 DMA 请求。这样便可将转换的数据从 ADC_DR 寄存器传输到用软件选择的目标位置。

尽管如此，如果数据丢失（溢出），则会将 ADC＿SR 寄存器中的 OVR 位置 1 并生成一个中断（如果 OVRIE 使能位已置 1）。随后会禁止 DMA 传输并且不再接受 DMA 请求。在这种情况下，如果生成 DMA 请求，则会中止正在进行的规则转换并忽略之后的规则触发。随后需要将所使用的 DMA 流中的 OVR 标志和 DMAEN 位清零，并重新初始化 DMA 和 ADC，以将需要的转换通道数据传输到正确的存储器单元。只有这样，才能恢复转换并再次使能数据传输。注入通道转换不会受到溢出错误的影响。

在 DMA 模式下，当 OVR＝1 时，传送完最后一个有效数据后会阻止 DMA 请求，这意味着传输到 RAM 的所有数据均被视为有效。在最后一次 DMA 传输（DMA 控制器的 DMA＿SxRTR 寄存器中配置的传输次数）结束时：

（1）如果将 ADC＿CR2 寄存器中的 DDS 位清零，则不会向 DMA 控制器发出新的 DMA 请求（这可避免产生溢出错误）。不过，硬件不会将 DMA 位清零。必须将该位写入 0 然后写入 1 才能启动新的传输。

（2）如果将 DDS 位置 1，则可继续生成请求。从而允许在双缓冲区循环模式下配置 DMA。

要在使用 DMA 时将 ADC 从 OVR 状态中恢复，请按以下步骤操作：①重新初始化 DMA（调整目标地址和 NDTR 计数器）；②将 ADC_SR 寄存器中的 ADCOVR 位清零；③触发 ADC 以开始转换。

2. 不使用 DMA 的情况下

如果转换过程足够慢，则可使用软件来处理转换序列。在这种情况下，必须将 ADC＿CR2 寄存器中的 EOCS 位置 1，才能使 EOC 状态位在每次转换结束时置 1，而不仅是在序列结束时置 1。当 EOCS＝1 时，会自动使能溢出检测。因此，每当转换结束时，EOC 都会置 1，并且可以读取 ADC_DR 寄存器。溢出管理与使用 DMA 时的管理相同。要在 EOCS 位置 1 时将 ADC 从 OVR 状态中恢复，请按以下步骤操作：①将 ADC_SR 寄存器中的 AD-COVR 位清零；②触发 ADC 以开始转换。

10.2.9 ADC 寄存器

本节内容请扫描下方二维码学习。

10.3 数 模 转 换 器

10.3.1 DAC 简介

DAC 模块是 12 位电压输出数模转换器。DAC 可以按 8 位或 12 位模式进行配置，并且可与 DMA 控制器配合使用。在 12 位模式下，数据可以采用左对齐或右对齐。DAC 有两个输出通道，每个通道各有一个转换器。在 DAC 双通道模式下，每个通道可以单独进行转换；当两个通道组合在一起同步执行更新操作时，也可以同时进行转换。可通过一个输入参

考电压引脚 V_{REF+}（与 ADC 共享）来提高分辨率。

10.3.2　DAC 主要特性

DAC 主要特性如下：

（1）两个 DAC，各对应一个输出通道。

（2）12 位模式下数据采用左对齐或右对齐。

（3）同步更新功能。

（4）生成噪声波。

（5）生成三角波。

（6）DAC 双通道单独或同时转换。

（7）每个通道都具有 DMA 功能。

（8）DMA 下溢错误检测。

（9）通过外部触发信号进行转换。

（10）输入参考电压 V_{REF+}。

图 10.12 所示为 DAC 通道框图，表 10.5 给出了 DAC 引脚说明。

使能 DAC 通道 x 后，相应 GPIO 引脚（PA4 或 PA5）将自动连接到模拟转换器输出（DAC_OUTx）。为了避免寄生电流消耗，应首先将 PA4 或 PA5 引脚配置为模拟模式（AIN）。

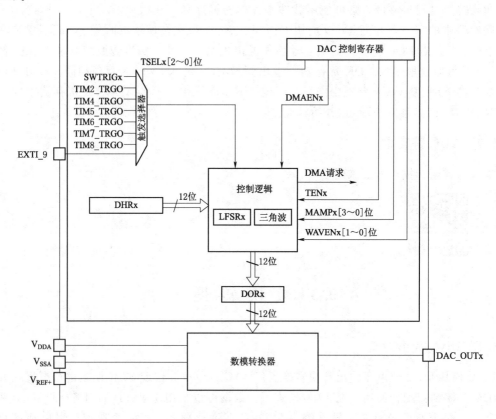

图 10.12　DAC 通道框图

表 10.5 DAC 引 脚

名称	信 号 类 型	备 注
V_{REF+}	正模拟参考电压输入	DAC 高/正参考电压,$1.8\ V \leqslant V_{REF+} \leqslant V_{DDA}$
V_{DDA}	模拟电源输入	模拟电源
V_{SSA}	模拟电源接地输入	模拟电源接地
DAC_OUTx	模拟输出信号	DAC 通道 x 模拟输出

10.3.3 DAC 功能说明

1. DAC 通道使能

将 DAC_CR 寄存器中的相应 ENx 位置 1,即可接通对应 DAC 通道。经过一段启动时间 t_{WAKEUP} 后,DAC 通道被真正使能。ENx 位只会使能模拟 DAC Channelx 宏单元。即使 ENx 位复位,DAC Channelx 数字接口仍处于使能状态。

2. DAC 输出缓冲器使能

DAC 集成了两个输出缓冲器,可用来降低输出阻抗并在不增加外部运算放大器的情况下直接驱动外部负载。通过 DAC_CR 寄存器中的相应 BOFFx 位,可使能或禁止各 DAC 通道输出缓冲器。

3. DAC 数据格式

根据所选配置模式,数据必须按如下方式写入指定寄存器。如图 10.13 所示,对于 DAC 单通道 x,有 3 种可能的方式:

(1) 8 位右对齐,软件需将数据加载到 DAC_DHR8Rx [7~0] 位(存到 DHRx [11~4] 位)。

(2) 12 位左对齐,软件需将数据加载到 DAC_DHR12Lx [15~4] 位(存到 DHRx [11~0] 位)。

(3) 12 位右对齐,软件需将数据加载到 DAC_DHR12Rx [11~0] 位(存到 DHRx [11~0] 位)。

根据加载的 DAC_DHRyyyx 寄存器,用户写入的数据将移位并存储到相应的 DHRx (数据保持寄存器 x,即内部非存储器映射寄存器)。之后,DHRx 寄存器将被自动加载,或者通过软件或外部事件触发加载到 DORx 寄存器。

如图 10.14 所示,对于 DAC 双通道,也有 3 种可能的方式:

(1) 8 位右对齐。将 DAC1 通道的数据加载到 DAC_DHR8RD [7~0] 位(存储到 DHR1 [11~4] 位),将 DAC2 通道的数据加载到 DAC_DHR8RD [15~8] 位(存储到 DHR2 [11~4] 位)。

(2) 12 位左对齐。将 DAC1 通道的数据加载到 DAC_DHR12RD [15~4] 位(存储到 DHR1 [11~0] 位),将 DAC2 通道的数据加载到 DAC_DHR12RD [31~20] 位(存储到 DHR2 [11~0] 位)。

(3) 12 位右对齐。将 DAC1 通道的数据加载到 DAC_DHR12RD [11~0] 位(存储到 DHR1 [11~0] 位),将 DAC2 通道的数据加载到 DAC_DHR12RD [27~16] 位(存储到 DHR2 [11~0] 位)。

根据加载的 DAC_DHRyyyD 寄存器,用户写入的数据将移位并存储到 DHR1 和

DHR2（数据保持寄存器，即内部非存储器映射寄存器）。之后，DHR1 和 DHR2 寄存器将被自动加载，或者通过软件或外部事件触发分别被加载到 DOR1 和 DOR2 寄存器。

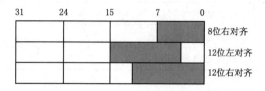 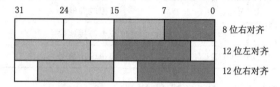

图 10.13　DAC 单通道模式下的数据寄存器　　　　图 10.14　DAC 双通道模式下的数据寄存器

4. DAC 转换

DAC_DORx 无法直接写入，任何数据都必须通过加载 DAC_DHRx 寄存器（写入 DAC_DHR8Rx、DAC_DHR12Lx、DAC_DHR12Rx、DAC_DHR8RD、DAC_DHR12LD 或 DAC_DHR12LD）才能传输到 DAC 通道 x。如果未选择硬件触发（DAC_CR 寄存器中的 TENx 位复位），那么经过一个 APB1 时钟周期后，DAC_DHRx 寄存器中存储的数据将自动转移到 DAC_DORx 寄存器。但是，如果选择硬件触发（置位 DAC_CR 寄存器中的 TENx 位）且触发条件到来，将在 3 个 APB1 时钟周期后进行转移。当 DAC_DORx 加载了 DAC_DHRx 内容时，模拟输出电压将在一段时间 t_{SETTLING}（设定时间）后可用，具体时间取决于电源电压和模拟输出负载，如图 10.15 所示。

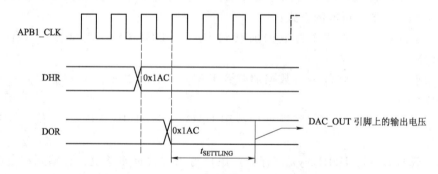

图 10.15　关闭触发（TEN＝0）时的转换时序图

5. DAC 输出电压

经过线性转换后，数字输入会转换为 $0 \sim V_{\text{REF}+}$ 之间的输出电压。各 DAC 通道引脚的模拟输出电压通过以下公式确定：$\text{DAC}_{\text{output}} = V_{\text{REF}} \cdot \text{DOR}/4095$。

6. DAC 触发选择

如果 TENx 控制位置 1，可通过外部事件（定时计数器、外部中断线）触发转换。TSELx［2～0］控制位将决定通过 8 个可能事件中的哪一个来触发转换，见表 10.6。

每当 DAC 接口在所选定时器 TRGO 输出或所选外部中断线 9 上检测到上升沿时，DAC_DHRx 寄存器中存储的最后一个数据就会转移到 DAC_DORx 寄存器中。发生触发后再经过 3 个 APB1 周期，DAC_DORx 寄存器将会得到更新。如果选择软件触发，一旦 SWTRIG 位置 1，转换即会开始。DAC_DHRx 寄存器内容加载到 DAC_DORx 寄存器中后，SWTRIG 即由硬件复位。

表 10.6   外 部 触 发 器

源	类 型	TSEL[2~0]
timer 6 TRGO event	片上定时器的内部信号	000
timer 8 TRGO event		001
timer 7 TRGO event		010
timer 5 TRGO event		011
timer 2 TRGO event		100
timer 4 TRGO event		101
EXTI line9	外部引脚	110
SWTRIG	软件控制位	111

7. DMA 请求

每个 DAC 通道都具有 DMA 功能。两个 DMA 通道用于处理 DAC 通道的 DMA 请求。当 DMAENx 位置 1 时，如果发生外部触发（而不是软件触发），则将产生 DACDMA 请求。DAC_DHRx 寄存器的值随后转移到 DAC_DORx 寄存器。在双通道模式下，如果两个 DMAENx 位均置 1，则将产生两个 DMA 请求。如果只需要一个 DMA 请求，应仅将相应 DMAENx 位置 1。这样，应用程序可以在双通道模式下通过一个 DMA 请求和一个特定 DMA 通道来管理两个 DAC 通道。

8. DMA 下溢

DACDMA 请求没有缓冲队列。这样，如果第 2 个外部触发到达时尚未收到第 1 个外部触发的确认，将不会发出新的请求，并且 DAC_SR 寄存器中的 DAM 通道下溢标志 DMAUDRx 将置 1，以报告这一错误状况。DMA 数据传输随即禁止，并且不再处理其他 DMA 请求。DAC 通道仍将继续转换旧有数据。软件应通过写入 "1" 来将 DMAUDRx 标志清零，将所用 DMA 数据流的 DMAEN 位清零，并重新初始化 DMA 和 DAC 通道，以便正确地重新开始 DMA 传输。软件应修改 DAC 触发转换频率或减轻 DMA 工作负载，以避免再次发生 DMA 下溢。最后，可通过使能 DMA 数据传输和转换触发来继续完成 DAC 转换。对于各 DAC 通道，如果使能 DAC_CR 寄存器中相应的 DMAUDRIEx 位，还将产生中断。

9. 生成噪声

为了生成可变振幅的伪噪声，可使用 LFSR（线性反馈移位寄存器）。将 WAVEx [1~0] 置为 "01" 即可选择生成噪声。LFSR 中的预加载值为 0xAAA。在每次发生触发事件后，经过 3 个 APB1 时钟周期，该寄存器会依照特定的计算算法（图 10.16）完成更新。

LFSR 值可以通过 DAC_CR 寄存器中的 MAMPx [3~0] 位来部分或完全屏蔽，在不发生溢出的情况下，该值将与 DAC_

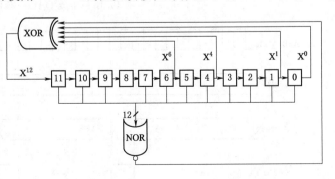

图 10.16 DAC_LFSR 寄存器计算算法

DHRx 的内容相加，然后存储到 DAC_DORx 寄存器中（图 10.17）。如果 LFSR 为 0x0000，将向其注入"1"（防锁定机制）。可以通过复位 WAVEx [1～0] 位来将 LFSR 波形产生功能关闭。

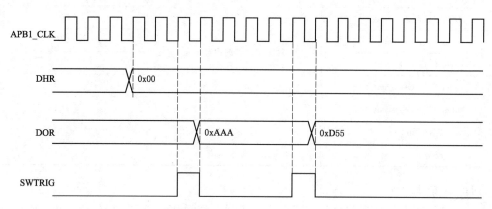

图 10.17 LFSR 产生波形的 DAC 转换（使能软件触发）

10. 生成三角波

可以在直流电流或慢变信号上叠加一个小幅三角波。将 WAVEx [1～0] 置为"10"即可选择 DAC 生成三角波（图 10.18）。振幅通过 DAC_CR 寄存器中的 MAMPx [3～0] 位进行配置。每次发生触发事件后，经过三个 APB1 时钟周期，内部三角波计数器将会递增。在不发生溢出的情况下，该计数器的值将与 DAC_DHRx 寄存器内容相加，所得总和将存储到 DAC_DORx 寄存器中（图 10.19）。只要小于 MAMPx [3～0] 位定义的最大振幅，三角波计数器就会一直递增。一旦达到配置的振幅，计数器将递减至零，然后再递增，以此类推。可以通过复位 WAVEx [1～0] 位来将三角波产生功能关闭。

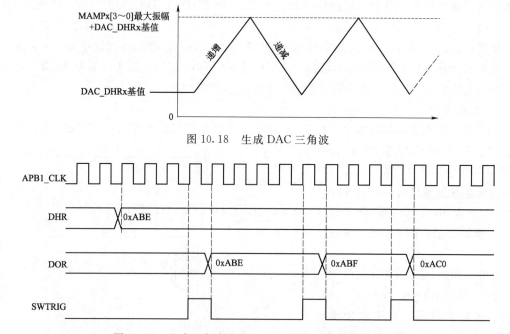

图 10.18 生成 DAC 三角波

图 10.19 生成三角波波形的 DAC 转换（使能软件触发）

10.3.4 DAC 双通道转换

为了在同时需要两个 DAC 通道的应用中有效利用总线带宽，DAC 模块实现了 3 个双寄存器：DHR8RD、DHR12RD 和 DHR12LD。这样，只需一个寄存器访问即可同时驱动两个 DAC 通道。通过两个 DAC 通道和这 3 个双寄存器可以实现 11 种转换模式。但如果需要，所有这些转换模式也都可以通过单独的 DHRx 寄存器来实现。

1. 独立触发（不产生波形）

要将 DAC 配置为此转换模式，需要遵循以下顺序：

（1）将两个 DAC 通道触发使能位 TEN1 和 TEN2 置 1。

（2）将 TSEL1 [2~0] 和 TSEL2 [2~0] 设置为不同的值，以配置不同的触发源。

（3）将 DAC 双通道数据加载到所需 DHR 寄存器（DAC_DHR12RD、DAC_DHR12LD 或 DAC_DHR8RD）。

DAC1 通道触发信号到达时，DHR1 寄存器的内容转移到 DACDOR1（3 个 APB1 时钟周期之后）。DAC2 通道触发信号到达时，DHR2 寄存器的内容转移到 DACDOR2（3 个 APB1 时钟周期之后）。

2. 独立触发（生成单个 LFSR）

要将 DAC 配置为此转换模式，需要遵循以下顺序：

（1）将两个 DAC 通道触发使能位 TEN1 和 TEN2 置 1。

（2）将 TSEL1 [2~0] 和 TSEL2 [2~0] 设置为不同的值，以配置不同的触发源。

（3）将两个 DAC 通道的 WAVEx [1~0] 设置为"01"，并在 MAMPx [3~0] 位中配置相同的 LFSR 掩码值。

（4）将 DAC 双通道数据加载到所需 DHR 寄存器（DHR12RD、DHR12LD 或 DHR8RD）。

①DAC 通道 1 触发信号到达时，LFSR1 计数器内容（使用相同的掩码）与 DHR1 寄存器内容相加，所得总和转移到 DAC_DOR1 中（3 个 APB1 时钟周期之后）。LFSR1 计数器随即更新。②DAC 通道 2 触发信号到达时，LFSR2 计数器内容（使用相同的掩码）与 DHR2 寄存器内容相加，所得总和转移到 DAC_DOR2 中（3 个 APB1 时钟周期之后）。LFSR2 计数器随即更新。

3. 独立触发（生成不同 LFSR）

要将 DAC 配置为此转换模式，需要遵循以下顺序：

（1）将两个 DAC 通道触发使能位 TEN1 和 TEN2 置 1。

（2）将 TSEL1 [2~0] 和 TSEL2 [2~0] 设置为不同的值，以配置不同的触发源。

（3）将两个 DAC 通道的 WAVEx [1~0] 设置为"01"，并在 MAMP1 [3~0] 和 MAMP2 [3~0] 位中设置不同的 LFSR 掩码值。

（4）将 DAC 双通道数据加载到所需 DHR 寄存器（DAC_DHR12RD、DAC_DHR12LD 或 DAC_DHR8RD）。

①DAC 通道 1 触发信号到达时，LFSR1 计数器内容（使用 MAMP1 [3~0] 配置的掩码）与 DHR1 寄存器内容相加，所得总和转移到 DACDOR1 中（3 个 APB1 时钟周期之后）。LFSR1 计数器随即更新。②DAC 通道 2 触发信号到达时，LFSR2 计数器内容（使用 MAMP2 [3~0] 配置的掩码）与 DHR2 寄存器内容相加，所得总和转移到 DACDOR2 中

（3 个 APB1 时钟周期之后）。LFSR2 计数器随即更新。

4. 独立触发（生成单个三角波）

要将 DAC 配置为此转换模式，需要遵循以下顺序：

（1）将两个 DAC 通道触发使能位 TEN1 和 TEN2 置 1。

（2）将 TSEL1 [2～0] 和 TSEL2 [2～0] 设置为不同的值，以配置不同的触发源。

（3）将两个 DAC 通道的 WAVEx [1～0] 设置为 "1x"，并在 MAMPx [3～0] 位中配置相同的最大振幅值。

（4）将 DAC 双通道数据加载到所需 DHR 寄存器（DAC _ DHR12RD、DAC _ DHR12LD 或 DAC _ DHR8RD）。

①DAC 通道 1 触发信号到达时，DAC1 通道三角波计数器内容（使用相同的三角波振幅）与 DHR1 寄存器内容相加，所得总和转移至 DAC _ DOR1 中（3 个 APB1 时钟周期之后）。DAC1 通道三角波计数器随即更新。②DAC2 通道触发信号到达时，DAC2 通道三角波计数器内容（使用相同的三角波振幅）与 DHR2 寄存器内容相加，所得总和转移至 DAC _ DOR2 中（3 个 APB1 时钟周期之后）。DAC2 通道三角波计数器随即更新。

5. 独立触发（生成不同三角波）

要将 DAC 配置为此转换模式，需要遵循以下顺序：

（1）将两个 DAC 通道触发使能位 TEN1 和 TEN2 置 1。

（2）将 TSEL1 [2～0] 和 TSEL2 [2～0] 设置为不同的值，以配置不同的触发源。

（3）将两个 DAC 通道的 WAVEx [1～0] 设置为 "1x"，并在 MAMP1 [3～0] 和 MAMP2 [3～0] 位中设置不同的最大振幅值。

（4）将 DAC 双通道数据加载到所需 DHR 寄存器（DAC _ DHR12RD、DAC _ DHR12LD 或 DAC _ DHR8RD）。

①DAC1 通道触发信号到达时，DAC1 通道三角波计数器内容（使用 MAMP1 [3～0] 配置的三角波振幅）与 DHR1 寄存器内容相加，所得总和转移到 DAC _ DOR1 中（3 个 APB1 时钟周期之后）。DAC1 通道三角波计数器随即更新。②DAC2 通道触发信号到达时，DAC2 通道三角波计数器内容（使用 MAMP2 [3～0] 配置的三角波振幅）与 DHR2 寄存器内容相加，所得总和转移到 DAC _ DOR2 中（3 个 APB1 时钟周期之后）。DAC2 通道三角波计数器随即更新。

6. 同步软件启动

要将 DAC 配置为此转换模式，需要遵循以下顺序：将 DAC 双通道数据加载到所需 DHR 寄存器（DAC _ DHR12RD、DAC _ DHR12LD 或 DAC _ DHR8RD）。在此配置中，DHR1 和 DHR2 寄存器内容会在一个 APB1 时钟周期后分别转移到 DAC _ DOR1 和 DAC _ DOR2 中。

7. 同步触发（不产生波形）

要将 DAC 配置为此转换模式，需要遵循以下顺序：

（1）将两个 DAC 通道触发使能位 TEN1 和 TEN2 置 1。

（2）将 TSEL1 [2～0] 和 TSEL2 [2～0] 设置为相同的值，以便为两个 DAC 通道配置相同的触发源。

（3）将 DAC 双通道数据加载到所需 DHR 寄存器（DAC _ DHR12RD、DAC _ DHR12LD 或 DAC _ DHR8RD）。

当触发信号到达时，DHR1 和 DHR2 寄存器内容将分别转移到 DACDOR1 和 DAC-DOR2 中（3 个 APB1 时钟周期之后）。

8. 同步触发（生成单个 LFSR）

要将 DAC 配置为此转换模式，需要遵循以下顺序：

（1）将两个 DAC 通道触发使能位 TEN1 和 TEN2 置 1。

（2）将 TSEL1 [2~0] 和 TSEL2 [2~0] 设置为相同的值，以便为两个 DAC 通道配置相同的触发源。

（3）将两个 DAC 通道的 WAVEx [1~0] 设置为 "01"，并在 MAMPx [3~0] 位中配置相同的 LFSR 掩码值。

（4）将 DAC 双通道数据加载到所需 DHR 寄存器（DHR12RD、DHR12LD 或 DHR8RD）。触发信号到达时，LFSR1 计数器内容（使用相同的掩码）与 DHR1 寄存器内容相加，所得总和转移到 DAC_D0R1 中（3 个 APB1 时钟周期之后）。LFSR1 计数器随即更新。同时，LFSR2 计数器内容（使用相同的掩码）与 DHR2 寄存器内容相加，所得总和转移到 DAC_D0R2 中（3 个 APB1 时钟周期之后）。LFSR2 计数器随即更新。

9. 同步触发（生成不同 LFSR）

要将 DAC 配置为此转换模式，需要遵循以下顺序：

（1）将两个 DAC 通道触发使能位 TEN1 和 TEN2 置 1。

（2）将 TSEL1 [2~0] 和 TSEL2 [2~0] 设置为相同的值，以便为两个 DAC 通道配置相同的触发源。

（3）将两个 DAC 通道的 WAVEx [1~0] 设置为 "01"，并在 MAMP1 [3~0] 和 MAMP2 [3~0] 位中设置不同的 LFSR 掩码值。

（4）将 DAC 双通道数据加载到所需 DHR 寄存器（DAC_DHR12RD、DAC_DHR12LD 或 DAC_DHR8RD）。

触发信号到达时，LFSR1 计数器内容（使用 MAMP1 [3~0] 配置的掩码）与 DHR1 寄存器内容相加，所得总和转移到 DAC_DOR1 中（3 个 APB1 时钟周期之后）。LFSR1 计数器随即更新。同时，LFSR2 计数器内容（使用 MAMP2 [3~0] 配置的掩码）与 DHR2 寄存器内容相加，所得总和转移到 DAC_DOR2 中（3 个 APB1 时钟周期之后）。LFSR2 计数器随即更新。

10. 同步触发（生成单个三角波）

要将 DAC 配置为此转换模式，需要遵循以下顺序：

（1）将两个 DAC 通道触发使能位 TEN1 和 TEN2 置 1。

（2）将 TSEL1 [2~0] 和 TSEL2 [2~0] 设置为相同的值，以便为两个 DAC 通道配置相同的触发源。

（3）将两个 DAC 通道的 WAVEx [1~0] 设置为 "1x"，并在 MAMPx [3~0] 位中配置相同的最大振幅值。

（4）将 DAC 双通道数据加载到所需 DHR 寄存器（DAC_DHR12RD、DAC_DHR12LD 或 DAC_DHR8RD）。

触发信号到达时，DAC1 通道三角波计数器内容（使用相同的三角波振幅）与 DHR1 寄存器内容相加，所得总和转移到 DAC_DOR1 中（3 个 APB1 时钟周期之后）。DAC1 通道三角波计数器随即更新。同时，DAC2 通道三角波计数器内容（使用相同的三角波振幅）

与 DHR2 寄存器内容相加，所得总和转移到 DAC ＿ DOR2 中（3 个 APB1 时钟周期之后）。DAC2 通道三角波计数器随即更新。

11. 同步触发（生成不同三角波）

要将 DAC 配置为此转换模式，需要遵循以下顺序：

（1）将两个 DAC 通道触发使能位 TEN1 和 TEN2 置 1。

（2）将 TSEL1 ［2～0］ 和 TSEL2 ［2～0］ 设置为相同的值，以便为两个 DAC 通道配置相同的触发源。

（3）将两个 DAC 通道的 WAVEx ［1～0］ 设置为 "1x"，并在 MAMP1 ［3～0］ 和 MAMP2 ［3～0］ 位中设置不同的最大振幅值。

（4）将 DAC 双通道数据加载到所需 DHR 寄存器（DAC ＿ DHR12RD、DAC ＿ DHR12LD 或 DAC ＿ DHR8RD）。

触发信号到达时，DAC 通道 1 三角波计数器内容（使用 MAMP1 ［3～0］ 配置的三角波振幅）与 DHR1 寄存器内容相加，所得总和转移到 DAC ＿ D0R1 中（3 个 APB1 时钟周期之后）。DAC 通道 1 三角波计数器随即更新。同时，DAC 通道 2 三角波计数器内容（使用 MAMP2 ［3～0］ 配置的三角波振幅）与 DHR2 寄存器内容相加，所得总和转移到 DAC ＿ DOR2 中（3 个 APB1 时钟周期之后）。DAC 通道 2 三角波计数器随即更新。

10.3.5 DAC 寄存器

本节内容请扫描下方二维码学习。

思 考 题 与 习 题

1. 简述 STM32 的 ADC 系统功能特性。

2. 简述 STM32 的 A/D 转换过程。

3. ADC 的校准模式是通过设置什么寄存器、哪一位来启动的？

4. 简述 A/D 转换器的主要指标。

5. 简述逐次逼近式 A/D 转换器的工作原理。

6. 试编写从 A/D 转换器获取模拟数据，并将转换后的数字量存到存储器中的程序。

7. STM32 系列芯片上集成了一个逐次逼近型 A/D 转换器，请简要叙述它的转换过程，并指出使用该 A/D 转换器的注意事项。

8. 简要叙述 ADC 模块的自校准模式及其意义。

9. 简述 A/D 转换器的主要指标。

第 11 章 通用同步异步收发器 (USART)

通用同步异步收发器 (universal synchronous/asynchronous receiver/transmitter, US-ART)，是一个全双工通用同步/异步串行收发模块，该接口是一个高度灵活的串行通信设备。USART 收发模块一般分为三大部分：时钟发生器、数据发送器和接收器。控制寄存器为所有的模块共享。时钟发生器由同步逻辑电路（在同步从模式下由外部时钟输入驱动）和波特率发生器组成。数据发送器部分由一个单独的写入缓冲器（发送 UDR）、一个串行移位寄存器、校验位发生器和用于处理不同帧结构的控制逻辑电路构成；使用写入缓冲器，实现了连续发送多帧数据无延时的通信。接收器是 USART 模块最复杂的部分，最主要的是时钟和数据接收单元。数据接收单元用作异步数据的接收。除了接收单元，接收器还包括校验位校验器、控制逻辑、移位寄存器和两级接收缓冲器（接收 UDR）。接收器支持与发送器相同的帧结构，同时支持帧错误、数据溢出和校验错误的检测。

11.1 USART 简 介

USART 能够灵活地与外部设备进行全双工数据交换，满足外部设备对工业标准 NRZ 异步串行数据格式的要求。USART 通过小数波特率发生器提供了多种波特率。它支持同步单向通信和半双工单线通信；还支持 LIN（局域互联网络）、智能卡协议与 IrDA（红外线数据协会）SIRENDEC 规范，以及调制解调器操作（CTS/RTS）。而且，它还支持多控制器通信。通过配置多个缓冲区，使用 DMA 可实现高速数据通信。

11.2 USART 主 要 特 性

USART 主要特性如下：

（1）全双工异步通信。

（2）NRZ 标准格式（标记/空格）。

（3）可配置为 16 倍过采样或 8 倍过采样，因而为速度容差与时钟容差的灵活配置提供了可能。

（4）小数波特率发生器系统，通用可编程收发波特率。

（5）数据字长度可编程（8 位或 9 位）。

（6）停止位可配置支持 1 个或 2 个停止位。

（7）LIN 主模式同步停止符号发送功能和 LIN 从模式停止符号检测功能，对 USART 进行 LIN 硬件配置时可生成 13 位停止符号和检测 10/11 位停止符号。

（8）用于同步发送的发送器时钟输出。

（9）IrDASIR 编码解码器，正常模式下支持 3/16 位持续时间。

（10）智能卡仿真功能：①智能卡接口支持符合 ISO 7816 - 3 标准中定义的异步协议智能卡；②智能卡工作模式下，支持 0.5 个或 1.5 个停止位。

（11）单线半双工通信。

（12）使用 DMA（直接存储器访问）实现可配置的多缓冲区通信，使用 DMA 在预留的 SRAM 缓冲区中收/发字节。

（13）发送器和接收器具有单独使能位。

（14）传输检测标志：接收缓冲区已满、发送缓冲区为空、传输结束标志。

（15）奇偶校验控制：发送奇偶校验位、检查接收的数据字节的奇偶性。

（16）4 个错误检测标志：溢出错误、噪声检测、帧错误、奇偶校验错误。

（17）10 个具有标志位的中断源：CTS 变化、LIN 停止符号检测、发送数据寄存器为空、发送完成、接收数据寄存器已满、接收到线路空闲、溢出错误、帧错误、噪声错误、奇偶校验错误。

（18）多控制器通信，如果地址不匹配，则进入静默模式。

（19）从静默模式唤醒，通过线路空闲检测或地址标记检测。

（20）两个接收器唤醒模式：地址位（MSB，第 9 位），线路空闲。

11.3　USART 功能说明

接口通过 3 个引脚从外部连接到其他设备。任何 USART 双向通信均需要至少两个引脚：接收数据输入引脚（RX）和发送数据输出引脚（TX）（图 11.1）。RX：就是串行数据输入引脚，过采样技术可区分有效输入数据和噪声，从而用于恢复数据；TX：如果关闭发送器，该输出引脚模式由其 I/O 接口配置决定，如果使能了发送器但没有待发送的数据，则 TX 引脚处于高电平。在单线和智能卡模式下，该 I/O 用于发送和接收数据（USART 电平下，随后在 SW_RX 上接收数据）。

正常 USART 模式下，通过这些引脚以帧的形式发送和接收串行数据：

（1）发送或接收前保持空闲线路。

（2）起始位。

（3）数据（字长 8 位或 9 位），最低有效位在前。

（4）用于指示帧传输已完成的 0.5 个、1 个、1.5 个、2 个停止位。

（5）该接口使用小数波特率发生器，带 12 位尾数和 4 位小数。

（6）状态寄存器（USART_SR）。

（7）数据寄存器（USART_DR）。

（8）波特率寄存器（USART_BRR）12 位尾数和 4 位小数。

（9）智能卡模式下的保护时间寄存器（USART_GTPR）。

在同步模式下连接时需要引脚 SCLK 发送器时钟输出。该引脚用于输出发送器数据时钟，以便按照 SPI 主模式进行同步发送（起始位和结束位上无时钟脉冲，可通过软件向最后一个数据位发送时钟脉冲）。RX 上可同步接收并行数据。这一点可用于控制带移位寄存器的外设（如 LCD 驱动器）。时钟相位和极性可通过软件编程。在智能卡模式下，SCLK 可向智能卡提供时钟。

在硬件流控制模式下需要以下引脚：①nCTS："清除以发送"用于在当前传输结束时阻

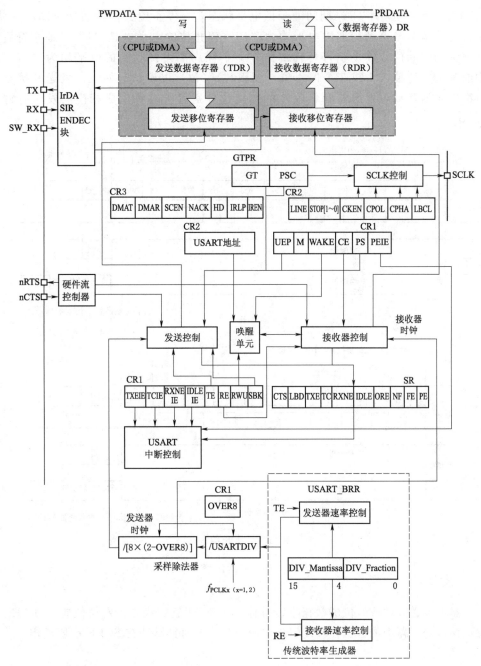

图 11.1　USART 框图

止数据发送（高电平时）；②nRTS："请求以发送"用于指示 USART 已准备好接收数据
（低电平时）。

11.3.1　USART 字符说明

可通过对 USART_CR1 寄存器中的 M 位进行编程来选择 8 位或 9 位的字长（图

11.2)。TX 引脚在起始位工作期间处于低电平状态，在停止位工作期间处于高电平状态。空闲字符可理解为整个帧周期内电平均为 "1"（停止位的电平也是 "1"），该字符后是下一个数据帧的起始位。停止字符可理解为在一个帧周期内接收到的电平均为 "0"。发送器在中断帧的末尾插入 1 或 2 个停止位（逻辑 "1" 位）以确认起始位。发送和接收由通用波特率发生器驱动，发送器和接收器的使能位分别置 1 时将生成相应的发送时钟和接收时钟。

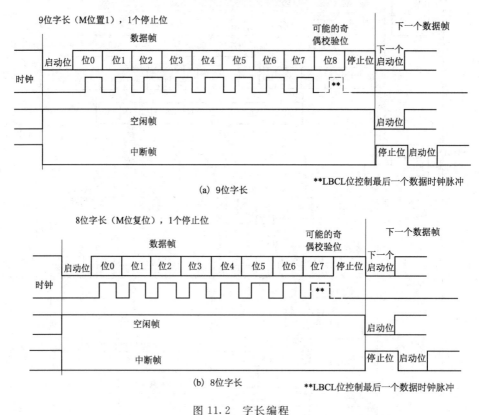

图 11.2　字长编程

11.3.2　发送器

发送器可发送 8 位或 9 位的数据字，具体取决于 M 位的状态。发送使能位 (TE) 置 1 时，发送移位寄存器中的数据在 TX 引脚输出，相应的时钟脉冲在 SCLK 引脚输出。

1. 字符发送

USART 发送期间，首先通过 TX 引脚移出数据的最低有效位。该模式下，USART_DR 寄存器的缓冲区 (TDR) 位于内部总线和发送移位寄存器之间。每个字符前面都有一个起始位，其逻辑电平在一个位周期内为低电平。字符由可配置数量的停止位终止。USART 支持以下停止位：0.5 个、1 个、1.5 个和 2 个停止位（图 11.3）。

2. 可配置的停止位

可以在控制寄存器 2 的位 13 和位 12 中编程将随各个字符发送的停止位的数量。

（1）1 个停止位：这是停止位数量的默认值。

（2）2 个停止位：正常 USART 模式、单线模式和调制解调器模式支持该值。

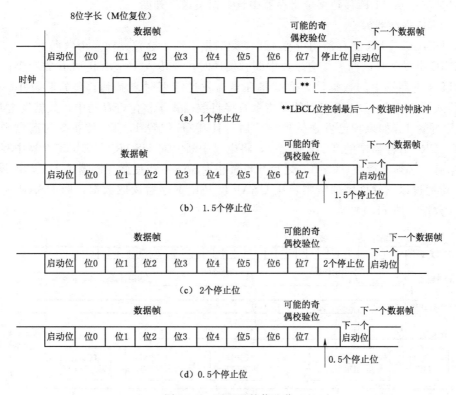

图 11.3　可配置的停止位

（3）0.5 个停止位：在智能卡模式下接收数据时使用。

（4）1.5 个停止位：在智能卡模式下发送和接收数据时使用。

空闲帧发送将包括停止位。M 位为 0 时，中断发送是 10 个低电平位，然后是已配置数量的停止位；M 位为 1 时，中断发送是 11 个低电平位，然后是已配置数量的停止位。无法传送长中断（中断长度大于 10/11 个低电平位）。

步骤如下：

（1）通过向 USART_CR1 寄存器中的 UE 位写入 1 使能 USART。

（2）对 USART_CR1 中的 M 位进行编程以定义字长。

（3）对 USART_CR2 中的停止位数量进行编程。

（4）如果将进行多缓冲区通信，选择 USART_CR3 中的 DMA 使能（DMAT）。按照多缓冲区通信中的解释说明配置 DMA 寄存器。

（5）使用 USART_BRR 寄存器选择所需波特率。

（6）将 USART_CR1 中的 TE 位置 1 以便在首次发送时发送一个空闲帧。

（7）在 USART_DR 寄存器中写入要发送的数据（该操作将清零 TXE 位）。为每个要在单缓冲区模式下发送的数据重复这一步骤。

（8）向 USART_DR 寄存器写入最后一个数据后，等待至 TC=1。这表明最后一个帧的传送已完成。禁止 USART 或进入暂停模式时需要此步骤，以避免损坏最后一次发送。

3. 单字节通信

始终通过向数据寄存器写入数据来将 TXE 位清零。TXE 位由硬件置 1，它表示为：

（1）数据已从 TDR 移到移位寄存器中且数据发送已开始。

（2）TDR 寄存器为空。

（3）USART_DR 寄存器中可写入下一个数据，而不会覆盖前一个数据。

TXEIE 位置 1 时该标志位会生成中断。发送时，要传入 USART_DR 寄存器的写指令中存有 TDR 寄存器中的数据，该数据将在当前发送结束时复制到移位寄存器中。未发送时，要传入 USART_DR 寄存器的写指令直接将数据置于移位寄存器中，数据发送开始时，TXE 位立即置 1。如果帧已发送（停止位后）且 TXE 位置 1，TC 位将变为高电平。如果 USART_CR1 寄存器中的 TCIE 位置 1，将生成中断。向 USART_DR 寄存器中写入最后一个数据后，必须等待至 TC=1，之后才可禁止 USART 或使微控制器进入低功率模式。

TC 位通过以下软件序列清零：从 USART_SR 寄存器读取数据，向 USART_DR 寄存器写入数据（图 11.4）。

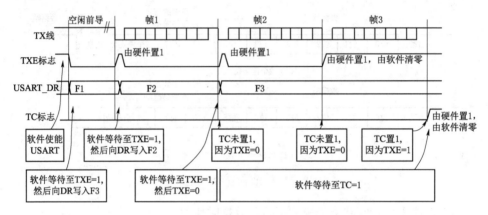

图 11.4　发送时的 TC/TXE 行为

4. 中断字符

将 SBK 位置 1 将发送一个中断字符。中断帧的长度取决于 M 位。如果 SBK 位置"1"，当前字符发送完成后，将在 TX 线路上发送一个中断字符。中断字符发送完成时（发送中断字符的停止位期间），该位由硬件复位。USART 在上一个中断帧的末尾插入一个逻辑"1"位，以确保识别下个帧的起始位。

5. 空闲字符

将 TE 位置 1 会驱动 USART 在第一个数据帧之前发送一个空闲帧。

11.3.3　接收器

USART 可接收 8 位或 9 位的数据字，具体取决于 USART_CR1 寄存器中的 M 位。

1. 起始位检测

16 倍或 8 倍过采样时，起始位检测序列相同（图 11.5）。在 USART 中，识别出特定序列的采样时会检测起始位，图中序列为：1110X0X0X0000。

如果序列不完整，起始位检测将中止，接收器将返回空闲状态（无标志位置 1）等待下降沿。如果 3 个采样位均为 0（针对第 3 位、第 5 位和第 7 位进行首次采样时检测到这 3 位均为 0；针对第 8 位、第 9 位和第 10 位进行第 2 次采样时检测到这 3 位均为 0），可确认起始位（RXNE 标志位置 1，RXNEIE＝1 时生成中断）。

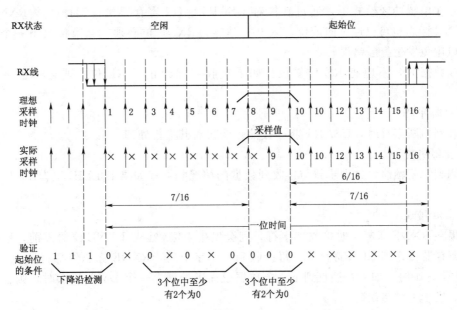

图 11.5　16 倍或 8 倍过采样时的起始位检测

　　如果 2 次采样时（对第 3 位、第 5 位和第 7 位进行采样以及对第 8 位、第 9 位和第 10 位进行采样），3 个采样位中至少有 2 个为 0，则可验证起始位（RXNE 标志位置 1，RX-NEIE＝1 时生成中断）但 NE 噪声标志位置 1。如果不满足此条件，则启动检测中止，接收器返回空闲状态（无标志位置 1）。

　　如果其中 1 次采样时（对第 3 位、第 5 位和第 7 位进行采样或对第 8 位、第 9 位和第 10 位进行采样），3 个采样位中有 2 个为 0，则可验证起始位但 NE 噪声标志位置 1。

　　2. 字符接收

　　USART 接收期间，首先通过 RX 引脚移入数据的最低有效位。该模式下，USART _ DR 寄存器的缓冲区（RDR）位于内部总线和接收移位寄存器之间。具体步骤为：

　　（1）通过向 USART _ CR1 寄存器中的 UE 位写入 1 使能 USART。

　　（2）对 USART _ CR1 中的 M 位进行编程以定义字长。

　　（3）对 USART _ CR2 中的停止位数量进行编程。

　　（4）如果将进行多缓冲区通信，选择 USART _ CR3 中的 DMA 使能（DMAR）。按照多缓冲区通信中的解释说明配置 DMA 寄存器。

　　（5）使用波特率寄存器 USART _ BRR 选择所需波特率。

　　（6）将 RE 位 USART _ CR1 置 1。这一操作将使能接收器开始搜索起始位。

　　接收到字符时：

　　（1）RXNE 位置 1。这表明移位寄存器的内容已传送到 RDR。也就是说，已接收到并可读取数据（以及其相应的错误标志）。

　　（2）如果 RXNEIE 位置 1，则会生成中断。

　　（3）如果接收期间已检测到帧错误、噪声错误或上溢错误，错误标志位可置 1。

　　（4）在多缓冲区模式下，每接收到一个字节后 RXNE 均置 1，然后通过 DMA 对数据寄存器执行读操作清零。

（5）在单缓冲区模式下，通过软件对 USART_DR 寄存器执行读操作将 RXNE 位清零。RXNE 标志也可以通过向该位写入 0 来清零。RXNE 位必须在结束接收下一个字符前清零，以避免发生上溢错误。

接收数据时，不应将 RE 位复位。如果接收期间禁止了 RE 位，则会中止接收当前字节。

3. 中断字符

接收到中断字符时，USART 将会按照帧错误对其进行处理。

4. 空闲字符

检测到空闲帧时，处理步骤与接收到数据的情况相同；如果 IDLEIE 位为 1，则会产生中断。

5. 上溢错误

如果在 RXNE 未复位时接收到字符，则会发生上溢错误。RXNE 位清零前，数据无法从移位寄存器传送到 RDR 寄存器。每接收到一个字节后，RXNE 标志位都将置 1。当 RXNE 标志位是 1 时，如果在接收到下一个数据或尚未处理上一个 DMA 请求时，则会发生上溢错误。发生上溢错误时：

（1）ORE 位置 1。

（2）RDR 中的内容不会丢失。对 USART_DR 执行读操作时可使用先前的数据。

（3）移位寄存器将被覆盖。之后，上溢期间接收到的任何数据都将丢失。

（4）如果 RXNEIE 位置 1 或 EIE 与 DMAR 位均为 1，则会生成中断。

（5）通过先后对 USART_SR 寄存器和 USART_DR 寄存器执行读操作将 ORE 位清除。

ORE 位置 1 时表示至少 1 个数据丢失，存在两种可能：

（1）如果 RXNE＝1，则最后一个有效数据存储于接收寄存器 RDR 中且可读取。

（2）如果 RXNE＝0，则表示最后一个有效数据已被读取，因此 RDR 中无要读取的数据。接收到新（丢失）数据的同时已读取 RDR 中的最后一个有效数据时，会发生该情况。读取序列期间（在 USART_SR 寄存器读访问与 USART_DR 读访问之间）接收到新数据时也会发生该情况。

6. 选择合适的过采样方法

接收器采用不同的用户可配置过采样技术（除了同步模式下），可以从噪声中提取有效数据。可通过编程 USART_CR1 寄存器中的 OVER8 位来选择采样方法，且采样时钟可以是波特率时钟的 16 倍或 8 倍。

（1）选择 8 倍过采样（OVER8＝1）以获得更高的速度（高达 $f_{PCLK}/8$）。这种情况下接收器对时钟偏差的最大容差将会降低。

（2）选择 16 倍过采样（OVER8＝0）以增加接收器对时钟偏差的容差。这种情况下，最大速度限制为最高 $f_{PCLK}/16$（图 11.6）。

可通过编程 USART_CR3 寄存器中的 ONEBIT 位选择用于评估逻辑电平的方法。有两种选择：

（1）在已接收位的中心进行 3 次采样，从而进行多数表决。这种情况下，如果用于多数表决的 3 次采样结果不相等，NF 位置 1（表 11.1）。

（2）在已接收位的中心进行单次采样。

具体应用根据以下情况选择:

(1) 在噪声环境下工作时,请选择 3 次采样的多数表决法(ONEBIT=0);在检测到噪声时请拒绝数据,因为这表示采样过程中产生了干扰。

(2) 线路无噪声时请选择单次采样法(ONEBIT=1)以增加接收器对时钟偏差的容差。这种情况下 NF 位始终不会置 1。

帧中检测到噪声时:

(1) 在 RXNE 位的上升沿时 NF 位置 1。

(2) 无效数据从移位寄存器传送到 USART_DR 寄存器。

(3) 单字节通信时无中断产生。然而,在 RXNE 位产生中断时,该位出现上升沿。多缓冲区通信时,USART_CR3 寄存器中的 EIE 位置 1 时将发出中断。

通过先后对 USART_SR 寄存器和 USART_DR 寄存器执行读操作,将 NF 位清零。

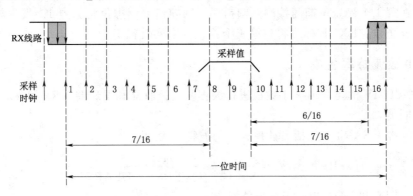

图 11.6　16 倍采样时的数据采样

表 11.1   通过采样数据进行噪声检测

采样值	NF 状态	接收的位值	采样值	NF 状态	接收的位值
000	0	0	100	1	0
001	1	0	101	1	1
010	1	0	110	1	1
011	1	1	111	0	1

7. 帧错误

以下情况将检测到帧错误:接收数据时未在预期时间内识别出停止位,从而出现同步失效或过度的噪声。检测到帧错误时:

(1) FE 位由硬件置 1。

(2) 无效数据从移位寄存器传送到 USART_DR 寄存器。

(3) 单字节通信时无中断产生。然而,在 RXNE 位产生中断时,该位出现上升沿。多缓冲区通信时,USART_CR3 寄存器中的 EIE 位置 1 时将发出中断。

通过先后对 USART_SR 寄存器和 USART_DR 寄存器执行读操作将 FE 位清零。

8. 接收期间可配置的停止位

可通过控制寄存器 2 中的控制位配置要接收的停止位的数量,可以是 1 个或 2 个(正常模式下),也可以是 0.5 个或 1.5 个(智能卡模式下)。

（1）0.5 个停止位（在智能卡模式下接收时）：不会对 0.5 个停止位进行采样。故选择 0.5 个停止位时，无法检测到帧错误和中断帧。

（2）1 个停止位：将在第 8 次、第 9 次和第 10 次采样时对 1 个停止位进行采样。

（3）1.5 个停止位（在智能卡模式下）：在智能卡模式下发送时，设备必须检查数据是否正确发送。因此必须使能接收器块（USART _ CR1 寄存器中的 RE＝1）并检查停止位，以测试智能卡是否已检测到奇偶校验错误。发生奇偶校验错误时，智能卡会在采样时将数据信号强制为低电平，即 NACK 信号，该信号被标记为帧错误。之后，FE 标志在 1.5 个停止位的末尾由 RXNE 置 1。在第 16 次、第 17 次和第 18 次采样时对 1.5 个停止位进行采样（停止位采样开始后维持 1 个波特时钟周期）。1.5 个停止位可分为 2 个部分：0.5 个波特时钟周期（未发生任何动作），然后是 1 个正常的停止位周期（一半时间处进行采样）。

（4）2 个停止位：采样 2 个停止位时在第 8、第 9 和第 10 次采样时对第 1 个停止位进行采样。如果在第 1 个停止位期间检测到帧错误，则帧错误标志位将会置 1。发生帧错误时不检测第 2 个停止位。RXNE 标志将在第 1 个停止位末尾时置 1。

11.3.4　小数波特率生成

对 USARTDIV 的尾数值和小数值进行编程时，接收器和发送器（Rx 和 Tx）的波特率均设置为相同值。

适用于标准 USART（包括 SPI 模式）的波特率为

$$\text{Tx/Rx 波特率} = \frac{f_{\text{PCLK}}}{8 \times (2 - \text{OVER8}) \times \text{USARTDIV}}$$

智能卡、LIN 和 IrDA 模式下的波特率为

$$\text{Tx/Rx 波特率} = \frac{f_{\text{PCLK}}}{16 \times \text{USARTDIV}}$$

USARTDIV 是一个存放在 USART _ BRR 寄存器中的无符号定点数（表 11.2）。

（1）当 OVER8＝0 时，小数部分编码为 4 位并通过 USART _ BRR 寄存器中的 DIV _ fraction［3～0］位编程。

（2）当 OVER8＝1 时，小数部分编码为 3 位并通过 USART _ BRR 寄存器中的 DIV _ fraction［2～0］位编程，此时 DIV _ fraction［3］位必须保持清零状态。

对 USART _ BRR 执行写操作后，波特率计数器更新为波特率寄存器中的新值。因此，波特率寄存器的值不应在通信时发生更改。

1. OVER8＝0 时从 USART _ BRR 寄存器值中获取 USARTDIV

（1）示例 1：如果 DIV _ mantissa ＝0d27 且 DIV _ fraction＝0d12（USART _ BRR＝0xIBC），则尾数（USARTDIV）＝0d27，小数（USARTDIV）＝12/16＝0d0.75，因此 USARTDIV＝0d27.75。

（2）示例 2：要设定 USARTDIV＝0d25.62，这将导致：DIV _ fraction＝16 ＊ 0d0.62＝0d9.92，最接近的实数为 0d10＝0xA，DIV _ mantissa＝尾数（0d25.620）＝0d25＝0x19，则 USART _ BRR＝0x19A，因此 USARTDIV＝0d25.625。

（3）示例 3：要设定 USARTDIV＝0d50.99，这将导致：DIV _ fraction ＝ 16 ＊ 0d0.99＝0d15.84，最接近的实数为 0d16＝0x10＝＞DIV _ frac［3～0］溢出＝＞尾数必须添加进位，DIV _ mantissa＝尾数（0d50.990＋进位）＝0d51＝0x33，则 USART _ BRR＝0x330，因此

USARTDIV＝0d51.000

2. OVER8＝1 时从 USART＿BRR 寄存器中获取 USARTDIV

（1）示例 1：如果 DIV＿mantissa＝0x27 且 DIV＿fraction［2～0］＝0d6（USART＿BRR＝0x1B6），则尾数（USARTDIV）＝0d27，小数（USARTDIV）＝6/8＝0d0.75，因此 USARTDIV＝0d27.75。

（2）示例 2：要设定 USARTDIV＝0d25.62，这将导致：DIV＿fraction＝8＊0d0.62＝0d4.96，最接近的实数为 0d5＝0x5，DIV＿mantissa＝尾数（0d25.620）＝0d25＝0x19，则 USART＿BRR＝0x195＝＞USARTDIV＝0d25.625。

（3）示例 3：要设定 USARTDIV＝0d50.99，这将导致：DIV＿fraction＝8＊0d0.99＝0d7.92，最接近的实数为 0d8＝0x8＝＞DIV_frac［2～0］溢出＝＞尾数必须添加进位，DIV＿mantissa＝尾数（0d50.990＋进位）＝0d51＝0x33，则 USART＿BRR＝0x0330＝＞USARTDIV＝0d51.000。

表 11.2　　　　**16 倍采样时且在 f_{PCLK}＝8MHz 或 12MHz 下编程波特率时的误差计算**

	16 倍过采样时（OVER8＝0）					
	波特率		f_{PCLK}＝8MHz		f_{PCLK}＝12MHz	
序号	所需值	实际值	波特率寄存器中编程的值	误差［＝（计算值－所需值）/所需波特率］/%	实际值	波特率寄存器中编程的值	误差/%
1	1.2 kbit/s	1.2 kbit/s	416.6875	0	1.2 kbit/s	625	0
2	2.4 kbit/s	2.4 kbit/s	208.3125	0.01	2.4 kbit/s	312.5	0
3	9.6 kbit/s	9.604 kbit/s	52.0625	0.04	9.6 kbit/s	78.125	0
4	19.2 kbit/s	19.185 kbit/s	26.0625	0.08	19.2 kbit/s	39.0625	0
5	38.4 kbit/s	38.462 kbit/s	13	0.16	38.339 kbit/s	19.5625	0.16
6	57.6 kbit/s	57.554 kbit/s	8.6875	0.08	57.692 kbit/s	13	0.16
7	115.2 kbit/s	115.942 kbit/s	4.3125	0.64	115.385 kbit/s	6.5	0.16
8	230.4 kbit/s	228.571 kbit/s	2.1875	0.79	230.769 kbit/s	3.25	0.16
9	460.8 kbit/s	470.588 kbit/s	1.0625	2.12	461.538 kbit/s	1.625	0.16
10	921.6 kbit/s	NA	NA	NA	NA	NA	NA
11	2Mbit/s	NA	NA	NA	NA	NA	NA
12	3Mbit/s	NA	NA	NA	NA	NA	NA

11.3.5　USART 接收器对时钟偏差的容差

仅当总时钟系统偏差小于 USART 接收器的容差时，USART 异步接收器才能正常工作。影响总偏差的因素包括：

（1）DTRA：发送器误差引起的偏差（其中还包括发送器本地振荡器的偏差）。

（2）DQUANT：接收器的波特率量化引起的误差。

（3）DREC：接收器本地振荡器的偏差。

（4）DTCL：传输线路引起的偏差（通常是由于收发器所引起，它可能会在低电平到高电平转换时序与高电平到低电平转换时序之间引入不对称）。

DTRA＋DQUANT＋DREC＋DTCL＜USART 接收器的容差。对于正常接收数据，USART 接收器的容差等于所容许的最大偏差，具体取决于以下选择（表 11.3 和表 11.4）：

（1）由 USART＿CR1 寄存器中的 M 位定义的 10 位或 11 位字符长度。

（2）由 USART＿CR1 寄存器中的 OVER8 位定义的 8 倍或 16 倍过采样。

（3）是否使用小数波特率。

（4）使用 1 位或 3 位对数据进行采样，取决于 USART＿CR3 寄存器中 ONEBIT 位的值。

表 11.3   **DIVFraction 为 0 时的 USART 接收器容差**

M 位	OVER8 位 = 0		OVER8 位 = 1	
	ONEBIT=0	ONEBIT=1	ONEBIT=0	ONEBIT=1
0	3.75%	4.375%	2.50%	3.75%
1	3.41%	3.97%	2.27%	3.41%

表 11.4   **DIVFraction 不为 0 时的 USART 接收器容差**

M 位	OVER8 位 = 0		OVER8 位 = 1	
	ONEBIT=0	ONEBIT=1	ONEBIT=0	ONEBIT=1
0	3.33%	3.88%	2%	3%
1	3.03%	3.53%	1.82%	2.73%

11.3.6 多控制器通信

可以与 USART 进行多控制器通信（多个 USART 连接在一个网络中）。例如，其中一个 USART 可以是主 USART，其 TX 输出与其他 USART 的 RX 输入相连接。其他 USART 为从 USART，其各自的 TX 输出在逻辑上通过与运算连在一起，并与主 USART 的 RX 输入相连接。在多控制器配置中，理想情况下通常只有预期的消息接收方主动接收完整的消息内容，从而减少由所有未被寻址的接收器造成的冗余 USART 服务开销。可通过静音功能将未被寻址的器件置于静音模式下。在静音模式下：

（1）不得将接收状态位置 1。

（2）禁止任何接收中断。

（3）USART＿CR1 寄存器中的 RWU 位置 1。RWU 可由硬件自动控制，或在特定条件下由软件写入。

根据 USART＿CR1 寄存器中 WAKE 位的设置，USART 可使用以下两种方法进入或退出静音模式：①如果 WAKE 位被复位，则进行空闲线路检测；②如果 WAKE 位置 1，则进行地址标记检测。

1. 空闲线路检测（WAKE=0）

当向 RWU 位写入 1 时，USART 进入静音模式。当检测到空闲帧时，它会被唤醒。此时 RWU 位会由硬件清零，但 USART＿SR 寄存器中的 IDLE 位不会置 1。还可通过软件向 RWU 位写入 0。图 11.7 给出了使用空闲线路检测时静音模式行为的示例。

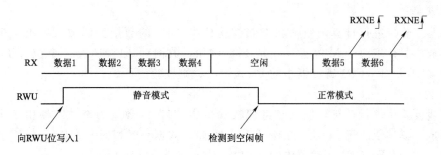

图 11.7　使用空闲线路检测时的静音模式

2. 地址标记检测（WAKE＝1）

在此模式下，如果字节的 MSB 为 1，则将这些字节识别为地址，否则将其识别为数据。在地址字节中，目标接收器的地址位于 4 个 LSB 上。接收器会将此 4 位字与其地址进行比较，该接收器的地址在 USART＿CR2 寄存器的 ADD 位中进行设置。当接收到与其编程地址不匹配的地址字符时，USART 会进入静音模式。此时，RWU 位将由硬件置 1。由于当时 USART 已经进入静音模式，所以 RXNE 标志不会针对此地址字节置 1，也不会发出中断或 DMA 请求。当接收到与编程地址匹配的地址字符时，它会退出静音模式。然后 RWU 位被清零，可以开始正常接收后续字节。由于 RWU 位已清零，RXNE 位会针对地址字符置 1。当接收器的缓冲区不包含任何数据（USART＿SR 寄存器中 RXNE＝0）时，可向 RWU 位写入 0 或 1，否则会忽略写尝试。图 11.8 给出了使用地址标记检测时静音模式行为的示例。

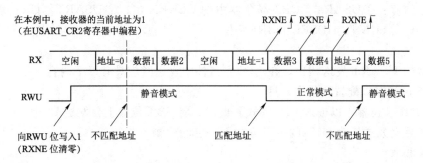

图 11.8　使用地址标记检测时的静音模式

11.3.7　奇偶校验控制

将 USART＿CR1 寄存器中的 PCE 位置 1，可以使能奇偶校验控制（发送时生成奇偶校验位，接收时进行奇偶校验检查）。根据 M 位定义的帧长度，表 11.5 列出了可能的 US-ART 帧格式。

表 11.5　　　　　　　　　　　　　帧 格 式

M 位	PCE 位	USART 帧	M 位	PCE 位	USART 帧
0	0	| SB | 8 位数据 | STB |	1	0	| SB | 9 位数据 | STB |
0	1	| SB | 7 位数据 | PB | STB |	1	1	| SB | 8 位数据 PB | STB |

注　SB—起始位；STB—停止位；PB—奇偶校验位。

1. 偶校验

对奇偶校验位进行计算，使帧和奇偶校验位中"1"的数量为偶数（帧由 7 个或 8 个 LSB 位组成，具体取决于 M 等于 0 还是 1）。例如，数据＝00110101；4 个位置 1，如果选择偶校验（USART_CR1 寄存器中的 PS 位＝0），则校验位是 0。

2. 奇校验

对奇偶校验位进行计算，使帧和奇偶校验位中"1"的数量为奇数（帧由 7 个或 8 个 LSB 位组成，具体取决于 M 等于 0 还是 1）。例如，数据＝00110101；4 个位置 1，如果选择奇校验（USART_CR1 寄存器中的 PS 位＝1），则校验位是 1。

3. 接收时进行奇偶校验检查

如果奇偶校验检查失败，则 USART_SR 寄存器中的 PE 标志置 1；如果 USART_CR1 寄存器中 PEIE 位置 1，则会生成中断。PE 标志由软件序列清零（从状态寄存器中读取，然后对 USART_DR 数据寄存器执行读或写访问）。

4. 发送时的奇偶校验生成

如果 USART_CR1 寄存器中的 PCE 位置 1，则在数据寄存器中所写入数据的 MSB 位会进行传送，但是会由奇偶校验位进行更改［如果选择偶校验（PS＝0），则"1"的数量为偶数；如果选择奇校验（PS＝1），则"1"的数量为奇数］。

11.3.8　LIN（局域互连网络）模式

通过将 USART_CR2 寄存器中的 LINEN 位置 1 来选择 LIN 模式。在 LIN 模式下，必须将以下位清零：①USART_CR2 寄存器中的 CLKEN 位；②USART_CR3 寄存器中的 STOP［1～0］、SCEN、HDSEL 和 IREN 位。

1. LIN 发送

与正常的 USART 发送相比，在 LIN 主器件中发送时应具有以下内容：

（1）M 位清零以配置 8 位字长度。

（2）LINEN 位置 1 以进入 LIN 模式。此时，将 SBK 位置 1 会发送 13 个"0"位作为断路字符。然后会发送值为"1"的位以进行下一启动检测。

2. LIN 接收

断路检测电路在 USART 接口上实现（图 11.9 和图 11.10）。该检测完全独立于正常的 USART 接收器。在空闲状态或某个帧期间，只要发生断路即可检测出来。接收器（USART_CR1 寄存器中 RE＝1）使能后，电路便开始监测启动信号的 RX 输入。检测起始位的方法与搜索断路字符或数据的方法相同。检测到起始位后，电路会对接下来的位进行采样，方法与数据采样相同（第 8、第 9 和第 10 次采样）。如果 10 个（USART_CR2 寄存器中 LBDL＝0 时）或 11 个（USART_CR2 寄存器中 LBDL＝1 时）连续位均检测为"0"，且其后跟随分隔符，则 USART_SR 寄存器中的 LBD 标志将会置 1。如果 LBDIE 位＝1，则会生成中断。在验证断路前，会对分隔符进行检查，因为它表示 RX 线路已恢复到高电平。如果在第 10 或第 11 次采样前已对"1"采样，则断路检测电路会取消当前检测，并重新搜索起始位。如果禁止 LIN 模式（LINEN＝0），接收器会作为正常的 USART 继续工作，不会再进行断路检测。如果使能 LIN 模式（LINEN＝1），只要发生帧错误（例如，在"0"处检测到停止位，这种情况可能出现在任何断路帧中），接收器即会停止，直至断路检测电路接收到"1"（断路字不完整时）或接收到分隔符（检测到断路时）。

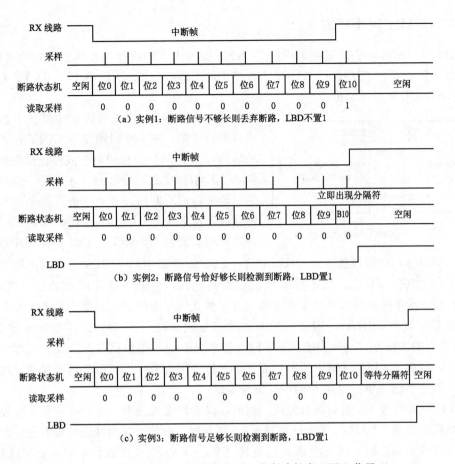

图 11.9 LIN 模式下的断路检测（11 位断路长度 LBDL 位置 1）

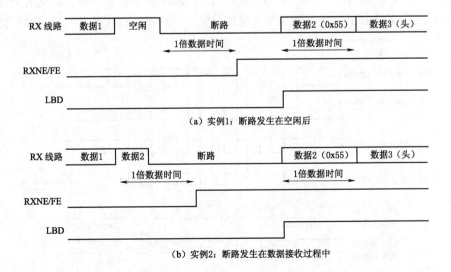

图 11.10 LIN 模式下的断路检测与帧错误检测［在这些示例中，
假设 LBDL＝1（11 位断路长度），M＝0（8 位数据）］

11.3.9　USART 同步模式

通过将 USART_CR2 寄存器中的 CLKEN 位写入 1 来选择同步模式。在同步模式下，必须将以下位清零：①USART_CR2 寄存器中的 LINEN 位；②USART_CR3 寄存器中的 SCEN、HDSEL 和 IREN 位。

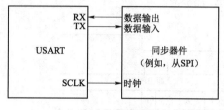

图 11.11　USART 同步发送示例

通过 USART，用户可以在主模式下控制双向同步串行通信。SCLK 引脚是 USART 发送器时钟的输出（图 11.11）。在起始位或停止位期间，不会向 SCLK 引脚发送时钟脉冲。在最后一个有效数据位（地址标记）期间，将会（也可能不会）生成时钟脉冲，这取决于 USART_CR2 寄存器中 LBCL 位的状态。通过 USART_CR2 寄存器中的 CPOL 位，用户可以选择时钟极性；通过 USART_CR2 寄存器中的 CPHA 位，用户可以选择外部时钟相位。在空闲状态、报头模式和发送断路期间，外部 SCLK 时钟处于未激活状态。USART 发送器在同步模式下的工作方式与异步模式下完全相同。但是由于 SCLK 与 TX 同步（根据 CPOL 和 CPHA），因此 TX 上的数据是同步的（图 11.12）。在此模式下，USART 接收器的工作方式与异步模式下不同。如果 RE=1，则数据在 SCLK 上采样（上升沿或下降沿，取决于 CPOL 和 CPHA），而不会进行任何过采样。此时必须确保建立时间和保持时间（取决于波特率：1/16 位时间）符合要求。

SCLK 引脚可与 TX 引脚结合使用。因此，仅当使能发送器（TE＝1）且正在发送数据时（对数据寄存器 USART_DR 已被写入），才会提供时钟。这意味着，没有发送数据的情况下无法接收同步数据。当发送器和接收器（TE＝RE＝0）都被禁止时，必须选择 LBCL 位、CPOL 位和 CPHA 位，以确保时钟脉冲正常工作。当使能发送器或接收器时，不得对这些位进行更改。建议按照相同指令将 TE 和 RE 位置 1，以尽量缩短接收器的建立时间和保持时间。USART 只支持主模式：它不能接收或发送与输入时钟相关的数据（SCLK 始终为输出）。

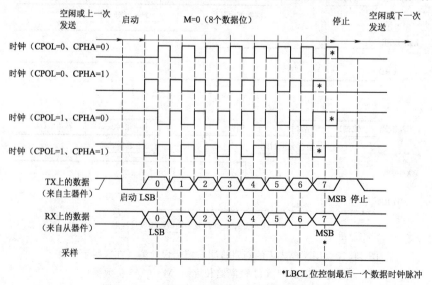

图 11.12　USART 数据时钟时序图（M＝0）

11.3.10 单线半双工通信

通过将 USART_CR3 寄存器中的 HDSEL 位置 1 来选择单线半双工模式。在此模式下，必须将以下位清零：①USART_CR2 寄存器中的 LINEN 和 CLKEN 位；②USART_CR3 寄存器中的 SCEN 和 IREN 位。

USART 可以配置为遵循单线半双工协议，其中 TX 和 RX 线路从内部相连接。使用控制位"HALF DUPLEX SEL"（USART_CR3 寄存器中的 HDSEL 位），可以在半双工通信和全双工通信间进行选择。一旦向 HDSEL 位写入 1，则

（1）TX 和 RX 线路从内部相连接。

（2）不能再使用 RX 引脚。

（3）无数据传输时，TX 引脚始终处于释放状态。因此，它在空闲状态或接收过程中用作标准 I/O。这意味着，必须对 I/O 进行配置，以便在未受 USART 驱动时，使 TX 成为浮空输入（或高电平开漏输出）。

此外，通信与正常 USART 模式下的通信相似。此线路上的冲突必须由软件进行管理（例如，使用中央仲裁器）。尤其要注意，发送过程永远不会被硬件封锁，只要数据是在 TE 位置 1 的情况下写入，发送就会持续进行。

11.4 USART 中 断

USART 中断请求见表 11.6。

表 11.6 　　　　　　　　　　　　 USART 中 断 请 求

中 断 事 件	事 件 标 志	使 能 控 制 位
发送数据寄存器为空	TXE	TXEIE
CTS 标志	CTS	CTSIE
发送完成	TC	TCIE
准备好读取接收到的数据	RXNE	RXNEIE
检测到上溢错误	ORE	
检测到空闲线路	IDLE	IDLEIE
奇偶校验错误	PE	PEIE
断路标志	LBD	LBDIE
多缓冲区通信中的噪声标志、上溢错误和帧错误	NF 或 ORE 或 FE	EIE

USART 中断事件被连接到相同的中断向量如图 11.13 所示。

（1）发送期间：发送完成、清除以发送或发送数据寄存器为空中断。

（2）接收期间：空闲线路检测、上溢错误、接收数据寄存器不为空、奇偶校验错误、LIN 断路检测、噪声标志（仅限多缓冲区通信）和帧错误（仅限多缓冲区通信）。

如果相应的使能控制位置 1，则这些事件会生成中断。

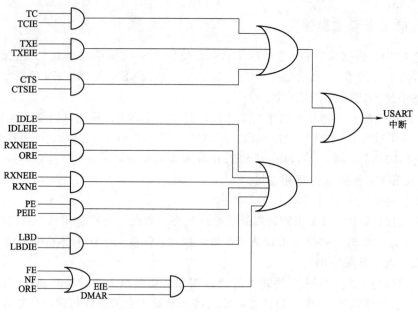

图 11.13　USART 中断映射图

11.5　USART 模式配置

USART 模式配置见表 11.7。

表 11.7　　　　　　　　　　　USART 模 式 配 置

USART 模式	USART1	USART2	USART3	UART4	UART5	USART6
异步模式	X	X	X	X	X	X
硬件流控制	X	X	X	NA	NA	X
多缓冲区通信(DMA)	X	X	X	X	X	X
多控制器通信	X	X	X	X	X	X
同步	X	X	X	NA	NA	X
智能卡	X	X	X	NA	NA	X
半双工(单线模式)	X	X	X	X	X	X
IrDA	X	X	X	X	X	X
LIN	X	X	X	X	X	X

注　X 表示支持；NA 表示不适用。

11.6　USART 寄 存 器

本节内容请扫描下方二维码学习。

思 考 题 与 习 题

1. 简述通信波特率的定义、串行数据的通信格式以及串行同步通信和异步通信的特点。

2. 简要说明 USART 的工作原理和 USART 数据接收配置步骤。

3. 当使用 USART 模块进行全双工异步通信时，需要做哪些配置？

4. 编程写出 USART 的初始化程序。

5. 简要描述在 USART 红外模式下，IrDA 低功耗模式的发送器和接收器的比特率。

6. 简要说明 USART 的 LIN 模式和正常 USART 模式的区别。

7. 分别说明 USART 在发送期间和接收期间有几种中断事件。

8. 同步串行通信中"同步"指的是什么？

9. 配置 UART 波特率为 115200，编写由串行口每隔一段时间发送字符串"Stellaris"的程序。

第 12 章　串 行 通 信 外 设 接 口

　　串行外设接口（serial peripheral interface，SPI）最早是由 MOTOROLA 提出的全双工三线同步串行外围接口，采用主从模式（master‑slave）架构，支持一个或多个 slave 设备，首先出现在其 M68 系列单片机中，由于其简单实用、性能优异，又不涉及专利问题，因此许多厂家的设备都支持该接口，广泛应用于 MCU 和外设模块如 E^2PROM、ADC、显示驱动器等的连接。SPI 接口是一种事实标准，大部分厂家都是参照 MOTOROLA 的 SPI 接口定义来设计的，并在此基础上衍生出多种变种。利用 SPI 可以在软件的控制下构成各种系统。如一个主控制器和几个从控制器、几个从控制器相互连接构成多主机系统（分布式系统）、一个主控制器和一个或几个从 I/O 设备所构成的各种系统等。在大多数应用场合，可以使用一个主控制器作为主控机来控制数据，并向一个或几个从外围器件传送该数据。从器件只有在主控机发命令时才能接收或发送数据，其数据的传输格式是高位（MSB）在前，低位（LSB）在后。

12.1　串 行 外 设 接 口 (SPI)

12.1.1　SPI 简介

　　SPI 接口提供两个主要功能，支持 SPI 协议或 I^2S 音频协议。默认情况下，选择的是 SPI 功能；可通过软件将接口从 SPI 切换到 I^2S。SPI 可与外部器件进行半双工/全双工的同步串行通信。该接口可配置为主模式，在这种情况下，它可为外部从器件提供通信时钟（SCK）。该接口还能够在多主模式配置下工作。它可用于多种用途，包括基于双线的单工同步传输，其中一条可作为双向数据线，或使用 CRC 校验实现可靠通信。I^2S 也是同步串行通信接口。它可满足 4 种不同音频标准的要求，包括 I^2S Philips 标准、MSB 和 LSB 对齐标准，以及 PCM 标准。它可在全双工模式（使用 4 个引脚）或半双工模式（使用 3 个引脚）下作为从器件或主器件工作。当 I^2S 配置为通信主模式时，该接口可以向外部从器件提供主时钟。

12.1.2　SPI 主要特性

　　SPI 主要特性如下：
　　（1）基于 3 条线的全双工同步传输。
　　（2）基于双线的单工同步传输，其中一条可作为双向数据线。
　　（3）8 位或 16 位传输帧格式选择。
　　（4）主模式或从模式操作。
　　（5）多主模式功能。
　　（6）8 个主模式波特率预分频器（最大值为 $f_{PCLK}/2$）。
　　（7）从模式频率（最大值为 $f_{PCLK}/2$）。

（8）对于主模式和从模式都可实现更快的通信。

（9）对于主模式和从模式都可通过硬件或软件进行 NSS 管理：动态切换主/从操作。

（10）可编程的时钟极性和相位。

（11）可编程的数据顺序，最先移位 MSB 或 LSB。

（12）可触发中断的专用发送和接收标志。

（13）SPI 总线忙状态标志。

（14）SPITI 模式。

（15）用于确保可靠通信的硬件 CRC 功能：在发送模式下可将 CRC 值作为最后一个字节发送，根据收到的最后一个字节自动进行 CRC 错误校验。

（16）可触发中断的主模式故障、上溢和 CRC 错误标志。

（17）具有 DMA 功能的 1 字节发送和接收缓冲器：发送和接收请求。

12.1.3　SPI 功能说明

1. 一般说明

SPI 原理框图如图 12.1 所示。通常，SPI 通过 4 个引脚与外部器件连接。

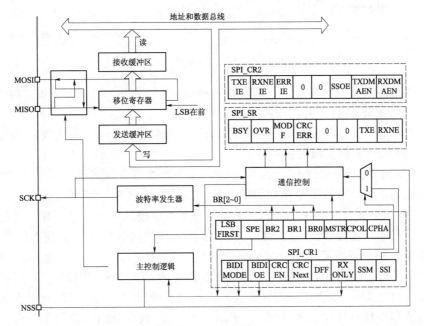

图 12.1　SPI 原理框图

（1）MISO：主输入/从输出数据。此引脚可用于在从模式下发送数据和在主模式下接收数据。

（2）MOSI：主输出/从输入数据。此引脚可用于在主模式下发送数据和在从模式下接收数据。

（3）SCK：用于 SPI 主器件的串行时钟输出以及 SPI 从器件的串行时钟输入。

（4）NSS：从器件选择。这是用于选择从器件的可选引脚。此引脚用作"片选"，可让 SPI 主器件与从器件进行单独通信，从而避免数据线上的竞争。从器件的 NSS 输入可由主器件上的标准 I/O 接口驱动。NSS 引脚在使能（SSOE 位）时还可用作输出，并可在 SPI 处于主模式配置时驱动为低电平。通过这种方式，只要器件配置成 NSS 硬件管理模式，所有连接到该主器件 NSS 引脚的其他器件 NSS 引脚都将呈现低电平，并因此而作为从器件。当配置为主模式，且 NSS 配置为输入（MSTR＝1 且 SSOE＝0）时，如果 NSS 拉至低电平，SPI 将进入主模式故障状态：MSTR 位自动清零，并且器件配置为从模式。

　　如图 12.2 所示，MOSI 引脚连接在一起，MISO 引脚连接在一起。通过这种方式，主器件和从器件之间以串行方式传输数据（最高有效位在前）。通信始终由主器件发起。当主器件通过 MOSI 引脚向从器件发送数据时，从器件同时通过 MISO 引脚做出响应。这是一个数据输出和数据输入都由同一时钟进行同步的全双工通信过程。从器件选择（NSS）引脚管理可以使用 SPI ＿ CR1 寄存器中的 SSM 位设置硬件或软件管理从器件选择：

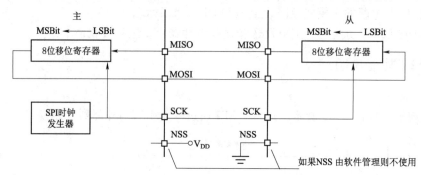

图 12.2　单个主/从器件应用

　　（1）软件管理 NSS（SSM＝1）。从器件选择信息在内部由 SPI ＿ CR1 寄存器中的 SSI 位的值驱动。外部 NSS 引脚空闲，可供其他应用使用。

　　（2）硬件管理 NSS（SSM＝0）。根据 NSS 输出配置（SPI ＿ CR1 寄存器中的 SSOE 位），硬件管理 NSS 有以下两种模式：

　　1）NSS 输出使能（SSM＝0，SSOE＝1）。仅当器件在主模式下工作时才使用此配置。当主器件开始通信时，NSS 信号驱动为低电平，并保持到 SPI 被关闭为止。

　　2）NSS 输出禁止（SSM＝0，SSOE＝0）。对于在主模式下工作的器件，此配置允许多主模式功能。对于设置为从模式的器件，NSS 引脚用作传统 NSS 输入：在 NSS 为低电平时片选该从器件，在 NSS 为高电平时取消对它的片选。

　　时钟相位和时钟极性：通过 SPI ＿ CR1 寄存器中的 CPOL 和 CPHA 位，可以用软件选择 4 种可能的时序关系。CPOL（时钟极性）位控制不传任何数据时的时钟电平状态。此位对主器件和从器件都有作用。如果复位 CPOL，SCK 引脚在空闲状态处于低电平。如果将 CPOL 置 1，SCK 引脚在空闲状态处于高电平。如果将 CPHA（时钟相位）位置 1，则 SCK 引脚上的第 2 个边沿（如果复位 CPOL 位，则为下降沿；如果将 CPOL 位置 1，则为上升沿）对 MSBit 采样，即在第 2 个时钟边沿锁存数据。如果复位 CPHA 位，则 SCK 引脚上的第 1 个边沿（如果将 CPOL 位置 1，则为下降沿；如果复位 CPOL 位，则为上升沿）对 MSBit 采样，即在第 1 个时钟边沿锁存数据（图 12.3）。CPOL（时钟极性）和 CPHA（时钟相位）位的组合用于选择数据捕获时钟边沿。

　　在切换 CPOL/CPHA 位之前，必须通过复位 SPE 位来关闭 SPI。必须以同一时序模式对主器件和从器件进行编程。SCK 的空闲状态必须与 SPI ＿ CR1 寄存器中选择的极性相对应（如果 CPOL＝1，则上拉 SCK；如果 CPOL＝0，则下拉 SCK）。通过 SPI ＿ CR1 寄存器中的 DFF 位选择数据帧格式（8 位或 16 位），该格式决定了发送/接收过程中的数据长度。

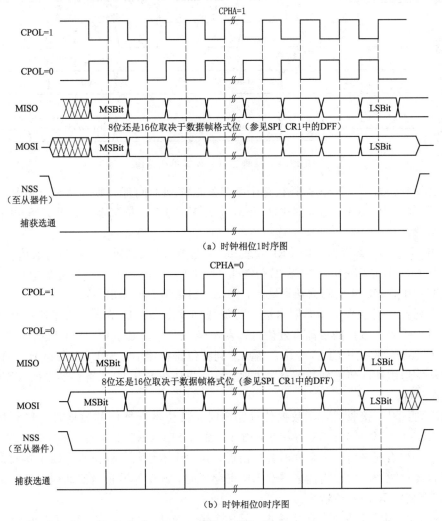

（a）时钟相位1时序图

（b）时钟相位0时序图

图 12.3　数据时钟时序图

数据帧格式：移出数据时 MSB 在前还是 LSB 在前取决于 SPI _ CR1 寄存器中 LSB-FIRST 位的值。每个数据帧的长度均为 8 位或 16 位，具体取决于使用 SPI _ CR1 寄存器中的 DFF 位。所选的数据帧格式适用于发送和/或接收。

2. 把 SPI 配置成从器件

在从模式配置中，从 SCK 引脚上接收主器件的串行时钟。SPI _ CR1 寄存器的 BR [2～0] 位中设置的值不会影响数据传输率。按照下述步骤把 SPI 模式配置成从模式：

（1）设置 DFF 位，以定义 8 位或 16 位数据帧格式。

（2）选择 CPOL 和 CPHA 位，以定义数据传输和串行时钟之间的关系（四种关系中的一种）。要实现正确的数据传输，必须以相同方式在从器件和主器件中配置 CPOL 和 CPHA 位。如果通过 SPI_CR2 寄存器中的 FRF 位选择 TI 模式（图 12.4），则不需要此步骤。

（3）帧格式（MSB 在前或 LSB 在前取决于 SPI _ CR1 寄存器中 LSBFIRST 位的值）必须与主器件的帧格式相同。如果选择 TI 模式，则不需要此步骤。

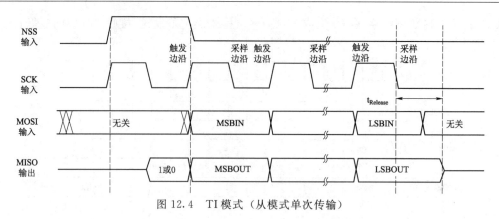

图 12.4　TI 模式（从模式单次传输）

（4）在硬件模式下，NSS 引脚在整个字节发送序列期间都必须连接到低电平。在 NSS 软件模式下，将 SPI_CR1 寄存器中的 SSM 位置 1，将 SSI 位清零。如果选择 TI 模式，则不需要此步骤。

（5）将 SPI_CR2 寄存器中的 FRF 位置 1，以选择 TI 模式协议进行串行通信。

（6）将 MSTR 位清零，并将 SPE 位置 1（两个位均在 SPI_CR1 寄存器中）。

在此配置中，MOSI 引脚为数据输入，MISO 引脚为数据输出。

发送序列：数据字节在写周期内被并行加载到发送缓冲区中。当从器件在其 MOSI 引脚上收到时钟信号和数据的最高有效位时，发送序列开始。其余位（8 位数据帧格式中的 7 个位，16 位数据帧格式中的 15 个位）将加载到移位寄存器中。SPI_SR 寄存器中的 TXE 标志在数据从发送缓冲区传输到移位寄存器时置 1，并且在 SPI_CR2 寄存器中的 TXEIE 位置 1 时将生成中断。

接收序列：对于接收器，在数据传输完成时，移位寄存器中的数据将传输到接收缓冲区，并且 RXNE 标志（SPI_SR 寄存器）置 1；如果 SPI_CR2 寄存器中的 RXNEIE 位置 1，则生成中断。在出现最后一个采样时钟边沿后，RXNE 位置 1，移位寄存器中接收的数据字节被复制到接收缓冲区中。当读取 SPI_DR 寄存器时，SPI 外设将返回此缓冲值。通过读取 SPI_DR 寄存器将 RXNE 位清零。

从模式下的 SPITI 协议：在从模式下，SPI 接口与 TI 协议兼容。可以使用 SPI_CR2 寄存器的 FRF 位来配置从 SPI 串行通信，以兼容此协议。时钟极性和相位都被强制为遵循 TI 协议，和 SPI_CR1 中的设置无关。NSS 管理也特定于 TI 协议，这使用户无须通过设置 SPI_CR1 和 SPI_CR2 寄存器（例如 SSM、SSI、SSOE）来对 NSS 管理进行设置。

在从模式下，使用 SPI 波特率预分频器来控制 MISO 引脚状态切换到高阻态的时刻。可以使用任意波特率，因此可以非常灵活地确定此时刻。但是，波特率通常设置为外部主时钟波特率。MISO 信号变为高阻态的时间（$t_{release}$）取决于芯片内部电路同步以及通过 SPI_CR1 寄存器的 BR［2～0］设置的波特率值，具体公式为

$$\frac{t_{baud\_rate}}{2} + 4\ t_{pclk} < t_{release} < \frac{t_{baud\_rate}}{2} + 6\ t_{pclk}$$

要在从器件发送器模式下使用错误中断（ERRIE＝1）检测 TI 帧错误，必须通过将 SPI_CR1 寄存器中的 BIDIMODE 和 BIDIOE 置 1 来将 SPI 配置为双线单向模式。当 BIDI-MODE 置为 0 时，OVR 将置 1，因为始终不会读取数据寄存器从而始终生成溢出错误中断；而当 BIDIMODE 置 1 时，不会接收数据，也不会将 OVR 置 1。

3. 把 SPI 配置成主器件

在主模式配置下，在 SCK 引脚上输出串行时钟。具体步骤如下：

（1）设置 BR [2～0] 位以定义串行时钟波特率。

（2）选择 CPOL 和 CPHA 位，以定义数据传输和串行时钟之间的关系（四种关系中的一种）。如果选择 TI 模式，则不需要此步骤。

（3）设置 DFF 位，以定义 8 位或 16 位数据帧格式。

（4）配置 SPI_CR1 寄存器中的 LSBFIRST 位以定义帧格式。如果选择 TI 模式，则不需要此步骤。

（5）如果 NSS 引脚配置成输入，在 NSS 硬件模式下，NSS 引脚在整个字节发送序列期间都连接到高电平信号；在 NSS 软件模式下，将 SPI_CR1 寄存器中的 SSM 和 SSI 位置 1。如果 NSS 引脚配置成输出，只应将 SSOE 位置 1。如果选择 TI 模式，则不需要此步骤。

（6）将 SPI_CR2 中的 FRF 位置 1，以选择 TI 协议进行串行通信。

（7）MSTR 和 SPE 位须置 1（仅当 NSS 引脚与高电平信号连接时，这两位才保持置 1）。

在此配置中，MOSI 引脚为数据输出，MISO 引脚为数据输入。

（1）发送序列：在发送缓冲区中写入字节时，发送序列开始。在第 1 个位传输期间，数据字节（从内部总线）并行加载到移位寄存器中，然后以串行方式移出到 MOSI 引脚，至于是 MSB 在前还是 LSB 在前则取决于 SPI_CR1 寄存器中的 LSBFIRST 位。TXE 标志在数据从发送缓冲区传输到移位寄存器时置 1，并且在 SPI_CR2 寄存器中的 TXEIE 位置 1 时将生成中断。

（2）接收序列：对于接收器，在数据传输完成时，移位寄存器中的数据将传输到接收缓冲区，并且 RXNE 标志置 1；如果 SPI_CR2 寄存器中的 RXNEIE 位置 1，则生成中断。

（3）在出现最后一个采样时钟边沿时，RXNE 位置 1，移位寄存器中接收的数据字节被复制到接收缓冲区中。当读取 SPI_DR 寄存器时，SPI 外设将返回此缓冲值。通过读取 SPI_DR 寄存器将 RXNE 位清零。如果在发送开始后将要发送的下一个数据置于发送缓冲区，则可保持连续的发送流。

（4）主模式下的 SPITI 协议：在主模式下，SPI 接口与 TI 协议兼容。可以使用 SPI_CR2 寄存器的 FRF 位来配置主 SPI 串行通信，以兼容此协议。时钟极性和相位都被强制为遵循 TI 协议，和 SPI_CR1 中的设置无关。NSS 管理也特定于 TI 协议，这使用户无须通过设置 SPI_CR1 和 SPI_CR2 寄存器（例如 SSM、SSI、SSOE）来对 NSS 管理进行设置。主模式下选择 TI 模式时的 SPI 主模式通信波形如图 12.5 所示。

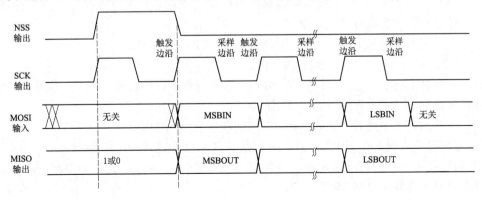

图 12.5　TI 模式（主模式单次传输）

4. 配置 SPI 进行半双工通信

SPI 能够在以下两种配置中以半双工模式工作：1 个时钟和 1 条双向数据线、1 个时钟和 1 条单向数据线（只接收或只发送）。

（1）1 个时钟和 1 条双向数据线（BIDIMODE＝1）。可将 SPI _ CR1 寄存器中的 BIDI-MODE 位置 1 来使能此模式。在此模式下，SCK 用于时钟，MOSI（主模式下）或 MISO（从模式下）用于数据通信。通过 SPI _ CR1 寄存器中的 BIDIOE 位来选择传输方向（输入/输出）。当该位置 1 时，数据线为输出，否则为输入。

（2）1 个时钟和 1 条单向数据线（BIDIMODE＝0）。在此模式下，应用程序可使用 SPI 的只发送或只接收功能。

1）只发送模式类似于全双工模式（BIDIMODE＝0、RXONLY＝0），在发送引脚（主模式下的 MOSI 或从模式下的 MISO）上发送数据，接收引脚（主模式下的 MISO 或从模式下的 MOSI）可用作通用 I/O。在这种情况下，应用程序只需要忽略接收缓冲区（即使读取数据寄存器，它也不包含接收值）。

2）只接收模式下，应用程序可将 SPI_CR2 寄存器中的 RXONLY 位置 1 来关闭 SPI 输出功能。在这种情况下，发送 I/O 引脚（主模式下的 MOSI 或从模式下的 MISO）可用于其他用途。

要在只接收模式下开始通信，配置并使能 SPI：

（1）在主模式下，通信会立即开始，并在 SPE 位清零且当前接收结束时停止。在此模式下无须读取 BSY 标志。在进行 SPI 通信时，该标志始终置 1。

（2）在从模式下，只要 NSS 被拉低（或在 NSS 软件模式下将 SSI 位清零）并且一直有来自主器件的 SCK 输入，SPI 就会继续接收。

5. 数据发送和接收过程

接收和发送缓冲区：在接收过程中，数据收到后，先存储到内部接收缓冲区中；而在发送过程中，先将数据存储到内部发送缓冲区中，然后发送数据。对 SPI_DR 寄存器的读访问将返回接收缓冲值，而对 SPI_DR 寄存器的写访问会将写入的数据存储到发送缓冲区中。

在主模式下启动通信序列：

（1）在全双工模式下（BIDIMODE＝0 且 RXONLY＝0）。

1）将数据写入到 SPI_DR 寄存器（发送缓冲区）时，通信序列启动。

2）随后在第一个位的发送期间，将数据从发送缓冲区并行加载到 8 位移位寄存器中，然后以串行方式将其移出到 MOSI 引脚。

3）同时，将 MISO 引脚上接收的数据以串行方式移入 8 位移位寄存器，然后并行加载到 SPI_DR 寄存器（接收缓冲区）中。

（2）在单向只接收模式下（BIDIMODE＝0 且 RXONLY＝1）。

1）只要 SPE＝1，通信序列就立即开始。

2）只有接收器激活，并且在 MISO 引脚上接收的数据以串行方式移入 8 位移位寄存器，然后并行加载到 SPI_DR 寄存器（接收缓冲区）中。

（3）在双向模式下进行发送时（BIDIMODE＝1 且 BIDIOE＝1）。

1）将数据写入到 SPI_DR 寄存器（发送缓冲区）时，通信序列启动。

2）随后在第一个位的发送期间，将数据从发送缓冲区并行加载到 8 位移位寄存器中，然后以串行方式将其移出到 MOSI 引脚。

3）不接收任何数据。

（4）在双向模式下进行接收时（BIDIMODE＝1且BIDIOE＝0）。

1）只要SPE＝1且BIDIOE＝0，通信序列就立即开始。

2）在MOSI引脚上接收的数据以串行方式移入8位移位寄存器，然后并行加载到SPI_DR寄存器（接收缓冲区）中。

3）发送器没有激活，因此不会有数据以串行方式移出MOSI引脚。

在从模式下启动通信序列：

（1）在全双工模式下（BIDIMODE＝0且RXONLY＝0）。当从器件在其MOSI引脚上收到时钟信号和数据的第一个位时，通信序列开始。其余7个位将加载到移位寄存器中。同时，在第1个位的发送期间，将数据从发送缓冲区并行加载到8位移位寄存器中，然后以串行方式将其移出到MISO引脚。在SPI主器件启动传输前，软件必须已把要从器件发送的数据写入发送缓冲区。

（2）在单向只接收模式下（BIDIMODE＝0且RXONLY＝1）。当从器件在其MOSI引脚上收到时钟信号和数据的第一个位时，通信序列开始。其余7个位将加载到移位寄存器中。发送器没有激活，因此不会有数据以串行方式移出MISO引脚。

（3）在双向模式下进行发送时（BIDIMODE＝1且BIDIOE＝1）。当从器件收到时钟信号，并将发送缓冲区中的第一个位在MISO引脚上发送时，通信序列开始。

随后在第一个位的发送期间，将数据从发送缓冲区并行加载到8位移位寄存器中，然后以串行方式将其移出到MISO引脚。在SPI主器件启动传输前，软件必须已把要从器件发送的数据写入发送缓冲区，不接收任何数据。

（4）在双向模式下进行接收时（BIDIMODE＝1且BIDIOE＝0）。当从器件在其MISO引脚上收到时钟信号和数据的第一个位时，通信序列开始。在MISO引脚上接收的数据以串行方式移入8位移位寄存器，然后并行加载到SPI_DR寄存器（接收缓冲区）中。发送器没有激活，因此不会有数据以串行方式移出MISO引脚。

处理数据发送与接收：将数据从发送缓冲区传输到移位寄存器时，TXE标志（发送缓冲区为空）置1。该标志表示内部发送缓冲区已准备好加载接下来的数据。如果SPI_CR2寄存器中的TXEIE位置1，可产生中断。通过对SPI_DR寄存器执行写操作将TXE位清零。将数据从移位寄存器传输到接收缓冲区时，RXNE标志（接收缓冲区非空）会在最后一个采样时钟边沿置1。它表示已准备好从SPI_DR寄存器中读取数据。如果SPI_CR2寄存器中的RXNEIE位置1，可产生中断。通过读取SPI_DR寄存器将RXNE位清零。对于某些配置，可以在最后一次数据传输期间使用BSY标志来等待传输完成。

主模式或从模式下的全双工发送和接收过程（BIDIMODE＝0且RXONLY＝0）：

1）通过将SPE位置1来使能SPI。

2）将第一个要发送的数据项写入SPI_DR寄存器（此操作会将TXE标志清零）。

3）等待至TXE＝1，然后写入要发送的第二个数据项。然后等待至RXNE＝1，读取SPI_DR以获取收到的第一个数据项（此操作会将RXNE位清零）。对每个要发送/接收的数据项重复此操作，直到第$n-1$个接收的数据为止。

4）等待至RXNE＝1，然后读取最后接收的数据。

5）等待至TXE＝1，然后等待至BSY＝0，再关闭SPI。

此外，还可以使用在RXNE或TXE标志所产生的中断对应的各个中断子程序来实现该过程（图12.6和图12.7）。

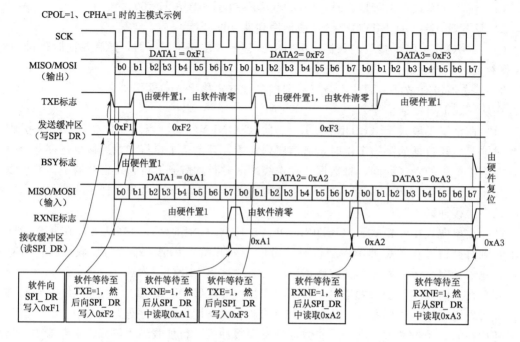

图 12.6　主/全双工模式（BIDIMODE＝0 且 RXONLY＝0）下的 TXE/RXNE/BSY 行为

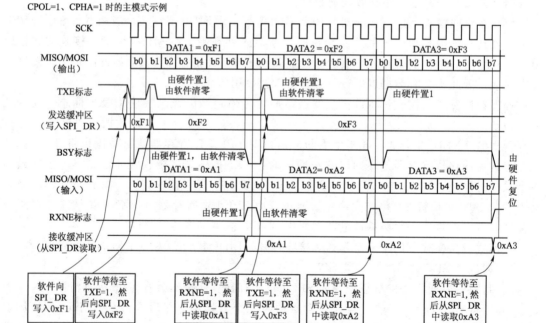

图 12.7　从/全双工模式（BIDIMODE＝0 且 RXONLY＝0 ）下的 TXE/RXNE/BSY 行为

只发送模式下的数据发送过程（BIDIMODE＝0、RXONLY＝0）：在此模式下，可以按下述简化过程，并且可使用 BSY 位等待发送完成。

1）通过将 SPE 位置 1 来使能 SPI。

2）将第一个要发送的数据项写入 SPI_DR 寄存器（此操作会将 TXE 标志清零）。

3）等待至 TXE=1，然后写入下一个要发送的数据项。对每个要发送的数据项重复此步骤。

4）将最后一个数据项写入 SPI_DR 寄存器后，等待至 TXE=1，然后等待至 BSY=0，这表示最后的数据发送完成。

此外，还可以使用在 TXE 标志所产生的中断对应的中断子程序来实现该过程（图 12.8 和图 12.9）。

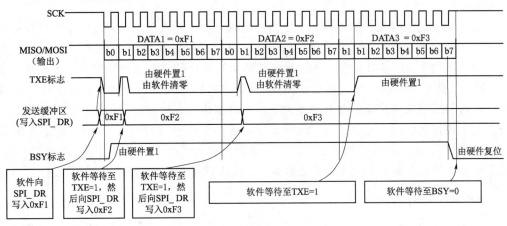

图 12.8 主设备只发送模式

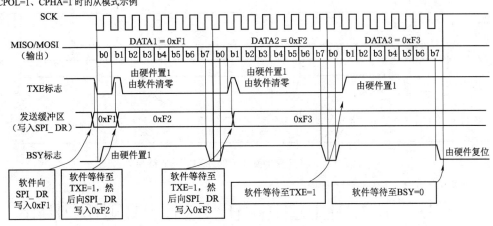

图 12.9 从设备只发送模式

单线双向模式下的发送过程（BIDIMODE=1 且 BIDIOE=1）：在此模式下，过程与只发送模式下的过程相似，除了在使能 SPI 前必须将 SPI_CR2 寄存器中的 BIDIMODE 位和 BIDIOE 位均置 1。单向只接收过程（BIDIMODE=0 且 RXONLY=1），在此模式下，可以按如下所述简化过程：

1）将 SPI_CR2 寄存器中的 RXONLY 位置 1。

2）通过将 SPE 位置 1 使能 SPI：在主模式下，这会立即激活 SCK 时钟的产生，并以串行方式接收数据,直到关闭 SPI (SPE=0);在从模式下,当 SPI 主器件将该从器件的 NSS 驱动为低电平并输出 SCK 时钟时,接收数据。

3) 等待 RXNE=1,然后读取 SPI_DR 寄存器以获取接收的数据(此操作会将 RXNE 位清零)。对每个要接收的数据项重复此操作。此外,还可以使用在 RXNE 标志所产生的中断对应的中断子程序来实现该过程。

单线双向模式下的接收过程(BIDIMODE=1 和 BIDIOE=0):在此模式下,过程与只接收模式的过程相似,除了在使能 SPI 前必须将 SPI_CR2 寄存器中的 BIDIMODE 位置 1 并将 BIDIOE 清零。

连续传输和间断传输:在主模式下发送数据时,如果软件速度快到能在下一个数据传输完成之前,响应该数据从数据寄存器传输到移位寄存器所触发的 TXE 中断,并能立即完成再下一个数据的写 SPI_DR 操作,则这种通信称为连续通信。在这种情况下,各数据项之间 SPI 时钟的生成不会间断,并且各数据传输之间不会清零 BSY 位。相反,如果软件速度不够快,则可能导致通信中断。在这种情况下,各数据传输之间会清零 BSY 位(图 12.10)。

在主设备仅接收模式(RXONLY=1)下,通信始终是连续的,且 BSY 标志始终读为 1。在从模式下,通信的连续性由 SPI 主器件决定。任何情况下(即使通信是连续的),在各个数据传输之间 BSY 标志都会短暂变为低电平,持续时间为一个 SPI 时钟周期(图 12.11)。

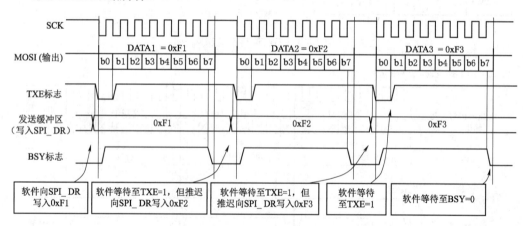

图 12.10 只发送模式下的 TXE/BSY 行为

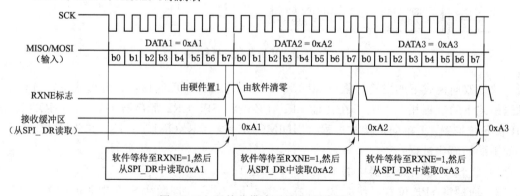

图 12.11 只接收模式下的 RXNE 行为

6. CRC 计算

为确保通信的可靠性，SPI 模块实现了硬件 CRC 功能。针对发送的数据和接收的数据分别实现 CRC 计算。使用可编程的多项式对每个位来计算 CRC。在由 SPI_CR1 寄存器中的 CPHA 位和 CPOL 位定义的采样时钟边沿采样每个位来进行计算。通过将 SPI_CR1 寄存器中的 CRCEN 位置 1 来使能 CRC 的计算。此操作将复位 CRC 寄存器（SPI_RXCRCR 和 SPI_TXCRCR）。在全双工或只发送模式下，如果传输由软件（CPU 模式）管理，则在将最后传输的数据写入 SPI_DR 后，必须立即对 CRCNEXT 位执行写操作。最后一次数据传输结束时，将发送 SPI_TXCRCR 值。在只接收模式下，如果传输由软件（CPU 模式）管理，则在接收到倒数第 2 个数据后，必须对 CRCNEXT 位执行写操作。在收到最后一个数据后会收到 CRC，然后执行 CRC 校验。如果传输过程中出现数据损坏，则在数据和 CRC 传输结束时，SPI_SR 寄存器中的 CRCERR 标志将置 1。如果发送缓冲区中存在数据，则只有在发送数据字节后才会发送 CRC 值。在 CRC 发送期间，CRC 计算器处于关闭状态且寄存器值保持不变。可通过以下步骤使用 CRC 进行 SPI 通信：

（1）对 CPOL、CPHA、LSBFIRST、BR、SSM、SSI 和 MSTR 值进行编程。

（2）对 SPI_CRCPR 寄存器中的多项式进行编程。

（3）通过将 SPI_CR1 寄存器中的 CRCEN 位置 1 来使能 CRC 计算。此操作还会将 SPI_RXCRCR 和 SPI_TXCRCR 寄存器清零。

（4）通过将 SPI_CR1 寄存器中的 SPE 位置 1 使能 SPI。

（5）启动并维持通信，直到只剩下一个字节或半字未发送或接收。

1）在全双工或只发送模式下，如果传输由软件管理，则在向发送缓冲区写入最后一个字节或半字后，将 SPI_CR1 寄存器中的 CRCNEXT 位置 1，以表示在发送完最后一个字节后将发送 CRC。

2）在只接收模式下，在接收倒数第 2 个数据后，立即将 CRCNEXT 位置 1，以便使 SPI 准备好在接收完最后一个数据后进入 CRC 阶段。在 CRC 传输期间，CRC 计算将冻结。

（6）传输完最后一个字节或半字后，SPI 进入 CRC 传输和校验阶段。在全双工模式或只接收模式下，将接收的 CRC 与 SPI_RXCRCR 值进行比较。如果两个值不匹配，则 SPI_SR 中的 CRCERR 标志将置 1，并且在 SPI_CR2 寄存器中的 ERRIE 位置 1 时会产生中断。

当 SPI 处于从模式时，注意只能在时钟稳定（即时钟处于空闲电平）时使能 CRC 计算。否则，可能导致 CRC 计算错误。因为，只要 CRCEN 位置 1，无论 SPE 位的值如何，只要有时钟输入，CRC 计算器就开始工作。在 SPI 通信时钟频率较高的情况下，发送 CRC 时务必小心。由于在 CRC 传输阶段 CPU 应尽可能空闲，因此禁止在 CRC 发送阶段调用函数，以便避免最后的数据和 CRC 接收出错。实际上，在发送/接收最后的数据之前必须对 CRCNEXT 位执行写操作。SPI 通信时钟频率较高时，建议使用 DMA 模式来避免由于 CPU 访问影响 SPI 带宽而导致 SPI 速度性能下降。如果将器件配置为从器件，并且使用 NSS 硬件模式，则需要在数据阶段和 CRC 阶段之间将 NSS 引脚保持为低电平。当 SPI 配置为从模式并且 CRC 功能已使能时，即使 NSS 引脚为高电平，也会进行 CRC 计算。例如，在多从模式环境下可能出现这种情况，此时通信主器件会交替寻址从器件。在对从器件片选的切换期间内，应在主器件和从器件两端同时将 CRC 值清零，以重新同步主从双方的 CRC 计算。要将 CRC 清零，请按以下步骤操作：关闭 SPI（SPE=0）、将 CRCEN 位清零、将 CRCEN 位置 1、使能 SPI（SPE=1）。

7. 状态标志

应用可通过 3 种状态标志监视 SPI 总线的状态。

(1) 发送缓冲区为空（TXE）：此标志置 1 时，表示发送缓冲区为空，可以将待发送的下一个数据加载到缓冲区中。对 SPI_DR 寄存器执行写操作时，将清零 TXE 标志。

(2) 接收缓冲区非空（RXNE）：此标志置 1 时，表示接收缓冲区中存在有效的已接收数据。读取 SPI_DR 时，将清零该标志。

(3) BSY：BSY 标志由硬件置 1 和清零（对此标志执行写操作没有任何作用）。BSY 标志用于指示 SPI 通信的状态。BSY 置 1 时，表示 SPI 正忙于通信。在主模式下的双向通信接收模式（MSTR＝1 且 BDM＝1 且 BDOE＝0）有一个例外情况，BSY 标志在接收过程中保持低电平。如果软件要关闭 SPI 并进入停止模式（或关闭外设时钟），可使用 BSY 标志检测传输是否结束以避免破坏最后一个数据的传输。为此，必须严格遵循下述步骤。BSY 标志还可用于避免在多主模式系统中发生写冲突。传输开始时，BSY 标志将置 1，但在主模式下的双向通信接收模式（MSTR＝1 且 BDM＝1 且 BDOE＝0）下例外。

在以下情况下硬件将清零该标志：①传输完成时（主模式下的连续通信除外）；②关闭 SPI 时；③发生主模式故障时（MODF＝1）。

当通信不连续时，BSY 标志在各通信之间处于低电平。当通信连续时：①在主模式下，BSY 标志在所有传输期间均保持高电平；②在从模式下，BSY 标志在各传输之间的一个 SPI 时钟周期内变为低电平。

8. 关闭 SPI

传输终止时，应用可通过关闭 SPI 外设来停止通信，这通过将 SPE 位清零来完成。对于某些配置，在传输进行时关闭 SPI 并进入停止模式会导致当前传输受损，并且/或者 BSY 标志可能不可靠。为避免上述后果，建议在关闭 SPI 时按以下步骤操作：

(1) 在主模式或全双工从模式（BIDIMODE＝0、RXONLY＝0）下。

1) 等待 RXNE＝1 以接收最后的数据。

2) 等待 TXE＝1。

3) 然后等待 BSY＝0。

4) 关闭 SPI（SPE＝0），最后进入停止模式（或关闭外设时钟）。

(2) 在主模式或单向只发送从模式（BIDIMODE＝0、RXONLY＝0）或双向通信发送模式（BIDIMODE＝1、BIDIOE＝1）下。在最后的数据写入 SPI_DR 寄存器后：

1) 等待 TXE＝1。

2) 然后等待 BSY＝0。

3) 关闭 SPI（SPE＝0），最后进入停止模式（或关闭外设时钟）。

(3) 在单向只接收主模式（MSTR＝1、BIDIMODE＝0、RXONLY＝1）或双向通信接收模式（MSTR＝1、BIDIMODE＝1、BIDIOE＝0）下。必须以特殊方式管理这种情况，以避免多余的 SPI 数据传输。以下序列仅适用于 SPIMOTOROLA 配置（FRF 位置 0）：

1) 等待倒数第 2 个数据（第 $n-1$ 个）对应的 RXNE 标志置位。

2) 然后等待一个 SPI 时钟周期（使用软件循环），才能关闭 SPI（SPE＝0）。

3) 再等待最后的 RXNE＝1，然后进入停止模式（或关闭外设时钟）。

(4) 当 SPI 配置为 TI 模式（FRF 位置 1）时，必须按以下步骤操作以避免当关闭 SPI 时在 NSS 上产生不需要的脉冲：

1）等待倒数第 2 个数据（第 $n-1$ 个）对应的 RXNE 标志置位。

2）在以下窗口帧中使用软件循环关闭 SPI（SPE＝0）：至少一个 SPI 时钟周期后，并且 LSB 数据开始传输前。

（5）在只接收从模式（MSTR＝0、BIDIMODE＝0、RXONLY＝1）或双向通信接收模式（MSTR＝0、BIDIMODE＝1、BIDIOE＝0）下。

1）可以随时关闭 SPI（写入 SPE＝O）：当前传输完成后，SPI 才被真正关闭。

2）之后，如果要进入停止模式，则必须首先等待至 BSY＝0，然后才能进入停止模式（或关闭外设时钟）。

9. 使用 DMA（直接存储器寻址）进行 SPI 通信

要以最大速度工作，需要给 SPI 不断提供要发送的数据，并及时读取接收缓冲区中的数据，以避免上溢。为加速传输，SPI 提供了 DMA 功能，以实现简单的请求/应答协议。当使能 SPI_CR2 寄存器中的使能位时，将请求 DMA 访问。发送缓冲区和接收缓冲区会发出各自的 DMA 请求：

（1）在发送过程中（图 12.12），每次 TXE 位置 1 都会发出 DMA 请求。DMA 随后对 SPI_DR 寄存器执行写操作（此操作会将 TXE 标志清零）。

（2）在接收过程中（图 12.13），每次 RXNE 位置 1 都会发出 DMA 请求。DMA 随后对 SPI_DR 寄存器执行读操作（此操作会将 RXNE 标志清零）。

当 SPI 仅用于发送数据时，可以只使能 SPITxDMA 通道。在这种情况下，OVE 标志会置 1，因为未读取接收的数据。当 SPI 仅用于接收数据时，可以只使能 SPIRxDMA 通道。在发送模式下，DMA 完成了所有要发送数据的传输（DMA_ISR 寄存器中的 TCIF 标志置 1）后，可以对 BSY 标志进行监视，以确保 SPI 通信已完成。在关闭 SPI 或进入停止模式前必须执行此步骤，以避免损坏最后一次数据的发送。软件必须首先等待 TXE＝1，再等待 BSY＝0。

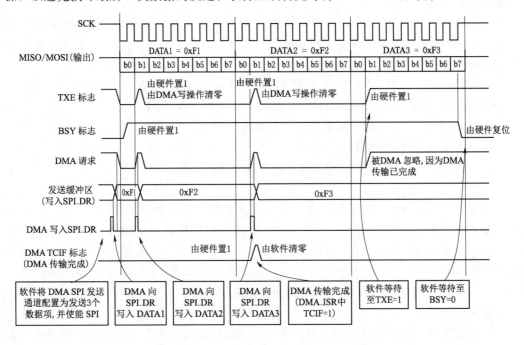

图 12.12 使用 DMA 进行发送（CPOL＝1、CPHA＝1 时的示例）

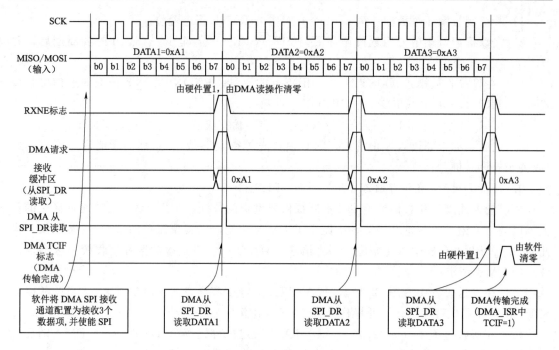

图 12.13　使用 DMA 进行接收（CPOL＝1、CPHA＝1 时的示例）

DMA 功能与 CRC：当使能的 SPI 通信支持 CRC 通信和 DMA 模式时，在通信结束时会自动发送和接收 CRC，无须使用 CRCNEXT 位。接收 CRC 后，必须在 SPI_DR 寄存器中读取 CRC，以将 RXNE 标志清零。如果传输过程中出现损坏，则在数据和 CRC 传输结束时，SPI_SR 寄存器中的 CRCERR 标志将置 1。

10. 错误标志

（1）主模式故障（MODF）。当主器件的 NSS 引脚拉低（NSS 硬件模式下）或 SSI 位为 0（NSS 软件模式下）时，会发生主模式故障，这会自动将 MODF 位置 1。主模式故障会在以下几方面影响 SPI 外设：

1）如果 ERRIE 位置 1，MODF 位将置 1，并生成 SPI 中断。

2）SPE 位清零。这将关闭器件的所有输出，并关闭 SPI 接口。

3）MSTR 位清零，从而强制器件进入从模式。

使用以下软件序列将 MODF 位清零：

a. 在 MODF 位置 1 时，对 SPI_SR 寄存器执行读或写访问。

b. 然后，对 SPI＿CR1 寄存器执行写操作。

为避免包含多个 MCU 的系统中发生多从模式冲突，必须在 MODF 位清零序列期间将 NSS 引脚拉高。在该清零序列后，可以将 SPE 和 MSTR 位恢复到原始状态。作为安全措施，硬件不允许在 MODF 位置 1 时将 SPE 和 MSTR 位置 1。在从器件中，不能将 MODF 位置 1。但是，在多主模式配置中，器件可在 MODF 位置 1 时处于从模式。在这种情况下，MODF 位指示系统控制可能存在多主模式冲突。可使用中断程序从此状态完全恢复，方法是执行复位或返回到默认状态。

（2）溢出错误。当主器件发送完数据字节，而从器件尚未将上一个收到的数据所产生的 RXNE 位清零时，将出现溢出情况。出现溢出错误时：OVR 位置 1 并在 ERRIE 位置 1 时生成一个中断。在这种情况下，接收器缓冲区内容不会被来自主器件的新数据更新。读取 SPI_DR 寄存器将返回此字节。主器件后续发送的所有其他字节均将丢失。依次读取 SPI_DR 寄存器和 SPI_SR 寄存器可将 OVR 清除。

（3）CRC 错误。当 SPI_CR1 寄存器中的 CRCEN 位置 1 时，此标志用于验证接收数据的有效性。如果移位寄存器中接收的值与 SPI_RXCRCR 的值不匹配，SPI_SR 寄存器中的 CRCERR 标志将置 1。

（4）TI 模式帧格式错误。如果 SPI 在从模式下工作，并配置为符合 TI 模式协议，则在持续通信期间出现 NSS 脉冲时，将检测到 TI 模式帧格式错误。出现此错误时，SPI_SR 寄存器中的 FRE 标志将置 1。发生错误时不会关闭 SPI，但会忽略 NSS 脉冲，并且 SPI 会等待至下一个 NSS 脉冲，然后再开始新的传输。由于错误检测可能导致丢失两个数据字节，因此数据可能会损坏。读取 SPI_SR 寄存器时，将清零 FRE 标志。如果 ERRIE 位置 1，则检测到帧格式错误时将产生中断（图 12.14）。在这种情况下，由于无法保证数据的连续性，应关闭 SPI，并在重新使能从 SPI 后，由主器件重新发起通信。

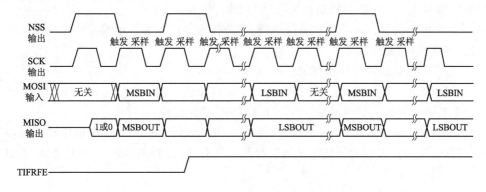

图 12.14 TI 模式帧模式错误检测

12.1.4 SPI 寄存器

本节内容请扫描下方二维码学习。

12.2 内部集成电路接口（I²C）

12.2.1 I²C 简介

I²C（内部集成电路）总线接口用作微控制器和 I²C 串行总线之间的接口。它提供多主模式功能，可以控制所有 I²C 总线特定的序列、协议、仲裁和时序。它支持标准和快速模式。它还与 SMBus2.0 兼容。它可以用于多种用途，包括 CRC 生成和验证、SMBus（系统管理总线）以及 PMBus（电源管理总线）。根据器件的不同，可利用 DMA 功能来减轻 CPU 的工作量。

12.2.2　I²C 主要特性

I²C 主要特性如下：

（1）并行总线 I²C 协议转换器。

（2）多主模式功能：同一接口既可用作主模式也可用作从模式。

（3）I²C 主模式特性：时钟生成、起始位和停止位生成。

（4）I²C 从模式特性：可编程 I²C 地址检测；双寻址模式，可对 2 个从地址应答；停止位检测。

（5）7 位/10 位寻址以及广播呼叫的生成和检测。

（6）支持不同的通信速度：标准速度（高达 100kHz）、快速速度（高达 400kHz）。

（7）适用于 STM32F42×××和 STM32F43×××的可编程数字噪声滤波器。

（8）状态标志：发送/接收模式标志、字节传输结束标志、I²C 忙碌标志。

（9）错误标志：主模式下的仲裁丢失情况、地址/数据传输完成后的应答失败、检测误放的起始位和停止位、禁止时钟延长后出现的上溢/下溢。

（10）2 个中断向量：由成功的地址/数据字节传输事件触发、由错误状态触发。

（11）可选的时钟延长。

（12）带 DMA 功能的 1 字节缓冲。

（13）可配置的 PEC（数据包错误校验）生成或验证：在 TX 模式下，可将 PEC 值作为最后一个字节进行传送；针对最后接收字节的 PEC 错误校验。

（14）SMBus2.0 兼容性：25ms 时钟低电平超时延迟、10ms 主器件累计时钟低电平延长时间、25ms 从器件累计时钟低电平延长时间、具有 ACK 控制的硬件 PEC 生成/验证、支持地址解析协议（ARP）。

（15）PMBus 兼容性。

12.2.3　I²C 功能说明

除了接收和发送数据之外，此接口还可以从串行格式转换为并行格式，反之亦然。中断由软件使能或禁止。该接口通过数据引脚（SDA）和时钟引脚（SCL）连接到 I²C 总线。它可以连接到标准（高达 100kHz）或快速（高达 400kHz）I²C 总线。图 12.15 所示为 I²C 总线协议。

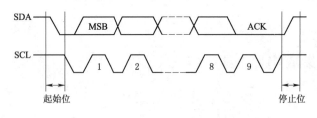

图 12.15　I²C 总线协议

1. 模式选择

I²C 接口在工作时可选用以下 4 种模式之一：从发送器、从接收器、主发送器、主接收器。默认情况下，它以从模式工作。接口在生成起始位后会自动由从模式切换为主模式，并在出现仲裁丢失或生成停止位时从主模式切换为从模式，从而实现多主模式功能。

通信流程：在主模式下，I²C 接口会启动数据传输并生成时钟信号。串行数据传输始终是在出现起始位时开始，在出现停止位时结束。起始位和停止位均在主模式下由软件生成。在从模式下，该接口能够识别其自身地址（7 位或 10 位）以及广播呼叫地址。广播呼叫地址检测可由软件使能或禁止。数据和地址均以 8 位字节传输，MSB 在前。起始位后紧随地址字节（7 位地址占据 1 个字节；10 位地址占据 2 个字节）。地址始终在主模式下传送。在字节传输 8 个时钟周期后是第 9 个时钟脉冲，在此期间接收器必须向发送器发送 1 个应答位。

应答位可由软件使能或禁止。I²C 接口地址（7 位/10 位双寻址模式和/或广播呼叫地址）可通过软件进行选择。I²C 接口框图如图 12.16 所示。

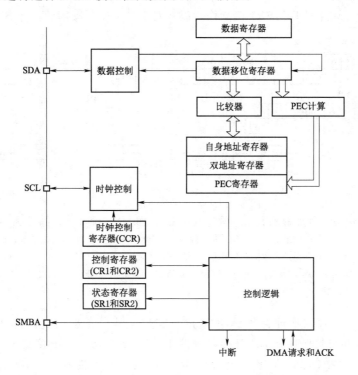

图 12.16 STM32F40×的 I²C 框图

2. I²C 从模式

默认情况下，I²C 接口在从模式下工作。要将工作模式由默认的从模式切换为主模式，需要生成一个起始位。为了生成正确的时序，必须在 I²C_CR2 寄存器中对外设输入时钟进行编程。外设输入时钟频率的下限为：标准模式下 2MHz 或快速模式下 4MHz。检测到起始位后，便会立即接收到来自 SDA 线的地址并将其送到移位寄存器。之后，会将其与接口地址（OAR1）和 OAR2（如果 ENDUAL＝1）或者广播呼叫地址（如果 ENGC＝1）进行比较。在 10 位寻址模式下，比较对象还包括头序列（11110xx0），其中，xx 表示该地址的两个最高有效位。

头或地址不匹配：接口会忽略它并等待下一个起始位。

头匹配（仅针对 10 位模式）：如果 ACK 位置 1，则接口会生成一个应答脉冲并等待 8 位从地址。

地址匹配：接口会依次发出应答脉冲（如果 ACK 位置 1）；ADDR 位会由硬件置 1 并在 ITEVFEN 位置 1 时生成一个中断；如果 ENDUAL＝1，则软件必须读取 DUALF 位状态来核对哪些从地址进行了应答。在 10 位模式下，完成地址序列接收后，从模式始终处于接收模式。在接收到重复起始位以及一个匹配地址位和最低有效位均置 1 的头序列（11110xx1）后，它会进入发送模式。TRA 位指示从设备是处于接收模式还是处于发送模式。

从发送器：在接收到地址并将 ADDR 清零后，从设备会通过内部移位寄存器将 DR 寄存器中的字节发送到 SDA 线（图 12.17）。从设备会延长 SCL 低电平时间，直至 ADDR 位清零且 DR 寄存器中填满待发送数据。接收到应答脉冲时，TXE 位会由硬件置 1 并在 ITEVFEN 和 ITBUFEN 位均置 1 时生成一个中断。如果在下一次数据传输结束之前 TXE 位已置 1 但某些数据尚未写入 I²C_DR 寄存器，则 BTF 位会置 1，而接口会一直延长 SCL 低电平，直至通过软件对 I²C_SR1 读操作，以及对 I²C_DR 写操作后，把 BTF 清零。

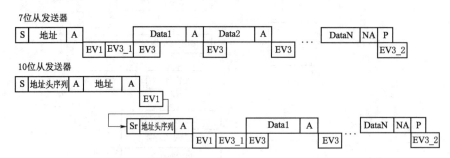

图 12.17　从发送器的传输序列

S—起始位；Sr—重复起始位；P—停止位；A—应答；NA—非应答；EVx—事件（如果 ITEVFEN＝1 则发生中断）；EV1—ADDR＝1，通过先读取 SR1 再读取 SR2 来清零；EV3_1—TXE＝1，移位寄存器为空，数据寄存器为空，在 DR 中写入 Data1；EV3—TXE＝1，移位寄存器非空，数据寄存器为空，通过对 DR 执行写操作来清零；EV3_2—AF＝1，通过在 SR1 寄存器的 AF 位写入"0"将 AF 清零

从接收器：在接收到地址并将 ADDR 位清零后，从设备会通过内部移位寄存器接收 SDA 线中的字节并将其保存到 DR 寄存器（图 12.18）。在每个字节接收完成后，接口都会依次：发出应答脉冲（如果 ACK 位置 1）；RXNE 位会由硬件置 1 并在 ITEVFEN 和 IT-BUFEN 位均置 1 时生成一个中断。如果在下一次数据接收结束之前 RXNE 位已置 1 但 DR 寄存器中的数据尚未读取，则 BTF 位会置 1，而接口会一直延长 SCL 低电平，直至软件通过读取 I²C_DR 寄存器将 BTF 清零。

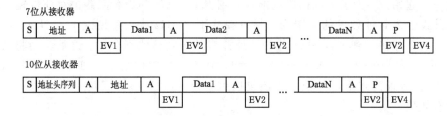

图 12.18　从接收器的传输序列

S—起始位；P—停止位；A—应答；EVx—事件（如果 ITEVFEN＝1 则发生中断）；EV1—ADDR＝1，通过先读取 SR1 再读取 SR2 来清零；EV2—RXNE＝1，通过读取 DR 寄存器清零；EV4—STOPF＝1，通过先读取 SR1 寄存器再写入 CR1 寄存器来清零

关闭从设备通信：传输完最后一个数据字节之后，主设备会生成一个停止位。接口会检测此条件并将 STOPF 位置 1 和在 ITEVFEN 位置 1 时生成一个中断。通过先读取 SR1 寄存器然后写入 CR1 寄存器的方式将 STOPF 位清零。

3. I^2C 主模式

在主模式下，I^2C 接口会启动数据传输并生成时钟信号。串行数据传输始终是在出现起始位时开始，在出现停止位时结束。只要通过 START 位在总线上生成了起始位，即会选中主模式。在主模式中要求执行以下序列：

（1）在 I^2C_CR2 寄存器中对外设输入时钟进行编程，以生成正确的时序。

（2）配置时钟控制寄存器。

（3）配置上升时间寄存器。

（4）对 I^2C_CR1 寄存器进行编程，以便使能外设。

（5）将 I^2C_CR1 寄存器的 START 位置 1，以生成起始位。外设输入时钟频率的下限为：标准模式下 2MHz、快速模式下 4MHz。

从地址传输：接下来从地址会通过内部移位寄存器发送到 SDA 线。

（1）在 10 位寻址模式中，发送头序列会产生以下事件：

1）ADD10 位会由硬件置 1 并在 ITEVFEN 位置 1 时生成一个中断。接下来主设备会等待软件读取 SR1，然后把第二个地址字节写入 DR 寄存器。

2）ADDR 位会由硬件置 1 并在 ITEVFEN 位置 1 时生成一个中断。接下来主设备会等待对 SR1 寄存器执行读操作，然后对 SR2 寄存器执行读操作。

（2）在 7 位寻址模式下，会发送一个地址字节。地址字节被发出后，ADDR 位会由硬件置 1 并在 ITEVFEN 位置 1 时生成一个中断。接下来主设备会等待对 SR1 寄存器执行读操作，然后对 SR2 寄存器执行读操作。主设备会根据发送的从地址字节 LSB 来决定是进入发送模式还是接收模式。

（3）在 7 位寻址模式下，要进入发送模式，主设备会发送从地址并将 LSB 复位；要进入接收模式，主设备会发送从地址并将 LSB 置 1。

（4）在 10 位寻址模式下，要进入发送模式，主设备会先发送头序列（11110xx0），然后发送从地址（其中 xx 表示该地址的两个最高有效位）。要进入接收模式，主设备会先发送头序列（11110xx0），然后发送从地址。接下来会发送一个重复起始位，然后再发送头序列（11110xx1）（其中 xx 表示地址的两个最高有效位）。TRA 位指示主设备是处于接收模式还是处于发送模式。

主发送器：在发送出地址并将 ADDR 清零后，主设备会通过内部移位寄存器将 DR 寄存器中的字节发送到 SDA 线（图 12.19）。主设备会一直等待，直至首个数据字节被写入 I^2C_DR。接收到应答脉冲后，TXE 位会由硬件置 1 并在 ITEVFEN 和 ITBUFEN 位均置 1 时生成一个中断。如果在上一次数据传输结束之前 TXE 位已置 1 但数据字节尚未写入 DR 寄存器，则 BTF 位会置 1，而接口会一直延长 SCL 低电平，等待 I^2C_DR 寄存器被写入，以将 BTF 清零。

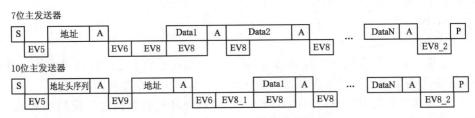

图 12.19 主发送器的传输序列

S—起始位；P—停止位；A—应答；EVx—事件（如果 ITEVFEN＝1，则出现中断）

结束通信：当最后一个字节写入 DR 寄存器后，软件会将 STOP 位置 1 以生成一个停止位。接口会自动返回从模式（M/SL 位清零）。

主接收器：完成地址传输并将 ADDR 位清零后，I^{2}C 接口会进入主接收模式。在此模式下，接口会通过内部移位寄存器接收 SDA 线中的字节并将其保存到 DR 寄存器。在每个字节传输结束后，接口都会依次：发出应答脉冲（如果 ACK 位置 1）；RXNE 位置 1 并在 ITEVFEN 和 ITBUFEN 位均置 1 时生成一个中断。如果在上一次数据接收结束之前 RXNE 位已置 1 但 DR 寄存器中的数据尚未读取，则 BTF 位会由硬件置 1，而接口会一直延长 SCL 低电平，等待 I^{2}C_DR 寄存器被写入，以将 BTF 清零。

结束通信：主设备会针对自从设备接收的最后一个字节发送 NACK。在接收到此 NACK 之后，从设备会释放对 SCL 和 SDA 线的控制。随后，主设备可发送一个停止位/重复起始位。

1）为了在最后一个接收数据字节后生成非应答脉冲，必须在读取倒数第 2 个数据字节后（倒数第 2 个 RXNE 事件之后）立即将 ACK 位清零。

2）要生成停止位/重复起始位，软件必须在读取倒数第 2 个数据字节后（倒数第 2 个 RXNE 事件之后）将 STOP/START 位置 1。

3）在只接收单个字节的情况下，会在 EV6 期间（在 ADDR 标志清零之前）禁止应答并在 EV6 之后生成停止位。生成停止位后，接口会自动返回从模式（M/SL 位清零）。

4. 错误条件

以下错误条件可能导致通信失败：

（1）总线错误（BERR）。当 I^{2}C 接口在传输地址或数据期间检测到外部停止位或起始位时，会出现此错误。

（2）应答失败（AF）。当接口检测到未应答脉冲会出现此错误。

（3）仲裁丢失（ARLO）。当 I^{2}C 接口检测到仲裁丢失时会出现此错误。

（4）上溢/下溢错误（OVR）。当时钟延长已禁止且 I^{2}C 接口正在接收数据时，从模式中可能出现上溢错误。接口已经收到一个字节（RXNE=1），但是收到下一个字节之前 DR 中的数据未被读走。

5. 可编程噪声滤波器

可编程噪声滤波器仅适用于 STM32F42×××和 STM32F43×××器件。在快速模式下，I^{2}C 标准要求将 SDA 和 SCL 线上尖峰脉宽在 50ns 以内的噪声都抑制掉。SDA 和 SCLI/O 中采用了模拟噪声滤波器。此滤波器默认为使能，通过将 I^{2}C_FLTR 寄存器中的 ANOFF 位置 1 可禁止它。将 DNF[3～0]位配置为一个非零值可使能数字噪声滤波器。这可以抑制 SDA 和 SCL 输入上脉宽小于 DNF[3～0]×T$_{PCLK}$ 的噪声。使能数字噪声滤波器后，SDA 保持时间可增加为（DNF[3～0]+1）×T$_{PCLK}$。

6. SDA/SCL 线控制

（1）如果时钟延长已使能。

1）发送模式：如果 TXE=1 且 BTF=1，接口会在发送数据之前保持时钟线为低电平，以等待微控制器将字节写入数据寄存器（缓冲寄存器和移位寄存器均为空）。

2）接收模式：如果 RXNE=1 且 BTF=1，接口会在接收数据之后保持时钟线为低电平，以等待微控制器将字节读入数据寄存器（缓冲寄存器和移位寄存器均已满）。

（2）如果从模式中的时钟延长已禁止。

1）RXNE=1，且在下一个数据接收完成之前还未读走 DR 中的数据就出现上溢错误。会丢失接收的最后一个字节。

2）TXE=1，且在下一个数据的时钟到来之前还未把发送数据写到 DR 中，就出现下溢错误。会再次发送同一字节。

3）不会对写冲突进行管理。

7. SMBus

系统管理总线（SMBus）是一个双线制接口，各器件可通过它在彼此之间或者与系统的其余部分进行通信。它以 I^2C 的工作原理为基础。SMBus 可针对系统和电源管理相关的任务提供控制总线。系统可使用 SMBus 与设备进行消息传递，而无须切换各个控制线。

系统管理总线规范涉及 3 类器件。从器件，用于接收或响应命令。主器件用于发出命令、生成时钟和中止传输。主机专用的主器件，可提供连接系统 CPU 的主接口。主机必须具有主从设备功能，并且必须支持 SMBus 主机通知协议。系统中只允许存在一个主机。

SMBus 与 I^2C 的相似之处：

（1）双线制总线协议（1 个时钟总线，1 个数据总线）＋可选 SMBus 报警线。

（2）主从通信，主器件提供时钟。

（3）多主器件功能。

（4）SMBus 数据格式与 I^2C 7 位地址格式相似。

SMBus 与 I^2C 之间的差异见表 12.1。

表 12.1   SMBus 与 I^2C 之间的差异

SMBus	I^2C	SMBus	I^2C
最大速度 100kHz	最大速度 400kHz	逻辑电平固定	逻辑电平取决于 VDD
最小时钟速度 10kHz	无最小时钟速度	地址类型不同（保留、动态等）	7 位、10 位和广播从模式地址类型
35ms 时钟低电平超时	无超时	总线协议不同（快速命令、过程调用等）	无总线协议

SMBus 应用用途：通过系统管理总线，器件可以提供制造商信息、告诉系统它的型号/部件号、保存暂停事件的状态、报告不同的错误类型、接受控制参数并返回其状态。SMBus 可针对系统和电源管理相关的任务提供控制总线。

SMBus 报警模式：SMBus 报警是带有中断线的可选信号，主要用于希望扩展它们的控制能力而牺牲一个引脚的器件。SMBA 是与 SCL 和 SDA 信号类似的线与信号。SMBA 与 SMBus 广播地址配合使用。使用 SMBus 调用的消息长度为 2 字节。

将 I^2C_CR1 寄存器中的 ALERT 位置 1 后一个只具有从功能的器件可通过 SMBA 向主机发出信号，指示它想要通信。主机会处理该中断并通过报警响应地址（简称 ARA，其值为 0001100X）同步访问所有 SMBA 器件。只有那些将 SMBA 拉到低电平的器件会确认报警响应地址。通过 I^2C_SR1 寄存器中的 SMBALERT 状态标志可确定这一状态。主机会执行修改后的接收字节操作。由从发送器件提供的 7 位器件地址被放置在字节的 7 个最高有效位。第 8 位可以是 0 或 1。

如果有不止一个器件将 SMBA 拉为低电平，则在从地址传输期间，具有最高优先级（最低位地址）的器件会通过标准仲裁获得通信权限。在确认从地址之后，器件必须释放 SMBA。如果消息传输结束后主机检测到 SMBA 仍为低电平，会再次读取 ARA。未实现 SMBA 信号的主机会定期访问 ARA。

超时错误：SMBus 和 I^2C 之间存在一些定时规范方面的差异。

要从 I^2C 模式切换到 SMBus 模式，应执行以下步骤：

（1）将 I^2C_CR1 寄存器中的 SMBus 位置 1。

（2）根据应用的要求配置 I^2C_CR1 寄存器中的 SMBTYPE 和 ENARP 位。

8. DMA 请求

DMA 请求（在使能后）仅用于数据传输。当发送数据寄存器变空以及接收数据寄存器变满时会生成 DMA 请求。进行 I^2C 数据传输之前，必须先初始化并使能 DMA。I^2C_CR2 寄存器中的 DMAEN 位必须在 ADDR 事件之前置 1。在主模式或从模式下，如果已使能时钟延长，DMAEN 位也可以在 ADDR 事件期间于 ADDR 标志清零之前置 1。结束当前字节传输之前，必须发出 DMA 请求。当传输的数据量达到相应 DMA 通道编程设定的值时，DMA 控制器会发送一个结束传输 EOT 信号给 I^2C 接口，并生成一个传输完成中断（如果已使能）。

（1）主发送器：在 EOT 中断后的中断程序中，禁止 DMA 请求，然后在等到 BTF 事件后设置停止位。

（2）主接收器：当要接收的字节数等于或大于 2 时，DMA 控制器会在收到倒数第 2 个数据字节（第 $n-1$ 个数据时）发送一个硬件信号 EOT_1。如果 I^2C_CR2 寄存器中的 LAST 位置 1，I^2C 会在 EOT_1 后的下一个字节之后自动发送一个 NACK。用户可在 DMA 传输完成中断（如果已使能）程序中生成停止位。

当必须接收单个字节时，必须在 EV6 事件期间于 ADDR 标志清零之前对 NACK 进行编程，即当 ADDR=1 时编程设定 ACK=0。接下来，用户可在 ADDR 标志清零之后或者在执行 DMA 传输完成中断程序时编程设定停止位。

使用 DMA 进行发送：将 I^2C_CR2 寄存器中的 DMAEN 位置 1 可以使能 DMA 模式进行发送。当 TXE 位置 1 时，数据将由 DMA 从预置的存储区装载进 I^2C_DR 寄存器。要映射一个 DMA 通道以便进行 I^2C 发送，请按以下步骤操作（其中的 x 表示通道编号）：

（1）设置 DMA_CPARx 寄存器中的 I^2C_DR 寄存器地址。每次发生 TXE 事件后，数据都会从存储器移动到此地址。

（2）设置 DMA_CMARx 寄存器中的存储器地址。每次发生 TXE 事件后，数据都会从此存储器加载到 I^2C_DR。

（3）在 MA_CNDTRx 寄存器中配置要传输的总字节数。在每次 TXE 事件后，此值都会递减。

（4）使用 DMA_CCRx 寄存器中的 PL［0～1］位来配置通道优先级。

（5）在完成半数传输或全部传输（取决于应用的需求）之后，将 DMA_CCRx 寄存器中的 DIR 位置 1 并配置中断。

（6）将 DMA_CCRx 寄存器中的 EN 位置 1 以激活通道。

使用 DMA 进行接收：将 I²C_CR2 寄存器中的 DMAEN 位置 1 可以使能 DMA 模式进行接收。接收数据字节时，数据会从 I²C_DR 寄存器加载到使用 DMA 外设配置的存储区中。要映射一个 DMA 通道以便进行 I²C 接收，请按以下步骤操作（其中的 x 表示通道编号）：

（1）设置 DMA_CPARx 寄存器中的 I²C_DR 寄存器地址。每次发生 RXNE 事件后，数据都会从此地址移动到存储器。

（2）设置 DMA_CMARx 寄存器中的存储器地址。每次发生 RXNE 事件后，数据都会从 I²C_DR 寄存器加载到此存储区。

（3）在 MA_CNDTRx 寄存器中配置要传输的总字节数。在每次 RXNE 事件后，此值都会递减。

（4）使用 DMA_CCRx 寄存器中的 PL［0~1］位来配置通道优先级。

（5）在完成半数传输或全部传输（取决于应用的需求）之后，将 DMA_CCRx 寄存器中的 DIR 位重新置 1 并配置中断。

（6）将 DMA_CCRx 寄存器中的 EN 位置 1 以激活通道。

当传输的数据量达到 DMA 控制器中编程设定的值时，DMA 控制器会发送一个结束传输 EOT/EOT_1 信号给 I²C 接口，而 DMA 会在 DMA 通道中断向量上生成一个中断。

9. 数据包错误校验

PEC 计算器的应用目的是提高通信的可靠性。PEC 对各个位使用 CRC-8 多项式进行串行计算。即 $C(x) = x^8 + x^2 + x^1 + 1$。将 I²C_CR1 寄存器中的 ENPEC 位置 1 即可使能 PEC 计算。PEC 是针对所有消息字节（包括地址和 R/W 位）的 CRC-8 计算。

在发送过程中：在与最后一个字节对应的 TXE 事件发生后，将 I²C_CR1 寄存器中的 PEC 传输位置 1。PEC 会在最后一个传输的字节之后进行传送。

在接收过程中：在与最后一个字节对应的 RXNE 事件发生之后，将 I²C_CR1 寄存器中的 PEC 位置 1，以便接收器在接收到的下一个字节不等于内部计算的 PEC 时发送一个 NACK。在主接收器中，无论校验结果如何，PEC 后都将发送 NACK。在从模式下，必须在 CRC 接收的 ACK 之前设置 PEC。在主模式下，必须在复位 ACK 时设置 PEC 位。

（1）I²C_SR1 寄存器中还提供 PECERR 错误标志/中断。

（2）如果 DMA 和 PEC 计算均已使能：在发送过程中，当 I²C 接口接收来自 DMA 控制器的 EOT 信号时，会在最后一个字节之后自动发送 PEC；在接收过程中，当 I²C 接口接收来自 DMA 控制器的 EOT_1 信号时，会自动将下一个字节视为 PEC 并对其进行校验。在 PEC 接收之后会生成一个 DMA 请求。

（3）为了允许进行中间 PEC 传输，可使用 I²C_CR2 寄存器中的一个控制位（LAST 位）来确定其是否为最后一个 DMA 传输。如果确实是主接收器的最后一个 DMA 请求，则会在接收最后一个字节后自动发送一个 NACK。

（4）PEC 计算会因仲裁丢失而失效。

12.2.4 I²C 中断

I²C 中断请求见表 12.2。

表 12.2　　　　　　　　　　I²C 中 断 请 求 列 表

中 断 事 件	事 件 标 志	使 能 控 制 位
发送起始位（主模式）	SB	ITEVFEN
地址已发送（主模式）或地址匹配（从模式）	ADDR	
10 位地址的头段已发送（主模式）	ADD10	
已收到停止位（从模式）	STOPF	
完成数据字节传输	BTF	
接收缓冲区非空	RXNE	ITEVFEN 和 ITBUFEN
发送缓冲区为空	TXE	
总线错误	BERR	ITERREN
仲裁丢失（主模式）	ARLO	
应答失败	AF	
上溢/下溢	OVR	
PEC 错误	PECERR	
超时/Tlow 错误	TIMEOUT	
SMBus 报警	SMBALERT	

12.2.5　I²C 调试模式

当微控制器进入调试模式时（CortexTM - M4F 内核停止），SMBus 超时会根据 DBG 模块中的 DBG_I²Cx_SMBus_TIMEOUT 配置位选择继续正常工作或者停止工作。

12.2.6　I²C 寄存器

本节内容请扫描下方二维码学习。

12.3　控制器区域网络 (bxCAN)

12.3.1　bxCAN 简介

基本扩展 CAN 外设又称 bxCAN，可与 CAN 网络进行交互。该外设支持 2.0A 和 2.0B 版本的 CAN 协议，旨在以最少的 CPU 负载高效管理大量的传入消息，并可按需要的优先级实现消息发送。

在有关安全性的应用中，CAN 控制器提供所有必要的硬件功能来支持 CAN 时间触发通信方案。

12.3.2 bxCAN 主要特性

（1）支持 2.0A 及 2.0B Active 版本 CAN 协议。

（2）比特率高达 1Mbit/s。

（3）支持时间触发通信方案。

（4）发送：具有 3 个发送邮箱、可配置的发送优先级和发送时间戳的功能。

（5）接收：2 个具有 3 级深度的接收 FIFO。

（6）可调整的筛选器组：CAN1 和 CAN2 之间共享 28 个筛选器组。

（7）标识符列表功能。

（8）可配置的 FIFO 上溢。

（9）SOF 接收时间戳时间触发通信方案。

（10）禁止自动重发送模式。

（11）16 位自由运行定时器。

（12）在最后 2 个数据字节发送时间戳。

（13）管理：①可屏蔽中断；②在唯一地址空间通过软件实现高效的邮箱映射。

（14）双 CAN，CAN1：主 bxCAN，用于管理 bxCAN 与 512 字节 SRAM 存储器之间的通信；CAN2：从 bxCAN，无法直接访问 SRAM 存储器。

（15）两个 bxCAN 单元共享 512 字节 SRAM 存储器。

12.3.3 bxCAN 一般说明

在如今的 CAN 应用中，网络节点数量日益增多，经常需要通过网关将数个网络连接在一起（图 12.20）。系统中的消息数量（以及各个节点需要处理的消息）也有了显著增加。除应用程序消息外，还引入了网络管理和诊断消息。

各种类型的消息需要一个增强的筛选机制进行处理。此外，应用程序任务需要更多的 CPU 时间，因此必须减少因消息接收而对实时处理造成的限制。接收 FIFO 方案使 CPU 能够长时间专门处理应用程序任务，而又不致丢失消息。基于标准 CAN 驱动程序的标准 HLP（更高层协议）需要一个高效接口来与 CAN 控制器连接。

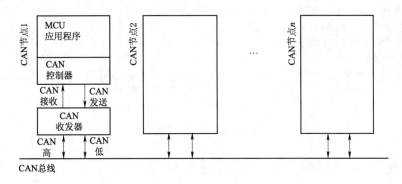

图 12.20　CAN 网络拓扑结构

（1）CAN2.0 B 主动内核。bxCAN 模块可完全自主地处理 CAN 消息的发送和接收。标准标识符（11 位）和扩展标识符（29 位）完全由硬件支持。

（2）控制、状态和配置寄存器。应用程序使用这些寄存器进行以下操作：配置 CAN 参数（如波特率）；请求发送；处理接收；管理中断；获取诊断信息。

（3）发送邮箱。软件可通过 3 个发送邮箱设置消息。发送调度程序负责决定首先发送哪个邮箱的内容。

（4）验收筛选器。bxCAN 提供了 28 个可调整/可配置的标识符筛选器组，用于选择软件所需的传入消息并丢弃其余消息。其他器件中，共有 14 个可调整/可配置的标识符筛选器组。

（5）接收 FIFO。硬件使用两个接收 FIFO 来存储传入消息。每个 FIFO 中可以存储 3 条完整消息。FIFO 完全由硬件管理。双 CAN 框图如图 12.21 所示。

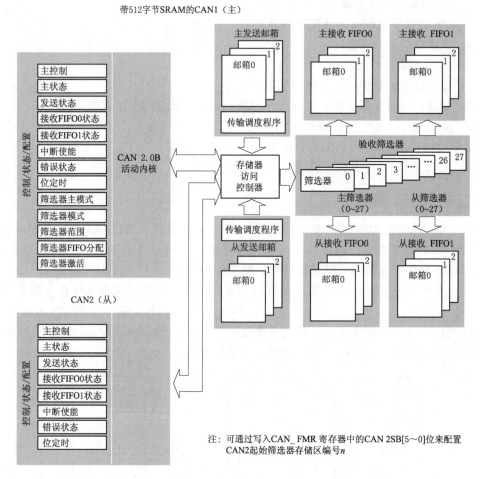

图 12.21　双 CAN 框图

12.3.4　bxCAN 工作模式

图 12.22 所示为 bxCAN 工作模式。bxCAN 有 3 种主要的工作模式：初始化、正常和睡眠。硬件复位后，bxCAN 进入睡眠模式以降低功耗，同时 CANTX 上的内部上拉电阻激活。软件将 CAN_MCR 寄存器的 INRQ 或 SLEEP 位置 1，以请求 bxCAN 进入初始化或睡眠模式。一旦进入该模式，bxCAN 即将 CAN_MSR 寄存器的 INAK 或 SLAK 位置 1，以确

认该模式，同时禁止内部上拉电阻。如果 INAK 和 SLAK 均未置 1，则 bxCAN 将处于正常模式。进入正常模式之前，bxCAN 必须始终在 CAN 总线上实现同步。为了进行同步，bx-CAN 将等待 CAN 总线空闲（即已监测到 CANRX 上的 11 个隐性位）。

1. 初始化模式

当硬件处于初始化模式时，可以进行软件初始化。为进入该模式，软件将 CAN_MCR 寄存器的 INRQ 位置 1，并等待硬件通过将 CAN_MCR 寄存器的 INAK 位置 1 来确认请求。为退出初始化模式，软件将 INQR 位清零。一旦硬件将 INAK 位清零，bxCAN 即退出初始化模式。在初始化模式下，所有从 CAN 总线传入和传出的消息都将停止，并且 CAN 总线输出 CANTX 的状态为隐性（高）。进入初始化模式不会更改任何配置寄存器。为初始化 CAN 控制器，软件必须设置位定时（CAN_BTR）和 CAN 选项（CAN_

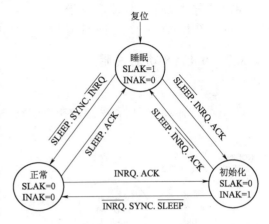

图 12.22　bxCAN 工作模式

MCR）寄存器。为初始化与 CAN 筛选器组相关的寄存器（模式、尺度、FIFO 分配、激活和筛选器值），软件必须将 FINIT 位（CAN_FMR）置 1。筛选器的初始化也可以在初始化模式之外进行。

2. 正常模式

一旦初始化完成，软件必须向硬件请求进入正常模式，这样才能在 CAN 总线上进行同步，并开始接收和发送。进入正常模式的请求可通过将 CAN_MCR 寄存器的 INRQ 位清零来发出。bxCAN 进入正常模式，并与 CAN 总线上的数据传输实现同步后，即可参与总线活动。执行这一步时，需要等待出现一个由 11 个连续隐性位（总线空闲状态）组成的序列。硬件通过将 CAN_MSR 寄存器的 INAK 位清零，来确认切换到正常模式。筛选器值的初始化与初始化模式无关，但必须要在筛选器处于未激活状态（相应 FACTx 位清零）时进行。筛选器尺度和模式配置必须在进入正常模式之前完成。

3. 睡眠模式（低功耗）

为降低能耗功耗，bxCAN 具有低功耗模式，称为睡眠模式。软件通过将 CAN_MCR 寄存器的 SLEEP 位置 1 而发出请求后，即可进入睡眠模式。该模式下，bxCAN 时钟停止，但软件仍可访问 bxCAN 邮箱。在 bxCAN 处于睡眠模式时，如果软件通过将 INRQ 位置 1 来请求进入初始化模式，则必须同时将 SLEEP 位清零。软件将 SLEEP 位清零或是检测到 CAN 总线活动时，bxCAN 即被唤醒（退出睡眠模式）。检测到 CAN 总线活动后，如果 CAN_MCR 寄存器的 AWUM 位置 1，硬件将通过清零 SLEEP 位来自动执行唤醒序列。如果 AWUM 位清零，在发生唤醒中断时，软件必须将 SLEEP 位清零才能退出睡眠模式。

12.3.5　测试模式

可以通过 CAN_BTR 寄存器中的 SILM 和 LBKM 位来选择测试模式。这些位必须在 bxCAN 处于初始化模式时进行配置。选择测试模式后，必须复位 CAN_MCR 寄存器中的 INRQ 位才能进入正常模式。

12.3.6　调试模式

当微控制器进入调试模式（Cortex™ – M4F 内核停止）时，bxCAN 可以继续正常工作，也可以停止工作，具体取决于如下条件：①DBG 模块中用于 CAN1 的 DBG_CAN1_STOP 位或者用于 CAN2 的 DBG_CAN2_STOP 位；②CAN_MCR 中的 DBF 位。

12.3.7　bxCAN 功能说明

1. 发送处理

为了发送消息，应用程序必须在请求发送前，通过将 CAN_TIxR 寄存器的相应 TXRQ 位置 1，选择一个空发送邮箱，并设置标识符、数据长度代码（DLC）和数据（图 12.23）。一旦邮箱退出空状态，软件即不再具有对邮箱寄存器的写访问权限。TXRQ 位置 1 后，邮箱立即进入挂起状态，等待成为优先级最高的邮箱。一旦邮箱拥有最高优先级，即被安排发送。CAN 总线变为空闲后，被安排好的邮箱中的消息即开始发送（进入发送状态）。邮箱一旦发送成功，即恢复空状态。硬件通过将 CAN_TSR 寄存器的 RQCP 和 TXOK 位置 1，来表示发送成功。如果发送失败，失败原因将由 CAN_TSR 寄存器的 ALST 位（仲裁丢失）和/或 TERR 位（检测到发送错误）指示。

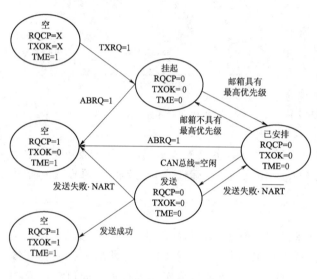

图 12.23　发送邮箱状态

（1）发送优先级。该模式对分段发送非常有用。

1）按标识符。当多个发送邮箱挂起时，发送顺序由邮箱中所存储消息的标识符来确定。根据 CAN 协议的仲裁，标识符值最低的消息具有最高的优先级。如果标识符值相等，则首先安排发送编号较小的邮箱。

2）按发送请求顺序。可以通过设置 CAN_MCR 寄存器中的 TXFP 位，将发送邮箱配置为发送 FIFO。在此模式下，优先级顺序按照发送请求顺序来确定。

（2）中止。可以通过将 CAN_TSR 寄存器的 ABRQ 位置 1，来中止发送请求。在挂起或已安排状态下，邮箱立即中止。如果在邮箱处于发送状态时请求中止，则会出现两种结果。如果邮箱发送成功，将变为空状态，同时 CAN_TSR 寄存器的 TXOK 位置 1。如果发送失败，邮箱变为已安排状态，发送中止并变为空状态，同时 TXOK 位清零。在所有情况下，邮箱至少在当前发送结束时都会恢复空状态。

（3）禁止自动重发送模式。该模式旨在满足 CAN 标准的时间触发通信方案的要求。要将硬件配置为此模式，必须将 CAN_MCR 寄存器的 NART 位置 1。在此模式下，每个发送仅启动一次。如果第一次尝试失败，由于仲裁丢失或错误，硬件将不会自动重新启动消息发送。第一次发送尝试结束时，硬件将认为请求已完成，并将 CAN_TSR 寄存器的 RQCP 位置 1。发送结果由 CAN_TSR 寄存器的 TXOK、ALST 和 TERR 位来指示。

2. 时间触发通信模式

在此模式下，CAN 硬件的内部计数器激活，用于为接收和发送邮箱生成时间戳值，这些值分别存储在 CAN_RDTxR/CAN_TDTxR 寄存器中。内部计数器在每个 CAN 位时间递增。在接收和发送时，都会在帧起始位的采样点捕获内部计数器。

3. 接收处理

为了接收 CAN 消息，提供了构成 FIFO 的 3 个邮箱。为了节约 CPU 负载，简化软件并保证数据一致性，FIFO 完全由硬件进行管理。应用程序通过 FIFO 输出邮箱访问 FIFO 中所存储的消息。

（1）有效消息。当消息依据 CAN 协议正确接收（直到 EOF 字段的倒数第 2 位都没有发送错误）并且成功通过标识符筛选后，该消息将视为有效。

（2）FIFO 管理。如图 12.24 所示，FIFO 开始时处于空状态，在接收的第一条有效消息存储在其中后，变为 Pending_1 状态。硬件通过将 CAN_RFR 寄存器的 FMP [1~0] 位置为 01b 来指示该事件。消息将在 FIFO 输出邮箱中供取取。软件将读取邮箱内容，并通过将 CAN_RFR 寄存器的 RFOM 位置 1，来将邮箱释放。FIFO 随即恢复空状态。如果同时接收到新的有效消息，FIFO 将保持 Pending_1 状态，新消息将在输出邮箱中供读取。如果应用程序未释放邮箱，下一条有效消息将存储在 FIFO 中，使其进入 Pending_2 状态（FMP [1~0] =10b）。下一条有效消息会重复该存储过程，同时将 FIFO 变为 Pending_3 状态（FMP [1~0] =11b）。此时，软件必须通过将 RFOM 位置 1 来释放输出邮箱，从而留出一个空邮箱来存储下一条有效消息。否则，下一次接收到有效消息时，将导致消息丢失。

（3）上溢。一旦 FIFO 处于 Pending_3 状态（即 3 个邮箱均已满），则下一次接收到有效消息时，将导致上溢并丢失一条消息。硬件通过将 CAN_RFR 寄存器的 FOVR 位置 1 来指示上溢状况。丢失的消息取决于 FIFO 的配置：

1）如果禁止 FIFO 锁定功能（CANMCR 寄存器的 RFLM 位清零），则新传入的消息将覆盖 FIFO 中存储的最后一条消息。在这种情况下，应用程序将始终能访问到最新的消息。

2）如果使能 FIFO 锁定功能（CANMCR 寄存器的 RFLM 位置 1），则将丢弃最新的消息，软件将提供 FIFO 中最早的 3 条消息。

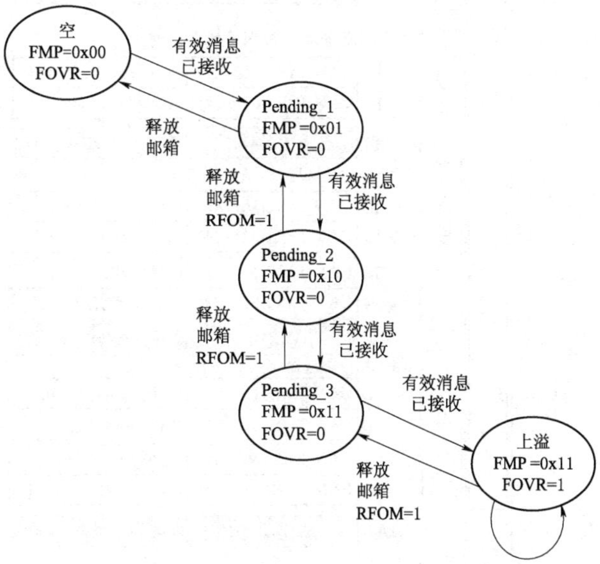

（4）与接收相关的中断。消息存储

图 12.24　接收 FIFO 状态

到 FIFO 中后，FMP [1~0] 位即会更新，如果 CANIER 寄存器的 FMPIE 位置 1，将产生中断请求。FIFO 存满消息（即存储了第 3 条消息）后，CANRFR 寄存器的 FULL 位置 1，如果 CANIER 寄存器的 FFIE 位置 1，将产生中断。出现上溢时，FOVR 位将置 1，如果

CAN_IER寄存器的 FOVIE 位置 1，将产生中断。

4. 标识符筛选

在 CAN 协议中，消息的标识符与节点地址无关，但与消息内容有关。因此，发送器将消息广播给所有接收器。在接收到消息时，接收器节点会根据标识符的值来确定软件是否需要该消息。如果需要，该消息将复制到 SRAM 中。如果不需要，则必须在无软件干预的情况下丢弃该消息。

为了满足这一要求，bxCAN 控制器为应用程序提供了 28 个可配置且可调整的筛选器组（27～0）。在其他器件中，bxCAN 控制器为应用程序提供了 14 个可配置且可调整的筛选器组（13～0），以便仅接收软件需要的消息。此硬件筛选功能可以节省软件筛选所需的 CPU 资源。每个筛选器组 x 均包含两个 32 位寄存器，分别是 CAN_FxR0 和 CAN_FxR1。

（1）可调整的宽度。为了根据应用程序的需求来优化和调整筛选器，每个筛选器组可分别进行伸缩调整。根据筛选器尺度不同，一个筛选器组可以为 STDID [10～0]、EXTID [17～0]、IDE 和 RTR 位提供一个 32 位筛选器，为 STDID [10～0]、RTR、IDE 和 EX-TID [17～15] 位提供两个 16 位筛选器。

（2）掩码模式。在掩码模式下，标识符寄存器与掩码寄存器关联，用以指示标识符的哪些位"必须匹配"，哪些位"无关"。

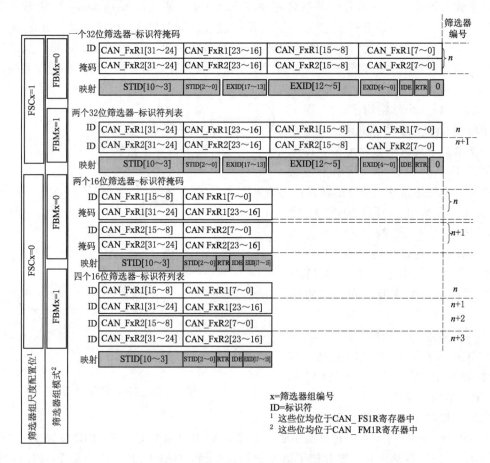

图 12.25　筛选器组尺度配置寄存器构成

（3）标识符列表模式。在标识符列表模式下，掩码寄存器用作标识符寄存器。这时，不会定义一个标识符和一个掩码，而是指定两个标识符，从而使单个标识符的数量加倍。传入标识符的所有位都必须与筛选器寄存器中指定的位匹配。

（4）筛选器组尺度和模式配置。筛选器组通过相应的 CAN_FMR 寄存器进行配置。为了配置筛选器组，必须通过将 CAN_FAR 寄存器的 FACT 位清零而将其停用。筛选器尺度通过 CAN_FS1R 寄存器的相应 FSCx 位进行配置。相应掩码/标识符寄存器的标识符列表或标识符掩码模式通过 CAN_FMR 寄存器的 FBMx 位进行配置。要筛选一组标识符，应将掩码/标识符寄存器配置为掩码模式；要选择单个标识符，应将掩码/标识符寄存器配置为标识符列表模式。有关筛选器配置如图 12.25 所示。

（5）筛选器匹配索引。消息接收到 FIFO 中后，即可供应用程序使用。应用程序数据通常会复制到 SRAM 中的位置。为了将数据复制到正确的位置，应用程序必须通过标识符来识别数据。为了避免这种情况，方便访问 SRAM 位置，CAN 控制器提供了一个筛选器匹配索引。该索引根据筛选器优先级规则与消息一同存储在邮箱中。因此，每条收到的消息都有相关联的筛选器匹配索引。筛选器匹配索引有两种使用方法：①将筛选器匹配索引与预期值列表进行比较；②将筛选器匹配索引用作阵列索引，以访问数据目标位置。有关示例如图 12.26 所示。

（6）筛选器优先级规则。根据筛选器组合，可能会出现一个标识符成功通过数个筛选器的情况。这种情况下，将根据以下优先级规则选择接收邮箱中存储的筛选器匹配值：

1）32 位筛选器优先于 16 位筛选器。

2）对于尺度相等的筛选器，标识符列表模式优先于标识符掩码模式。

3）对于尺度和模式均相等的筛选器，则按筛选器编号确定优先级（编号越低，优先级越高）。

5. 消息存储

CAN 消息软件与硬件之间的接口通过邮箱实现。邮箱中包含所有与消息相关的信息：标识符、数据、控制、状态和时间戳信息。

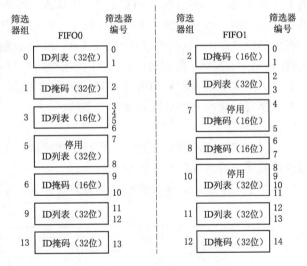

图 12.26 筛选器编号示例

（1）发送邮箱。软件在空发送邮箱中设置将要发送的消息。发送状态由硬件在 CAN_TSR 寄存器中进行指示（表 12.3）。

表 12.3 发 送 邮 箱 映 射

与发送邮箱基址之间的偏移	寄存器名称	与发送邮箱基址之间的偏移	寄存器名称
0	CAN_TIxR	8	CAN_TDLxR
4	CAN_TDTxR	12	CAN_TDHxR

（2）接收邮箱。消息在接收到后，将在 FIFO 输出邮箱中供软件使用。一旦软件对消息

进行了处理（例如读取），则必须通过 CAN_RFR 寄存器的 RFOM 位释放 FIFO 输出邮箱，以接收下一条传入消息。筛选器匹配索引存储在 CAN_RDTxR 寄存器的 MFMI 字段中（表12.4）。16 位时间戳值则存储在 CAN_RDTxR 的 TIME［15～0］字段中。

表 12.4　　　　　　　　　　接 收 邮 箱 映 射

与接收邮箱基址之间的偏移（字节）	寄存器名称	与接收邮箱基址之间的偏移（字节）	寄存器名称
0	CAN_RIxR	8	CAN_RDLxR
4	CAN_RDTxR	12	CAN_RDHxR

6. 错误管理

如 CAN 协议所述，错误管理完全由硬件通过发送错误计数器（CAN_ESR 寄存器中的 TEC 值）和接收错误计数器（CAN_ESR 寄存器中的 REC 值）来处理，这两个计数器根据错误状况进行递增或递减。有关 TEC 和 REC 管理的详细信息。两者均可由软件读取，用以确定网络的稳定性。此外，CAN 硬件还将在 CAN_ESR 寄存器中提供当前错误状态的详细信息。通过 CAN_IER 寄存器（ERRIE 位等），软件可以非常灵活地配置在检测到错误时生成的中断。

总线关闭恢复：当 TEC 大于 255 时，达到总线关闭状态，该状态由 CAN_ESR 寄存器的 BOFF 位指示。在总线关闭状态下，bxCAN 不能再发送和接收消息。bxCAN 可以自动或者应软件请求而从总线关闭状态中恢复（恢复错误主动状态），具体取决于 CAN_MCR 寄存器的 ABOM 位。但在两种情况下，bxCAN 都必须至少等待 CAN 标准中指定的恢复序列完成（在 CANRX 上监测到 128 次 11 个连续隐性位）。如果 ABOM 置 1，bxCAN 将在进入总线关闭状态后自动启动恢复序列。如果 ABOM 位清零，则软件必须请求 bxCAN 先进入再退出初始化模式，从而启动恢复序列。

7. 位时序

位时序逻辑将监视串行总线，执行采样并调整采样点，在调整采样点时，需要在起始位边沿进行同步并后续的边沿进行再同步。

如图 12.27 所示，通过将标称位时间划分为以下 3 段，即可解释其工作过程：

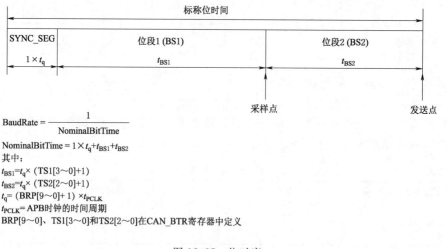

图 12.27　位时序

232

（1）同步段（SYNC_SEG）：位变化应该在此时间段内发生。它只有一个时间片的固定长度（1xtCAN）。

（2）位段 1（BS1）：定义采样点的位置。它包括 CAN 标准的 PROP_SEG 和 PHASE_SEG1。其持续长度可以在 1～16 个时间片之间调整，但也可以自动加长，以补偿不同网络节点的频率差异所导致的正相位漂移。

（3）位段 2（BS2）：定义发送点的位置。它代表 CAN 标准的 PHASE_SEG2。其持续长度可以在 1～8 个时间片之间调整，但也可以自动缩短，以补偿负相位漂移。

再同步跳转宽度（SJW）定义位段加长或缩短的上限。它可以在 1～4 个时间片之间调整。有效边沿是指一个位时间内总线电平从显性到隐性的第一次转换（前提是控制器本身不发送隐性位）。如果在 BS1 而不是 SYNC_SEG 中检测到有效边沿，则 BS1 会延长最多 SJW，以便延迟采样点。相反地，如果在 BS2 而不是 SYNC_SEG 中检测到有效边沿，则 BS2 会缩短最多 SJW，以便提前发送点。

12.3.8 bxCAN 中断

bxCAN 共有 4 个专用的中断向量。每个中断源均可通过 CAN 中断使能寄存器（CAN_IER）来单独地使能或禁止。

（1）发送中断可由以下事件产生：①发送邮箱 0 变为空，CAN_TSR 寄存器的 RQCP0 位置 1；②发送邮箱 1 变为空，CAN_TSR 寄存器的 RQCP1 位置 1；③发送邮箱 2 变为空，CAN_TSR 寄存器的 RQCP2 位置 1。

（2）FIFO0 中断可由以下事件产生：①接收到新消息，CAN_RFOR 寄存器的 FMPO 位不是"00"；②FIFO0 满，CAN_RF0R 寄存器的 FULL0 位置 1；③FIFO0 上溢，CAN_RF0R 寄存器的 FOVRO 位置 1。

（3）FIFO1 中断可由以下事件产生：①接收到新消息，CAN_RF1R 寄存器的 FMP1 位不是"00"；②FIFO1 满，CAN_RF1R 寄存器的 FULL1 位置 1；③FIFO1 上溢，CAN_RF1R 寄存器的 FOVR1 位置 1。

（4）错误和状态改变中断可由以下事件产生：①错误状况，有关错误状况的更多详细信息；②唤醒状况，CANRX 信号上监测到 SOF；③进入睡眠模式。

12.3.9 CAN 寄存器

本节内容请扫描下方二维码学习。

12.4 全速 USB On‑The‑Go（OTG_FS）

12.4.1 OTG_FS 简介

OTG_FS 控制器的架构和编程模型使用了表 12.5 所列的首字母缩略词。

表 12.5 　　　　　　　　　　　**USB 术 语 英 文 简 称**

缩　略　词	中　文　名	缩　略　词	中　文　名
FS	全速	PFC	数据包 FIFO 控制器
LS	低速	PHY	物理层
MAC	介质访问控制器	USB	通用串行总线
OTG	On – The – Go	UTMI	USB2.0 收发器宏单元接口（UTMI）

OTG_FS 是一款双角色设备（DRD）控制器，同时支持从机功能和主机功能，完全符合 USB 2.0 规范的 On – The – Go 补充标准。此外，该控制器也可配置为"仅主机"模式或"仅从机"模式，完全符合 USB 2.0 规范。在主机模式下，OTG_FS 支持全速（FS，12Mbit/s）和低速（LS，1.5Mbit/s）收发器，而从机模式下则仅支持全速（FS，12Mbit/s）收发器。OTG_FS 同时支持 HNP 和 SRP。主机模式下需要的唯一外部设备是提供 V_{BUS} 的电荷泵。

12.4.2　OTG_FS 主要特性

1. 通用特性

OTG_FS 接口的通用特性如下：

（1）经 USB – IF 认证，符合通用串行总线规范第 2.0 版。

（2）模块内嵌的 PHY 还完全支持定义在标准规范 OTG 补充第 1.3 版中的 OTG 协议。

1）支持 A – B 器件识别（ID 线）。

2）支持主机协商协议（HNP）和会话请求协议（SRP）。

3）允许主机关闭 V_{BUS} 以在 OTG 应用中节省电池电量。

4）支持通过内部比较器对 V_{BUS} 电平采取监控。

5）支持主机到从机的角色动态切换。

（3）可通过软件配置为以下角色：

1）具有 SRP 功能的 USB　FS 从机（B 器件）。

2）具有 SRP 功能的 USB　FS/LS 主机（A 器件）。

3）USB On – The – Go 全速双角色设备。

（4）支持 FSSOF 和 LS keep – alive 令牌。

1）SOF 脉冲可通过 PAD 输出。

2）SOF 脉冲从内部连接到定时器 2（TIM2）。

3）可配置的帧周期。

4）可配置的帧结束中断。

（5）具有省电功能，例如在 USB 挂起期间停止系统、关闭数字模块时钟、对 PHY 和 DFIFO 电源加以管理。

（6）具有采用高级 FIFO 控制的 1.25KB 专用 RAM。

1）可将 RAM 空间划分为不同 FIFO，以便灵活有效地使用 RAM。

2）每个 FIFO 可存储多个数据包。

3）动态分配存储区。

4）FIFO 大小可配置为非 2 的幂次方值，以便连续使用存储单元。

（7）一帧之内可以不需要应用程序干预，以达到最大 USB 带宽。

2．主机模式特性

OTG_FS 接口在主机模式下具有以下主要特性和要求：

（1）通过外部电荷泵生成 V_{BUS} 电压。

（2）多达 8 个主机通道（管道）：每个通道都可以动态实现重新配置，可支持任何类型的 USB 传输。

（3）内置硬件调度器：可在周期性硬件队列中存储多达 8 个中断加同步传输请求；在非周期性硬件队列中存储多达 8 个控制加批量传输请求。

（4）管理一个共享 RX FIFO、一个周期性 TX FIFO 和一个非周期性 TX FIFO，以有效使用 USB 数据 RAM。

3．从机模式特性

OTG_FS 接口在从机模式下具有以下特性：

（1）1 个双向控制端点 0。

（2）3 个 IN 端点（EP），可配置为支持批量传输、中断传输或同步传输。

（3）3 个 OUT 端点，可配置为支持批量传输、中断传输或同步传输。

（4）管理一个共享 RX FIFO 和一个 TX FIFO，以高效使用 USB 数据 RAM。

（5）管理多达 4 个专用 TX FIFO（分别用于每个使能的 INEP），降低应用程序负荷。

（6）支持软断开功能。

12.4.3 OTG_FS 功能说明

OTG_FS 框图如图 12.28 所示。

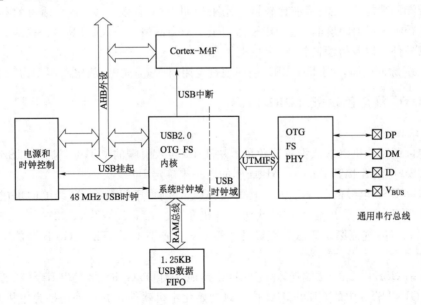

图 12.28 OTG_FS 框图

1．OTG 全速模块

USB OTG_FS 通过外部石英时钟从复位和时钟控制器（RCC）接收 $48MHz\pm0.25\%$ 的时钟。USB 时钟用于全速（12Mbit/s）驱动 48MHz 域，必须在配置 OTG_FS 模块前使能。CPU

通过 AHB 外设总线对 OTG_FS 模块寄存器进行读写操作。CPU 通过向特定的 OTG FS 单元（压栈寄存器）写入 32 位字来向 USB 提交数据。数据随即自动存储到 USB 数据 RAM 中配置的数据发送 FIFO 中。每个 IN 端点（从机模式）或 OUT 通道（主机模式）都有一个 TX FIFO 压栈寄存器。CPU 从特定的 OTG_FS 地址（出栈寄存器）读取 32 位字，以接收来自 USB 的数据。数据随即从在 1.25KB USB 数据 RAM 内配置的共享 RX FIFO 中弹出。每个 OUT 端点或 IN 通道都有一个 RX FIFO 出栈寄存器。USB 协议层通过串行接口引擎（SIE）驱动，并通过片上物理层（PHY）中的全速/低速收发器模块经由 USB 进行数据的串行通信。

2. 全速 OTG PHY

嵌入式全速 OTG PHY 由 OTG_FS 模块控制，通过 UTMI＋总线（UTMIFS）的全速子集传送 USB 控制和数据信号，为 USB 连接提供物理支持。

全速 OTG PHY 包括以下组成部分：

（1）供主机和设备使用的 FS/LS 收发器模块。直接在单端 USB 线上驱动发送和接收操作。

（2）集成 ID 上拉电阻，用于对 ID 线进行采样，以便识别 A/B 器件。

（3）由 OTG_FS 模块控制的 DP/DM 集成上拉电阻和下拉电阻，具体使能哪种电阻取决于设备的当前角色。作为从机使用时，只要检测到 VBUS 为有效电平（B 会话有效），立即使能 DP 上拉电阻。主机模式下则使能 DP/DM 上的下拉电阻。通过主机协商协议（HNP）更改设备角色时，将在上拉电阻和下拉电阻之间动态切换。

（4）上拉/下拉电阻 ECN 电路。根据适用于 USB 2.0 版本的电阻 ECN 规定，DP 上拉电路包括 2 个由 OTG_FS 单独进行控制的电阻。对 DP 上拉阻值的动态调整可以提高噪声抑制能力和 TX/RX 信号质量。

（5）带滞回功能的 V_{BUS} 感应比较器，用于检测 V_{BUS} 有效、A－B 会话有效和会话端电压阈值。执行 USB 操作期间，这些比较器用于驱动会话请求协议（SRP）、检测会话的有效启动和结束条件，以及持续监视 V_{BUS} 供电情况。

（6）V_{BUS} 脉冲电路，用于在 SRP 期间通过电阻对 V_{BUS} 充电/放电（驱动力较弱）。

12.4.4　OTG 双角色设备（DRD）

1. ID 线检测

采取主机还是从机（默认设置）角色取决于 ID 输入引脚的电平可当插入 USB 时，可根据那一端 USB 电缆连接到 micro－AB 插座的电平来确定 ID 线状态。

（1）如果 USB 电缆的 B 端连入，其 ID 线悬空，则由于设备在 ID 线上的集成上拉电阻设备将检测到 ID 高电平并确认采取默认的从机角色。在此配置中，OTG_FS 符合"USB 2.0 On－The－Go 规范第 1.3 版补充标准中第 6.8.2 章节 On－The－Go B 器件"中所述的 FSM 标准。

（2）如果 USB 电缆的 A 端连入，其 ID 线接地，则 OTG_FS 将发出 ID 线状态更改中断（OTG_FS_GINTSTS 中的 CIDSCHG 位）以初始化主机软件，并自动切换为主机角色。

2. HNP 双角色设备

全局 USB 配置寄存器中的 HNP 使能位（OTG_FS_GUSBCFG 中的 HNPCAP 位）可使 OTG_FS 模块根据主机协商协议（HNP）动态切换角色，例如从 A 主机切换为 A 从机（反之亦然），或者从 B 从机切换为 B 主机（反之亦然）由通过全局 OTG 控制和状态寄存器中的连接器 ID 状态位（OTG_FS_GOTGCTL 中的 CIDSTS 位）及全局中断和状态寄存器中的当前工作模式位（OTG_FS_GINTSTS 中的 CMOD 位）两者的组合值来确定设备当前状态。

3. SRP 双角色设备

全局 USB 配置寄存器中的 SRP 使能位（OTG_FS_GUSBCFG 中的 SRPCAP 位）可使 OTG_FS 模块关闭 V_{BUS} 供电，为 A 器件节省电能。无论 OTG_FS 采取主机角色还是从机角色，A 器件将始终负责 V_{BUS} 的提供。

12.4.5 USB 设备

本节介绍 OTG_FS 在 USB 设备模式下所具有的功能。在以下情形下，OTG_FS 用作 USB 设备：

（1）OTGB 器件。OTGB 器件插入 USB 电缆 B 端时的默认状态。

（2）OTGA 器件。OTGA 器件被 HNP 切换为设备角色后的状态。

（3）B 器件。如果 ID 线有效，器件与 USB 电缆的 B 端相连，全局 USB 配置寄存器中的 HNP 功能位（OTG_FS_GUSBCFG 中的 HNPCAP 位）清零。

（4）仅作设备。全局 USB 配置寄存器中的强制设备模式位（OTG_FS_GUSBCFG 中的 FDMOD）置 1，强制 OTG_FS 模块仅用作 USB 设备（图 12.29）。这种情况下，即使 USB 连接器上存在 ID 线，也会将该 ID 线忽略。

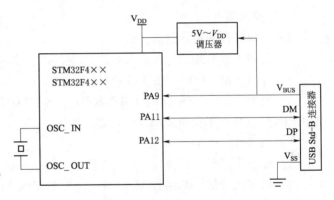

图 12.29 USB 仅作设备的链接

1. 支持 SRP 功能的设备

全局 USB 配置寄存器中的 SRP 功能位（OTG_FS_GUSBCFG 中的 SRPCAP 位）可使 OTG_FS 支持会话请求协议（SRP）。这样一来，远程 A 器件便可以在 USB 会话挂起时，通过关闭 V_{BUS} 来节省电能。

2. 设备状态

（1）供电状态。V_{BUS} 输入检测到 B 会话有效电压，就会使 USB 设备进入供电状态。然后，OTG_FS 自动连接 DP 上拉电阻，发出全速设备与主机相连的信号并生成会话请求中断（OTG_FS_GINTSTS 中的 SRQINT 位），指示进入供电状态。此外，V_{BUS} 输入还可确保主机在 USB 操作期间提供有效的 V_{BUS} 电平。如果检测到 V_{BUS} 降至 B 会话有效电压以下（例如，因电源干扰或主机端口关闭引发），OTG_FS 将自动断开连接并生成检测到会话结束中断（OTG_FS_GOTGINT 中的 SEDET 位），指示 OTG_FS 已退出供电状态。供电状态下，OTG_FS 期望收到来自主机的复位信号。其他 USB 操作则无法执行。收到复位信号后，立即生成检测到复位中断（OTG_FS_GINTSTS 中的 USBRST）。复位信号结束后，将生成枚举完成中断（OTG_FS_GINTSTS 中的 ENUMDNE 位），OTG_FS 随即进入默认状态。

（2）软断开。供电状态可借助软断开功能通过软件退出。将设备控制寄存器中的软断开位（OTG_FS_DCTL 中的 SDIS 位）置 1 即可移除 DP 上拉电阻，此时尽管没有从主机端口实际拔出 USB 电缆，但主机端仍会发生设备断开检测中断。

（3）默认状态。默认状态下，OTG_FS 期望从主机收到 SET_ADDRESS 命令。其他 USB 操作则无法执行。当 USB 上解码出有效 SET_ADDRESS 命令时，应用程序会将相应的地址值写入设备配置寄存器中的设备地址字段（OTGFSDCFG 中的 DAD 位）。OTGFS 随即进入地址状态，并准备好以所配置的 USB 地址对主机事务进行应答。

（4）挂起状态。OTG_FS 设备持续监视 USB 活动。在 USB 空闲时间达到 3ms 后，将发出早期挂起中断（OTG_FS_GINTSTS 中的 ESUSP 位），并在 3ms 后由挂起中断（OTG_FS_GINTSTS 中的 USBSUSP 位）确认设备进入挂起状态。然后，设备状态寄存器中的设备挂起位（OTG_FS_DSTS 中的 SUSPSTS 位）自动置 1，OTG_FS 随即进入挂起状态。可通过设备本身退出挂起状态。这种情况下，应用程序会将设备控制寄存器中的远程唤醒信号位（OTG_FS_DCTL 中的 RWUSIG 位）置 1，并在 1~15ms 后将其清零。但若设备检测到主机发出的恢复信号，将生成恢复中断（OTGFSGINTSTS 中的 WKUPINT 位），设备挂起位自动清零。

3. 设备端点

OTG_FS 模块实现了以下 USB 端点：

（1）控制端点 0。

1）双向且仅处理控制消息。

2）使用一组单独的寄存器来处理 IN 和 OUT 事务。

3）专用控制（OTG_FS_DIEPCTL0/OTG_FS_DOEPCTL0）寄存器、传输。

4）配置（OTG_FS_DIEPTSIZ0/OTG_FS_DIEPTSIZ0）寄存器和状态中断（OTG_FS_DIEPINTx/OTG_FS_DOEPINT0）寄存器。

（2）3 个 IN 端点。

1）每个端点都可配置为支持同步传输、批量传输或中断传输类型。

2）每个端点都有专用控制（OTG_FS_DIEPCTLx）寄存器、传输配置（OTG_FS_DIEPTSIZx）寄存器和状态中断（OTG_FS_DIEPINTx）寄存器。

3）设备 IN 端点通用中断屏蔽寄存器（OTG_FS_DIEPMSK）可用于使能/禁止所有 IN 端点（包括 EP0）上的同一类端点中断源。

4）支持未完成的同步 IN 传输中断（OTGFSGINTSTS 中的 IISOIXFR 位），该中断将在当前帧中至少有一个同步 IN 端点上的传输未完成时触发。该中断和周期性帧中断（OTG_FS_GINTSTS/EOPF）一起触发。

（3）3 个 OUT 端点。

1）每个端点都可配置为支持同步传输、批量传输或中断传输类型。

2）每个端点都有专用控制（OTG_FS_DOEPCTLx）寄存器、传输配置（OTG_FS_DOEPTSIZx）寄存器和状态中断（OTG_FS_DOEPINTx）寄存器。

3）设备 OUT 端点通用中断屏蔽寄存器（OTG_FS_DOEPMSK）可用于使能/禁止所有 OUT 端点（包括 EP0）上的同一类端点中断源。

4）支持未完成的同步 OUT 传输中断（OTGFSGINTSTS 中的 INCOMPISOOUT 位），该中断将在当前帧中至少有一个同步 OUT 端点上的传输未完成时触发。该中断和周期性帧中断（OTG_FS_GINTSTS/EOPF）一起触发。

4. 端点控制

应用程序可通过设备端点 xIN/OUT 控制寄存器 （DIEPCTLx/DOEPCTLx） 对端点采取以下控制：

（1）端点使能/禁止。

（2）在当前配置下激活端点。

（3）设置 USB 传输类型（同步、批量和中断）。

（4）设置支持的数据包大小。

（5）设置与 IN 端点相关的 TX FIFO 编号。

（6）设置希望收到的或发送时要使用到的 data0/data1 PID（仅限批量/中断传输）。

（7）设置接收或发送事务时所对应的奇/偶帧（仅限同步传输）。

（8）可以设置 NAK 位，从而不论此时 FIFO 的状态如何，都对主机的请求回复 NAK。

（9）可以设置 STALL 位，使得主机对该端点的令牌都被硬件回复 STALL。

（10）可以将 OUT 端点设置为侦听模式，即对接收到的数据不进行 CRC 检查。

5. 端点传输

设备端点 x 传输尺寸寄存器 （DIEPTSIZx/DOEPTSIZx） 允许应用程序对传输尺寸参数进行编程并读取传输状态。必须在端点控制寄存器中的端点使能位置 1 之前完成对此寄存器的设置。使能端点后，这些字段立即变为只读状态，同时 OTG_FS 模块根据当前传输状态对这些字段进行更新。可对以下传输参数进行编程：以字节为单位的传输大小；构成整个传输的数据包个数。

6. 端点状态/中断

设备端点 x 中断寄存器 （DIEPINTx/DOPEPINTx） 指示端点在出现 USB 和 AHB 相关事件时的状态。当模块中断寄存器中的 OUT 端点中断位或 IN 端点中断位（分别为 OTG_FS_GINTSTS 中的 OEPINT 位或 OTG_FS_GINTSTS 中的 IEPINT 位）置 1 时，应用程序必须读取这些寄存器以获得详细信息。在应用程序读取这些寄存器之前，必须先读取设备全体端点中断 （OTG_FS_DAINT） 寄存器，以获取设备端点 x 中断寄存器的端点编号。应用程序必须将此寄存器中的相应位清零，才能将 DAINT 和 GINTSTS 寄存器中的相应位清零。

模块提供以下状态检查和中断产生功能：

（1）传输完成中断，指示应用程序（AHB）和 USB 端均已完成数据传输。

（2）Setup 阶段已完成（仅针对控制传输类型的 OUT 端点）。

（3）相关的发送 FIFO 为半空或全空状态（IN 端点）。

（4）NAK 应答已发送到主机（仅针对同步传输的 IN 端点）。

（5）TX FIFO 为空时接收到 IN 令牌（仅针对批量和中断传输类型的 IN 端点）。

（6）尚未使能端点时接收到 OUT 令牌。

（7）检测到 babble 错误。

（8）应用程序关闭端点生效。

（9）应用程序对端点设置 NAK 生效（仅针对同步传输类型的 IN 端点）。

（10）接收到 3 个以上连续 setup 数据包（仅针对控制类型的 OUT 端点）。

（11）检测到超时状况（仅针对控制传输类型的 IN 端点）。

（12）同步传输类型的数据包未产生中断而丢失。

12.4.6　USB 主机

本节介绍了 OTG_FS 在 USB 主机模式下所具有的功能，在以下情形下 OTG_FS 用作 USB 主机：

（1）OTGA 主机。OTGA 器件在插入 USB 电缆 A 端时的默认状态。

（2）OTGB 主机。OTGB 器件被 HNP 切换为主机角色后的状态。

（3）A 器件。如果 ID 线有效，器件与 USB 电缆的 A 端相连，全局 USB 配置寄存器中的 HNP 功能位（OTG_FS_GUSBCFG 中的 HNPCAP 位）清零。DP/DM 线上的集成下拉电阻自动使能。

（4）仅作主机。全局 USB 配置寄存器中的强制模式位（OTG_FS_GUSBCFG 中的 FH-MOD 位）将强制 OTG_FS 模块作为 USB 仅作主机运行，在这种情况下，即使 USB 连接器上存在 ID 线，也会将该 ID 线忽略。DP/DM 线上的集成下拉电阻自动使能。

微控制器不能输出 5V 以提供 V_{BUS}。为此，必须在微控制器以外添加电荷泵或电源开关（如果应用电路板提供 5V 电源）来驱动 5V V_{BUS} 线由外部电荷泵可通过任何 GPIO 输出驱动。OTGA 主机、A 器件和仅作主机配置都需要使用电荷泵。V_{BUS} 输入可确保电荷泵在 USB 操作期间提供有效的 V_{BUS} 电平，同时电荷泵过流输出可连接到任意配置成外部中断的 GPIO 引脚。在过流 ISR 中必须立即关闭 V_{BUS}。关闭 V_{BUS} 感应选项可以释放 V_{BUS} 引脚。可通过在 OTG_FS_GCCFG 寄存器中将 NOVBUSSENS 位置 1 来完成此操作。这种情况下，内部将 V_{BUS} 视为始终处于 V_{BUS} 有效电平（5V）。

1. 支持 SRP 功能的主机

全局 USB 配置寄存器中的 SRP（OTG_FS_GUSBCFG 中的 SRPCAP 位）可提供 SRP 支持。使能 SRP 功能后，主机可在 USB 会话挂起时通过关闭 V_{BUS} 电源来节省电能。

2. USB 主机状态

（1）给主机端口供电。微控制器不能输出 5V 以提供 V_{BUS}。为此，必须在微控制器以外添加电荷泵或基本电源开关（如果应用电路板提供 5V 电源）来驱动 5V V_{BUS} 线。外部电荷泵可通过任何 GPIO 输出驱动。当应用程序确定使用 GPIO 来控制外部器件输出 V_{BUS}，还必须将主机端口控制和状态寄存器中的端口电源位（OTG_FS_HPRT 中的 PPWR 位）置 1。

（2）V_{BUS} 有效。使能 HNP 或 SRP 后，应将 V_{BUS} 感应引脚（PA9）连接到 V_{BUS}。V_{BUS} 输入可确保电荷泵在 USB 操作期间提供有效的 V_{BUS} 电平。如果 V_{BUS} 电压意外降至 V_{BUS} 有效阈值（4.25V）以下，将通过会话结束检测位（OTG_FS_GOTGINT 中的 SEDET 位）触发 OTG 中断。之后应用必须断开 V_{BUS} 电源并使端口电源位清零。同时禁止 HNP 和 SRP 时，应断开 V_{BUS} 感应引脚（PA9）与 V_{BUS} 之间的连接。该引脚可用作 GPIO。电荷泵过流标志也可用来防止电气损坏。将电荷泵的过流标志输出连接到任意 GPIO 输入，然后将其配置为出现有效电平时生成端口中断。过流 ISR 必须立即关闭 V_{BUS} 并清零端口电源位。

（3）主机检测设备连接。如果使能 SRP 或 HNP，即使可以随时连接 USB 外设或 B 器件，但是 OTG_FS 也只有在 VBUS 有效后（5V）才能检测到设备的连接。当 V_{BUS} 处于有效电平且已连接远程 B 器件时，OTG_FS 模块将发出主机端口中断信号，该中断由主机端口控制和状态寄存器中的设备连接位（OTG_FS_HPRT 中的 PCDET 位）触发。在 HNP 和 SRP 同时关闭的情况下，USB 设备或 B 器件将在连接后立即被检测到。OTG_FS 模块将发出主机端口中断信号，该中断由主机端口控制和状态寄存器中的设备连接位（OTG_FS_HPRT 中的 PCDET 位）触发。

（4）主机检测设备断开。设备断开事件将触发断开连接检测中断（OTG_FS_GINTSTS 中的 DISCINT 位）。

（5）主机枚举。检测到设备连接后，若又有新的设备连接进来，主机必须通过向新的设备发送 USB 复位和配置命令来启动枚举过程。开始驱动 USB 复位前，应用程序必须等待去抖动完成位（OTGFSGOTGINT 中的 DBCDNE 位）触发 OTG 中断，这表示由于在 DP（FS）或 DM（LS）上连接上拉电阻而发生电气抖动之后，总线恢复稳定状态。应用程序通过将主机端口控制和状态寄存器中的端口复位位（OTG_FS_HPRT 中的 PRST 位）置 1，使该过程最少持续 10ms、最多持续 20ms，以此通过 USB 驱动 USB 复位信号（单端零）。应用程序计算这个过程的持续时间，然后将端口复位位清零。USB 复位序列完成后，端口使能/禁止更改位（OTG_FS_HPRT 中的 PENCHNG 位）立即触发主机端口中断，进而向应用程序发出通知，指示可从主机端口控制和状态寄存器中的端口速度字段（OTG_FS_HPRT 中的 PSPD）读取枚举的设备速度，以及主机已经开始驱动 SOF（FS）或 Keep-alive令牌（LS）。此时主机已就绪，可通过对设备发送命令来完成对设备的枚举。

（6）主机挂起。应用程序通过将主机端口控制和状态寄存器中的端口挂起位（OTG_FS_HPRT 中的 PSUSP）置 1 来挂起 USB 活动。OTG_FS 模块停止发送 SOF 并进入挂起状态。可由远程设备的自主活动（远程唤醒）使总线退出挂起状态。这种情况下，远程唤醒信号将触发远程唤醒中断（OTG_FS_GINTSTS 中的 WKUPINT 位），硬件把主机端口控制和状态寄存器中的端口恢复位（OTG_FS_HPRT 中的 PRES 位）自行复位，并通过 USB 自动驱动恢复信号。应用程序必须为恢复窗口定时，然后将端口恢复位清零以退出挂起状态并重新启动 SOF。如果由主机发起退出挂起状态，则应用程序必须将端口恢复位置 1 以启动主机端口上的恢复信号，为恢复窗口定时并最终将端口恢复位清零。

3. 主机通道

OTG_FS 模块实现了 8 个主机通道。每个主机通道均可用于 USB 主机传输（USB 管道）。主机最多能同时处理 8 个传输请求。如果应用程序有 8 个以上的传输请求挂起，则在通道从之前任务释放后（即接收到传输完成和通道停止中断后），主机控制器驱动器（HCD）必须为未处理的传输请求重新对通道进行分配。

每个主机通道都可配置为支持输入/输出以及周期性/非周期性事务。每个主机通道都使用专用控制（HCCHARx）寄存器、传输配置（HCTSIZx）寄存器/中断（HCINTx）寄存器以及和其相关的中断屏蔽寄存器（HCINTMSKx）。

（1）主机通道控制。应用程序可通过主机通道 x 特性寄存器（HCCHARx）对主机通道进行以下控制：

1）通道使能/禁止。
2）设置目标 USB 设备的速度：FS/LS。
3）设置目标 USB 设备的地址。
4）设置与该通道通信的目标 USB 设备上的端点的编号。
5）设置该通道上的传输方向：IN/OUT。
6）设置该通道上的 USB 传输的类型：控制/批量/中断/同步。
7）设置与该通道通信的设备端点的最大包长。

8）设置要进行周期传输的帧：奇帧/偶帧。

（2）主机通道传输。主机通道传输大小寄存器（HCTSIZx）允许应用程序对传输大小参数进行编程并读取传输状态。必须在主机通道特性寄存器中的通道使能位置 1 之前完成对此寄存器的设置。使能端点后，数据包计数字段立即变为只读状态，同时 OTG_FS 模块根据当前传输状态对该字段进行更新。

可对以下传输参数进行编程：①以字节为单位的传输大小；②构成整个传输大小的数据包个数；③初始数据 PID。

（3）主机通道状态/中断。主机通道 x 中断寄存器（HCINTx）指示端点在出现 USB 和 AHB 相关事件时的状态。当中断寄存器中的主机通道中断位（OTGFSGINTSTS 中的 HCINT 位）置 1 时，应用程序必须读取这些寄存器以获得详细信息。在读取这些寄存器之前，应用程序必须先读取主机全体通道中断（HCAINT）寄存器，以获取主机通道 x 中断寄存器的通道编号。应用程序必须将此寄存器中的相应位清零，才能将 HAINT 和 GINTSTS 寄存器中的相应位清零。OTG_FS_HCINTMSKx 寄存器还提供每个通道各中断源的屏蔽位。

主机模块提供以下状态检查和中断产生功能：

1）传输完成中断，指示应用程序（AHB）和 USB 端均已完成数据传输。

2）通道因传输完成、USB 事务错误或应用程序发出禁止命令而停止。

3）相关的发送 FIFO 为半空或全空状态（IN 端点）。

4）接收到 ACK 响应。

5）接收到 NAK 响应。

6）接收到 STALL 响应。

7）由于 CRC 校验失败、超时、位填充错误和错误的 EOP 导致 USB 事务错误。

8）串扰错误。

9）帧上溢。

10）用于数据同步的翻转位出错。

4．主机调度器

主机模块内置硬件调度器，可自主对应用程序发出的 USB 事务请求重新排序和管理。每一帧开始时，主机都先执行周期性（同步和中断）事务，然后执行非周期性（控制和批量）事务，以符合 USB 规范对同步和中断传输高优先级的保证。

主机通过请求队列（一个周期性请求队列和一个非周期性请求队列）处理 USB 事务。每个请求队列最多可存储 8 个条目。每个条目代表一个应用程序发起但还未得到响应的 USB 事务请求，并存储了执行该 USB 事务所用到的 IN 或 OUT 通道的编号，以及其他相关信息。USB 事务请求在队列中的写入顺序决定了事务在 USB 接口上的执行顺序。

每一帧开始时，主机都先处理周期性请求队列，然后处理非周期性请求队列。如果当前帧结束时，计划在当前帧执行的同步或中断类型的 USB 传输事务请求仍处于挂起状态，则主机将发出未完成周期性传输中断（OTGFSGINTSTS 中的 IPXFR 位）。OTGHS 模块负责对周期性和非周期性请求队列的管理。周期性发送 FIFO 和队列状态寄存器（HPTXSTS）与非周期性发送 FIFO 和队列状态寄存器（HNPTXSTS）都为只读寄存器，应用程序可使用它们来读取各请求队列的状态。其中包括：

1）周期性（非周期性）请求队列中当前可用的空闲条目数（最多 8 个）。

2）周期性（非周期性）TX　FIFO（OUT 事务）中当前可用的空闲空间。

3）IN/OUT 令牌、主机通道编号和其他状态信息。

由于每个请求队列最多可存储 8 个 USB 事务请求，因此应用程序可以把主机 USB 事务请求提前发送给调度器；实际的通信最晚会在调度器处理完已挂起的 8 个周期事务和 8 个非周期事务完成之后出现在 USB 总线上。

要向主机调度器（队列）发出事务请求，应用程序必须读取 OTG_FS_HNPTXSTS 寄存器中的 PTXQSAV 位或 OTG_FS_HNPTXSTS 寄存器中的 NPTQXSAV 位，确保周期性（非周期性）请求队列中至少有一个可用空间来存储当前请求。

12.5　以 太 网 （ETH）

12.5.1　以太网简介

借助以太网外设，STM32F4×× 可以通过以太网按照 IEEE 802.3：2002 标准发送和接收数据。以太网提供了可配置、灵活的外设，用以满足客户的各种应用需求。它支持与外部物理层（PHY）相连的两个工业标准接口：默认情况下使用的介质独立接口（MII）（在 IEEE 802.3 规范中定义）和简化介质独立接口（RMII）。它有多种应用领域，例如交换机、网络接口卡等。

以太网遵守以下标准：

（1）IEEE 802.3：2002，用于以太网 MAC。

（2）IEEE 1588：2008 标准，用于规定联网时钟同步的精度。

（3）AMBA2.0，用于 AHB 主/从端口。

（4）RMII 联盟的 RMII 规范。

12.5.2　以太网主要特性

以太网（ETH）外设包括以下特性。

1. MAC 内核特性

（1）支持外部 PHY 接口实现 10/100Mbit/s 数据传输速率。

（2）通过符合 IEEE 802.3 的 MII 接口与外部快速以太网 PHY 进行通信。

（3）支持全双工和半双工操作。

1）支持适用于半双工操作的 CSMA/CD 协议。

2）支持适用于全双工操作的 IEEE　802.3x 流量控制。

3）全双工操作时可以将接收的暂停控制帧转发到用户应用程序。

4）半双工操作时提供背压流量控制。

5）全双工操作中如果流量控制输入信号消失，将自动发送零时间片暂停帧。

（4）报头和帧起始数据（SFD）在发送路径中插入、在接收路径中删除。

（5）可逐帧控制 CRC 和 pad 自动生成。

（6）接收帧时可自动去除 pad/CRC。

（7）可编程帧长度，支持高达 16KB 的巨型帧。

（8）可编程帧间隔（40～96 位时间，以 8 为步长）。

（9）支持多种灵活的地址过滤模式：

1）高达 4 个 48 位完美（DA）地址过滤器，对每个字节进行掩码操作。

2）高达 3 次 48 位 SA 地址比较检查，对每个字节进行掩码操作；其中，64 位 Hash 滤波器（可选）适用于多播和单播（DA）地址。

3）可传送所有多播地址帧。

4）支持混合模式，因此可传送所有帧，无须为网络监视进行过滤。

5）传送所有传入数据包时（每次过滤时）均附有一份状态报告。

（10）为发送和接收数据包分别返回 32 位状态。

（11）支持对接收帧进行 IEEE　802.1Q　VLAN 变量检测。

（12）为应用程序提供单独的发送、接收和控制接口。

（13）支持通过 RMON/MIB 计数器（RFC2819/RFC2665）进行强制网络统计。

（14）使用 MDIO 接口配置和管理 PHY 设备。

（15）检测 LAN 唤醒帧和 AMD　Magic　Packet™帧。

（16）在接收功能中支持对接收到的由以太网帧封装的 IPv4 和 TCP 数据包进行校验和卸载。

（17）在增强型接收功能中支持检查 IPv4 头校验和以及在 IPv4 或 IPv6 数据包中封装的 TCP、UDP 或 ICMP 校验。

（18）支持以太网帧时间戳。每个帧的发送或接收状态下给出 64 位时间戳。

（19）两组 FIFO：一个具有可编程阈值功能的 2KB 发送 FIFO 和一个具有可配置阈值（默认为 64 个字节）功能的 2KB 接收 FIFO。

（20）接收 FIFO 进行多帧存储时，通过在 EOF 传输后向接收 FIFO 插入接收状态矢量，从而使得接收 FIFO 无须存储这些帧的接收状态。

（21）在存储转发模式下，可以在接收时过滤所有的错误帧，但不将这些错误帧转发给应用程序。

（22）可以转发过小的好帧。

（23）为接收 FIFO 中丢失或损坏的帧（由于溢出）生成脉冲，借此支持数据统计。

（24）向 MAC 内核发送数据时支持存储转发机制。

（25）根据接收 FIFO 填充（阈值可配置）级别自动生成要发送至 MAC 内核的暂停帧控制或背压信号。

（26）发送时处理冲突帧的自动重新发送。

（27）丢弃延迟冲突、过度冲突、过度延迟和下溢条件下的帧。

（28）通过软件控制刷新 TX　FIFO。

（29）计算 IPv4 头校验和与 TCP、UDP 或 ICMP 校验和并将其插入在存储转发模式下发送的帧中。

（30）支持调试时通过 MII 进行内部回送。

2．DMA 特性

（1）AHB 从接口中支持所有 AHB 突发类型。

（2）软件可以在 AHB 主接口中选择 AHB 突发类型（固定或不确定突发）。

（3）可以从 AHB 主端口选择地址对齐突发。

（4）通过帧定界符优化以数据包为导向的 DMA 传输。

（5）支持对数据缓冲区进行字节对齐寻址。

（6）双缓冲区（环）或链表（链接）描述符链接。

（7）采用描述符架构可以在 CPU 几乎不干预的情况传输大型数据块。

（8）每个描述符可传输高达 8KB 的数据。

（9）报告正常工作和传输错误时的综合状态。

（10）可为发送和接收 DMA 引擎单独编程突发大小，以充分利用主总线。

（11）可编程中断选项，适用于不同的工作条件。

（12）按帧控制发送/接收完成中断。

（13）接收引擎和发送引擎间采用循环调度仲裁或固定优先级仲裁。

（14）启动/停止模式。

（15）当前 TX/RX 缓冲区指针作为状态寄存器。

（16）当前 TX/RX 描述符指针作为状态寄存器。

3．PTP 特性。

（1）接收帧和发送帧时间戳。

（2）粗略校准法和精细校准法。

（3）系统时间大于目标时间时触发中断。

（4）输出秒脉冲（产品复用功能输出）。

12.5.3 以太网引脚

表 12.6 显示了 MAC 信号和相应的 MII/RMII 信号映射。所有 MAC 信号均映射到 AF11，一些信号映射到不同的 I/O 引脚，这些应在复用功能模式下进行配置。

表 12.6　　　　　　　　　　　　　　复 用 功 能 映 射

端　口	AF11	端　口	AF11
	ETH		ETH
PA0－WKUP	ETHMII_CRS	PC2	ETHMII_TXD2
PA1	ETHMII_RX_CLK/ETHRMII_REF_CLK	PC3	ETHMII_TX_CLK
PA2	ETHM_DIO	PC4	ETHMII_RXD0/ETHRMII_RXD0
PA3	ETHMII_COL	PC5	ETHMII_RXD1/ETHRMII_RXD1
PA7	ETHMII_RX_DV/ETHRMII_CRS_DV	PE2	ETHMII_TXD3
PB0	ETHMII_RXD2	PG8	ETH_PPS_OUT
PB1	ETHMII_RXD3	PG11	ETHMII_TX_EN/ETHRMII_TX_EN
PB5	ETH_PPS_OUT	PG13	ETHMII_TXD0/ETHRMII_TXD0
PB8	ETHMII_TXD3	PG14	ETHMII_TXD1/ETHRMII_TXD1
PB10	ETHMII_RXER	PH2	ETHMII_CRS
PB11	ETHMII_TX_EN/ETHRMII_TX_EN	PH3	ETHMII_COL
PB12	ETHMII_TXD0/ETHRMII_TXD0	PH6	ETHMII_RXD2
PB13	ETHMII_TXD1/ETHRMII_TXD1	PH7	ETHMII_RXD3
PC1	ETHMDC	PI10	ETHMII_RXER

12.5.4　以太网功能说明：SMI、MII 和 RMII

以太网外设包括带专用 DMA 控制器的 MAC802.3（介质访问控制），如图 12.30 所示。它支持默认情况下使用的介质独立接口（MII）和简化介质独立接口（RMII），并通过一个选择位在两个接口间进行切换。DMA 控制器通过 AHB 主从接口与内核和存储器相连。AHB 主接口用于控制数据传输，而 AHB 从接口则用于访问"控制和状态寄存器"（CSR）的空间。在进行数据发送时，首先将数据由系统存储器以 DMA 的方式送至发送 FIFO（TX FIFO）进行缓冲，再通过 MAC 内核发送。同样，接收 FIFO（RX FIFO）则存储通过线路接收的以太网帧，直到这些帧通过 DMA 传送到系统存储器。以太网外设还包括用于与外部 PHY 通信的 SMI。通过一组配置寄存器，用户可以为 MAC 控制器和 DMA 控制器选择所需模式和功能。

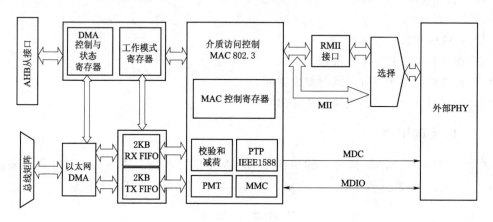

图 12.30　以太网框图

1．站管理接口 SMI

站管理接口（SMI）允许应用程序通过 2 线时钟和数据线访问任意 PHY 寄存器。该接口支持访问多达 32 个 PHY。

应用程序可以从 32 个 PHY 中选择一个 PHY，然后从任意 PHY 包含的 32 个寄存器中选择一个寄存器，发送控制数据或接收状态信息。任意给定时间内只能对一个 PHY 中的一个寄存器进行寻址。

MDC 时钟线和 MDIO 数据线在微控制器中均用作复用功能 I/O，如图 12.31 所示。

1）MDC：周期性时钟，提供以最大频率 2.5MHz 传输数据时的参考时序。MDC 的最短高电平时间和最短低电平时间必须均为 160ns。MDC 的最小周期必须为 400ns。在空闲状态下，SMI 管理接口将 MDC 时钟信号驱动为低电平。

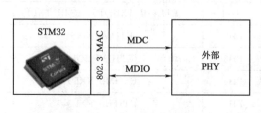

图 12.31　SMI 接口信号

2）MDIO：数据输入/输出比特流，用于通过 MDC 时钟信号向/从 PHY 设备同步传输状态信息。

（1）SMI 帧格式。表 12.7 给出了与读操作或者写操作有关的帧结构，位传输顺序必须从左到右。

表 12.7 管 理 帧 格 式

字段	管 理 帧 字 段							
	报头 （32 位）	起始	操作	PADDR	RADDR	TA	数据（16 位）	空闲
读取	1…1	01	10	ppppp	rrrrr	Z0	dddddddddddddddd	Z
写入	1…1	01	01	ppppp	rrrrr	10	dddddddddddddddd	Z

该管理帧包括 8 个字段：

1）报头：每个事务（读取或写入）均可通过报头字段启动，报头字段对应于 MDIO 线上 32 个连续的逻辑"1"位以及 MDC 上的 32 个周期。该字段用于与 PHY 设备建立同步。

2）起始：帧起始由<01>模式定义，用于验证线路从默认逻辑"1"状态变为逻辑"0"状态，然后再从逻辑"0"状态变为逻辑"1"状态。

3）操作：定义正在发生的事务（读取或写入）的类型。

4）PADDR：PHY 地址有 5 位，可构成 32 个唯一 PHY 地址。最先发送和接收地址的 MSB 位。

5）RADDR：寄存器地址有 5 位，从而可在所选 PHY 设备中对 32 个不同的寄存器进行寻址。最先发送和接收地址的 MSB 位。

6）TA：周转字段在 RADDR 和 DATA 字段间定义了一个 2 位模式，以避免在读取事务期间出现竞争现象。读取事务时，MAC 控制器将 TA 的 2 个位驱动为 MDIO 线上的高阻态。PHY 设备必须将 TA 的第一位驱动为高阻态，将 TA 的第二位驱动为"0"。

写入事务时，MAC 控制器针对 TA 字段驱动<10>模式。PHY 设备必须将 TA 的 2 个位驱动为高阻态。

7）数据：数据字段为 16 位。最先发送和接收的位必须为 ETH_MIID 寄存器的位 15。

8）空闲：MDIO 线驱动为高阻态。三态驱动器必须禁止，PHY 的上拉电阻使线路保持逻辑"1"状态。

（2）SMI 写操作。当应用程序将 MII 写入位和繁忙位置 1 时，SMI 将通过传输 PHY 地址、PHY 中的寄存器地址以及写入数据来触发对 PHY 寄存器进行写操作。事务进行期间，应用程序不应更改 MII 地址寄存器的内容或 MII 数据寄存器。在此期间对 MII 地址寄存器或 MII 数据寄存器执行的写操作将会忽略（繁忙位处于高电平状态），事务将无错完成。写操作完成后，SMI 将通过复位繁忙位进行指示。图 12.32 显示了写操作的帧格式。

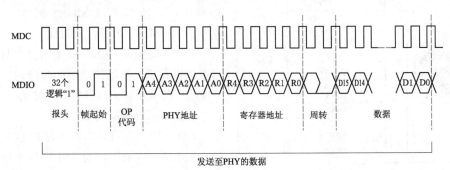

图 12.32 MDIO 时序和帧结构写周期（SMI 写操作）

（3）SMI 读操作。当用户将以太网 MACMII 地址寄存器（ETH_MACMIIAR）中的 MII 繁忙位置 1、MII 写入位清零时，SMI 将通过传输 PHY 地址和 PHY 中的寄存器地址在 PHY 寄存器中触发读操作。事务进行期间，应用程序不应更改 MII 地址寄存器的内容或 MII 数据寄存器。在此期间对 MII 地址寄存器或 MII 数据寄存器执行的写操作将会忽略（繁忙位处于高电平状态），事务将无错完成。读操作完成后，SMI 将复位繁忙位，然后用从 PHY 中读取的数据更新 MII 数据寄存器。图 12.33 显示了读操作的帧格式。

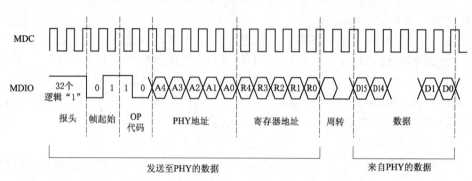

图 12.33　MDIO 时序和帧结构读周期（SMI 读操作）

（4）SMI 时钟选择。MAC 启动管理写/读操作。SMI 时钟是一个分频时钟，其时钟源为应用时钟（AHB 时钟）。分频系数取决于 MII 地址寄存器中设置的时钟范围。表 12.8 显示了如何设置时钟范围。

表 12.8　　　　　　　　　时　钟　范　围

选　择	HCLK 时钟/MHz	MDC 时钟	选　择	HCLK 时钟/MHz	MDC 时钟
000	60～100	AHB 时钟/42	011	35～60	AHB 时钟/26
001	100～168	AHB 时钟/62	100,101,110,111	保留	—
010	20～35	AHB 时钟/16			

2. 介质独立接口 MII

介质独立接口（MII）定义了 10Mbit/s 和 100Mbit/s 的数据传输速率下 MAC 子层与 PHY 之间的互连，如图 12.34 所示。

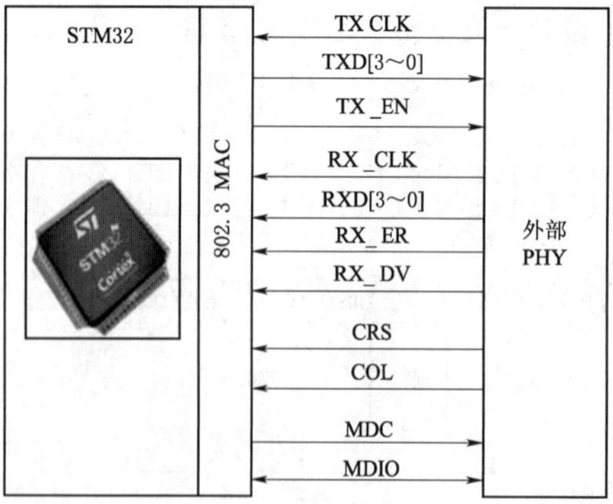

（1）MII_TX_CLK：连续时钟信号。该信号提供进行 TX 数据传输时的参考时序。标称频率如下：速率为 10Mbit/s 时为 2.5MHz；速率为 100Mbit/s 时为 25MHz。

（2）MII_RX_CLK：连续时钟信号。该信号提供进行 RX 数据传输时的参考时序。标称频率如下：速率为 10Mbit/s 时为 2.5MHz；速率为 100Mbit/s 时为 25MHz。

（3）MII_TX_EN：发送使能信号。该信号表示 MAC 当前正针对 MII 发送半字节。该信号必须与报头的前半字节进行同步（MII_

图 12.34　介质独立接口信号

TX_CLK），并在所有待发送的半字节均发送到 MII 时必须保持同步。

（4）MII_TXD［3～0］：数据发送信号。该信号是 4 个一组的数据信号，由 MAC 子层同步驱动，在 MII_TX_EN 信号有效时才为有效信号（有效数据）。MII_TXD［0］为最低有效位，MII_TXD［3］为最高有效位。禁止 MII_TX_EN 时，发送数据不会对 PHY 产生任何影响。

（5）MII_CRS：载波侦听信号。当发送或接收介质处于非空闲状态时，由 PHY 使能该信号。发送和接收介质均处于空闲状态时，由 PHY 禁止该信号。PHY 必须确保 MII_CS 信号在冲突条件下保持有效状态。该信号无须与 TX 和 RX 时钟保持同步。在全双工模式下，该信号没意义。

（6）MII_COL：冲突检测信号。检测到介质上存在冲突后，PHY 必须立即使能冲突检测信号，并且只要存在冲突条件，冲突检测信号必须保持有效状态。该信号无须与 TX 和 RX 时钟保持同步。在全双工模式下，该信号没意义。

（7）MII_RXD［3～0］：数据接收信号。该信号是 4 个一组的数据信号，由 PHY 同步驱动，在 MII_RX_DV 信号有效时才为有效信号（有效数据）。MII_RXD［0］为最低有效位，MII_RXD［3］为最高有效位。当 MII_RX_DV 禁止、MII_RX_ER 使能时，特定的 MII_RXD［3～0］值用于传输来自 PHY 的特定信息。

（8）MII_RX_DV：接收数据有效信号。该信号表示 PHY 当前正针对 MII 接收已恢复并解码的半字节。该信号必须与恢复帧的头半字节进行同步（MII_RX_CLK），并且一直保持同步到恢复帧的最后半字节。该信号必须在最后半字节随后的第一个时钟周期之前禁止。为了正确地接收帧，MII_RX_DV 信号必须在时间范围上涵盖要接收的帧，其开始时间不得迟于 SFD 字段出现的时间。

（9）MII_RX_ER：接收错误信号。该信号必须保持一个或多个周期（MII_RX_CLK），从而向 MAC 子层指示在帧的某处检测到错误。该错误条件必须通过 MII_RX_DV 验证，见表 12.9 和表 12.10。

表 12.9   TX 接 口 信 号 编 码

MII_TX_EN	MII_TXD[3～0]	说　明	MII_TX_EN	MII_TXD[3～0]	说　明
0	0000～1111	正常帧间	1	0000～1111	正常数据发送

表 12.10   RX 接 口 信 号 编 码

MII_RX_DV	MII_RX_ER	MII_RXD[3～0]	说　明
0	0	0000～1111	正常帧间
0	1	0000	正常帧间
0	1	0001～1101	保留
0	1	1110	错误载波检测
0	1	1111	保留
1	0	0000～1111	正常数据接收
1	1	0000～1111	数据接收出现错误

思 考 题 与 习 题

1. 简述 SPI 通信中各线的含义，并说明 SPI 通信的原理。

2. 简述 SPI 的主机模式和从机模式的工作原理。

3. 简要说明 SPI 总线的特点及工作模式的种类。

4. 简要说明 SPI 硬件引脚的作用。

5. 分别写出 SPI 主、从模式的配置步骤。

6. 监控 SPI 总线状态有几个状态标志位？简要说明。

7. 编写程序配置 SPI 总线初始化。

8. SPI 共有几个中断源？

9. 使用 SPI 外设时如何设定 NSS 为通用 I/O 口？

10. 简述 SPI 接口基本原理和数据传输格式，SPI 模块的编程步骤。

11. I^2C 和 SPI 的主用应用领域有哪些？各有何特点？

12. 简要说明 I^2C 的结构与工作原理。

13. 简要说明 I^2C 总线的组成以及使用场合。

14. 简要说明 I^2C 总线的主要特点和工作模式。

15. 简要说明 I^2C 总线控制程序的编写。

16. 写出在 I^2C 主模式时的操作顺序。

17. 简要说明 I^2C 的中断事件。

18. 简述 I^2C 发送接收数据的过程。

19. 简述 I^2C 数据通信协议。

20. MSP432 单片机的 I^2C 有哪些寻址方式？对其格式进行简要说明。

21. MSP432 单片机的 I^2C 如何进行多机仲裁？

22. MSP432 单片机的 I^2C 有哪些工作模式？

23. MSP432 单片机的 I^2C 有哪些状态中断标志？并简述各状态中断标志产生的条件。

24. CAN 通信报文的种类有哪些？

25. CAN 通信中使用的 120 Ω电阻的主要作用是什么？

26. 简述 CAN 总线报文格式。

27. 简述 CAN 总线的拓扑结构。

28. 简述 CAN 总线的初始化过程。

29. 简述 CAN 总线的用途和特点，描述 CAN 总线的发送和接收操作。

30. 分析 CAN 控制器通信示例程序，简述 CAN 控制器的通信编程方法。

31. 根据 CAN 模块内部结构框图，简述 CAN 模块功能。

32. 简述 CAN 发送操作。

33. 简述 CAN 接收操作。

34. 怎样设置 CAN 的位定时和位速率？

35. 简述 CAN 寄存器的功能。

36. 简述 μDMA 控制器用于 USB 主机和设备数据发送或接收的方法。

37. 在哪些条件下以太网控制器会产生中断？

38. 简述以太网控制器执行基本操作的配置步骤。

第 13 章　DMA　模　块

直接存储器存取（direct memory access，DMA）是一种不经过 CPU 而直接从内存存取数据的数据交换模式，是所有现代计算机的重要特性，它允许不同速度的计算机外设来与计算机存储器存取而不需要依赖 CPU 的操作。

13.1　DMA 模块通用基础知识

13.1.1　DMA 方式的基本原理

DMA 是一种完全由硬件执行 I/O 交换的工作方式。在这种方式中，I/O 设备与主存之间在 DMA 控制器的控制下，直接进行数据交换而不通过 CPU。这样数据传送的速度上限主要取决于存储器的存储速度。

图 13.1 为 DMA 传送方式过程示意图。当一个设备接口试图通过总线直接向另一个设备发送数据（一般是大批量的数据），它会先向 CPU 发送 DMA 请求信号。外设通过 DMA 的一种专门接口电路——DMA 控制器（DMAC），向 CPU 提出接管总线控制权的总线请求，CPU 收到该信号后，在当前的总线周期结束后，会按 DMA 信号的优先级和提出 DMA 请求的先后顺序响应 DMA 信号。CPU 对某个设备接口响应 DMA 请求时，会让出总线控制权（即 CPU 连到这些总线上的线处于高阻状态），系统总线由 DMA 控制器接管，DMA 控制器将向内存和外设接口发出地址和控制信号，以及修改地址，对传送字的个数计数等操作。于是在 DMA 控制器的管理下，设备接口和存储器直接进行数据交换，而不需 CPU 干预。数据传送完毕后，以中断方式向 CPU 报告传送操作结束，交还总线控制权。

DMA 方式主要适用于一些高速的 I/O 设备，这些设备传输字节或字的速度非常快。对于这类高速 I/O 设备，如果用输入输出指令或采用中断的方法来传输字节信息，会大量占用 CPU 的时间，同时也容易造成数据的丢失。而 DMA 方式能使 I/O 设备直接和存储器进行成批数据的快速传送。

DMA 方式的主要优点是速度快。由于 CPU 根本不参加传送操作，因此省去了 CPU 取指令、取数、送数等操作。在数据传送过程中，没有保存现场、恢复现场之类的工作。内存地址修改、传送字个数的计数等也不是由软件实现的，而是用硬件线路直接实现。在 DMA 方式下实现的外设与存储器间的数据传送路径和 CPU 执行程序指令的数据传送路径不同。

图 13.2 所示为两种不同的数据传送路径。可以看出，执行程序指令的数据传送必须经过 CPU，而采用 DMA 方式的数据传送不需要经过 CPU，而且数据传送是在专门硬件（DMAC）控制下完成的。在 DMA 控制器的控制下，数据可以实现外设与内存之间、内存与内存之间或外设与外设之间的高速传送。

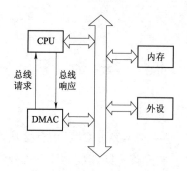

图 13.1　DMA 传送过程

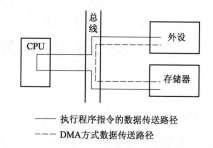

图 13.2　DMA 与程序指令数据传输的不同

由于 CPU 无须为传送数据执行相应的指令，而通过专门的硬件电路发出地址及读、写控制信号，因此比靠执行程序指令来完成数据传输要快得多，并且不会影响当前 CPU 指令执行状态。所以，DMA 方式能满足高速 I/O 设备的要求，也有利于 CPU 效率的发挥。

13.1.2　DMA 传送的基本操作

实现 DMA 传送的基本操作如下：

（1）外设可通过 DMA 控制器向 CPU 发出 DMA 请求。

（2）CPU 响应 DMA 请求，系统转变为 DMA 工作方式，并把总线控制权交给 DMA 控制器。

（3）由 DMA 控制器发送存储器地址，并决定传送数据块的长度。

（4）执行 DMA 传送。

（5）DMA 操作结束，并把总线控制权交还 CPU。

13.1.3　DMA 传送方式

DMA 技术的出现，使得外围设备可以通过 DMA 控制器直接访问内存，与此同时，CPU 可以继续执行程序。那么 DMA 控制器与 CPU 分时使用内存通常采用以下 3 种方法：停止 CPU 访问内存；周期挪用；DMA 与 CPU 交替访问内存。

13.1.3.1　停止 CPU 访问内存

当外围设备要求传送一批数据时，由 DMA 控制器发一个停止信号给 CPU，要求 CPU 放弃对地址总线、数据总线和有关控制总线的使用权。DMA 控制器获得总线控制权以后，开始进行数据传送。图 13.3 所示为 DMA 传送方式时间图。

在一批数据传送完毕后，DMA 控制器通知 CPU 可以使用内存，并把总线控制权交还给 CPU。图 13.3（a）为这种传送方式的时间图。显然，在这种 DMA 传送过程中，CPU 基本处于不工作状态或者说保持状态。

这种方式的优点是：控制简单，它适用于数据传输率很高的设备进行成组传送；缺点是：在 DMA 控制器访内阶段，内存的效能没有充分发挥，相当一部分内存工作周期是空闲的。这是因为，外围设备传送两个数据之间的间隔一般总是大于内存存储周期，即使高速 I/O 设备也是如此。例如，软盘读出一个 8 位二进制数大约需要 32 μs，而半导体内存的存储周期小于 0.5 μs，因此许多空闲的存储周期不能被 CPU 利用。

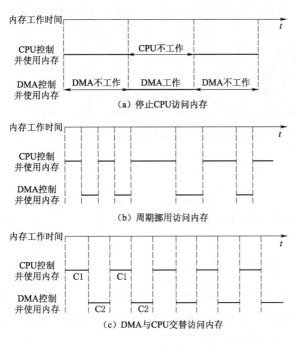

(a) 停止CPU访问内存

(b) 周期挪用访问内存

(c) DMA与CPU交替访问内存

图 13.3 DMA 传送方式时间图

13.1.3.2 周期挪用

当 I/O 设备没有 DMA 请求时，CPU 按程序要求访问内存，一旦 I/O 设备有 DMA 请求，则由 I/O 设备挪用一个或几个内存周期。I/O 设备要求 DMA 传送时可能遇到两种情况：

（1）此时 CPU 不需要访问内存。例如 CPU 正在执行乘法指令，由于乘法指令执行时间较长，此时 I/O 访问内存与 CPU 访问内存没有冲突，即 I/O 设备挪用 1~2 个内存周期对 CPU 执行程序没有任何影响。

（2）I/O 设备要求访问内存时 CPU 也要求访问内存。这时会产生访问内存冲突，在这种情况下 I/O 设备访问内存优先，因为 I/O 访问内存有时间要求，前一个 I/O 数据必须在下一个访问请求到来之前存取完毕。显然，在这种情况下 I/O 设备挪用 1~2 个内存周期，意味着 CPU 延缓了对指令的执行，或者更明确地说，在 CPU 执行访问内存指令的过程中插入 DMA 请求，挪用了 1~2 个内存周期。图 13.3（b）是这种传送方式的时间图。

与停止 CPU 访问内存的 DMA 方法比较，周期挪用的方法既实现了 I/O 传送，又较好地发挥了内存和 CPU 的效率，是一种广泛采用的方法。但是 I/O 设备每一次周期挪用都有申请总线控制权、建立线控制权和归还总线控制权的过程，所以传送一个字对内存来说要占用一个周期，但对 DMA 控制器来说一般要 2~5 个内存周期（视逻辑线路的延迟而定）。因此，周期挪用的方法适用于 I/O 设备读写周期大于内存存储周期的情况。

13.1.3.3 DMA 与 CPU 交替访问内存

如果 CPU 的工作周期比内存存取周期长很多，此时采用交替访问内存的方法可以使 DMA 传送和 CPU 同时发挥最高的效率。图 13.3（c）是这种传送方式的时间图。

假设 CPU 工作周期为 1.2 μs，内存存取周期小于 0.6 μs，那么一个 CPU 周期可分为 C1 和 C2 两个分周期，其中 C1 专供 DMA 控制器访问内存，C2 专供 CPU 访问内存。图 13.4 为 DMA 与 CPU 交替访问内存的详细时间图。

这种方式不需要总线使用权的申请、建立和归还过程，总线使用权是通过 C1 和 C2 分时制的。CPU 和 DMA

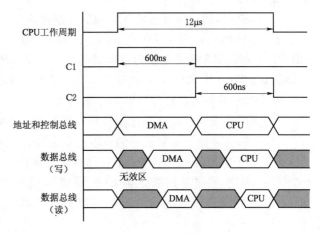

图 13.4 DMA 与 CPU 交替访问内存时间图

控制器各自有自己的访问内存地址寄存器、数据寄存器和读/写信号等控制寄存器。在 C1 周期中，如果 DMA 控制器有访问内存请求，可将地址、数据等信号送到总线上。在 C2 周期中，如 CPU 有访问内存请求，同样传送地址、数据等信号。事实上，对于总线，这是用 C1、C2 控制的一个多路转换器，这种总线控制权的转移几乎不需要什么时间，所以对 DMA 传送来讲效率是很高的。这种传送方式又称为"透明的 DMA"方式，其来由是这种 DMA 传送对 CPU 来说，如同透明的玻璃，没有任何感觉或影响。在透明的 DMA 方式下工作，CPU 既不停止主程序的运行，也不进入等待状态，是一种高效率的工作方式。当然，相应的硬件逻辑也就更加复杂。

13.2　DMA 的 使 用 方 法

13.2.1　DMA 控制器

除非特别说明，否则本部分适用于整个 STM32F4×× 系列。

STM32F4×× 系列的 DMA 控制器基于复杂的总线矩阵架构，将功能强大的双 AHB 主总线架构与独立的 FIFO 结合在一起，优化了系统带宽。

两个 DMA 控制器总共有 16 个数据流（每个控制器 8 个），每一个 DMA 控制器都用于管理一个或多个外设的存储器访问请求。每个数据流总共可以有多达 8 个通道（或称请求）。每个通道都有一个仲裁器，用于处理 DMA 请求间的优先级。

13.2.2　DMA 的主要特性

DMA 的主要特性如下：

（1）双 AHB 主总线架构，一个用于存储器访问，另一个用于外设访问。

（2）仅支持 32 位访问的 AHB 从编程接口。

（3）每个 DMA 控制器有 8 个数据流，每个数据流有多达 8 个通道（或称请求）。

（4）每个数据流有单独的 4 级 32 位先进先出存储器缓冲区（FIFO），可用于 FIFO 模式或直接模式。

1）FIFO 模式：可通过软件将阈值级别选取为 FIFO 大小的 1/4、1/2 或 3/4。

2）直接模式：每个 DMA 请求会立即启动对存储器的传输。当在直接模式（禁止 FIFO）下将 DMA 请求配置为以存储器到外设模式传输数据时，DMA 仅会将一个数据从存储器预加载到内部 FIFO，从而确保一旦外设触发 DMA 请求时则立即传输数据。

（5）通过硬件可以将每个数据流配置为：

1）支持外设到存储器、存储器到外设和存储器到存储器传输的常规通道。

2）支持在存储器方双缓冲的双缓冲区通道。

（6）8 个数据流中的每一个都连接到专用硬件 DMA 通道（请求）。

（7）DMA 数据流请求之间的优先级可用软件编程（4 个级别：非常高、高、中、低），在软件优先级相同的情况下可以通过硬件决定优先级（例如，请求 0 的优先级高于请求 1）。

（8）每个数据流也支持通过软件触发存储器到存储器的传输（仅限 DMA2 控制器）。

(9) 可供每个数据流选择的通道请求多达 8 个。此选择可由软件配置，允许几个外设启动 DMA 请求。

(10) 要传输的数据项的数目可以由 DMA 控制器或外设管理。

1) DMA 流控制器：要传输的数据项的数目是 1～65535，可用软件编程。

2) 外设流控制器：要传输的数据项的数目未知并由源或目标外设控制，这些外设通过硬件发出传输结束的信号。

(11) 独立的源和目标传输宽度（字节、半字、字）：源和目标的数据宽度不相等时，DMA 自动封装/解封必要的传输数据来优化带宽。这个特性仅在 FIFO 模式下可用。

(12) 对源和目标的增量或非增量寻址。

(13) 支持 4 个、8 个和 16 个节拍的增量突发传输。突发增量的大小可由软件配置，通常等于外设 FIFO 大小的 1/2。

(14) 每个数据流都支持循环缓冲区管理。

(15) 5 个事件标志（DMA 半传输、DMA 传输完成、DMA 传输错误、DMA FIFO 错误、直接模式错误），进行逻辑或运算，从而产生每个数据流的单个中断请求。

13.2.3 DMA 功能说明

1. 一般说明

DMA 控制器执行直接存储器传输：因为采用 AHB 主总线，它可以控制 AHB 总线矩阵来启动 AHB 事务。图 13.5 显示了 DMA 的框图。

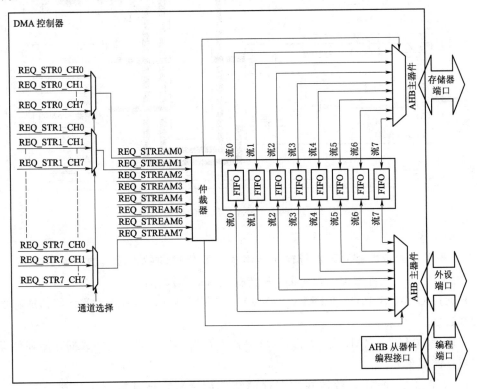

图 13.5 DMA 框图

　　DMA 控制器可以执行下列事务：外设到存储器的传输、存储器到外设的传输、存储器到存储器的传输。DMA 控制器提供两个 AHB 主端口：AHB 存储器端口（用于连接存储器）和 AHB 外设端口（用于连接外设）。但是，要执行存储器到存储器的传输，AHB 外设端口必须也能访问存储器。AHB 从端口用于对 DMA 控制器进行编程（它仅支持 32 位访问）。

　　有关两个 DMA 控制器的系统实现，如图 13.6 所示。DMA 控制器 1AHB 外设端口与 DMA 控制器 2 的情况不同，不连接到总线矩阵，因此，仅 DMA2 数据流能够执行存储器到存储器的传输。

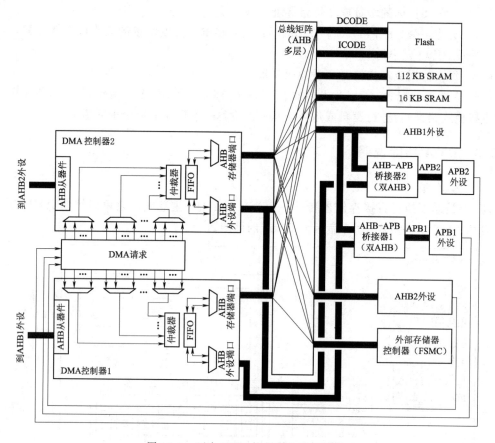

图 13.6　两个 DMA 控制器的系统实现

2. DMA 事务

　　DMA 事务由给定数目的数据传输序列组成。要传输的数据项的数目及其宽度（8 位、16 位或 32 位）可用软件编程。每个 DMA 传输包含 3 项操作：

　　（1）通过 DMA_SxPAR 或 DMA_SxM0AR 寄存器寻址，从外设数据寄存器或存储器单元中加载数据。

　　（2）通过 DMA_SxPAR 或 DMA_SxM0AR 寄存器寻址，将加载的数据存储到外设数据寄存器或存储器单元。

　　（3）DMA_SxNDTR 计数器在数据存储结束后递减，该计数器中包含仍需执行的事务数。

在产生事件后，外设会向 DMA 控制器发送请求信号。DMA 控制器根据通道优先级处理该请求。只要 DMA 控制器访问外设，DMA 控制器就会向外设发送确认信号。外设获得 DMA 控制器的确认信号后，便会立即释放其请求。一旦外设使请求失效，DMA 控制器就会释放确认信号。如果有更多请求，外设可以启动下一个事务。

3. 通道选择

每个数据流都与一个 DMA 请求相关联，此 DMA 请求可以从 8 个可能的通道请求中选出。此选择由 DMA_SxCR 寄存器中的 CHSEL [2～0] 位控制，如图 13.7 所示。

来自外设的 8 个请求（TIM、ADC、SPI、I²C 等）独立连接到每个通道，具体的连接取决于产品实现情况。表 13.1 和表 13.2 给出了 DMA 请求映射的示例。注：这些请求仅在 STM32F42 ××和 STM32F43××上可用。

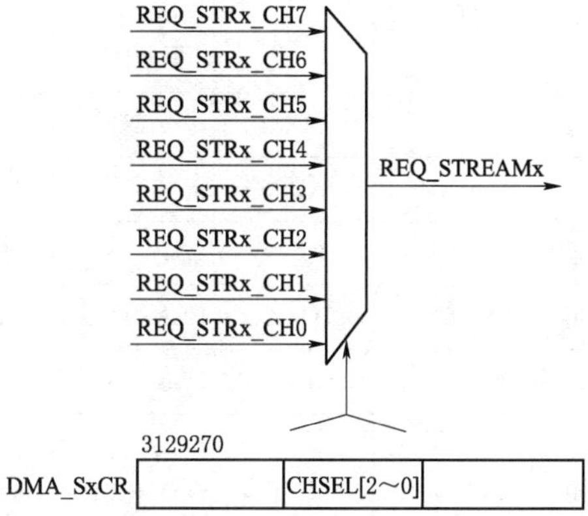

4. 仲裁器

仲裁器为两个 AHB 主端口（存储器和外设端口）提供基于请求优先级的 8 个 DMA 数据流请求管理，并启动外设/存储器访问序列。优先级管理分为两个阶段：

（1）软件：每个数据流优先级都可以在 DMA_SxCR 寄存器中配置。它们分为非常高、高、中、低 4 个优先级别。

（2）硬件：如果两个请求具有相同的软件优先级，则编号低的数据流优先于编号高的数据流。例如，数据流 2 的优先级高于数据流 4。

图 13.7 通道选择

表 13.1   **DMA1 请 求 映 射**

外设请求	数据流 0	数据流 1	数据流 2	数据流 3	数据流 4	数据流 5	数据流 6	数据流 7
通道 0	SPI3_RX		SPI3_RX	SPI2_RX	SPI2_TX	SPI3_TX		SPI3_TX
通道 1	I2C1_RX		TIM7_UP		TIM7_UP	I2C1_RX	I2C1_TX	I2C1_TX
通道 2	TIM4_CH1		I2S3_EXT_RX	TIM4_CH2	I2S2_EXT_TX	I2S3_EXT_TX	TIM4_UP	TIM4_CH3
通道 3	I2S3_EXT_RX	TIM2_UP TIM2_CH3	I2C3_RX	I2S2_EXT_RX	I2C3_TX	TIM2_CH1	TIM2_CH2 TIM2_CH4	TIM2_UP TIM2_CH4
通道 4	UART5_RX	USART3_RX	UART4_RX	USART3_TX	UART4_TX	USART2_RX	USART2_TX	UART5_TX
通道 5	UART8_TX (1)	UART7_TX (1)	TIM3_CH4 TIM3_UP	UART7_RX (1)	TIM3_CH1 TIM3_TRIG	TIM3_CH2	UART8_RX (1)	TIM3_CH3
通道 6	TIM5_CH3 TIM5_UP	TIM5_CH4 TIM5_TRIG	TIM5_CH1	TIM5_CH4 TIM5_TRIG	TIM5_CH2		TIM5_UP	
通道 7		TIM6_UP	I2C2_RX	I2C2_RX	USART3_TX	DAC1	DAC2	I2C2_TX

表 13.2 DMA2 请 求 映 射

外设请求	数据流 0	数据流 1	数据流 2	数据流 3	数据流 4	数据流 5	数据流 6	数据流 7
通道 0	ADC1		TIM8_CH1 TIM8_CH2 TIM8_CH3		ADC1		TIM1_CH1 TIM1_CH2 TIM1_CH3	
通道 1		DCMI	ADC2	ADC2		SPI6_TX(1)	SPI6_RX(1)	DCMI
通道 2	ADC3	ADC3		SPI5_RX(1)	SPI5_TX(1)	CRYP_OUT	CRYP_IN	HASH_IN
通道 3	SPI1_RX		SPI1_RX	SPI1_TX		SPI1_TX		
通道 4	SPI4_RX(1)	SPI4_TX(1)	USART1_RX	SDIO		USART1_RX	SDIO	USART1_TX
通道 5		USART6_RX	USART6_RX	SPI4_RX(1)	SPI4_TX(1)		USART6_TX	USART6_TX
通道 6	TIM1_TRIG	TIM1_CH1	TIM1_CH2	TIM1_CH1	TIM1_CH4 TIM1_TRIG TIM1_COM	TIM1_UP	TIM1_CH3	
通道 7		TIM8_UP	TIM8_CH1	TIM8_CH2	TIM8_CH3	SPI5_RX(1)	SPI5_TX(1)	TIM8_CH4 TIM8_TRIG TIM8_COM

5．DMA 数据流

8 个 DMA 控制器数据流都能够提供源和目标之间的单向传输链路。每个数据流配置后都可以执行：

（1）常规类型事务：存储器到外设、外设到存储器或存储器到存储器的传输。

（2）双缓冲区类型事务：使用存储器的两个存储器指针的双缓冲区传输（当 DMA 正在进行自/至缓冲区的读/写操作时，应用程序可以进行至/自其他缓冲区的写/读操作）。

要传输的数据量（多达 65535）可以编程，并与连接到外设 AHB 端口的外设（请求 DMA 传输）的源宽度相关。每个事务完成后，包含要传输的数据项总量的寄存器都会递减。

6．源、目标和传输模式

源传输和目标传输在整个 4GB 区域（地址在 0x0000 0000～0xFFFF FFFF）都可以寻址外设和存储器。传输方向使用 DMA_SxCR 寄存器中的 DIR［1～0］位进行配置，有 3 种可能的传输方向：存储器到外设、外设到存储器或存储器到存储器。表 13.3 介绍了相应的源和目标地址。

表 13.3 源 和 目 标 地 址

DMA_SxCR 寄存器的位 DIR［1～0］	方 向	源 地 址	目 标 地 址
00	外设到存储器	DMA_SxPAR	DMA_SxM0AR
01	存储器到外设	DMA_SxM0AR	DMA_SxPAR
10	存储器到存储器	DMA_SxPAR	DMA_SxM0AR
11	保留	—	—

当数据宽度（在 DMA_SxCR 寄存器的 PSIZE 或 MSIZE 位中编程）分别是半字或字时，写入 DMA_SxPAR 或 DMA_SxM0AR/M1AR 寄存器的外设或存储器地址必须分别在字或半字地址的边界对齐。

（1）外设到存储器模式。如图 13.8 所示，这种模式用于双缓冲区模式。

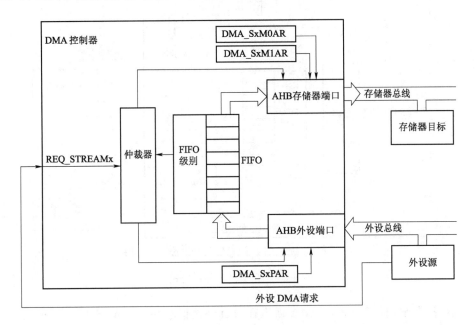

图 13.8　外设到存储器模式

使能这种模式（将 DMA_SxCR 寄存器中的位 EN 置 1）时，每次产生外设请求，数据流都会启动数据源到 FIFO 的传输。达到 FIFO 的阈值级别时，FIFO 的内容移出并存储到目标中。如果 DMA_SxNDTR 寄存器达到 0、外设请求传输终止（在使用外设流控制器的情况下）或 DMA_SxCR 寄存器中的 EN 位由软件清零，传输即会停止。在直接模式下（当 DMA_SxFCR 寄存器中的 DMDIS 值为 "0" 时），不使用 FIFO 的阈值级别控制：每完成一次从外设到 FIFO 的数据传输后，相应的数据立即就会移出并存储到目标中。只有赢得了数据流的仲裁后，相应数据流才有权访问 AHB 源或目标端口。系统使用在 DMA_SxCR 寄存器 PL [1～0] 位中为每个数据流定义的优先级执行仲裁。

（2）存储器到外设模式。如图 13.9 所示，该模式用于双缓冲区模式。

使能这种模式（将 DMA_SxCR 寄存器中的 EN 位置 1）时，数据流会立即启动传输，从源完全填充 FIFO。每次发生外设请求，FIFO 的内容都会移出并存储到目标中。当 FIFO 的级别小于或等于预定义的阈值级别时，将使用存储器中的数据完全重载 FIFO。如果 DMA_SxNDTR 寄存器达到零、外设请求传输终止（在使用外设流控制器的情况下）或 DMA_SxCR 寄存器中的 EN 位由软件清零，传输即会停止。在直接模式下（当 DMA_SxF-CR 寄存器中的 DMDIS 值为 "0" 时），不使用 FIFO 的阈值级别。一旦使能了数据流，DMA 便会预装载第一个数据，将其传输到内部 FIFO。一旦外设请求数据传输，DMA 便会将预装载的值传输到配置的目标。然后，它会使用要传输的下一个数据再次重载内部空 FIFO。预装载的数据大小为 DMA_SxCR 寄存器中 PSIZE 位字段的值。只有赢得了数据流的仲裁后，相应数据流才有权访问 AHB 源或目标端口。系统使用在 DMA_SxCR 寄存器 PL〔1~0〕位中为每个数据流定义的优先级执行仲裁。

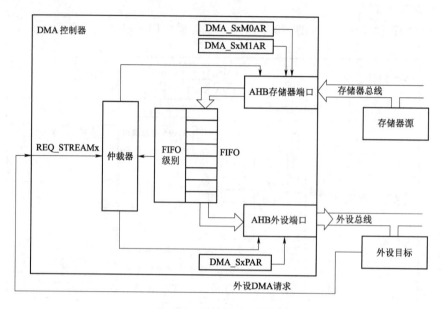

图 13.9 存储器到外设模式

（3）存储器到存储器模式。DMA 通道在没有外设请求触发的情况下同样可以工作。如图 13.10 所示，该模式用于双缓冲区模式。

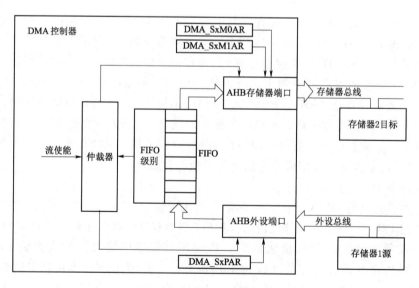

图 13.10 存储器到存储器模式

通过将 DMA_SxCR 寄存器中的使能位 EN 置 1 来使能数据流时，数据流会立即开始填充 FIFO，直至达到阈值级别。达到阈值级别后，FIFO 的内容便会移出，并存储到目标中。如果 DMA_SxNDTR 寄存器达到零或 DMA_SxCR 寄存器中的 EN 位由软件清零，传输即会停止。只有赢得了数据流的仲裁后，相应数据流才有权访问 AHB 源或目标端口。系统使用在 DMA_SxCR 寄存器 PL［1～0］位中为每个数据流定义的优先级执行仲裁。注意：使用存储器到存储器模式时，不允许循环模式和直接模式。只有 DMA 控制器 2 能够执行存储器到存储器的传输。

7. 指针递增

根据 DMA_SxCR 寄存器中 PINC 和 MINC 位的状态，外设和存储器指针在每次传输后可以自动向后递增或保持常量。通过单个寄存器访问外设源或目标数据时，禁止递增模式十分有用。如果使能了递增模式，则根据在 DMA_SxCR 寄存器 PSIZE 或 MSIZE 位中编程的数据宽度，下一次传输的地址将是前一次传输的地址递增 1（对于字节）、2（对于半字）或 4（对于字）。为了优化封装操作，可以不管 AHB 外设端口上传输数据的大小，将外设地址的增量偏移大小固定下来。DMA_SxCR 寄存器中的 PIN-COS 位用于将增量偏移大小与外设 AHB 端口或 32 位地址（此时地址递增 4）上的数据大小对齐。PINCOS 位仅对 AHB 外设端口有影响。如果将 PINCOS 位置 1，则不论 PSIZE 值是多少，下一次传输的地址总是前一次传输的地址递增 4（自动与 32 位地址对齐）。但是，AHB 存储器端口不受此操作影响。如果 AHB 外设端口或 AHB 存储器端口分别请求突发事务，为了满足 AMBA 协议（在固定地址模式下不允许突发事务），则需要将 PINC 或 MINC 位置 1。

8. 循环模式

循环模式可用于处理循环缓冲区和连续数据流（例如 ADC 扫描模式）。可以使用 DMA_SxCR 寄存器中的 CIRC 位使能此特性。当激活循环模式时，要传输的数据项的数目在数据流配置阶段自动用设置的初始值进行加载，并继续响应 DMA 请求。注意：在循环模式下，如果为存储器配置了突发模式，必须遵循下列规则：DMA_SxNDTR=［(Mburst 节拍)×(Msize)/(Psize)］的倍数，其中：

（1）(Mburst 节拍)=4、8 或 16（取决于 DMA_SxCR 寄存器中的 MBURST 位）。

（2）(Msize)/(Psize)=1、2、4、1/2 或 1/4（Msize 和 Psize 表示 DMA_SxCR 寄存器中的 MSIZE 和 PSIZE 位，它们与字节相关）。

（3）DMA_SxNDTR=AHB 外设端口上要传输的数据项的数目。

例如：Mburst 节拍=8（INCR8），Msize="00"（字节）和 Psize="01"（半字），此例中 DMA_SxNDTR 必须是（8×1/2=4）的倍数。如果不遵循此公式，则 DMA 行为和数据完整性得不到保证。NDTR 还必须是外设突发大小与外设数据大小乘积的倍数，否则会导致错误的 DMA 行为。

9. 双缓冲区模式

双缓冲区模式可用于所有 DMA1 和 DMA2 数据流。通过将 DMA_SxCR 寄存器中的 DBM 位置 1，即可使能双缓冲区模式。除了有两个存储器指针之外，双缓冲区数据流的工作方式与常规（单缓冲区）数据流的一样。使能双缓冲区模式时，将自动使能循环模式（DMA_SxCR 中的 CIRC 位的状态是"无关"），并在每次事务结束时交换存储器指针。在此模式下，每次事务结束时，DMA 控制器都从一个存储器目标交换为另一个存储器目标。这样，软件在处理一个存储器区域的同时，DMA 传输还可以填充/使用第二个存储器区域。双缓冲区数据流可以双向工作（存储器既可以是源也可以是目标），见表 13.4。注意：在双缓冲区模式下使能数据流时，可遵循下列条件，实时更新 AHB 存储器的基址（DMA_

SxM0AR 或 DMA_SxM1AR）：

表 13.4　　　　　　双缓冲区模式下的源和目标地址寄存器（DBM＝1）

DMA_SxCR 寄存器的位 DIR[1～0]	方　向	源 地 址	目 标 地 址
00	外设到存储器	DMA_SxPAR	DMA_SxM0AR/DMA_SxM1AR
01	存储器到外设	DMA_SxM0AR/DMA_SxM1AR	DMA_SxPAR
10	不允许		
11	保留	—	—

（1）当 DMA_SxCR 寄存器中的 CT 位为"0"时，可以写入 DMA_SxM1AR 寄存器。当 CT＝"1"时，试图写入此寄存器会将错误标志位（TEIF）置 1，并自动禁止数据流。

（2）当 DMA_SxCR 寄存器中的 CT 位为"1"时，可以写入 DMA_SxM0AR 寄存器。当 CT＝"0"时，试图写入此寄存器会将错误标志位（TEIF）置 1，并自动禁止数据流。

为避免出现任何错误状态，建议在 TCIF 标志位置位时立即更改基址。因为此时根据上述两个条件之一，目标存储器依据 DMA_SxCR 寄存器中 CT 值的情况，一定已从存储器 0 更改为存储器 1（或从存储器 1 更改为存储器 0）。对于所有其他模式（双缓冲区模式除外），一旦使能数据流，存储器地址寄存器即被写保护。注意：使能双缓冲区模式时，自动使能循环模式。由于存储器到存储器模式与循环模式不兼容，所以当使能双缓冲区模式时，不允许配置存储器到存储器模式。

10. 可编程数据宽度、封装/解封、字节序

要传输的数据项数目必须在使能数据流之前编程到 DMA_SxNDTR（要传输数据项数目位，NDT）中，当流控制器是外设且 DMA_SxCR 中的 PFCTRL 位置为 1 时除外。当使用内部 FIFO 时，源和目标数据的数据宽度可以通过 DMA_SxCR 寄存器的 PSIZE 和 MSIZE 位（可以是 8、16 或 32 位）编程。当 PSIZE 和 MSIZE 不相等时：

（1）在 DMA_SxNDTR 寄存器中配置的要传输的数据项数目的数据宽度等于外设总线的宽度（由 DMA_SxCR 寄存器中的 PSIZE 位配置）。例如，在外设到存储器、存储器到外设或存储器到存储器传输的情况下，如果将 PSIZE [1～0] 位配置为半字，则要传输的字节数等于 2×NDT。

（2）DMA 控制器仅按小字节序寻址源和目标，具体见表 13.5。在封装/解封数据的过程中，如果在数据完全封装/解封前中断操作，则有数据损坏的危险。因此，为了确保数据一致性，可将数据流配置成生成突发传输：在这种情况下，属于一个突发的每组传输不可分割（参见下文"11. 单次传输和突发传输"）。在直接模式下（DMA_SxFCR 寄存器中的 DMDIS＝0），不能进行数据封装/解封。这种情况下，不允许源与目标的传输数据宽度不同，两者必须相等，并由 DMA_SxCR 中的 PSIZE 位定义，MSIZE 位的状态是"无关"。

表 13.5 封装/解封和字节序行为 （位 PINC＝MINC＝1）

AHB存储器端口宽度	AHB外设端口宽度	要传输的数据项的数目（NDT）	存储器传输数目	存储器端口地址/字节通道	外设传输数目	外设端口地址/字节通道	
						PINCOS＝1	PINCOS＝0
8	8	4	1 2 3 4	0x0/B0[7～0] 0x1/B1[7～0] 0x2/B2[7～0] 0x3/B3[7～0]	1 2 3 4	0x0/B0[7～0] 0x4/B1[7～0] 0x8/B2[7～0] 0xC/B3[7～0]	0x0/B0[7～0] 0x1/B1[7～0] 0x2/B2[7～0] 0x3/B3[7～0]
8	16	2	1 2 3 4	0x0/B0[7～0] 0x1/B1[7～0] 0x2/B2[7～0] 0x3/B3[7～0]	1 2	0x0/B1|B0[15～0] 0x4/B3|B2[15～0]	0x0/B1|B0[15～0] 0x2/B3|B2[15～0]
8	32	1	1 2 3 4	0x0/B0[7～0] 0x1/B1[7～0] 0x2/B2[7～0] 0x3/B3[7～0]	1	0x0/B3|B2|B1|B0[31～0]	0x0/B3|B2|B1|B0[31～0]
16	8	4	1 2	0x0/B1|B0[15～0] 0x2/B3|B2[15～0]	1 2 3 4	0x0/B0[7～0] 0x4/B1[7～0] 0x8/B2[7～0] 0xC/B3[7～0]	0x0/B0[7～0] 0x1/B1[7～0] 0x2/B2[7～0] 0x3/B3[7～0]
16	16	2	1 2	0x0/B1|B0[15～0] 0x2/B3|B2[15～0]	1 2	0x0/B1|B0[15～0] 0x4/B3|B2[15～0]	0x0/B1|B0[15～0] 0x2/B3|B2[15～0]
16	32	1	1 2	0x0/B1|B0[15～0] 0x2/B3|B2[15～0]	1	0x0/B3|B2|B1|B0[31～0]	0x0/B3|B2|B1|B0[31～0]
32	8	4	1	0x0/B3|B2|B1|B0[31～0]	1 2 3 4	0x0/B0[7～0] 0x4/B1[7～0] 0x8/B2[7～0] 0xC/B3[7～0]	0x0/B0[7～0] 0x1/B1[7～0] 0x2/B2[7～0] 0x3/B3[7～0]
32	16	2	1	0x0/B3|B2|B1|B0[31～0]	1 2	0x0/B1|B0[15～0] 0x4/B3|B2[15～0]	0x0/B1|B0[15～0] 0x2/B3|B2[15～0]
32	32	1	1	0x0/B3|B2|B1|B0[31～0]	1	0x0/B3|B2|B1|B0[31～0]	0x0/B3|B2|B1|B0[31～0]

注意：外设端口可以是源或目标（在存储器到存储器传输的情况下，也可能是存储器源）。必须配置 PSIZE、MSIZE 和 NDT［15～0］，以确保最后一次传输的完整性。当外设端口的数据宽度（PSIZE 位）小于存储器端口的数据宽度（MSIZE 位）时，可能会发生数据传输不完整的情况。此限制条件汇总于表 13.6。

表 13.6 PSIZE 与 MSIZE 确定时对 NDT 的限制条件

DMA_SxCR 的 PSIZE[1～0]	DMA_SxCR 的 MSIZE[1～0]	DMA_SxNDTR 的 NDT[15～0]
00(8 位)	01(16 位)	必须是 2 的倍数
00(8 位)	10(32 位)	必须是 4 的倍数
01(16 位)	10(32 位)	必须是 2 的倍数

11. 单次传输和突发传输

DMA 控制器可以产生单次传输或 4 个、8 个和 16 个节拍的增量突发传输。突发大小通过软件针对两个 AHB 端口独立配置，配置时使用 DMA_SxCR 寄存器中的 MBURST [1~0] 和 PBURST [1~0] 位。突发大小指示突发中的节拍数，而不是传输的字节数。为确保数据一致性，形成突发的每一组传输都不可分割：在突发传输序列期间，AHB 传输会锁定，并且 AHB 总线矩阵的仲裁器不解除对 DMA 主总线的授权。根据单次或突发配置的情况，每个 DMA 请求在 AHB 外设端口上相应地启动不同数量的传输。

（1）当 AHB 外设端口被配置为单次传输时，根据 DMA_SxCR 寄存器 PSIZE [1~0] 位的值，每个 DMA 请求产生一次字节、半字或字的数据传输。

（2）当 AHB 外设端口被配置为突发传输时，根据 DMA_SxCR 寄存器 PBURST [1~0] 和 PSIZE [1~0] 位的值，每个 DMA 请求相应地生成 4 个、8 个或 16 个节拍的字节、半字或字的传输。

对于需要配置 MBURST 和 MSIZE 位的 AHB 存储器端口，必须考虑与上述相同的内容。在直接模式下，数据流只能生成单次传输，而 MBURST [1~0] 和 PBURST [1~0] 位由硬件强制配置。必须选择地址指针（DMA_SxPAR 或 DMA_SxM0AR 寄存器），以确保一个突发块内的所有传输在等于传输大小的地址边界对齐。选择突发配置必须要遵守 AHB 协议，即突发传输不得越过 1KB 地址边界，因为可以分配给单个从设备的最小地址空间是 1KB。这意味着突发块传输不应越过 1KB 地址边界，否则就会产生一个 AHB 错误，并且 DMA 寄存器不会报告这个错误。注意：仅在使能指针递增模式时允许突发模式：①当 PINC 位为 "0" 时，也应将 PBURST 位清为 "00"；②当 MINC 位为 "0" 时，也应将 MBURST 位清为 "00"。

12. FIFO

（1）FIFO 结构。FIFO 用于在源数据传输到目标之前临时存储这些数据。每个数据流都有一个独立的 4 字 FIFO，阈值级别可由软件配置为 1/4、1/2、3/4 或满。为了使能 FIFO 阈值级别，必须通过将 DMA_SxFCR 寄存器中的 DMDIS 位置 1 来禁止直接模式。FIFO 的结构随源与目标数据宽度而不同，如图 13.11 所示。

（2）FIFO 阈值与突发配置。选择 FIFO 阈值（DMA_SxFCR 寄存器的位 FTH [1~0]）和存储器突发大小（DMA_SxCR 寄存器的 MBURST [1~0] 位）时需要小心：FIFO 阈值指向的内容必须与整数个存储器突发传输完全匹配。否则，当使能数据流时将生成一个 FIFO 错误（DMA_HISR 或 DMA_LISR 寄存器的标志 FEIFx），然后将自动禁止数据流。允许的和禁止的配置见表 13.7。

所有这些情况下，突发大小与数据大小的乘积不得超过 FIFO [数据大小可以为 1（字节）、2（半字）或 4（字）]。如果发生下列情况，会导致 DMA 传输结束时出现不完整的突发传输：

1) 对于 AHB 外设端口配置：数据项总数（在 DMA_SxNDTR 寄存器中设置）不是突发大小与数据大小乘积的倍数。

2) 对于 AHB 存储器端口配置：要传输到存储器的 FIFO 中的剩余数据项的数目不是突发大小与数据大小乘积的倍数。

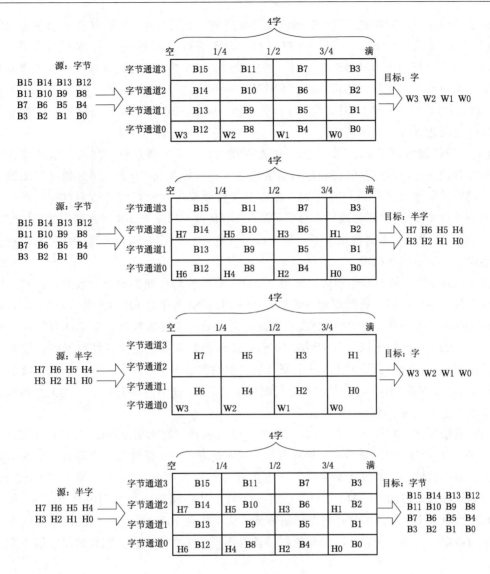

图 13.11　FIFO 结构

表 13.7   **FIFO 阈 值 配 置**

MSIZE	FIFO 级别	MBURST = INCR4	MBURST = INCR8	MBURST = INCR16
字节	1/4	4 个节拍的 1 次突发	禁止	禁止
	1/2	4 个节拍的 2 次突发	8 个节拍的 1 次突发	
	3/4	4 个节拍的 3 次突发	禁止	
	满	4 个节拍的 4 次突发	8 个节拍的 2 次突发	16 个节拍的 1 次突发
半字	1/4	禁止	禁止	禁止
	1/2	4 个节拍的 1 次突发		
	3/4	禁止		
	满	4 个节拍的 2 次突发	8 个节拍的 1 次突发	
字	1/4	禁止	禁止	
	1/2			
	3/4			
	满	4 个节拍的 1 次突发		

　　在这些情况下，即使在 DMA 数据流配置期间请求突发事务，要传输的剩余数据也将由 DMA 在单独模式下管理。注意：当在外设 AHB 端口上请求突发传输并且使用 FIFO（DMA_SxCR 寄存器中 DMDIS=1）时，必须根据 DMA 数据流方向遵守下列规则来避免出现上溢或下溢情况：如果（PBURST×PSIZE）＝FIFO_SIZE（4 字），则当 PSIZE＝1、2 或 4，PBURST＝4、8 或 16 时，禁止 FIFO_Threshold＝3/4。此规则将确保一次释放足够的 FIFO 空间来处理外设的请求。

　　（3）FIFO 刷新。当复位 DMA_SxCR 寄存器中的 EN 位来禁止数据流，以及配置数据流来管理外设到存储器或存储器到存储器的传输时，可以刷新 FIFO。因为如果禁止数据流时仍有某些数据存留在 FIFO 中，DMA 控制器会将剩余的数据继续传输到目标（即使已经有效禁止了数据流）。刷新完成时，会将 DMA_LISR 或 DMA_HISR 寄存器中的传输完成状态位（TCIFx）置 1。在这种情况下，剩余数据计数器 DMA_SxNDTR 保持的值指示在目标存储器现有多少可用数据项。

　　注意：在 FIFO 刷新操作期间，如果 FIFO 中要传输到存储器的剩余数据项的数目（以字节为单位）小于存储器数据宽度（例如在 MSIZE 配置为字时 FIFO 中为 2 个字节），则会使用在 DMA_SxCR 寄存器中的 MSIZE 位设置的数据宽度发送数据。这意味着将使用非预期值写入存储器。软件可以读取 DMA_SxNDTR 寄存器来确定包含良好数据的存储器区域（起始地址和最后地址）。如果 FIFO 中剩余数据项的数目小于突发大小，并且数据流通过将 DMA_SxCR 寄存器 MBURST 位置 1 进行配置来管理在 AHB 存储器端口上的突发传输，则使用单次传输来完成 FIFO 的刷新。

　　（4）直接模式。默认情况下，FIFO 以直接模式操作（将 DMA_SxFCR 中的 DMDIS 位置 1），不使用 FIFO 阈值级别。如果在每次 DMA 请求之后，系统需要立即或者单独写入或读取存储器的传输，这种模式非常有用。当在直接模式（禁止 FIFO）下将 DMA 配置为以存储器到外设模式传输数据时，DMA 会将一个数据从存储器预加载到内部 FIFO，从而确保一旦外设触发 DMA 请求时则立即传输数据。为了避免 FIFO 饱和，建议使用高优先级配置相应的数据流。当实现存储器到存储器传输时不得使用直接模式。该模式仅限以下方式的传输：

　　1）源和目标传输宽度相等，并均由 DMA_SxCR 中的 PSIZE［1～0］位定义（MSIZE［1：0］位的状态是"无关"）。

　　2）不可能进行突发传输（DMA_SxCR 中的 PBURST［1～0］和 MBURST［1～0］位的状态是"无关"）。

13. DMA 传输完成

　　以下各种事件均可以结束传输过程，并将 DMA_LISR 或 DMA_HISR 状态寄存器中的 TCIFx 位置 1。

　　（1）在 DMA 流控制器模式下：

　　1）在存储器到外设模式下，DMA_SxNDTR 计数器已达到零。

　　2）传输结束前禁止了数据流（通过将 DMA_SxCR 寄存器中的 EN 位清零），并在传输是外设到存储器或存储器到存储器的模式时，所有的剩余数据均已从 FIFO 刷新到存储器。

（2）在外设流控制器模式下：

1）已从外设生成最后的外部突发请求或单独请求，并当 DMA 在外设到存储器模式下工作时，剩余数据已从 FIFO 传输到存储器。

2）数据流由软件禁止，并当 DMA 在外设到存储器模式下工作时，剩余数据已从 FIFO传输到存储器。

注意：仅在外设到存储器模式下，传输的完成取决于 FIFO 中要传输到存储器的剩余数据。这种情况不适用于存储器到外设模式。如果是在非循环模式下配置数据流，传输结束后（即要传输的数据数目达到 0），除非软件重新对数据流编程并重新使能数据流（通过将DMA_SxCR 寄存器中的 EN 位置 1），否则 DMA 即会停止传输（通过硬件将 DMA_SxCR寄存器中的 EN 位清零）并且不再响应任何 DMA 请求。

14．DMA 传输暂停

可以随时暂停 DMA 传输以供稍后重新开始；也可以在 DMA 传输结束前明确禁止暂停功能。分为两种情况：

（1）数据流禁止传输，以后不从停止点重新开始暂停。这种情况下，只需将 DMA_Sx-CR 寄存器中的 EN 位清零来禁止数据流，除此之外不需要任何其他操作。禁止数据流可能要花费一些时间（需要首先完成正在进行的传输）。需要将传输完成中断标志（DMA_LISR或 DMA_HISR 寄存器中的 TCIF）置 1 来指示传输结束。现在 DMA_SxCR 中的 EN 位的值是 "0"，借此确认数据流已经终止传输。DMA_SxNDTR 寄存器包含数据流停止时剩余数据项的数目，这样软件便可以确定数据流中断前已传输了多少数据项。

（2）数据流在 DMA_SxNDTR 寄存器中要传输的剩余数据项数目达到 0 之前暂停传输。目的是以后通过重新使能数据流重新开始传输。为了在传输停止点重新开始传输，软件必须在通过写入 DMA_SxCR 寄存器中的 EN 位（然后检查确认该位为 "0"）禁止数据流之后，首先读取 DMA_SxNDTR 寄存器来了解已经收集的数据项的数目。然后：

1）必须更新外设和/或存储器地址以调整地址指针。

2）必须使用要传输的剩余数据项的数目（禁止数据流时读取的值）更新 SxNDTR 寄存器。

3）可以重新使能数据流，从停止点重新开始传输。

注意：传输完成中断标志（DMA_LISR 或 DMA_HISR 中的 TCIF）置 1 将指示因数据流中断而结束传输。

15．流控制器

控制要传输的数据数目的实体称为流控制器。此流控制器使用 DMA_SxCR 寄存器中的PFCTRL 位针对每个数据流独立配置。流控制器可以是：

（1）DMA 控制器。在这种情况下，要传输的数据项的数目在使能 DMA 数据流之前由软件编程到 DMA_SxNDTR 寄存器。

（2）外设源或目标。当要传输的数据项的数目未知时属于这种情况。当所传输的是最后的数据时，外设通过硬件向 DMA 控制器发出指示。仅限能够发出传输结束信号的外设支持此功能，即 SDIO。当外设流控制器用于给定数据流时，写入 DMA_SxNDTR 的值对 DMA传输没有作用。实际上，不论写入什么值，一旦使能数据流，硬件即会将该值强制置为

0xFFFF 来执行方案。

（3）预期的数据流中断。DMA_SxCR 寄存器中的 EN 位由软件重置为 0，以在外设发送最后的数据硬件信号（单独或突发）之前停止数据流。这样，在外设到存储器 DMA 传输的情况下，数据流即会关闭并触发 FIFO 刷新。状态寄存器中相应数据流的 TCIFx 标志置 1以指示 DMA 完成传输。要了解 DMA 传输期间传输的数据项的数目，读取 DMA_SxNDTR寄存器并应用下列公式：传输的数据数目＝0xFFFF－DMA_SxNDTR。

（4）因接收到最后的数据硬件信号而引起的正常数据流中断。当外设请求最后的传输（单独或突发）并当此传输完成时，自动中断数据流。相应流的 TCIFx 标志在状态寄存器中置 1 以指示 DMA 传输完成。要了解传输的数据项的数目，读取 DMA_SxNDTR 寄存器并应用与上面相同的公式。

（5）DMA_SxNDTR 寄存器达到 0。状态寄存器中相应数据流的 TCIFx 标志置 1 以指示强制的 DMA 传输完成。即使尚未置位最后的数据硬件信号（单独或突发），也会自动关闭数据流。已传输的数据不会丢失。这意味着即使在外设流控制模式下，DMA 在单独的事务中最多处理 65535 个数据项。

注意：当在存储器到存储器模式下配置时，DMA 始终是流控制器，而 PFCTRL 位由硬件强制置为 0。在外设流控制器模式下禁止循环模式。

16. 可能的 DMA 配置汇总

表 13.8 汇总了各种可能的 DMA 配置。

表 13.8　　　　　　　　　　可　能　的　DMA　配　置

DMA 传输模式	源	目　标	流控制器	循环模式	传输类型	直接模式	双缓冲区模式
外设到存储器	AHB 外设端口	AHB 存储器端口	DMA	允许	单独	允许	允许
					突发	禁止	
			外设	禁止	单独	允许	禁止
					突发	禁止	
存储器到外设	AHB 存储器端口	AHB 外设端口	DMA	允许	单独	允许	允许
					突发	禁止	
			外设	禁止	单独	允许	禁止
					突发	禁止	
存储器到存储器	AHB 外设端口	AHB 存储器端口	仅 DMA	禁止	单独	禁止	禁止
					突发	禁止	

17. 流配置过程

配置 DMA 数据流 x（其中 x 是数据流编号）时应遵守下列顺序：

（1）如果使能了数据流，通过重置 DMA_SxCR 寄存器中的 EN 位将其禁止，然后读取此位以确认没有正在进行的数据流操作。将此位写为 0 不会立即生效，因为实际上只有所有当前传输都已完成时才会将其写为 0。当所读取 EN 位的值为 0 时，才表示可以配置数据流。因此在开始任何数据流配置之前，需要等待 EN 位置 0。应将先前的数据块 DMA 传输中在状态寄存器（DMA_LISR 和 DMA_HISR）中置 1 的所有数据流专用的位置 0，然后才可重新使能数据流。

（2）在 DMA_SxPAR 寄存器中设置外设端口寄存器地址。外设事件发生后，数据会从此地址移动到外设端口或从外设端口移动到此地址。

（3）在 DMA_SxMA0R 寄存器（在双缓冲区模式的情况下还有 DMA_SxMA1R 寄存器）中设置存储器地址。外设事件发生后，将从此存储器读取数据或将数据写入此存储器。

（4）在 DMA_SxNDTR 寄存器中配置要传输的数据项的总数。每出现一次外设事件或每出现一个节拍的突发传输，该值都会递减。

（5）使用 DMA_SxCR 寄存器中的 CHSEL［2～0］选择 DMA 通道（请求）。

（6）如果外设用作流控制器而且支持此功能，将 DMA_SxCR 寄存器中的 PFCTRL 位置 1。

（7）使用 DMA_SxCR 寄存器中的 PL［1～0］位配置数据流优先级。

（8）配置 FIFO 的使用情况（使能或禁止，发送和接收阈值）。

（9）配置数据传输方向、外设和存储器增量/固定模式、单独或突发事务、外设和存储器数据宽度、循环模式、双缓冲区模式和传输完成一半和/或全部完成，和/或 DMA_SxCR 寄存器中错误的中断。

（10）通过将 DMA_SxCR 寄存器中的 EN 位置 1 激活数据流。一旦使能了流，即可响应连接到数据流的外设发出的任何 DMA 请求。一旦在 AHB 目标端口上传输了一半数据，传输一半标志（HTIF）便会置 1，如果传输一半中断使能位（HTIE）置 1，还会生成中断。传输结束时，传输完成标志（TCIF）便会置 1，如果传输完成中断使能位（TCIE）置 1，还会生成中断。

警告：要关闭连接到 DMA 数据流请求的外设，必须首先关闭外设连接的 DMA 数据流，然后等待 EN 位＝0。只有这样才能安全地禁止外设。

18．错误管理

DMA 控制器可以检测到以下错误：

（1）传输错误：当发生下列情况时，传输错误中断标志（TEIFx）将置 1：

1）DMA 读或写访问期间发生总线错误。

2）软件请求在双缓冲区模式下写访问存储器地址寄存器，但是，已使能数据流，并且当前目标存储器是受写入存储器地址寄存器操作影响的存储器（参见上文"9．双缓冲区模式"）。

（2）FIFO 错误：如果发生下列情况，FIFO 错误中断标志（FEIFx）将置 1：

1）检测到 FIFO 下溢情况。

2）检测到 FIFO 上溢情况（在存储器到存储器模式下由 DMA 内部管理请求和传输，所以在此模式下不检测溢出情况）。

3）当 FIFO 阈值级别与存储器突发大小不兼容时使能流（参见表 13.7）。

（3）直接模式错误：只有当在直接模式下工作并且已将 DMA_SxCR 寄存器中的 MINC 位清零时，才能在外设到存储器模式下将直接模式错误中断标志（DMEIFx）置 1。当在先前数据未完全传输到存储器（因为存储器总线未得到授权）的情况下发生 DMA 请求时，该标志将置 1。在这种情况下，该标志指示有两个数据项相继传输到相同的目标地址，如果目标不能管理这种情况，会发生问题。在直接模式下，如果出现下列条件，FIFO 错误标志也会置 1：

1）在外设到存储器模式下，如果未对存储器总线授权支持多个外设请求，FIFO 可能饱和（上溢）。

2）在存储器到外设模式下，如果在外设请求发生前存储器总线未得到授权，则可能发生下溢的情况。

如果由于突发大小与 FIFO 阈值级别之间的不兼容而引起 TEIFx 或 FEIFx 标志置 1，则硬件自动将相应数据流配置寄存器（DMA_SxCR）中的 EN 位清零，从而禁止错误的数据流。如果由于上溢或下溢情况引起 DMEIFx 或 FEIFx 标志置 1，则不会自动禁止错误的数据流，而是由软件决定是否通过重置 DMA_SxCR 寄存器中的 EN 位禁止数据流。这是因为当发生这种错误时没有数据丢失。当 DMA_LISR 或 DMA_HISR 寄存器中数据流的错误中断标志（TEIF、FEIF、DMEIF）置 1 时，如果 DMA_SxCR 或 DMA_SxFCR 寄存器中相应的中断使能位（TEIE、FEIE、DMIE）也置 1，则会生成一个中断。

注意：当 FIFO 上溢或下溢的情况发生时，因为直到上溢或下溢的情况被清除，数据流才会确认外设请求，所以数据不会丢失。如果此确认过程花费过多时间，则外设本身会检测到其内部缓冲器上溢或下溢的情况，数据可能丢失。

13.2.4　DMA 中断

对于每个 DMA 数据流，可在发生以下事件时产生中断：达到半传输、传输完成、传输错误、FIFO 错误（上溢、下溢或 FIFO 级别错误）、直接模式错误。可以使用单独的中断使能位以实现灵活性，见表 13.9。注意：在将使能控制位置 1 前，应将相应的事件标志清零，否则会立即产生中断。

表 13.9　　　　　　　　　　　　　DMA　中　断　请　求

中断事件	事件标志	使能控制位	中断事件	事件标志	使能控制位
半传输	HTIF	HTIE	FIFO 上溢/下溢	FEIF	FEIE
传输完成	TCIF	TCIE	直接模式错误	DMEIF	DMEIE
传输错误	TEIF	TEIE			

13.2.5　DMA 寄存器说明

本节内容请扫描下方二维码学习。

13.2.6　DMA 寄存器映射

表 13.10 汇总了 DMA 寄存器。

表 13.10　DMA 寄存器映射和复位值

位	DMA_LISR (0x0000)	复位值	DMA_HISR (0x0004)	复位值	DMA_LIFCR (0x0008)	复位值	DMA_HIFCR (0x000C)	复位值
0	FEIF0	0	FEIF4	0	CFEIF0	0	CFEIF4	0
1	Reserved		Reserved		Reserved		Reserved	
2	DMEIF0	0	DMEIF4	0	CDMEIF0	0	CDMEIF4	0
3	TEIF0	0	TEIF4	0	CTEIF0	0	CTEIF4	0
4	HTIF0	0	HTIF4	0	CHTIF0	0	CHTIF4	0
5	TCIF0	0	TCIF4	0	CTCIF0	0	CTCIF4	0
6	FEIF1	0	FEIF5	0	CFEIF1	0	CFEIF5	0
7	Reserved		Reserved		Reserved		Reserved	
8	DMEIF1	0	DMEIF5	0	CDMEIF1	0	CDMEIF5	0
9	TEIF1	0	TEIF5	0	CTEIF1	0	CTEIF5	0
10	HTIF1	0	HTIF5	0	CHTIF1	0	CHTIF5	0
11	TCIF1	0	TCIF5	0	CTCIF1	0	CTCIF5	0
12 13 14 15	Reserved		Reserved		Reserved		Reserved	
16	FEIF2	0	FEIF6	0	CFEIF2	0	CFEIF6	0
17	Reserved		Reserved		Reserved		Reserved	
18	DMEIF2	0	DMEIF6	0	CDMEIF2	0	CDMEIF6	0
19	TEIF2	0	TEIF6	0	CTEIF2	0	CTEIF6	0
20	HTIF2	0	HTIF6	0	CHTIF2	0	CHTIF6	0
21	TCIF2	0	TCIF6	0	CTCIF2	0	CTCIF6	0
22	FEIF3	0	FEIF7	0	CFEIF3	0	CFEIF7	0
23	Reserved		Reserved		Reserved		Reserved	
24	DMEIF3	0	DMEIF7	0	CDMEIF3	0	CDMEIF7	0
25	TEIF3	0	TEIF7	0	CTEIF3	0	CTEIF7	0
26	HTIF3	0	HTIF7	0	CHTIF3	0	CHTIF7	0
27	TCIF3	0	TCIF7	0	CTCIF3	0	CTCIF7	0
31 30 29 28	Reserved		Reserved		Reserved		Reserved	

续表

偏移	寄存器	31	30	29	28	27	26	25	24	23	22	21	20	19	18	17	16	15	14	13	12	11	10	9	8	7	6	5	4	3	2	1	0
0x0010	DMA_S0CR	Reserved				CHSEL[2~0]			MBURST[1~0]		PBURST[1~0]		Reserved	CT	DBM	PL[1~0]		PINCOS	MSIZE[1~0]		PSIZE[1~0]		MINC	PINC	CIRC	DIR[1~0]		PFCTRL	TCIE	HTIE	TEIE	DMEIE	EN
	Reset value					0	0	0	0	0	0	0		0	0	0	0	0	0	0	0	0	0	0	0	0	0	0	0	0	0	0	0
0x0014	DMA_S0NDTR	Reserved																NDT[15~0]															
	Reset value	0	0	0	0	0	0	0	0	0	0	0	0	0	0	0	0	0	0	0	0	0	0	0	0	0	0	0	0	0	0	0	0
0x0018	DMA_S0PAR	PA[31~0]																															
	Reset value	0	0	0	0	0	0	0	0	0	0	0	0	0	0	0	0	0	0	0	0	0	0	0	0	0	0	0	0	0	0	0	0
0x001C	DMA_S0M0AR	M0A[31~0]																															
	Reset value	0	0	0	0	0	0	0	0	0	0	0	0	0	0	0	0	0	0	0	0	0	0	0	0	0	0	0	0	0	0	0	0
0x0020	DMA_S0M1AR	M1A[31~0]																															
	Reset value	0	0	0	0	0	0	0	0	0	0	0	0	0	0	0	0	0	0	0	0	0	0	0	0	0	0	0	0	0	0	0	0
0x0024	DMA_S0FCR	Reserved																								FEIE	Reserved	FS[2~0]			DMDIS	FTH[1~0]	
	Reset value																									0		1	0	0	0	0	1
0x0028	DMA_S1CR	Reserved				CHSEL[2~0]			MBURST[1~0]		PBURST[1~0]		ACK	CT	DBM	PL[1~0]		PINCOS	MSIZE[1~0]		PSIZE[1~0]		MINC	PINC	CIRC	DIR[1~0]		PFCTRL	TCIE	HTIE	TEIE	DMEIE	EN
	Reset value					0	0	0	0	0	0	0	0	0	0	0	0	0	0	0	0	0	0	0	0	0	0	0	0	0	0	0	0

续表

偏移	寄存器	31	30	29	28	27	26	25	24	23	22	21	20	19	18	17	16	15	14	13	12	11	10	9	8	7	6	5	4	3	2	1	0
0x002C	DMA_S1NDTR	Reserved																NDT[15~0]															
	Reset value																	0	0	0	0	0	0	0	0	0	0	0	0	0	0	0	0
0x0030	DMA_S1PAR	PA[31~0]																															
	Reset value	0	0	0	0	0	0	0	0	0	0	0	0	0	0	0	0	0	0	0	0	0	0	0	0	0	0	0	0	0	0	0	0
0x0034	DMA_S1M0AR	M0A[31~0]																															
	Reset value	0	0	0	0	0	0	0	0	0	0	0	0	0	0	0	0	0	0	0	0	0	0	0	0	0	0	0	0	0	0	0	0
0x0038	DMA_S1M1AR	M1A[31~0]																															
	Reset value	0	0	0	0	0	0	0	0	0	0	0	0	0	0	0	0	0	0	0	0	0	0	0	0	0	0	0	0	0	0	0	0
0x003C	DMA_S1FCR	Reserved																							FEIE	Reserved	FS[2~0]			DMDIS	FTH[1~0]	
	Reset value																								0		1	0	0	0	0	1
0x0040	DMA_S2CR	Reserved				CHSEL[2~0]			MBURST[1~0]		PBURST[1~0]		ACK	CT	DBM	PL[1~0]		PINCOS	MSIZE[1~0]		PSIZE[1~0]		MINC	PINC	CIRC	DIR[1~0]		Reserved	PFCTRL	TCIE	HTIE	TEIE	DMEIE	EN
	Reset value	0	0	0	0	0	0	0	0	0	0	0	0	0	0	0	0	0	0	0	0	0	0	0	0	0		0	0	0	0	0	0
0x0044	DMA_S2NDTR	Reserved																NDT[15~0]															
	Reset value																		0	0	0	0	0	0	0	0	0	0	0	0	0	0	0	0
0x0048	DMA_S2PAR	PA[31~0]																															
	Reset value	0	0	0	0	0	0	0	0	0	0	0	0	0	0	0	0	0	0	0	0	0	0	0	0	0	0	0	0	0	0	0	0

273

偏移	寄存器	31	30	29	28	27	26	25	24	23	22	21	20	19	18	17	16	15	14	13	12	11	10	9	8	7	6	5	4	3	2	1	0
0x004C	DMA_S2M0AR	M0A[31~0]																															
	Reset value	0	0	0	0	0	0	0	0	0	0	0	0	0	0	0	0	0	0	0	0	0	0	0	0	0	0	0	0	0	0	0	0
0x0050	DMA_S2M1AR	M1A[31~0]																															
	Reset value	0	0	0	0	0	0	0	0	0	0	0	0	0	0	0	0	0	0	0	0	0	0	0	0	0	0	0	0	0	0	0	0
0x0054	DMA_S2FCR	Reserved																								FEIE	Reserved	FS[2~0]			DMDIS	FTH[1~0]	
	Reset value	0	0	0	0	0	0	0	0	0	0	0	0	0	0	0	0	0	0	0	0	0	0	0	0	0	0	1	0	0	0	0	1
0x0058	DMA_S3CR	Reserved				CHSEL[2~0]			MBURST[1~0]		PBURST[1~0]		ACK	CT	DBM	PL[1~0]		PINCOS	MSIZE[1~0]		PSIZE[1~0]		MINC	PINC	CIRC	DIR[1~0]		PFCTRL	TCIE	HTIE	TEIE	DMEIE	EN
	Reset value	0	0	0	0	0	0	0	0	0	0	0	0	0	0	0	0	0	0	0	0	0	0	0	0	0	0	0	0	0	0	0	0
0x005C	DMA_S3NDTR	Reserved																NDT[15~0]															
	Reset value	0	0	0	0	0	0	0	0	0	0	0	0	0	0	0	0	0	0	0	0	0	0	0	0	0	0	0	0	0	0	0	0
0x0060	DMA_S3PAR	PA[31~0]																															
	Reset value	0	0	0	0	0	0	0	0	0	0	0	0	0	0	0	0	0	0	0	0	0	0	0	0	0	0	0	0	0	0	0	0
0x0064	DMA_S3M0AR	M0A[31~0]																															
	Reset value	0	0	0	0	0	0	0	0	0	0	0	0	0	0	0	0	0	0	0	0	0	0	0	0	0	0	0	0	0	0	0	0
0x0068	DMA_S3M1AR	M1A[31~0]																															
	Reset value	0	0	0	0	0	0	0	0	0	0	0	0	0	0	0	0	0	0	0	0	0	0	0	0	0	0	0	0	0	0	0	0

续表

偏移	寄存器	31	30	29	28	27	26	25	24	23	22	21	20	19	18	17	16	15	14	13	12	11	10	9	8	7	6	5	4	3	2	1	0
0x006C	DMA_S3FCR	Reserved																								FEIE	Reserved	FS[2~0]			DMDIS	FTH[1~0]	
	Reset value																									0		1	0	0	0	0	1
0x0070	DMA_S4CR	Reserved				CHSEL[2~0]			MBURST[1~0]		PBURST[1~0]		ACK	CT	DBM	PL[1~0]		PINCOS	MSIZE[1~0]		PSIZE[1~0]		MINC	PINC	CIRC	DIR[1~0]		PFCTRL	TCIE	HTIE	TEIE	DMEIE	EN
	Reset value	0	0	0	0	0	0	0	0	0	0	0	0	0	0	0	0	0	0	0	0	0	0	0	0	0	0	0	0	0	0	0	0
0x0074	DMA_S4NDTR	Reserved																NDT[15~0]															
	Reset value	0	0	0	0	0	0	0	0	0	0	0	0	0	0	0	0	0	0	0	0	0	0	0	0	0	0	0	0	0	0	0	0
0x0078	DMA_S4PAR	PA[31~0]																															
	Reset value	0	0	0	0	0	0	0	0	0	0	0	0	0	0	0	0	0	0	0	0	0	0	0	0	0	0	0	0	0	0	0	0
0x007C	DMA_S4M0AR	M0A[31~0]																															
	Reset value	0	0	0	0	0	0	0	0	0	0	0	0	0	0	0	0	0	0	0	0	0	0	0	0	0	0	0	0	0	0	0	0
0x0080	DMA_S4M1AR	M1A[31~0]																															
	Reset value	0	0	0	0	0	0	0	0	0	0	0	0	0	0	0	0	0	0	0	0	0	0	0	0	0	0	0	0	0	0	0	0
0x0084	DMA_S4FCR	Reserved																								FEIE	Reserved	FS[2~0]			DMDIS	FTH[1~0]	
	Reset value																									0		1	0	0	0	0	1

275

续表

偏移	寄存器	31	30	29	28	27	26	25	24	23	22	21	20	19	18	17	16	15	14	13	12	11	10	9	8	7	6	5	4	3	2	1	0
0x0088	DMA_S5CR	Reserved				CHSEL[2~0]			MBURST[1~0]		PBURST[1~0]		ACK	CT	DBM	PL[1~0]		PINCOS	MSIZE[1~0]		PSIZE[1~0]		MINC	PINC	CIRC	DIR[1~0]		PFCTRL	TCIE	HTIE	TEIE	DMEIE	EN
	Reset value				0	0	0	0	0	0	0	0	0	0	0	0	0	0	0	0	0	0	0	0	0	0	0	0	0	0	0	0	0
0x008C	DMA_S5NDTR	Reserved																NDT[15~0]															
	Reset value																	0	0	0	0	0	0	0	0	0	0	0	0	0	0	0	0
0x0090	DMA_S5PAR	PA[31~0]																															
	Reset value	0	0	0	0	0	0	0	0	0	0	0	0	0	0	0	0	0	0	0	0	0	0	0	0	0	0	0	0	0	0	0	0
0x0094	DMA_S5M0AR	M0A[31~0]																															
	Reset value	0	0	0	0	0	0	0	0	0	0	0	0	0	0	0	0	0	0	0	0	0	0	0	0	0	0	0	0	0	0	0	0
0x0098	DMA_S5M1AR	M1A[31~0]																															
	Reset value	0	0	0	0	0	0	0	0	0	0	0	0	0	0	0	0	0	0	0	0	0	0	0	0	0	0	0	0	0	0	0	0
0x009C	DMA_S5FCR	Reserved																								FEIE	Reserved	FS[2~0]			DMDIS	FTH[1~0]	
	Reset value																									0	0	1	0	0	0	0	1
0x00A0	DMA_S6CR	Reserved				CHSEL[2~0]			MBURST[1~0]		PBURST[1~0]		ACK	CT	DBM	PL[1~0]		PINCOS	MSIZE[1~0]		PSIZE[1~0]		MINC	PINC	CIRC	DIR[1~0]		PFCTRL	TCIE	HTIE	TEIE	DMEIE	EN
	Reset value					0	0	0	0	0	0	0	0	0	0	0	0	0	0	0	0	0	0	0	0	0	0	0	0	0	0	0	0
0x00A4	DMA_S6NDTR	Reserved																NDT[15~0]															
	Reset value																	0	0	0	0	0	0	0	0	0	0	0	0	0	0	0	0

续表

偏移	寄存器	31	30	29	28	27	26	25	24	23	22	21	20	19	18	17	16	15	14	13	12	11	10	9	8	7	6	5	4	3	2	1	0
0x00A8	DMA_S6PAR	PA[31~0]																															
	Reset value	0	0	0	0	0	0	0	0	0	0	0	0	0	0	0	0	0	0	0	0	0	0	0	0	0	0	0	0	0	0	0	0
0x00AC	DMA_S6M0AR	M0A[31~0]																															
	Reset value	0	0	0	0	0	0	0	0	0	0	0	0	0	0	0	0	0	0	0	0	0	0	0	0	0	0	0	0	0	0	0	0
0x00B0	DMA_S6M1AR	M1A[31~0]																															
	Reset value	0	0	0	0	0	0	0	0	0	0	0	0	0	0	0	0	0	0	0	0	0	0	0	0	0	0	0	0	0	0	0	0
0x00B4	DMA_S6FCR	Reserved																								FEIE	Reserved	FS[2~0]			DMDIS	FTH[1~0]	
	Reset value																									0	0	1	0	0	0	0	1
0x00B8	DMA_S7CR	Reserved				CHSEL[2~0]			MBURST[1~0]		PBURST[1~0]		ACK	CT	DBM	PL[1~0]		PINCOS	MSIZE[1~0]		PSIZE[1~0]		MINC	PINC	CIRC	DIR[1~0]		PFCTRL	TCIE	HTIE	TEIE	DMEIE	EN
	Reset value	0	0	0	0	0	0	0	0	0	0	0	0	0	0	0	0	0	0	0	0	0	0	0	0	0	0	0	0	0	0	0	0
0x00BC	DMA_S7NDTR	Reserved																NDT[15~0]															
	Reset value	0	0	0	0	0	0	0	0	0	0	0	0	0	0	0	0	0	0	0	0	0	0	0	0	0	0	0	0	0	0	0	0
0x00C0	DMA_S7PAR	PA[31~0]																															
	Reset value	0	0	0	0	0	0	0	0	0	0	0	0	0	0	0	0	0	0	0	0	0	0	0	0	0	0	0	0	0	0	0	0
0x00C4	DMA_S7M0AR	M0A[31~0]																															
	Reset value	0	0	0	0	0	0	0	0	0	0	0	0	0	0	0	0	0	0	0	0	0	0	0	0	0	0	0	0	0	0	0	0
0x00C8	DMA_S7M1AR	M1A[31~0]																															
	Reset value	0	0	0	0	0	0	0	0	0	0	0	0	0	0	0	0	0	0	0	0	0	0	0	0	0	0	0	0	0	0	0	0
0x00CC	DMA_S7FCR	Reserved																								FEIE	Reserved	FS[2~0]			DMDIS	FTH[1~0]	
	Reset value																									0	0	1	0	0	0	0	1

13.3　DMA 编程示例

例 1：DMA 方式采集单一通道数据。

配置 ADC1 的 DMA 初始化设置如下：

```
//DMA初始化
DMA_InitStructure.DMA_BufferSize = 4;
DMA_InitStructure.DMA_Channel = DMA_Channel_0;
DMA_InitStructure.DMA_DIR = DMA_DIR_PeripheralToMemory;
DMA_InitStructure.DMA_FIFOMode = DMA_FIFOMode_Disable;
DMA_InitStructure.DMA_Memory0BaseAddr = (uint32_t)&adcvalue1;      //目标数据位
DMA_InitStructure.DMA_MemoryBurst = DMA_MemoryBurst_Single;
DMA_InitStructure.DMA_MemoryDataSize = DMA_MemoryDataSize_HalfWord;
DMA_InitStructure.DMA_MemoryInc = DMA_MemoryInc_Disable;
DMA_InitStructure.DMA_Mode = DMA_Mode_Circular;
DMA_InitStructure.DMA_PeripheralBaseAddr = ADC1_BASE+0x4C;      //ADC->DR 地址
DMA_InitStructure.DMA_PeripheralBurst =DMA_PeripheralBurst_Single;
DMA_InitStructure.DMA_PeripheralDataSize = DMA_PeripheralDataSize_HalfWord;
DMA_InitStructure.DMA_PeripheralInc = DMA_PeripheralInc_Disable;
DMA_InitStructure.DMA_Priority = DMA_Priority_High;
DMA_Init(DMA2_Stream0,&DMA_InitStructure);
DMA_Cmd(DMA2_Stream0,ENABLE);
```

在 ADC 寄存器中开启 DMA 传输，使用两个函数，一个是设置 CR2 的 DDS 位，使得每次 ADC 数据更新时开启 DMA 传输；另一个是设置 ADC CR2 的 DMA 位，使能 ADC 的 DMA 传输。

分别使用以下两个函数：

```
ADC_DMARequestAfterLastTransferCmd(ADC1,ENABLE);  // 源数据变化时开启 DMA 传输
ADC_DMACmd(ADC1,ENABLE);                          // 使能 ADC 的 DMA 传输
```

最后，还是在 adcvalue 中读出 ADC 的采样值，可以看到，没有使用函数 ADC _ GetConversionValue 来读 ADC 的 DR 寄存器，照样能输出 ADC 采样到的值：

```
while(1)
{
  for(i = 0;i<10000;i++)
  {
    sum += adcvalue1;
    if(i ==9999)
    {
      avgvota = sum/10000;
      sum = 0;
      printf("avg vota is:%d\r\n",avgvota * 3300/0xfff);
    }
  }
}
```

例 2：DMA 方式采集 4 个通道数据。

同时采样两路数据首先要将 ADC_InitStructyre 中的 ADC_NbrOfConversion 改变。之后再用 ADC_RegularChannelConfig 将通道 0 添加到扫描通道序列即可。

从 1 路变成 4 路，总共改了一行代码，添加 3 行代码：

```
ADC_InitStructyre. ADC_NbrOfConversion = 2;
ADC_RegularChannelConfig(ADC1,ADC_Channel_0,1,ADC_SampleTime_144Cycles);
ADC_RegularChannelConfig(ADC1,ADC_Channel_1,2,ADC_SampleTime_144Cycles);
ADC_RegularChannelConfig(ADC1,ADC_Channel_2,3,ADC_SampleTime_144Cycles);
ADC_RegularChannelConfig(ADC1,ADC_Channel_3,4,ADC_SampleTime_144Cycles);
```

思 考 题 与 习 题

1. DMA 传输的本质是什么？
2. 简述 DMA 方式的基本原理。
3. DMA 传送数据的基本操作有几个步骤？简述其内容。
4. 简述 DMA 通常采用的传送方式，及其它们的优缺点。
5. STM32F4××器件的 DMA 有哪些主要特征？
6. STM32F4××器件有几个 DMA 控制器？
7. STM32F4××器件的 DMA 控制器在存储器、外设之中实现了哪些数据传输？实现这些传输的条件是什么？
8. 简述 STM32F4××器件每个 DMA 传输所包含的 3 项操作内容。
9. STM32F4××器件的 DMA 控制器可以检测到哪些 DMA 数据流错误？
10. STM32F4××器件对于发生哪些 DMA 数据流事件时会产生中断？

第14章 其他功能模块

随着集成电路技术的进步，集成电路器件中可以集成更多的功能电路而不增加制造成本。STM32F4××器件中就集成了一些早期用程序实现的功能模块。本章主要介绍STM32F4××器件中集成的一些主要功能模块，用以开发应用系统时使用。

14.1 复位和时钟控制（RCC）

14.1.1 复位

STM32F4××器件共有3种类型的复位，分别为系统复位、电源复位和备份域复位。

1. 系统复位

除了时钟控制寄存器CSR中的复位标志和备份域中的寄存器外，系统复位会将其他全部寄存器都复位为复位值（图14.1）。只要发生以下事件之一，就会产生系统复位：①NRST引脚低电平（外部复位）；② 窗口看门狗计数结束（WWDG复位）；③独立看门狗计数结束（IWDG复位）；④ 软件复位（SW复位）；⑤ 低功耗管理复位。

（1）软件复位。可通过查看RCC时钟控制和状态寄存器（RCC_CSR）中的复位标志确定。要对器件进行软件复位，必须将Cortex™–M4F应用中断和复位控制寄存器中的SYSRESETREQ位置1。有关详细信息，参见Cortex™–M4F技术参考手册，这些资料可从ST网站 www.st.com 获取。

（2）低功耗管理复位。引发低功耗管理复位的方式有两种：① 进入待机模式时产生复位：此复位的使能方式是清零用户选项字节中的nRST_STDBY位，使能后只要成功执行进入待机模式序列，器件就将复位，而非进入待机模式；② 进入停止模式时产生复位：此复位的使能方式是清零用户选项字节中的nRST_STOP位，使能后只要成功执行进入停止模式序列，器件就将复位，而非进入停止模式。有关详细信息，参见 STM32F40× 和STM32F41× Flash编程手册。

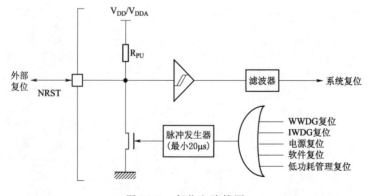

图14.1　复位电路简图

2. 电源复位

只要发生以下事件之一，就会产生电源复位：①上电/掉电复位（POR/PDR 复位）或欠压（BOR）复位；②在退出待机模式时。除备份域内的寄存器以外，电源复位会将其他全部寄存器设置为复位值（图 14.1）。这些源均作用于 NRST 引脚，该引脚在复位过程中始终保持低电平。RESET 复位入口向量在存储器映射中固定在地址 0x0000 _ 0004。芯片内部的复位信号会在 NRST 引脚上输出。脉冲发生器用于保证短复位脉冲持续时间，可确保每个内部复位源的复位脉冲都至少持续 $20\mu s$。对于外部复位，在 NRST 引脚处于低电平时产生复位脉冲。

3. 备份域复位

备份域具有两个特定的复位，这两个复位仅作用于备份域本身（图 14.1）。只要发生以下事件之一，就会产生备份域复位：①软件复位，通过将 RCC 备份域控制寄存器（RCC _ BDCR）中的 BDRST 位置 1 触发；②在电源 V_{DD} 和 V_{BAT} 都已掉电后，其中任何一个又再上电。备份域复位会将所有 RTC 寄存器和 RCC _ BDCR 寄存器复位为各自的复位值。BKPSRAM 不受此复位影响。BKPSRAM 的唯一复位方式是通过 Flash 接口将 Flash 保护等级从 1 切换到 0。

14.1.2 时钟

图 14.2 所示为时钟树。有关内部和外部时钟源特性的所有详细信息，参见器件数据手册的电气特性部分。由图可见，可以使用 3 种不同的时钟源来驱动系统时钟（SYSCLK）：①HSI 振荡器时钟；②HSE 振荡器时钟；③主 PLL（PLL）时钟。器件具有以下两个次级时钟源：①32kHz 低速内部 RC（LSI RC），该 RC 用于驱动独立看门狗，也可选择提供给 RTC 用于停机/待机模式下的自动唤醒；②32.768kHz 低速外部晶振（LSE 晶振），用于驱动 RTC 时钟（RTCCLK）。对于每个时钟源来说，在未使用时都可单独打开或者关闭，以降低功耗。

时钟控制器为应用带来了高度的灵活性，用户在运行内核和外设时可选择使用外部晶振或者使用振荡器，既可采用最高的频率，也可为以太网、USB OTG FS 以及 HS、I^2S 和 SDIO 等需要特定时钟的外设保证合适的频率。可通过多个预分频器配置 AHB 频率、高速 APB（APB2）和低速 APB（APB1）。AHB 域的最高频率为 168MHz，高速 APB2 域的最高允许频率为 84MHz，低速 APB1 域的最高允许频率为 42MHz。

除以下时钟外，所有外设时钟均由系统时钟（SYSCLK）提供：①来自特定 PLL 输出（PLL48CLK）的 USB OTG FS 时钟（48MHz）、基于模拟技术的随机数发生器（RNG）时钟（≤48MHz）和 SDIO 时钟（≤48MHz）；②I^2S 时钟要实现高品质的音频性能，可通过特定的 PLL（PLLI2S）或映射到 I2S _ CKIN 引脚的外部时钟提供 I^2S 时钟；③由外部 PHY 提供的 USB OTG HS（60MHz）时钟；④由外部 PHY 提供的以太网 MAC 时钟（TX、RX 和 RMII）。当使用以太网时，AHB 时钟频率至少应为 25MHz。RCC 向 Cortex 系统定时器（SysTick）馈送 8 分频的 AHB 时钟（HCLK）。SysTick 可使用此时钟作为时钟源，也可使用 HCLK 作为时钟源，具体可在 SysTick 控制和状态寄存器中配置。STM32F405××/07×× 和 STM32F415××/17×× 的定时器时钟频率由硬件自动设置。分为两种情况：①如果 APB 预分频器为 1，定时器时钟频率等于 APB 域的频率；②否则，等于 APB 域的频率的两倍（×2）。FCLK 充当 Cortex™ - M4F 的自由运行时钟。有关详细信息，参见 Cortex™-M4F 技术参考手册。

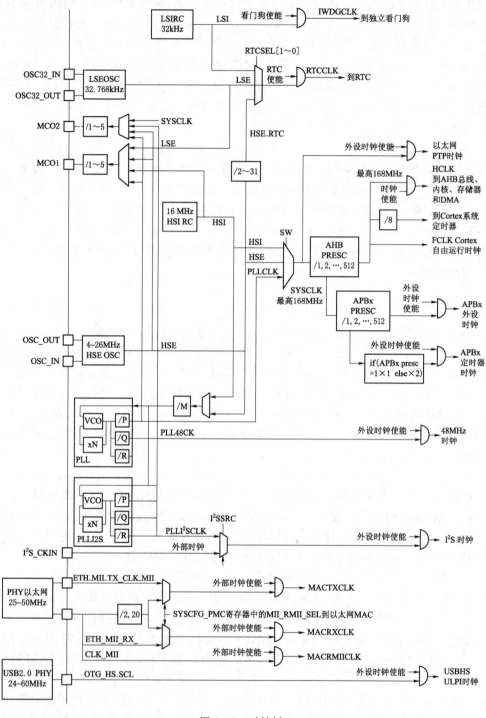

图 14.2 时钟树

1. HSE 时钟

图 14.3 所示为 HSE/LSE 时钟源。高速外部时钟信号（HSE）有 2 个时钟源：①HSE 外

部晶振/陶瓷谐振器；②HSE 外部用户时钟。谐振器和负载电容必须尽可能地靠近振荡器的引脚，以尽量减小输出失真和起振稳定时间。负载电容值必须根据所选振荡器的不同做适当调整。

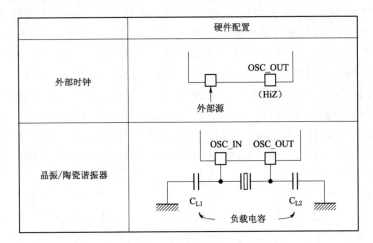

图 14.3　HSE/LSE 时钟源

（1）外部源（HSE 旁路）。在此模式下，必须提供外部时钟源。此模式通过将 RCC 时钟控制寄存器（RCC＿CR）中的 HSEBYP 和 HSEON 位置 1 进行选择。必须使用占空比约为 50％的外部时钟信号（方波、正弦波或三角波）来驱动 OSC＿IN 引脚，同时 OSC＿OUT 引脚应保持为高阻态（HiZ）。

（2）外部晶振/陶瓷谐振器（HSE 晶振）。HSE 的特点是精度非常高。相关的硬件配置如图 14.3 所示。RCC 时钟控制寄存器（RCC＿CR）中的 HSERDY 标志指示高速外部振荡器是否稳定。在启动时，硬件将此位置 1 后，此时钟才可以使用。如在 RCC 时钟中断寄存器（RCC＿CIR）中使能中断，则可产生中断。HSE 晶振可通过 RCC 时钟控制寄存器（RCC＿CR）中的 HSEON 位打开或关闭。

2．HSI 时钟

HSI 时钟信号由内部 16MHz RC 振荡器生成，可直接用作系统时钟，或者用作 PLL 输入。HSI RC 振荡器的优点是成本较低（无须使用外部组件）。此外，其启动速度也比 HSE 晶振快，但即使校准后，其精度也不及外部晶振或陶瓷谐振器。

3．校准

因为生产工艺不同，不同芯片的 RC 振荡器频率也不同，因此 ST 会对每个器件进行出厂校准，达到 $T_A=25\ ℃$ 时 1％的精度。复位后，工厂校准值将加载到 RCC 时钟控制寄存器（RCC＿CR）的 HSICAL［7～0］位中。如果应用受到电压或温度变化影响，则这可能也会影响到 RC 振荡器的速度。用户可通过 RCC 时钟控制寄存器（RCC＿CR）中的 HSITRIM［4：0］位对 HSI 频率进行微调。RCC 时钟控制寄存器（RCC＿CR）中的 HSIRDY 标志指示 HSI RC 是否稳定。在启动时，硬件将此位置 1 后，HSI 才可以使用。HSI RC 可通过 RCC 时钟控制寄存器（RCC＿CR）中的 HSION 位打开或关闭。HSI 信号还可作为备份时钟源（辅助时钟）使用，以防 HSE 晶振发生故障。

4．PLL 配置

STM32F4××器件具有两个 PLL：

（1）主 PLL（PLL）由 HSE 或 HSI 振荡器提供时钟信号，并具有两个不同的输出时钟：①输出用于生成高速系统时钟（高达 168 MHz）；②输出用于生成 USB OTG FS 的时钟（48 MHz）、随机数发生器的时钟（≤48 MHz）和 SDIO 时钟（≤ 48 MHz）。

（2）专用 PLL（PLLI²S）用于生成精确时钟，从而在 I²S 接口实现高品质音频性能。由于在 PLL 使能后主 PLL 配置参数便不可更改，所以建议先对 PLL 进行配置，然后再使能（选择 HSI 或 HSE 振荡器作为 PLL 时钟源，并配置分频系数 M、N、P 和 Q）。PLLI²S 使用与 PLL 相同的输入时钟（PLLM [5～0] 和 PLLSRC 位为两个 PLL 所共用）。但是，PLLI²S 具有专门的使能/禁止和分频系数（N 和 R）配置位。在 PLLI²S 使能后，配置参数便不能更改。当进入停机和待机模式后，两个 PLL 将由硬件禁止；如将 HSE 或 PLL（由 HSE 提供时钟信号）用作系统时钟，则在 HSE 发生故障时，两个 PLL 也将由硬件禁止。RCC PLL 配置寄存器（RCC_PLLCFGR）和 RCC 时钟配置寄存器（RCC_CFGR）可分别用于配置 PLL 和 PLLI²S。

5. LSE 时钟

（1）LSE 晶振。LSE 晶振是 32.768 kHz 低速外部（LSE）晶振或陶瓷谐振器，可作为实时时钟外设（RTC）的时钟源来提供时钟/日历或其他定时功能，具有功耗低且精度高的优点。LSE 晶振通过 RCC 备份域控制寄存器（RCC_BDCR）中的 LSEON 位打开和关闭。RCC 备份域控制寄存器（RCC_BDCR）中的 LSERDY 标志指示 LSE 晶振是否稳定。在启动时，硬件将此位置 1 后，LSE 晶振输出时钟信号才可以使用。如在 RCC 时钟中断寄存器（RCC_CIR）中使能中断，则可产生中断。

（2）外部源（LSE 旁路）。在此模式下，必须提供外部时钟源，高频率不超过 1 MHz。此模式通过将 RCC 备份域控制寄存器（RCC_BDCR）中的 LSEBYP 和 LSEON 位置 1 进行选择。必须使用占空比约为 50% 的外部时钟信号（方波、正弦波或三角波）来驱动 OSC32_IN 引脚，同时 OSC32_OUT 引脚应保持为高阻态（HiZ）。

6. LSI 时钟

LSI RC 可作为低功耗时钟源在停机和待机模式下保持运行，供独立看门狗（IWDG）和自动唤醒单元（AWU）使用。时钟频率在 32 kHz 左右。LSI RC 可通过 RCC 时钟控制和状态寄存器（RCC_CSR）中的 LSION 位打开或关闭。RCC 时钟控制和状态寄存器（RCC_CSR）中的 LSIRDY 标志指示低速内部振荡器是否稳定。在启动时，硬件将此位置 1 后，此时钟才可以使用。如在 RCC 时钟中断寄存器（RCC_CIR）中使能中断，则可产生中断。

7. 系统时钟（SYSCLK）选择

在系统复位后，默认系统时钟为 HSI。在直接使用 HSI 或者通过 PLL 使用时钟源来作为系统时钟时，该时钟源无法停止。只有在目标时钟源已就绪时（时钟在启动延迟或 PLL 锁相后稳定时），才可从一个时钟源切换到另一个。如果选择尚未就绪的时钟源，则切换在该时钟源就绪时才会进行。RCC 时钟控制寄存器（RCC_CR）中的状态位指示哪个（些）时钟已就绪，以及当前哪个时钟正充当系统时钟。

8. 时钟安全系统（CSS）

时钟安全系统可通过软件激活。激活后，时钟监测器将在 HSE 振荡器启动延迟后使能，并在此振荡器停止时被关闭。如果 HSE 时钟发生故障，此振荡器将自动禁止，一个时钟故障事件将发送到高级控制定时器 TIM1 和 TIM8 的断路输入，并且同时还将生成一个中断来向软件通知此故障（时钟安全系统中断，CSSI），以使 MCU 能够执行救援操作。CSSI

与 Cortex™-M4F NMI（不可屏蔽中断）异常向量相链接。

注意：当 CSS 使能后，如果 HSE 时钟偶发故障，则 CSS 将生成一个中断，进而促使 NMI 自动生成。NMI 将无限期执行，除非将 CSS 中断挂起位清零。因此，应用程序必须在 NMI ISR 中将 CSS 中断清零，具体方式为在时钟中断寄存器（RCC_CIR）中将 CSSC 置位 1。如果直接或间接使用 HSE 振荡器作为系统时钟（间接是指该振荡器直接用作 PLL 的输入时钟，并且该 PLL 时钟为系统时钟）并且检出故障，则系统时钟将切换到 HSI 振荡器并且 HSE 振荡器将被禁止。如果 HSE 振荡器时钟是充当系统时钟的 PPL 的时钟源，则在发生故障时，PLL 也会被禁止。在此情况下，如果 PLLI²S 已使能，则在 HSE 发生故障时也会将其禁止。

9. RTC/AWU 时钟

一旦选定 RTCCLK 时钟源后，要想修改所做选择，只能复位电源域。RTCCLK 时钟源可以是 HSE 1MHz（HSE 由一个可编程的预分频器分频）、LSE 或者 LSI 时钟。选择方式是编程 RCC 备份域控制寄存器（RCC_BDCR）中的 RTCSEL[1~0] 位和 RCC 时钟配置寄存器（RCC_CFGR）中的 RTCPRE[4~0] 位。所做的选择只能通过复位备份域的方式修改。

如果选择 LSE 作为 RTC 时钟，则系统电源丢失时 RTC 仍将正常工作。如果选择 LSI 作为 AWU 时钟，则在系统电源丢失时将无法保证 AWU 的状态。如果 HSE 振荡器通过一个介于 2 和 31 的值进行分频，则在备用或系统电源丢失时将无法保证 RTC 的状态。LSE 时钟位于备份域中，而 HSE 和 LSI 时钟则不是。因此：①如果选择 LSE 作为 RTC 时钟，只要 V_{BAT} 电源保持工作，即使 V_{DD} 电源关闭，RTC 仍可继续工作；②如果选择 LSI 作为自动唤醒单元（AWU）时钟，在 V_{DD} 电源掉电时，AWU 的状态将不能保证；③如果使用 HSE 时钟作为 RTC 时钟，如果 V_{DD} 电源掉电或者内部调压器关闭（切断 1.2 V 域的供电），则 RTC 的状态将不能保证。

注意：要在 APB1 时钟频率低于 RTC 时钟频率的 7 倍时（$f_{APB1} < 7f_{RTCLCK}$）读取 RTC 日历寄存器，软件必须两次读取日历时间寄存器和日期寄存器。如果对 RTC_TR 的第 2 次读取访问得到的结果与第 1 次相同，则表明数据正确无误。否则必须执行第 3 次读取访问。

10. 看门狗时钟

如果独立看门狗（IWDG）已通过硬件选项字节或软件设置的方式启动，则 LSI 振荡器将强制打开且不可禁止。在 LSI 振荡器稳定后，时钟将提供给 IWDG。

11. 时钟输出功能

共有两个微控制器时钟输出（MCO）引脚：

（1）MCO1。用户可通过可配置的预分配器（1~5）向 MCO1 引脚（PA8）输出 4 个不同的时钟源：HSI 时钟、LSE 时钟、HSE 时钟、PLL 时钟，所需的时钟源通过 RCC 时钟配置寄存器（RCC_CFGR）中的 MCO1PRE[2~0] 和 MCO1[1~0] 位选择。

（2）MCO2。用户可通过可配置的预分配器（1~5）向 MCO2 引脚（PC9）输出 4 个不同的时钟源：HSE 时钟、PLL 时钟、系统时钟（SYSCLK）、PLLI²S 时钟，所需的时钟源通过 RCC 时钟配置寄存器（RCC_CFGR）中的 MCO2PRE[2~0] 和 MCO2 位选择。

对于不同的 MCO 引脚，必须将相应的 GPIO 端口在复用功能模式下进行设置。MCO 输出时钟不得超过 100 MHz（最大 I/O 速度）。

12. 基于 TIM5/TIM11 的内部/外部时钟测量

所有时钟源的频率都可通过对 TIM5 channel4 和 TIM11 channel1 的输入捕获进行间接测量，如图 14.4 和图 14.5 所示。

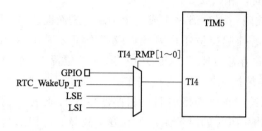
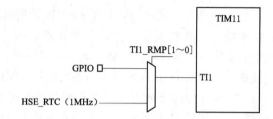

图 14.4　TIM5 在输入捕获模式下的频率测量　　图 14.5　TIM11 在输入捕获模式下的频率测量

（1）基于 TIM5 channel4 的内部/外部时钟测量。TIM5 具有一个输入复用器，可选择输入捕获是由 I/O 触发还是由内部时钟触发。此选择通过 TIM5 _ OR 寄存器的 TI4 _ RMP［1～0］位执行。将 LSE 连接到 channel4 输入捕获的主要目的是精确测量 HSI（这需要将 HSI 用作系统时钟源）。借助 LSE 信号连续边沿之间的 HSI 时钟计数数量，即可对内部时钟周期进行测量。利用 LSE 的高精度，用户能以同一分辨率测定时钟频率，并可通过对时钟源进行微调来补偿由生产工艺造成的和/或与温度和电压相关的频率偏差。

HSI 振荡器设有针对此目的的专用校准位，且支持用户访问。其基本原理是基于相对的测量（例如，HSI/LSE 比），因此，精度与两个时钟源之比紧密相关。比率越大，测量效果越好。同时也可测量 LSI 频率，这对于没有晶振的应用场合非常实用。超低功耗 LSI 振荡器具有较大的生产工艺偏差，通过测量该振荡器与 HSI 时钟源的比率，可以借助 HSI 精度为其测定频率。可通过此测量值实现更加精确的 RTC 时基超时（当使用 LSI 作为 RTC 时钟源时）和/或实现精度水平可以接受的 IWDG 超时。LSI 频率通过以下步骤测量：①使能 TIM5 定时器并将 channel4 配置为输入捕获模式；②将 TIM5 _ OR 寄存器中的 TI4 _ RMP 位设置为 0x01，以在内部将 LSI 时钟连接到 TIM5 channel4 输入捕获来实现校准；③通过 TIM5 捕获/比较 4 事件或中断测量 LSI 时钟频率；④使用测得 LSI 频率来按照所需的时基更新 RTC 预分频器，并且/或者用其来计算 IWDG 超时。

（2）基于 TIM11 channel1 的内部/外部时钟测量。TIM11 具有一个输入复用器，可选择输入捕获是由 I/O 触发还是由内部时钟触发。此选择通过 TIM11 _ OR 寄存器的 TI1 _ RMP［1：0］位执行。HSE _ RTC 时钟（由一个可编程预分频器分频的 HSE）连接到通道 1 输入捕获，以粗略指示外部晶振频率。这要求 HSI 为系统时钟源。此功能非常实用，例如可借此测定谐波频率或分谐波频率（-50/+100％偏差），进而确保符合 IEC 60730/IEC 61335 标准。

14.1.3　RCC 寄存器

本节内容请扫描下方二维码学习。

14.1.4　RCC 寄存器映射

表 14.1 给出了寄存器映射和复位值。

表 14.1 RCC 寄存器映射和复位值（用于 STM32F405××/07×× 和 STM32F415×× 17××）

位	RCC_CR	RCC_PLLCFGR	RCC_CFGR	RCC_CIR	RCC_AHB1RSTR
0	HSION	PLLM0	SW0	LSIRDYF	GPIOARST
1	HSIRDY	PLLM1	SW1	LSERDYF	GPIOBRST
2	Reserved	PLLM2	SWS0	HSIRDYF	GPIOCRST
3	HSITRIM0	PLLM3	SWS1	HSERDYF	GPIODRST
4	HSITRIM1	PLLM4	HPRE0	PLLRDYF	GPIOERST
5	HSITRIM2	PLLM5	HPRE1	PLLI2SRDYF	GPIOFRST
6	HSITRIM3	PLLN0	HPRE2	Reserved	GPIOGRST
7	HSITRIM4	PLLN1	HPRE3	CSSF	GPIOHRST
8	HSICAL0	PLLN2	Reserved	LSIRDYIE	GPIOIRST
9	HSICAL1	PLLN3	Reserved	LSERDYIE	Reserved
10	HSICAL2	PLLN4	PPRE10	HSIRDYIE	Reserved
11	HSICAL3	PLLN5	PPRE11	HSERDYIE	Reserved
12	HSICAL4	PLLN6	PPRE12	PLLRDYIE	CRCRST
13	HSICAL5	PLLN7	PPRE20	PLLI2SRDYIE	Reserved
14	HSICAL 6	PLLN8	PPRE21	Reserved	Reserved
15	HSICAL 7	Reserved	PPRE22	Reserved	Reserved
16	HSEON	PLLP0	RTCPRE0	LSIRDYC	Reserved
17	HSERDY	PLLP1	RTCPRE1	LSERDYC	Reserved
18	HSEBYP	Reserved	RTCPRE2	HSIRDYC	Reserved
19	CSSON	Reserved	RTCPRE3	HSERDYC	Reserved
20	Reserved	Reserved	RTCPRE4	PLLRDYC	Reserved
21	Reserved	Reserved	MCO1 0	PLLI2SRDYC	DMA1RST
22	Reserved	PLLSRC	MCO1 1	Reserved	DMA2RST
23	Reserved	Reserved	L2SSRC	CSSC	Reserved
24	PLL ON	PLLQ0	MCO1PRE0	Reserved	Reserved
25	PLL RDY	PLLQ1	MCO1PRE1	Reserved	ETHMACRST
26	PLL I2SON	PLLQ2	MCO1PRE2	Reserved	Reserved
27	PLL I2SRDY	PLLQ3	MCO2PRE0	Reserved	Reserved
28	Reserved	Reserved	MCO2PRE1	Reserved	Reserved
29	Reserved	Reserved	MCO2PRE2	Reserved	OTGHSRST
30	Reserved	Reserved	MCO20	Reserved	Reserved
31	Reserved	Reserved	MCO21	Reserved	Reserved
寄存器名称	RCC_CR	RCC_PLLCFGR	RCC_CFGR	RCC_CIR	RCC_AHB1RSTR
偏移地址	0x00	0x04	0x08	0x0C	0x10

续表

偏移地址	寄存器名称	31	30	29	28	27	26	25	24	23	22	21	20	19	18	17	16	15	14	13	12	11	10	9	8	7	6	5	4	3	2	1	0
0x14	RCC_AHB2RSTR	Reserved	Reserved	Reserved	Reserved	Reserved	Reserved	Reserved	Reserved	Reserved	Reserved	Reserved	Reserved	Reserved	Reserved	Reserved	Reserved	Reserved	Reserved	Reserved	Reserved	Reserved	Reserved	Reserved	Reserved	OTGFSRST	RNGRST	HSAHRST	CRYPRST	Reserved	Reserved	Reserved	DCMIRST
0x18	RCC_AHB3RSTR	Reserved	Reserved	Reserved	Reserved	Reserved	Reserved	Reserved	Reserved	Reserved	Reserved	Reserved	Reserved	Reserved	Reserved	Reserved	Reserved	Reserved	Reserved	Reserved	Reserved	Reserved	Reserved	Reserved	Reserved	Reserved	Reserved	Reserved	Reserved	Reserved	Reserved	Reserved	FSMCRST
0x1C	Reserved	Reserved																															
0x20	RCC_APB1RSTR	Reserved	Reserved	DACRST	PWRRST	Reserved	CAN2RST	CAN1RST	Reserved	I2C3RST	I2C2RST	I2C1RST	UART5RST	UART4RST	UART3RST	UART2RST	Reserved	SPI3RST	SPI2RST	Reserved	Reserved	WWDGRST	Reserved	Reserved	TIM14RST	TIM13RST	TIM12RST	TIM7RST	TIM6RST	TIM5RST	TIM4RST	TIM3RST	TIM2RST
0x24	RCC_APB2RSTR	Reserved	Reserved	Reserved	Reserved	Reserved	Reserved	Reserved	Reserved	Reserved	Reserved	Reserved	Reserved	Reserved	TIM11RST	TIM10RST	TIM9RST	Reserved	SYSCFGRST	Reserved	SPI1RST	SDIORST	Reserved	Reserved	ADCRST	Reserved	Reserved	USART6RST	USART1RST	Reserved	Reserved	TIM8RST	TIM1RST
0x28	Reserved	Reserved																															
0x2C	Reserved	Reserved																															

续表

位	RCC_AHB1ENR	RCC_AHB2ENR	RCC_AHB3ENR	Reserved	RCC_APB1ENR	RCC_APB2ENR
0	GPIOAEN	DCMIEN	FSMCEN	Reserved	TM2EN	TIM1EN
1	GPIOBEN	Reserved	Reserved	Reserved	TM3EN	TIM1EN
2	GPIOCEN	Reserved	Reserved	Reserved	TM4EN	TIM8EN
3	GPIODEN	Reserved	Reserved	Reserved	TM5EN	Reserved
4	GPIOEEN	CRYPEN	Reserved	Reserved	TM6EN	Reserved
5	GPIOFEN	HASHEN	Reserved	Reserved	TM7EN	USART1EN
6	GPIOGEN	RNGEN	Reserved	Reserved	TIM12EN	USART6EN
7	GPIOHEN	OTGFSEN	Reserved	Reserved	TIM13EN	Reserved
8	GPIOIEN	Reserved	Reserved	Reserved	TIM14EN	Reserved
9	Reserved	Reserved	Reserved	Reserved	Reserved	ADC1EN
10	Reserved	Reserved	Reserved	Reserved	Reserved	ADC2EN
11	Reserved	Reserved	Reserved	Reserved	WWDGEN	ADC3EN
12	CRCEN	Reserved	Reserved	Reserved	Reserved	SDIOEN
13	Reserved	Reserved	Reserved	Reserved	Reserved	SPI1EN
14	Reserved	Reserved	Reserved	Reserved	SPI2EN	Reserved
15	Reserved	Reserved	Reserved	Reserved	SPI3EN	SYSCFGEN
16	Reserved	Reserved	Reserved	Reserved	Reserved	Reserved
17	Reserved	Reserved	Reserved	Reserved	UART2EN	TIM9EN
18	BKPSRAMEN	Reserved	Reserved	Reserved	UART3EN	TIM10EN
19	Reserved	Reserved	Reserved	Reserved	UART4EN	TIM11EN
20	CCMDATARAMEN	Reserved	Reserved	Reserved	UART5EN	Reserved
21	DMA1EN	Reserved	Reserved	Reserved	I2C1EN	Reserved
22	DMA2EN	Reserved	Reserved	Reserved	I2C2EN	Reserved
23	Reserved	Reserved	Reserved	Reserved	I2C3EN	Reserved
24	Reserved	Reserved	Reserved	Reserved	Reserved	Reserved
25	ETHMACEN	Reserved	Reserved	Reserved	CAN1EN	Reserved
26	ETHMACTXEN	Reserved	Reserved	Reserved	CAN2EN	Reserved
27	ETHMACRXEN	Reserved	Reserved	Reserved	Reserved	Reserved
28	ETHMACPTPEN	Reserved	Reserved	Reserved	PWREN	Reserved
29	OTGHSEN	Reserved	Reserved	Reserved	DACEN	Reserved
30	OTGHSULPIEN	Reserved	Reserved	Reserved	Reserved	Reserved
31	Reserved	Reserved	Reserved	Reserved	Reserved	Reserved
寄存器名称	RCC_AHB1ENR	RCC_AHB2ENR	RCC_AHB3ENR	Reserved	RCC_APB1ENR	RCC_APB2ENR
偏移地址	0x30	0x34	0x38	0x3C	0x40	0x44

续表

位	0x48 Reserved	0x4C Reserved	0x50 RCC_AHB1LPENR	0x54 RCC_AHB2LPENR	0x58 RCC_AHB3LPENR	0x5C Reserved	0x60 RCC_APB1LPENR
0	Reserved	Reserved	GPIOALPEN	DCMILPEN	FSMCLPEN	Reserved	TIM2LPEN
1			GPIOBLPEN	Reserved	Reserved		TIM3LPEN
2			GPIOCLPEN	Reserved			TIM4LPEN
3			GPIODLPEN	Reserved			TIM5LPEN
4			GPIOELPEN	CRYPLPEN			TIM6LPEN
5			GPIOFLPEN	HASHLPEN			TIM7LPEN
6			GPIOGLPEN	RNGLPEN			TIM12LPEN
7			GPIOHILPEN	OTGFSLPEN			TIM13LPEN
8			GPIOILPEN	Reserved			TIM14LPEN
9			Reserved				Reserved
10			Reserved				Reserved
11			Reserved				WWDGLPEN
12			CRCLPEN				Reserved
13			Reserved				Reserved
14			Reserved				SPI2LPEN
15			FLITFLPEN				SPI3LPEN
16			SRAM1LPEN				Reserved
17			SRAM2LPEN				UART2LPEN
18			BKPSRAMLPEN				UART3LPEN
19			Reserved				UART4LPEN
20			Reserved				UART5LPEN
21			DMA1LPEN				I2C1LPEN
22			DMA2LPEN				I2C2LPEN
23			Reserved				I2C3LPEN
24			Reserved				Reserved
25			ETHMCLPEN				CAN1LPEN
26			ETHMACTXLPEN				CAN2LPEN
27			ETHMACRXLPEN				Reserved
28			ETHMACPTPLPEN				PWRLPEN
29			OTGHSLPEN				DACLPEN
30			OTGHSULPILPEN				Reserved
31			Reserved				Reserved

寄存器名称 / 偏移地址

续表

偏移地址	寄存器名称	31	30	29	28	27	26	25	24	23	22	21	20	19	18	17	16	15	14	13	12	11	10	9	8	7	6	5	4	3	2	1	0
0x64	RCC_APB2LPENR	Reserved	Reserved	Reserved	Reserved	Reserved	Reserved	Reserved	Reserved	Reserved	Reserved	Reserved	Reserved	Reserved	TIM11LPEN	TIM10LPEN	TIM9LPEN	Reserved	SYSCFGLPEN	Reserved	SPI1LPEN	SDIOLPEN	ADC3LPEN	ADC2LPEN	ADC1LPEN	Reserved	Reserved	USART6LPEN	USART1LPEN	Reserved	Reserved	TIM8LPEN	TIM1LPEN
0x68	Reserved	Reserved																															
0x6C	Reserved	Reserved																															
0x70	RCC_BDCR	Reserved	Reserved	Reserved	Reserved	Reserved	Reserved	Reserved	Reserved	Reserved	Reserved	Reserved	Reserved	Reserved	Reserved	Reserved	BDRST	RTCEN	Reserved	Reserved	Reserved	Reserved	Reserved	RTCSEL1	RTCSEL0	Reserved	Reserved	Reserved	Reserved	Reserved	LSEBYP	LSERDY	LSEON
0x74	RCC_CSR	LPWRRSTF	WWDGRSTF	WDGRSTF	SFTRSTF	PORRSTF	PADRSTF	BORRSTF	RMVF	Reserved	Reserved	Reserved	Reserved	Reserved	Reserved	Reserved	Reserved	Reserved	Reserved	Reserved	Reserved	Reserved	Reserved	Reserved	Reserved	Reserved	Reserved	Reserved	Reserved	Reserved	Reserved	LSIROY	LSION
0x78	Reserved	Reserved																															
0x7C	Reserved	Reserved																															
0x80	RCC_SSCGR	SSCGEN	SPREADSEL	Reserved	Reserved	INCSTEP	INCSTEP	INCSTEP	INCSTEP	INCSTEP	INCSTEP	INCSTEP	INCSTEP	INCSTEP	INCSTEP	INCSTEP	INCSTEP	INCSTEP	INCSTEP	INCSTEP	MODPER	MODPER	MODPER	MODPER	MODPER	MODPER	MODPER	MODPER	MODPER	MODPER	MODPER	MODPER	MODPER
0x84	RCC_PLLI2SCFGR	Reserved	PLLI2SRx	PLLI2SRx	PLLI2SRx	Reserved	Reserved	Reserved	Reserved	Reserved	Reserved	Reserved	Reserved	Reserved	PLLI2SNx	PLLI2SNx	PLLI2SNx	PLLI2SNx	PLLI2SNx	PLLI2SNx	PLLI2SNx	PLLI2SNx	PLLI2SNx	Reserved	Reserved	Reserved	Reserved	Reserved	Reserved	Reserved	Reserved	Reserved

14.2　电　源　模　块　(PWR)

14.2.1　电源概述

STM32F4××系列器件的工作电压（V_{DD}）要求介于1.8～3.6V。嵌入式线性调压器用于提供内部1.2V数字电源。当主电源V_{DD}断电时，可通过V_{BAT}电压为实时时钟（RTC）、RTC备份寄存器和备份SRAM（BKP SRAM）供电。图14.6所示为电源电路概述。注意：根据工作期间供电电压的不同，某些外设可能只提供有限的功能和性能。有关详细信息，参见STM32F4××数据手册中"通用工作条件"一节。

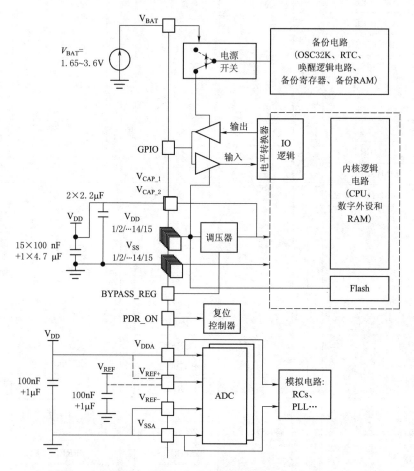

图 14.6　电源概述（V_{DDA} 和 V_{SSA} 必须分别连接到 V_{DD} 和 V_{SS}）

1. 独立 A/D 转换器电源和参考电压

为了提高转换精度，ADC 配有独立电源，可以单独滤波并屏蔽 PCB 上的噪声。ADC 电源电压从单独的 V_{DDA} 引脚输入；V_{SSA} 引脚提供了独立的电源接地连接。

为了确保测量低电压时具有更高的精度，用户可以在 V_{REF} 上连接单独的 ADC 外部参考电压输入。V_{REF} 介于 1.8～V_{DDA}。

2. 电池备份域

（1）备份域说明。要在 V_{DD} 关闭后保留 RTC 备份寄存器和备份 SRAM 的内容并为 RTC 供电，可以将 V_{BAT} 引脚连接到通过电池或其他电源供电的可选备用电压。

要使 RTC 即使在主数字电源（V_{DD}）关闭后仍然工作，V_{BAT} 引脚需为以下各模块供电：RTC、LSE 振荡器、备份 SRAM（使能低功耗备份调压器时）、PC13～PC15 I/O 以及 PI8 I/O（如果封装有该引脚），如图 14.7 所示。V_{BAT} 电源的开关由复位模块中内置的掉电复位电路进行控制。

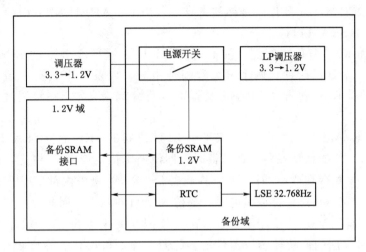

图 14.7　备份域

警告：在 $t_{RSTTEMPO}$（V_{DD} 启动后的一段延迟）期间或检测到 PDR 后，V_{BAT} 与 V_{DD} 之间的电源开关仍连接到 V_{BAT}。在启动阶段，如果 V_{DD} 的建立时间小于 $t_{RSTTEMPO}$（有关 $t_{RSTTEMPO}$ 的值，请参见数据手册）且 $V_{DD} > V_{BAT} + 0.6$ V，会有电流经由 V_{DD} 和电源开关（V_{BAT}）之间连接的内部二极管注入 V_{BAT} 引脚。如果连接到 V_{BAT} 引脚的电源/电池无法承受此注入电流，则强烈建议在该电源与 V_{BAT} 引脚之间连接一个低压降二极管。如果应用中未使用任何外部电池，建议将 V_{BAT} 引脚连接到并联了 100nF 外部去耦陶瓷电容的 V_{DD}。通过 V_{DD} 对备份域供电时（模拟开关连接到 V_{DD}），可实现以下功能：① PC14 和 PC15 可用作 GPIO 或 LSE 引脚；②PC13 可用作 GPIO 或 RTC _ AF1 引脚。注意：由于该开关的灌电流能力有限（3 mA），因此使用 GPIO PI8 和 PC13～PC15 时存在以下限制：每次只能有一个 I/O 用作输出，大负载为 30pF 时速率不得超过 2MHz，并且这些 I/O 不能用作电流源（如用于驱动 LED）。通过 V_{BAT} 对备份域供电时（由于不存在 V_{DD}，模拟开关连接到 V_{BAT}），可实现以下功能：①PC14 和 PC15 只能用作 LSE 引脚；②PC13 可用作 RTC _ AF1 引脚；③PI8 可用作 RTC _ AF2。

（2）备份域访问。复位后，备份域（RTC 寄存器、RTC 备份寄存器和备份 SRAM）将受到保护，以防止意外的写访问。要使能对备份域的访问，请按以下步骤进行操作：

1）访问 RTC 和 RTC 备份寄存器。

① 将 RCC _ APB1ENR 寄存器中的 PWREN 位置 1，使能电源接口时钟。

② 将用于 STM32F405××/07×× 和 STM32F415××/17×× 的 PWR 电源控制寄存器（PWR _ CR）中的 DBP 位置 1，使能对备份域的访问。

③ 选择 RTC 时钟源，参见 RTC/AWU 时钟。

④ 通过对 RCC 备份域控制寄存器（RCC_BDCR）中的 RTCEN［15］位进行编程，使能 RTC 时钟。

2）访问备份 SRAM。

① 将 RCC_APB1ENR 寄存器中的 PWREN 位置 1，使能电源接口时钟。

② 将用于 STM32F405××/07×× 和 STM32F415××/17×× 的 PWR 电源控制寄存器（PWR_CR）中的 DBP 位置 1，使能对备份域的访问。

③ 通过将 RCC AHB1 外设时钟使能寄存器（RCC_AHB1ENR）中的 BKPSRAMEN 位置 1，使能备份 SRAM 时钟。

（3）RTC 和 RTC 备份寄存器。实时时钟（RTC）是一个独立的 BCD 定时器/计数器。RTC 提供一个日历时钟、两个可编程闹钟中断，以及一个具有中断功能的可编程的周期唤醒标志。RTC 包含 20 个备份数据寄存器（80 字节），在检测到入侵事件时将复位。

（4）备份 SRAM。备份域还包括仅可由 CPU 访问的 4KB 备份 SRAM，可被 32 位、16 位、8 位访问。使能低功耗备份调压器时，即使处于待机或 V_{BAT} 模式，备份 SRAM 的内容也能保留。一直存在 V_{BAT} 时，可以将此备份 SRAM 视为内部 EEPROM。通过 V_{DD}（模拟开关连接到 V_{DD}）对备份域供电时，备份 SRAM 将从 V_{DD} 而非 V_{BAT} 获取电能，以此延长电池寿命。通过 V_{BAT}（由于不存在 V_{DD}，模拟开关连接到 V_{BAT}）对备份域供电时，备份 SRAM 通过专用的低功耗调压器供电。此调压器既可以处于开启状态，也可以处于关闭状态，具体取决于应用在待机模式或 V_{BAT} 模式是否需要备份 SRAM 功能。此调压器的掉电由专用位控制，即 PWR_CSR 寄存器的 BRE 控制位。入侵事件不会擦除备份 SRAM。备份 SRAM 设置了读保护，可防止用户对加密私钥等机密数据进行访问。擦除备份 SRAM 的唯一方法是在请求将保护级别从级别 1 更改为级别 0 时通过 Flash 接口实现。

3. 调压器

嵌入式线性调压器为备份域和待机电路以外的所有数字电路供电。调压器输出电压约为 1.2V。此调压器需要将两个外部电容连接到专用引脚 V_{CAP_1} 和 V_{CAP_2}，所有封装都配有这两个引脚。为激活或停用调压器，必须将特定引脚连接到 V_{SS} 或 V_{DD}。具体引脚与封装有关。通过软件激活时，调压器在复位后始终处于使能状态。根据应用模式的不同，可采用 3 种不同的模式工作。

（1）运行模式。调压器为 1.2V 域（内核、存储器和数字外设）提供全功率。在此模式下，调压器的输出电压（约 1.2V）可通过软件调整为不同的电压值：对于 STM32F405××/07×× 和 STM32F415××/17××，可通过 VOS（PWR_CR 寄存器的位 15）动态配置成级别 1 或级别 2。器件运行在高工作频率时，电压缩放特性可使功耗得到优化。

（2）停止模式。调压器为 1.2 V 域提供低功率，保留寄存器和内部 SRAM 中的内容。对于 STM32F405××/07×× 和 STM32F415××/17××，在停止模式下，设置的电压输出级别保持不变。

（3）待机模式。调压器掉电。除待机电路和备份域外，寄存器和 SRAM 的内容都将丢失。

14.2.2 电源监控器

1. 上电复位 (POR)/掉电复位 (PDR)

本器件内部集成有 POR/PDR 电路, 可以从 1.8V 开始正常工作。当 V_{DD}/V_{DDA} 低于指定阈值 POR/PDR 时, 器件无须外部复位电路便会保持复位状态, 如图 14.8 所示。有关上电/掉电复位阈值的相关详细信息, 请参见数据手册的电气特性部分。

2. 欠压复位 (BOR)

上电期间, 欠压复位 (BOR) 将使器件保持复位状态, 直到电源电压达到指定的 V_{BOR} 阈值。V_{BOR} 通过器件选项字节进行配置。BOR 默认为关闭, 可以选择 4 个 V_{BOR} 阈值: ① BOR 关闭 (V_{BOR0}): 1.80~2.10V 电压范围的复位阈值级别; ② BOR 级别 1 (V_{BOR1}): 2.10~2.40V 电压范围的复位阈值级别; ③ BOR 级别 2 (V_{BOR2}): 2.40~2.70V 电压范围的复位阈值级别; ④ BOR 级别 3 (V_{BOR3}): 2.70~3.60V 电压范围的复位阈值级别。当电源电压 (V_{DD}) 降至所选 V_{BOR} 阈值以下时, 将使器件复位。通过对器件选项字节进行编程可以禁止 BOR。要禁止 BOR 功能, V_{DD} 必须高于 V_{BOR0}, 以启动器件选项字节编程序列, 如图 14.9 所示。那么就只能由 PDR 监测掉电过程。BOR 阈值滞回电压约为 100mV (电源电压的上升沿与下降沿之间)。

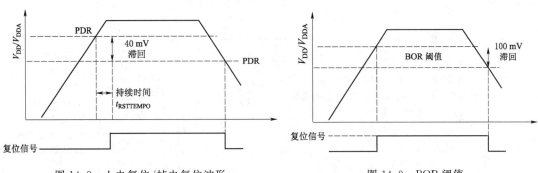

图 14.8 上电复位/掉电复位波形   图 14.9 BOR 阈值

3. 可编程电压检测器 (PVD)

可以使用 PVD 监视 V_{DD} 电源, 将其与用于 STM32F405××/07×× 和 STM32F415××/17×× 的 PWR 电源控制寄存器 (PWR_CR) 和用于 STM32F42××× 和 STM32F43×× 的 PWR 电源控制寄存器 (PWR_CR) 中 PLS [2~0] 位所选的阈值进行比较。通过设置 PVDE 位来使能 PVD。PWR 电源控制/状态寄存器 (PWR_CSR) 中提供了 PVDO 标志, 用于指示 V_{DD} 是大于还是小于 PVD 阈值 (图 14.10)。该事件内部连接到 EXTI 线 16, 如果通过 EXTI 寄存器使能, 则可以产生中断。当 V_{DD} 降至 PVD 阈值以下以及/或者当 V_{DD} 升至 PVD 阈值以上时, 可以产生 PVD 输出中断, 具体取决于 EXTI 线 16 上升沿/下降沿的配置。该功能的用处之一就是可以在中断服务程序中执行紧急关闭系统的任务。

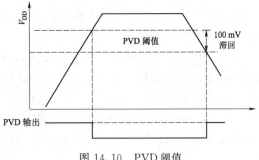

图 14.10 PVD 阈值

14.2.3　低功耗模式

默认情况下，系统复位或上电复位后，微控制器进入运行模式。在运行模式下，CPU 通过 HCLK 提供时钟，并执行程序代码。系统提供了多个低功耗模式，可在 CPU 不需要运行时（例如等待外部事件时）节省功耗。由用户根据应用选择具体的低功耗模式，以在低功耗、短启动时间和可用唤醒源之间寻求最佳平衡。器件有 3 个低功耗模式：睡眠模式（Cortex™-M4F 内核停止，外设保持运行）、停止模式（所有时钟都停止）、待机模式（1.2 V 域断电），见表 14.2。此外，可通过下列方法之一降低运行模式的功耗：降低系统时钟速度；不使用 APBx 和 AHBx 外设时，将对应的外设时钟关闭。

表 14.2　　　　　　　　　　　　　低 功 耗 模 式 汇 总

模式名称	进入	唤醒	对 1.2 V 域时钟的影响	对 V_{DD} 域时钟的影响	调压器
睡眠(立即休眠或退出时休眠)	WFI	任意中断	CPU CLK 关闭对其他时钟或模拟时钟源无影响	无	开启
	WFE	唤醒事件			
停止	PDDS 和 LPDS 位＋SLEEPDEEP 位＋WFI 或 WFE	任意 EXTI 线（在 EXTI 寄存器中配置,内部线和外部线）	所有 1.2 V 域时钟都关闭	HSI 和 HSE 振荡器关闭	开启或处于低功耗模式（取决于用于 STM32F405××/07×× 和 STM32F415××/17×× 的 PWR 电源控制寄存器(PWR_CR)
待机	PDDS 位＋SLEEPDEEP 位＋WFI 或 WFE	WKUP 引脚上升沿、RTC 闹钟(闹钟 A 或闹钟 B)、RTC 唤醒事件、RTC 入侵事件、RTC 时间戳事件、NRST 引脚外部复位、IWDG 复位	所有 1.2 V 域时钟都关闭	HSI 和 HSE 振荡器关闭	关闭

1. 降低系统时钟速度

在运行模式下，可通过对预分频寄存器编程来降低系统时钟（SYSCLK、HCLK、PCLK1 和 PCLK2）速度。进入睡眠模式之前，也可以使用这些预分频器降低外设速度。

2. 外设时钟门控

在运行模式下，可随时停止各外设和存储器的 HCLKx 和 PCLKx 以降低功耗。要进一步降低睡眠模式的功耗，可在执行 WFI 或 WFE 指令之前禁止外设时钟。外设时钟门控由 AHB1 外设时钟使能寄存器（RCC_AHB1ENR）、AHB2 外设时钟使能寄存器（RCC_AHB2ENR）和 AHB3 外设时钟使能寄存器（RCC_AHB3ENR）进行控制。在睡眠模式下，复位 RCC_AHBxLPENR 和 RCC_APBxLPENR 寄存器中的对应位可以自动禁止外设时钟。

3. 睡眠模式

(1) 进入睡眠模式。执行 WFI（等待中断）或 WFE（等待事件）指令即可进入睡眠模式。根据 Cortex^{TM}-M4F 系统控制寄存器中 SLEEPONEXIT 位的设置，可以通过两种方案选择睡眠模式进入机制：① 立即休眠，如果 SLEEPONEXIT 位清零，MCU 将在执行 WFI 或 WFE 指令时立即进入睡眠模式；② 退出时休眠，如果 SLEEPONEXIT 位置 1，MCU 将在退出优先级低的 ISR 时立即进入睡眠模式。有关如何进入睡眠模式的详细信息，参见表 14.3 和表 14.4。

(2) 退出睡眠模式。如果使用 WFI 指令进入睡眠模式，则嵌套向量中断控制器 (NVIC) 确认的任意外设中断都会将器件从睡眠模式唤醒。如果使用 WFE 指令进入睡眠模式，MCU 将在有事件发生时立即退出睡眠模式。唤醒事件可通过以下方式产生：① 在外设的控制寄存器使能一个中断，但不在 NVIC 中使能，同时使能 Cortex^{TM}-M4F 系统控制寄存器中的 SEVONPEND 位。当 MCU 从 WFE 恢复时，需要清除相应外设的中断挂起位和外设 NVIC 中断通道挂起位（在 NVIC 中断清除挂起寄存器中）；② 配置一个外部或内部 EXTI 线为事件模式。当 CPU 从 WFE 恢复时，因为对应事件线的挂起位没有被置位，不必清除相应外设的中断挂起位或 NVIC 中断通道挂起位。

由于没有在进入/退出中断时浪费时间，此模式下的唤醒时间最短。有关如何退出睡眠模式的详细信息，参见表 14.3 和表 14.4。

表 14.3   进入和退出立即休眠

立即休眠模式	说　　明
进入模式	WFI(等待中断)或 WFE(等待事件)，且 SLEEPDEEP = 0 及 SLEEPONEXIT = 0。参见 Cortex^{TM}-M4F 系统控制寄存器
退出模式	如果使用 WFI 进入中断，参见 STM32F405××/07×× 和 STM32F415××/17×× 的向量表；如果使用 WFE 进入唤醒事件，参见唤醒事件管理
唤醒延迟	无

表 14.4   进入和退出退出时休眠

退出时休眠	说　　明
进入模式	WFI(等待中断)，且 SLEEPDEEP = 0 及 SLEEPONEXIT = 1。参见 Cortex^{TM}-M4F 系统控制寄存器
退出模式	中断，参见 STM32F405××/07×× 和 STM32F415××/17×× 的向量表
唤醒延迟	无

4. 停止模式

停止模式基于 Cortex^{TM}-M4F 深度睡眠模式与外设时钟门控。调压器既可以配置为正常模式，也可以配置为低功耗模式。在停止模式下，1.2V 域中的所有时钟都会停止，PLL、HSI 和 HSE RC 振荡器也被禁止。内部 SRAM 和寄存器内容将保留。将 PWR_CR 寄存器中的 FPDS 位置 1 后，Flash 还会在器件进入停止模式时进入掉电状态。Flash 处于掉电模式时，将器件从停止模式唤醒将需要额外的启动延时（表 14.5）。

表 14.5 停 止 工 作 模 式

停止模式	LPDS 位	FPDS 位	唤 醒 延 迟
STOP MR(主调压器)	0	0	HSI RC 启动时间
STOP MR – FPD	0	1	HSI RC 启动时间＋Flash 从掉电模式唤醒的时间
STOP LP	1	0	HSI RC 启动时间＋调压器从 LP 模式唤醒的时间
STOP LP – FPD	1	1	HSI RC 启动时间＋Flash 从掉电模式唤醒的时间＋调压器从 LP 模式唤醒的时间

（1）进入停止模式。有关如何进入停止模式的详细信息，参见表 14.6。要进一步降低停止模式的功耗，可将内部调压器设置为低功耗模式。通过用于 STM32F405××/07×× 和 STM32F415××/17×× 的 PWR 电源控制寄存器（PWR_CR）的 LPDS 位进行配置。如果正在执行 Flash 编程，停止模式的进入将延迟到存储器访问结束后执行。如果正在访问 APB 域，停止模式的进入则延迟到 APB 访问结束后执行。

在停止模式下，可以通过对各控制位进行编程来选择以下功能：

1）独立的看门狗（IWDG）：IWDG 通过写入其密钥寄存器或使用硬件选项来启动。而且一旦启动便无法停止，除非复位。

2）实时时钟（RTC）：通过 RCC 备份域控制寄存器（RCC_BDCR）中的 RTCEN 位进行配置。

3）内部 RC 振荡器（LSI RC）：通过 RCC 时钟控制和状态寄存器（RCC_CSR）中的 LSION 位进行配置。

4）外部 32.768kHz 振荡器（LSE OSC）：通过 RCC 备份域控制寄存器（RCC_BDCR）中的 LSEON 位进行配置。

在停止模式下，ADC 或 DAC 也会产生功耗，除非在进入停止模式前将其禁止。要禁止这些转换器，必须将 ADC_CR2 寄存器中的 ADON 位和 DAC_CR 寄存器中的 ENx 位都清零。

（2）退出停止模式。退出停止模式的详细信息见表 14.6。通过发出中断或唤醒事件退出停止模式时，将选择 HSI RC 振荡器作为系统时钟。当调压器在低功耗模式下工作时，将器件从停止模式唤醒需要额外的延时。在停止模式下一直开启内部调压器虽然可以缩短启动时间，但功耗增大。

表 14.6 进入和退出停止模式

停止模式	说 明
进入模式	WFI(等待中断)或 WFE(等待事件)，且：①将 Cortex™ – M4F 系统控制寄存器中的 SLEEPDEEP 位置 1；②将电源控制寄存器(PWR_CR)中的 PDDS 位清零；③通过配置 PWR_CR 中的 LPDS 位选择调压器模式。 注意：要进入停止模式，所有 EXTI 线挂起位(在挂起寄存器（EXTI_PR)中)、RTC 闹钟(闹钟 A 和闹钟 B)、RTC 唤醒、RTC 入侵和 RTC 时间戳标志必须复位。否则将忽略进入停止模式这一过程，继续执行程序

续表

停止模式	说　　明
退出模式	如果使用 WFI 进入：所有配置为中断模式的 EXTI 线（必须在 NVIC 中使能对应的 EXTI 中断向量）。请参见 STM32F405××/07×× 和 STM32F415××/17×× 向量表。 如果使用 WFE 进入：所有配置为事件模式的 EXTI 线。请参见唤醒事件管理
唤醒延迟	表 14.5 停止工作模式

5. 待机模式

待机模式下可达到最低功耗。待机模式基于 Cortex™-M4F 深度睡眠模式，其中调压器被禁止。因此 1.2V 域断电，PLL、HSI 振荡器和 HSE 振荡器也将关闭。除备份域（RTC 寄存器、RTC 备份寄存器和备份 SRAM）和待机电路中的寄存器外，SRAM 和寄存器内容都将丢失（图 14.6）。

（1）进入待机模式。有关如何进入待机模式的详细信息，参见表 14.7。在待机模式下，可以通过对各控制位进行编程来选择以下功能：

1）独立的看门狗（IWDG）：IWDG 通过写入其密钥寄存器或使用硬件选项来启动。而且一旦启动便无法停止，除非复位。

2）实时时钟（RTC）：通过备份域控制寄存器（RCC_BDCR）中的 RTCEN 位进行配置。

3）内部 RC 振荡器（LSI RC）：通过控制/状态寄存器（RCC_CSR）中的 LSION 位进行配置。

4）外部 32.768 kHz 振荡器（LSE OSC）：通过备份域控制寄存器（RCC_BDCR）中的 LSEON 位进行配置。

（2）退出待机模式。检测到外部复位（NRST 引脚）、IWDG 复位、WKUP 引脚上升沿、RTC 闹钟、入侵事件或时间戳时间时，微控制器退出待机模式。从待机模式唤醒后，除 PWR 电源控制/状态寄存器（PWR_CSR）外，所有寄存器都将复位。从待机模式唤醒后，程序将按照复位（启动引脚采样、复位向量已获取等）后的方式重新执行。PWR 电源控制/状态寄存器（PWR_CSR）中的 SBF 状态标志指示 MCU 已处于待机模式。有关如何退出待机模式的详细信息，参见表 14.7。

表 14.7　　　　　　　　　　进入和退出待机模式

待机模式	说　　明
进入模式	WFI(等待中断)或 WFE(等待事件)，且：①将 Cortex™-M4F 系统控制寄存器中的 SLEEPDEEP 位置 1；②将电源控制寄存器(PWR_CR)中的 PDDS 位置 1；③将电源控制/状态寄存器(PWR_CSR)中的 WUF 位清零；④将与所选唤醒源(RTC 闹钟 A、RTC 闹钟 B、RTC 唤醒、RTC 入侵或 RTC 时间戳标志)对应的 RTC 标志清零
退出模式	WKUP 引脚上升沿、RTC 闹钟(闹钟 A 和闹钟 B)、RTC 唤醒事件、RTC 入侵事件、RTC 时间戳事件、NRST 引脚外部复位和 IWDG 复位
唤醒延迟	复位阶段

（3）待机模式下的 I/O 状态。在待机模式下，除以下各部分外，所有 I/O 引脚都处于

高阻态：①复位引脚（仍可用）；②RTC_AF1引脚（PC13）（如果针对入侵、时间戳、RTC闹钟输出或RTC时钟校准输出进行了配置）；③WKUP引脚（PA0）（如果使能）。

（4）调试模式。默认情况下，如果使用调试功能时应用程序将MCU置于停止模式或待机模式，调试连接将中断。这是因为Cortex^{TM}-M4F内核时钟停止了。不过，通过设置DBGMCU_CR寄存器中的一些配置位，即使MCU进入低功耗模式，仍可使用软件对其进行调试。

6. 对RTC复用功能进行编程以从停止模式和待机模式唤醒器件

RTC复用功能可以从低功耗模式唤醒MCU。RTC复用功能包括RTC闹钟（闹钟A和闹钟B）、RTC唤醒事件、RTC入侵事件和RTC时间戳事件。这些RTC复用功能可将系统从停止和待机低功耗模式唤醒。通过使用RTC闹钟或RTC唤醒事件，无须依赖外部中断即可将系统从低功耗模式唤醒（自动唤醒模式）。RTC提供了可编程时基，便于定期从停止或待机模式唤醒器件。为此，通过对RCC备份域控制寄存器（RCC_BDCR）中的RTC-SEL[1~0]位进行编程，可以选择3个复用RTC时钟源中的2个：①低功耗32.768 kHz外部晶振（LSE OSC），此时钟源提供的时基非常精确，功耗也非常低（典型条件下功耗小于1μA）；②低功耗内部RC振荡器（LSI RC），此时钟源的优势在于可以节省32.768 kHz晶振的成本。此内部RC振荡器非常省电。

（1）通过RTC复用功能从停止模式唤醒器件。

1）要通过RTC闹钟事件从停止模式唤醒器件，必须：①将EXTI线17配置为检测外部信号的上升沿（中断或事件模式）；②使能RTC_CR寄存器中的RTC闹钟中断；③配置RTC以生成RTC闹钟。

2）要通过RTC入侵事件或时间戳事件从停止模式唤醒器件，必须：①将EXTI线21配置为检测外部信号的上升沿（中断或事件模式）；②使能RTC_CR寄存器中的RTC时间戳中断，或者使能RTC_TAFCR寄存器中的RTC入侵中断；③配置RTC以检测入侵事件或时间戳事件。

3）要通过RTC唤醒事件从停止模式唤醒器件，必须：①将EXTI线22配置为检测外部信号的上升沿（中断或事件模式）；②使能RTC_CR寄存器中的RTC唤醒中断；③配置RTC以生成RTC唤醒事件。

（2）通过RTC复用功能从待机模式唤醒器件。

1）要通过RTC闹钟事件从待机模式唤醒器件，必须：①使能RTC_CR寄存器中的RTC闹钟中断；②配置RTC以生成RTC闹钟。

2）要通过RTC入侵事件或时间戳事件从待机模式唤醒器件，必须：①使能RTC_CR寄存器中的RTC时间戳中断，或者使能RTC_TAFCR寄存器中的RTC入侵中断；②配置RTC以检测入侵事件或时间戳事件。

3）要通过RTC唤醒事件从待机模式唤醒器件，必须：①使能RTC_CR寄存器中的RTC唤醒中断；②配置RTC以生成RTC唤醒事件。

（3）RTC复用功能唤醒标志安全清零顺序。如果在PWR唤醒标志（WUTF）清零之前将所选RTC复用功能置1，则出现下一事件时无法检测到相关功能，因为检测操作只在信号上升沿到来时执行一次。为了避免RTC复用功能所映射到的引脚发生跳变，并确保器件从停止模式和待机模式正常退出，建议在进入待机模式之前按照以下顺序进行操作：

1）使用 RTC 闹钟从低功耗模式唤醒器件时：①禁止 RTC 闹钟中断（RTC_CR 寄存器中的 ALRAIE 或 ALRBIE 位）；②将 RTC 闹钟 （ALRAF/ALRBF）标志清零；③将 PWR 唤醒（WUF）标志清零；④使能 RTC 闹钟中断；⑤重新进入低功耗模式。

2）使用 RTC 唤醒从低功耗模式唤醒器件时：①禁止 RTC 唤醒中断（RTC_CR 寄存器中的 WUTIE 位）；②将 RTC 唤醒（WUTF）标志清零；③将 PWR 唤醒（WUF）标志清零；④使能 RTC 唤醒中断；⑤重新进入低功耗模式。

3）使用 RTC 入侵从低功耗模式唤醒器件时：①禁止 RTC 入侵中断（RTC_TAFCR 寄存器中的 TAMPIE 位）；②将入侵（TAMP1F/TSF）标志清零；③将 PWR 唤醒（WUF）标志清零；④使能 RTC 入侵中断；⑤重新进入低功耗模式。

4）使用 RTC 时间戳从低功耗模式唤醒器件时：①禁止 RTC 时间戳中断（RTC_CR 寄存器中的 TSIE 位）；②将 RTC 时间戳（TSF）标志清零；③将 PWR 唤醒（WUF）标志清零；④使能 RTC 时间戳中断；⑤重新进入低功耗模式。

14.2.4 电源控制寄存器

本节内容请扫描下方二维码学习。

14.2.5 PWR 寄存器映射

表 14.8 对 PWR 寄存器进行了汇总。

表 14.8　寄存器映射和复位值

偏移	寄存器	31 30 29 28 27 26 25 24 23 22 21 20 19 18 17 16 15	14	13 12 11 10	9	8	7 6 5	4	3	2	1	0
0x000	PWR_CR	Reserved	VOS	Reserved	FPDS	DBP	PLS [2~0]	PVDE	CSBF	CWUF	PDDS	LPDS
	Reset value		1		0	0	0 0 0	0	0	0	0	0
x004	PWR_CSR	Reserved	VOSRDY	Reserved	BRE	EWUP	Reserved		BRR	PVDO	SBF	WUF
	Reset value		0		0	0			0	0	0	0

14.3 校 验 模 块 （CRC）

14.3.1 CRC 简介

循环冗余校验（CRC）计算单元使用一个固定的多项式发生器从一个 32 位的数据字中产生 CRC 码。在众多的应用中，基于 CRC 的技术还常用来验证数据传输或存储的完整性。

根据 EN/IEC 60335-1 标准的规定，这些技术提供了验证 Flash 完整性的方法。CRC 计算单元有助于在运行期间计算软件的签名，并将该签名与链接时生成并存储在指定存储单元的参考签名加以比较。

14.3.2 CRC 主要特性

使用 CRC-32（以太网）多项式：0x4C11DB7，即为 $X^{32} + X^{26} + X^{23} + X^{22} + X^{16} + X^{12} + X^{11} + X^{10} + X^8 + X^7 + X^5 + X^4 + X^2 + X + 1$。单输入/输出 32 位数据寄存器；CRC 计算在 4 个 AHB 时钟周期（HCLK）内完成。8 位通用寄存器（可用于临时存储）框图如图 14.11 所示。

14.3.3 CRC 功能说明

CRC 计算单元主要由单个 32 位数据寄存器组成，该寄存器用作输入寄存器，向 CRC 计算器中输入新数据（向寄存器写入数据时）；可保存之前的 CRC 计算结果（读取寄存器时）。对数据寄存器的

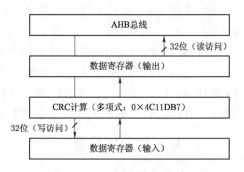

图 14.11 CRC 计算单元框图

每个写操作都会把当前新输入的数值和之前生成在数据寄存器中的 CRC 值再做一次 CRC 计算（CRC 计算针对整个 32 位数据字完成，而非逐字节进行）。CRC 计算的时候，写操作被阻塞，因此允许执行背靠背写访问或连续的写读访问。使用 CRC_CR 寄存器中的 RESET 控制位即可将 CRC 计算器复位为 0xFFFF FFFF。此操作不影响 CRC_IDR 寄存器的内容。

14.3.4 CRC 寄存器

本节内容请扫描下方二维码学习。

14.3.5 CRC 寄存器映射

表 14.9 提供了 CRC 寄存器映射和复位值。

表 14.9　　　　　　　　　　　　CRC 计算单元寄存器映射和复位值

偏移	寄存器	31~24	23~16	15~8	7	6	5	4	3	2	1	0
0x00	CRC_DR Reset value	Data register 0xFFFF FFFF										
0x04	CRC_IDR Reset value	Reserved			Independent data register 0x00							
0x08	CRC_CR Reset value	Reserved										RESET 0

14.4 两只看门狗（独立、窗口看门狗）模块（WDT）

STM32F4××系列器件具有两个嵌入式看门狗外设，具有安全性高、定时准确及使用灵活的优点。两个看门狗外设（独立和窗口）均可用于检测并解决由软件错误导致的故障；当计数器达到给定的超时值时，触发一个中断（仅适用于窗口看门狗）或产生系统复位。

14.4.1 独立看门狗（IWDG）简介

独立看门狗（IWDG）由其专用低速时钟（LSI）驱动，因此即便在主时钟发生故障时仍然保持工作状态。窗口看门狗（WWDG）时钟由 APB1 时钟经预分频后提供，通过可配置的时间窗口来检测应用程序非正常的过迟或过早的操作。IWDG 适合应用于那些需要看门狗作为一个在主程序之外，能够完全独立工作，并且对时间精度要求较低的场合。WWDG 适合那些要求看门狗在精确计时窗口起作用的应用程序。

（1）独立看门狗（IWDG）的主要特性。

1）自由运行递减计数器。

2）时钟由独立 RC 振荡器提供（可在待机和停止模式下运行）。

3）当递减计数器值达到 0x000 时产生复位（如果看门狗已激活）。

（2）独立看门狗（IWDG）功能说明。图 14.12 给出了独立看门狗模块的功能框图。当通过对关键字寄存器（IWDG_KR）写入值 0xCCCC 启动独立看门狗时，计数器开始从复位值 0xFFF 递减计数。当计数器计数到终值（0x000）时会产生一个复位信号（IWDG 复位）。任何时候将关键字 0xAAAA 写到 IWDG_KR 寄存器中，IWDG_RLR 的值就会被重载到计数器，从而避免产生看门狗复位。

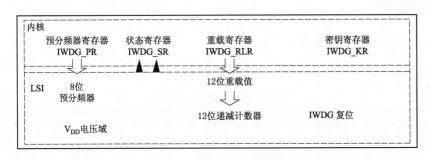

图 14.12　独立看门狗框图

1）硬件看门狗。如果通过器件选项位使能"硬件看门狗"功能，上电时将自动使能看门狗；如果在计数器计数结束前，若软件没有向关键字寄存器写入相应的值，则系统会产生复位。

2）寄存器访问保护。IWDG_PR 和 IWDG_RLR 寄存器具有写访问保护。若要修改寄存器，必须首先对 IWDG_KR 寄存器写入代码 0x5555。而写入其他值则会破坏该序列，从而使寄存器访问保护再次生效。这意味着重装载操作（即写入 0xAAAA）也会启动写保护功能。状态寄存器指示预分频值和递减计数器是否正在被更新。

3）调试模式。当微控制器进入调试模式时（Cortex™-M4F 内核停止），IWDG 计数器会根据 DBG 模块中 DBG_IWDG_STOP 配置位选择继续正常工作或者停止工作。注意：

看门狗功能由 V_{DD} 电压域供电，在停止模式和待机模式下仍能工作。

表 14.10 为 32kHz（LSI）频率条件下 IWDG 超时周期的最小值/最大值。这些时间均针对 32kHz 时钟给出。实际上，MCU 内部的 RC 频率会在 30～60kHz 之间变化。此外，即使 RC 振荡器的频率是精确的，确切的时序仍然依赖于 APB 接口时钟与 RC 振荡器时钟之间的相位差，因此总会有一个完整的 RC 周期是不确定的。

表 14.10　　　　　　　32kHz（LSI）频率条件下 IWDG 超时周期的最小值/最大值

预分频器	PR[2~0]位	最短超时/ms RL[11~0]=0x000	最长超时/ms RL[11~0]=0xFFF
/4	0	0.125	512
/8	1	0.25	1024
/16	2	0.5	2048
/32	3	1	4096
/64	4	2	8192
/128	5	4	16384
/256	6	8	32768

14.4.2　IWDG 寄存器

本节内容请扫描下方二维码学习。

14.4.3　IWDG 寄存器映射

表 14.11 提供了 IWDG 寄存器映射和复位值。

表 14.11　　　　　　　　　　IWDG 寄存器映射和复位值

偏移	寄存器	31 30 29 28 27 26 25 24 23 22 21 20 19 18 17 16	15 14 13 12 11 10 9 8 7 6 5 4 3 2 1 0
0x00	IWDG_KR	Reserved	KEY[15~0]
	Reset value		0 0 0 0 0 0 0 0 0 0 0 0 0 0 0 0
0x04	IWDG_PR	Reserved	PR[2~0]
	Reset value		0 0 0
0x08	IWDG_RLR	Reserved	RL[11~0]
	Reset value		1 1 1 1 1 1 1 1 1 1 1 1
0x0C	IWDG_SR	Reserved	RVU PVU
	Reset value		0 0

14.4.4　窗口看门狗（WWDG）

（1）窗口看门狗（WWDG）简介。窗口看门狗通常被用来监测，由外部干扰或不可预见的逻辑条件造成的应用程序背离正常的运行序列而产生的软件故障。除非递减计数器的值在 T6 位变成 0 前被刷新，看门狗电路在达到预置的时间周期时，会产生一个 MCU 复位。如果在递减计数器达到窗口寄存器值之前刷新控制寄存器中的 7 位递减计数器值，也会产生 MCU 复位，这意味着必须在限定的时间窗口内刷新计数器（图 14.13）。

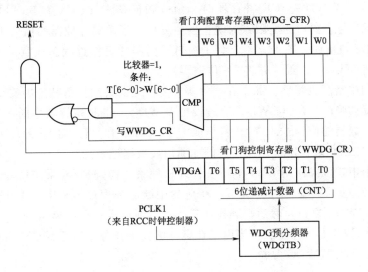

图 14.13　看门狗框图

（2）窗口看门狗 WWDG 主要特性。

1）可编程的自由运行递减计数器。

2）复位条件。①当递减计数器值小于 0x40 时复位（如果看门狗已激活）；②在窗口之外重载递减计数器时复位（如果看门狗已激活）（图 14.14）。

3）提前唤醒中断（EWI）：当递减计数器等于 0x40 时触发（如果已使能且看门狗已激活）。

14.4.5　WWDG 功能说明

如果激活看门狗（WWDG_CR 寄存器中的 WDGA 位置 1），则当 7 位递减计数器（T [6～0] 位）从 0x40 滚动到 0x3F（T6 已清零）时会引发复位。当计数器值大于窗口寄存器中所存储的值时，如果软件重载计数器，则会产生复位。

应用程序在正常运行过程中必须定期地写入 WWDG_CR 寄存器以防止

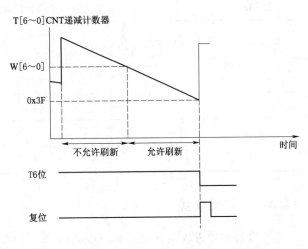

图 14.14　窗口看门狗时序图

MCU 发生复位。只有当计数器值低于窗口寄存器值时，才能执行此操作。存储在 WWDG_CR 寄存器中的值必须介于 0xFF 和 0xC0 之间。

（1）使能看门狗。在系统复位后，看门狗总是处于关闭状态。可通过设置 WWDG_CR 寄存器中的 WDGA 位来使能看门狗，之后除非执行复位操作，否则不能再次关闭。

（2）控制递减计数器。递减计数器处于自由运行状态：即使禁止看门狗，递减计数器仍继续递减计数。当使能看门狗时，必须将 T6 位置 1，以防止立即复位。T [5～0] 位包含了看门狗产生复位之前的计时数目；复位前的延时时间在一个最小值和一个最大值之间变化，这是因为写入 WWDG_CR 寄存器时，预分频值是未知的（图 14.14）。配置寄存器（WWDG_CFR）包含窗口的上限：为防止发生复位，当递减计数器的值低于窗口寄存器值且大于 0x3F 时必须重载。图 14.14 介绍了窗口看门狗的工作过程。注意：可使用 T6 位产生软件复位（将 WDGA 位置 1 并将 T6 位清零）。

（3）看门狗中断高级特性。如果在产生实际复位之前必须执行特定的安全操作或数据记录，则可使用提前唤醒中断（EWI）。通过设置 WWDG_CFR 寄存器中的 EWI 位使能 EWI 中断。当递减计数器的值为 0x40 时，将生成 EWI 中断。在复位器件之前，可以使用相应的中断服务程序（ISR）来触发特定操作（例如通信或数据记录）。

在某些应用中，可以使用 EWI 中断来管理软件系统检查和/或系统恢复/功能退化，而不会生成 WWDG 复位。在这种情况下，相应的中断服务程序（ISR）可用来重载 WWDG 计数器以避免 WWDG 复位，然后再触发所需操作。通过将 0 写入 WWDG_SR 寄存器中的 EWIF 位来清除 EWI 中断。注意：当由于在更高优先级任务中有系统锁定而无法使用 EWI 中断时，最终会产生 WWDG 复位。

14.4.6　看门狗超时设置

可以使用图 14.14 中的公式来计算 WWDG 超时。警告：写入 WWDG_CR 寄存器时，始终将 1 写入 T6 位，以避免生成立即复位。超时值的计算公式如下：$t_{WWDG} = t_{PCLK1} \times 4096 \times 2^{WDGTB} \times (t [5\sim0] + 1)$（ms）。式中：$t_{WWDG}$ 为 WWDG 超时；t_{PCLK1} 为 APB1 时钟周期。有关 t_{WWDG} 的最小值和最大值参见表 14.12。

表 14.12　　　　　　　　　　30MHz（f_{PCLK1}）时的超时值

预分频器	WDGTB	最小超时/μs t [5～0] = 0x00	最大超时/ms t [5～0] = 0x3F
1	0	136.53	8.74
2	1	273.07	17.48
4	2	546.13	34.95
8	3	1092.27	69.91

14.4.7　调试模式

当微控制器进入调试模式时（Cortex™-M4F 内核停止），WWDG 计数器会根据 DBG 模块中的 DBG_WWDG_STOP 配置位选择继续正常工作或者停止工作。

14.4.8　WWDG 寄存器

本节内容请扫描下方二维码学习。

14.4.9　WWDG 寄存器映射

表 14.13 提供了 WWDG 寄存器映射和复位值。

表 14.13　　　　　　　　　　　　　　WWDG 寄存器映射和复位值

偏移	寄存器	31	30	29	28	27	26	25	24	23	22	21	20	19	18	17	16	15	14	13	12	11	10	9	8	7	6	5	4	3	2	1	0
0x00	WWDG_CR	Reserved																								WDGA	T[6~0]						
	Reset value																									0	1	1	1	1	1	1	1
0x04	WWDG_CFR	Reserved																						EWI	WDGTB1	WDGTB0	WDGA						
	Reset value																						0	0	0	1	1	1	1	1	1	1
0x08	WWDG_SR	Reserved																															

14.5　加密处理器（CRYP）

14.5.1　CRYP 简介

借助加密处理器，可使用 DES、三重 DES 或 AES（128 位、192 位或 256 位）算法对数据进行加密或解密。加密处理器完全兼容标准如下：

（1）联邦信息处理标准出版物（FIPS PUB 46 - 3，1999 年 10 月 25 日）规定的数据加密标准（DES）和三重 DES（TDES）。它遵循美国国家标准协会（ANSI）X9.52 标准。

（2）联邦信息处理标准出版物（FIPS PUB 197，2001 年 11 月 26 日）规定的高级加密标准（AES）。

CRYP 处理器可在电子密码本（ECB）模式或加密分组链接（CBC）模式下使用 DES 和 TDES 算法执行数据加密和解密。CRYP 外设为 32 位 AHB2 外设。它支持传入数据和已处理数据的 DMA 传输，并具有输入和输出 FIFO（分别为 8 个字深）。

14.5.2　CRYP 主要特性

（1）AES。①支持 ECB、CBC、CTR、CCM 和 GCM 链接算法（CCM 和 GCM 仅适用于 STM32F42×××和 STM32F43×××）；②支持 128 位、192 位和 256 位密钥（表

14.14）；③支持在 CBC、CTR、CCM 和 GCM 模式下使用的 4×32 位初始化向量（IV）。

表 14.14　　　　处理 128 位块所需的周期数（STM32F405××/

07×× 和 STM32F415××/17××）

算法/密钥大小	ECB	CBC	CTR
128b	14	14	14
192b	16	16	16
256b	18	18	18

（2）DES/TDES。①直接执行简单 DES 算法（使用单一密钥 K1）；②支持 ECB 和 CBC 链接算法；③支持 64 位、128 位和 192 位密钥（包括奇偶校验）；④支持在 CBC 模式下使用的 2×32 位初始化向量（IV）；⑤使用 DES 处理一个 64 位块需要 16 个 HCLK 周期；⑥使用 TDES 处理一个 64 位块需要 48 个 HCLK 周期。

（3）DES/TDES 和 AES 的共同点。①采用 IN 和 OUT FIFO（各具有 8 个字深和 32 位宽，与 4 个 DES 块或 2 个 AES 块相对应）；②采用自动数据流控制，支持直接存储器访问（DMA）（使用 2 个通道，分别用于传入数据和已处理数据）；③采用数据交换逻辑，支持 1 位、8 位、16 位或 32 位数据。

14.5.3　CRYP 功能说明

加密处理器可实现三重 DES（即 TDES，同样支持 DES）内核和 AES 加密内核。由于 TDES 和 AES 算法使用块密码，因此加密前需对不完整的输入数据块进行填充（应将额外的位附加到数据串的尾端）。解密后需要丢弃填充项。硬件不处理填充操作，需要通过软件进行处理。图 14.15 显示了加密处理器的框图。

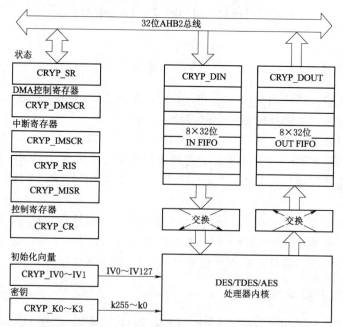

图 14.15　加密处理器的框图（STM32F405××/07×× 和 STM32F415××/17××）

1. DES/TDES 加密内核

DES/TDES 加密内核由 3 部分组成：DES（DEA）、多个密钥（DES 算法使用 1 个密钥，TDES 算法使用 1～3 个密钥、初始化向量（在 CBC 模式中使用）。TDES 中涉及的基本处理如下：输入块通过 DEA 读取，并使用第 1 个密钥 K1 加密（TDES 模式中不使用 K0）。然后，输出使用第 2 个密钥 K2 解密，再使用第 3 个密钥 K3 加密。密钥由使用的算法决定：DES 模式：密钥 = [K1]；TDES 模式：密钥 = [K3 K2 K1]。其中，Kx = [KxR KxL]，R = 右，L = 左。生成的输出块用于计算密文，具体取决于使用的模式。注意，中间 DEA 阶段的输出始终不会在加密边界外显示。TDES 允许使用 3 种不同的密钥选项：

（1）3 个独立的密钥。指定所有的密钥均是独立的，即 K1、K2 和 K3 均是独立的。FIPS PUB 463—1999（以及 ANSI X9.52—1998）将该选项称为"密钥选项 1"，并将这种 TDES 称为"3 密钥 TDES"。

（2）2 个独立的密钥。指定 K1 和 K2 是独立的，而 K3 等于 K1，即 K1 和 K2 独立，而 K3 = K1。FIPS PUB 46 - 3—1999（以及 ANSI X9.52—1998）将该选项称为"密钥选项 2"，并将这种 TDES 称为"2 密钥 TDES"。

（3）3 个相同的密钥。指定 K1、K2 和 K3 是相同的，即 K1 = K2 = K3。FIPS PUB 46 - 3—1999（以及 ANSI X9.52—1998）将该选项称为"密钥选项 3"。这种"1 密钥"TDES 与单独 DES 相同。

FIPS PUB 46 - 3—1999（以及 ANSI X9.52—1998）对 TDEA（TDES 算法）所提供的 4 种操作模式中涉及的处理过程进行了详尽的解释，这 4 种模式分别为：TDES - ECB 加密、TDES - ECB 解密、TDES - CBC 加密和 TDES - CBC 解密。

（1）DES 和 TDES 电子密码本（DES/TDES - ECB）模式。

1）DES/TDES - ECB 模式加密。图 14.16 介绍了 DES 和 TDES 电子密码本（DES/TDES - ECB）模式中的加密。64 位明文数据块（P）经过位/字节/半字交换后作为输入块（I）。输入块通过 DEA 在加密状态下使用 K1 进行加密处理。上述处理过程的输出会直接反馈到 DEA 的输入，在解密状态下使用 K2 执行 DES。上述处理过程的输出会直接反馈到 DEA 的输入，在加密状态下使用 K3 执行 DES。生成的 64 位输出块（O）在执行位/字节/半字交换之后，以密文（C）形式推入 OUT FIFO。

2）DES/TDES - ECB 模式解密。图 14.17 介绍了 DES/TDES - ECB 模式中的解密。64 位密文块（C）经过位/字节/半字交换后，作为输入块（I）。该密钥序列与加密过程中使用的密钥序列相反。输入块通过 DEA 在解密状态下使用 K3 进行解密处理。上述处理过程的输出会直接反馈到 DEA 的输入，在加密状态下使用 K2 执行 DES。新结果会直接反馈到 DEA 的输入，在解密状态下使用 K1 执行 DES。生成的 64 位输出块（O）在进行位/字节/半字交换后，产生明文（P）。

（2）DES 和 TDES 密码块链接（DES/TDES - CBC）模式。

1）DES/TDES - CBC 模式加密。图 14.18 介绍了 DES 和 TDES 密码分组链接（DES/TDES - CBC）模式加密。该模式首先将明文消息分成多个 64 位数据块。在 TCBC 加密中，执行位/字节/半字交换后获得的第一个输入块（I_1）是通过一个 64 位初始化向量 IV 与第 1 个明文数据块（P_1）进行异或运算形成的（$I_1 = IV \oplus P_1$）。输入块通过 DEA 在加密状态下使用 K1 进行加密处理。上述处理过程的输出会直接反馈到 DEA 的输入，在解密状态下使

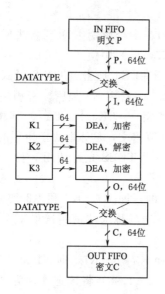
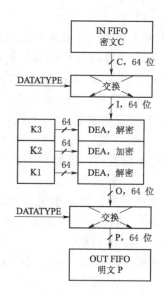

图 14.16　DES/TDES‐ECB 模式加密　　图 14.17　DES/TDES‐ECB 模式解密

K—密钥；C—密文；I—输入块；

O—输出块；P—明文

用 K2 执行 DES。上述处理过程的输出会直接反馈到 DEA 的输入，在加密状态下使用 K3 执行 DES。生成的 64 位输出块（O_1）将直接用作密文（C_1），即 $C_1 = O_1$。然后，第 1 个密文块与第 2 个明文数据块进行异或运算，从而生成第 2 个输入块（I_2）=（$C_1 \oplus P_2$）。注意，此时的 I_2 和 P_2 指的是第 2 个块。第 2 个输入块通过 TDEA 处理而生成第 2 个密文块。此加密处理会不断将后续密文块和明文块链接到一起，直至消息中最后 1 个明文块得到加密。如果消息中包含的数据块数不是整数，则应按照应用程序指定的方式对最后的不完整数据块进行加密。

2）DES/TDES‐CBC 模式解密。在 DES/TDES‐CBC 解密（图 14.19）中，第 1 个密文块（C_1）将直接用作输入块（I_1）。该密钥序列与加密过程中使用的密钥序列相反。输入块通过 DEA 在解密状态下使用 K3 进行解密处理。上述处理过程的输出会直接反馈到 DEA 的输入，在加密状态下使用 K2 执行 DES。生成值会直接反馈到 DEA 的输入，在解密状态下使用 K1 处理 DES。生成的输出块与 IV（必须与加密期间使用的相同）进行异或运算，从而生成第 1 个明文块（$P_1 = O_1 \oplus IV$）。然后，第 2 个密文块将用作下一个输入块，并由 TDEA 进行处理。生成的输出块与第 1 个密文块进行异或运算，从而生成第 2 个明文数据块（$P_2 = O_2 \oplus C_1$）（注意，P_2 和 O_2 指的是第 2 个数据块）。TCBC 解密过程将以此方式继续进行，直至最后 1 个完整密文块得到解密。必须按照应用程序指定的方式对不完整数据块密文进行解密。

2．AES 加密内核

AES 加密内核由以下 3 部分组成：AES 算法（AEA：高级加密算法）、多个密钥、初始化向量或随机值。AES 可使用以下 3 种长度的密钥：128 位密钥、192 位密钥或 256 位密钥，并且根据使用的操作模式，不使用初始化向量（IV）或使用一个 128 位的初始化向量（IV）。AES 中涉及的基本处理如下：128 位的输入块通过输入 FIFO 读取，然后发送至 AEA 使用密钥（K0～K3）进行加密。密钥格式取决于密钥大小：如果密钥大小＝128，密钥＝［K3 K2］；如果密钥大小＝192，密钥＝［K3 K2 K1］；如果密钥大小＝256，密钥＝［K3 K2 K1 K0］。其中 Kx＝［KxR KxL］，R＝右，L＝左。生成的输出块用于计算密文，具体取决于使用的模式。FIPS PUB 197（2001 年 11 月 26 日）对 AES 内核提供的 4 种操作模式中涉及的处理过程进行了详尽的解释，这 4 种模式为：AES‐ECB 加密、AES‐ECB 解密、AES‐CBC 加密和 AES‐CBC 解密。

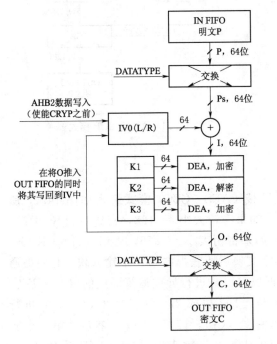

图 14.18 DES/TDES‐CBC 模式加密　　　　图 14.19 DES/TDES‐CBC 模式解密

K—密钥；C—密文；I—输入块；O—输出块；

Ps—交换前（解码时）或交换后（编码时）的明文；

P—明文；IV—初始化向量

（1）AES 电子密码本（AES‐ECB）模式。

1）AES‐ECB 模式加密。图 14.20 介绍了 AES 电子密码本（AES‐ECB）模式加密。在 AES‐ECB 加密中，执行位/字节/半字交换后，128 位明文数据块（P）将用作输入块（I）。输入块通过 AEA 在加密状态下使用 128 位、192 位或 256 位密钥进行处理。执行位/字节/半字交换后，生成的 128 位输出块（O）将用作密文（C）。该密文随后推入 OUT FIFO。

2）AES‐ECB 模式解密。图 14.21 介绍了 AES 电子密码本（AES‐ECB）模式加密。要在 ECB 模式下执行 AES 解密，需要准备密钥（需要针对加密执行完整的密钥计划），方法为：收集最后一个轮密钥并将其用作解密密文的第一个轮密钥。该准备过程通过 AES 内核计算完成。在 AES‐ECB 解密中，执行位/字节/半字交换后，128 位密文块（C）将用作输入块（I）。该密钥序列与加密处理中的密钥序列相反。执行位/字节/半字交换，生成的 128 位输出块（O）将产生明文（P）。

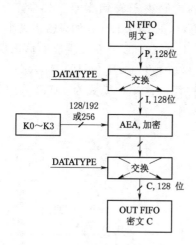

图 14.20　AES - ECB 模式加密　　　　图 14.21　AES - ECB 模式解密
K—密钥；C—密文；I—输入块；O—输出块；P—明文

（2）AES 加密分组链接（AES - CBC）模式。

1）AES - CBC 模式加密。AES 加密分组链接（AES - CBC）模式解密如图 14.22 所示。$IVx = [IVxR \ IVxL]$，R ＝ 右，L ＝ 左。如果密钥大小 ＝ 128，密钥 ＝ [K3 K2]；如果密钥大小 ＝ 192，密钥 ＝ [K3 K2 K1]；如果密钥大小 ＝ 256，密钥 ＝ [K3 K2 K1 K0]。在 AES - CBC 加密中，执行位/字节/半字交换后所获得的第 1 个输入块（I_1）是通过 1 个 128 位初始化向量 IV 与第 1 个明文数据块（P_1）进行异或运算形成的（$I_1 = IV \oplus P_1$）。输入块通过 AEA 在加密状态下使用 128 位、192 位或 256 位密钥（K0～K3）进行处理。生成的 128 位输出块（O_1）将直接用作密文（C_1），即 $C_1 = O_1$。然后，第 1 个密文块与第 2 个明文数据块进行异或运算，从而生成第 2 个输入块（I_2）＝（$C_1 \oplus P_2$）。注意，此时的 I_2 和 P_2 指的是第 2 个块。第 2 个输入块通过 AEA 处理而生成第 2 个密文块。此加密处理会不断将后续密文块和明文块链接到一起，直至消息中最后 1 个明文块得到加密。如果消息中包含的数据块数不是整数，则应按照应用程序指定的方式对最后的不完整数据块进行加密。在 CBC 模式下（如 ECB 模式），必须准备密钥才可以执行 AES 解密。

2）AES - CBC 模式解密。在 AES - CBC 解密（图 14.23）中，第 1 个 128 位密文块（C_1）将直接用作输入块（I_1）。输入块通过 AEA 在解密状态下使用 128 位、192 位或 256 位密钥进行处理。生成的输出块与 128 位初始化向量 IV（必须与加密期间使用的相同）进行异或运算，从而生成第 1 个明文块（$P_1 = O_1 \oplus IV$）。然后，第 2 个密文块将用作下一个输入块，并由 AEA 进行处理。生成的输出块与第 1 个密文块进行异或运算，从而生成第 2 个明文数据块（$P_2 = O_2 \oplus C_1$）。注意，P_2 和 O_2 指的是第 2 个数据块。AES - CBC 解密过程将以此方式继续进行，直至最后 1 个完整密文块得到解密。必须按照应用程序指定的方式对不完整数据块密文进行解密。

（3）AES 计数器（AES - CTR）模式。AES 计数器模式使用 AES 块作为密钥流生成器。然后，生成的密钥与明文进行异或运算后获得密文。因此，认为 CTR 加密和解密有差异是不合理的，因为这两种操作完全相同。事实上，给定：①明文：P [0]、

P [1]、…、P [n] (每个均为 128 位);②要使用的密钥 K (大小不重要);③初始计数器块 (称为 ICB,但功能与 CBC 的 IV 相同) 密文将按如下公式计算:C [i] = enck (iv [i]) xor P [i],其中:iv [0] = ICB,而 iv [i+1] = func (iv [i]),其中 func 是应用于先前 iv 块的更新函数;func 从本质上而言是组成 iv 块的字段之一的增量。假定解密所用的 ICB 与加密所用的 ICB 相同,则在解密期间生成的密钥流便与加密期间生成的密钥流相同。然后,密文会与密钥流进行异或运算,从而得到原始明文。因此,解密操作与加密操作的操作方式完全相同。

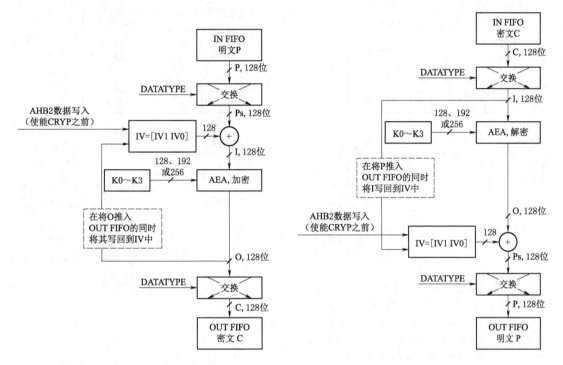

图 14.22 AES - CBC 模式加密   图 14.23 AES - CBC 模式解密

K—密钥;C—密文;I—输入块;O—输出块;

Ps—交换前 (解码时) 或交换后 (编码时) 的明文;

P—明文;IV—初始化向量

图 14.24 和图 14.25 分别介绍了 AES - CTR 加密和解密。

(4) AES Galois/计数器模式 (GCM)。AES Galois/计数器模式允许加密和验证明文,以及生成对应的密文和标记 (也称为消息验证码或消息完整性检查)。该算法基于 AES 计数器模式,可保证保密性。它针对固定有限的字段使用乘法器来生成标记。开始执行算法时需要使用初始化向量。要处理的消息分为 2 个部分:①标头 (又称附加认证数据):需要验证但不受保护的数据 (如用于路由数据包的信息);②有效负载 (又称明文或密文):经验证和加密的消息本身。注意:标头必须在有效负载的前面,并且两部分不能混合。根据 GCM 标准,在消息结束时,必须传递完由标头大小 (64 位) 和有效负载大小 (64 位) 构成的特定 128 位块。在计算过程中,必须将标头块与有效负载块区分开。在 GCM 模式下,执行加密/解密需要以下 4 个步骤:

1) GCM 初始化阶段。在此步骤中,将在内部计算和保存 HASH 密钥,供处理所有块使用。建议遵守下列顺序：

①确保通过将 CRYP_CR 寄存器中的 CRYPEN 位清零来禁止加密处理器。

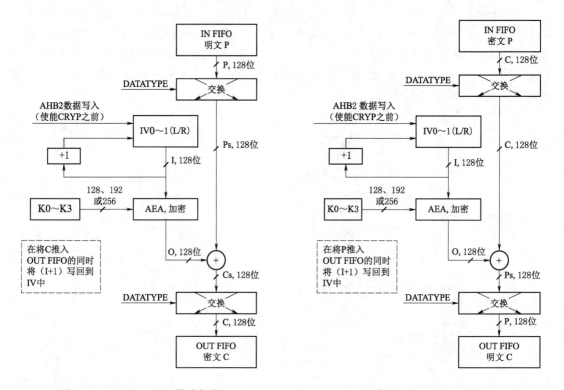

图 14.24 AES-CTR 模式加密

图 14.25 AES-CTR

K—密钥；C—密文；I—输入块；O—输出块；

Ps—交换前（解码时）或交换后（编码时）的明文；

Cs—交换后（解码时）或交换前（编码时）的密文；

P—明文；IV—初始化向量

②通过将 CRYP_CR 中的 ALGOMODE 位编程为"01000"来选择 GCM 链接模式。

③将 CRYP_CR 中的 GCM_CCMPH 位配置为"00"来开始 GCM 初始化阶段。

④初始化 CRYP_KEYRx 中的密钥寄存器（128 位、192 位和 256 位）以及初始化向量（IV）。

⑤将 CRYPEN 位置 1 以开始计算 HASH 密钥。

⑥等待 CRYPEN 位清零后进入下一个阶段。

⑦将 CRYPEN 位置"1"。

2）GCM 标头阶段。必须在 GCM 初始化阶段后方能执行该步骤：

①将 CRYP_CR 中的 GCM_CCMPH 位置"01"来指示标头阶段已开始。

②写入标头数据。可以使用以下 3 种方法：按 32 位块将数据写入 CRYP_DIN 寄存器，并使用 IFNF 标志来确定输入 FIFO 是否能够接收数据，标头大小必须为 128 位（4 个字）的倍数；按 8 个字块将数据写入 CRYP_DIN 寄存器，并使用 IFEM 标志来确定输入 FIFO 是否能够接收数据（IFEM ="1"），标头大小必须为 128 位（4 个字）的倍数；使用 DMA。

③提供完所有的标头数据后，等待 CRYP_SR 寄存器中的 BUSY 位清零。

3) GCM 有效负载阶段（加密/解密）。必须在 GCM 标头阶段后方能执行该步骤：

①将 CRYP_CR 寄存器中的 GCM_CCMPH 配置为"10"。

②通过使用 CRYP_CR 中的 ALGODIR 位来选择算法方向（加密或解密）。

③将有效负载消息写入 CRYP_DIN 寄存器，并使用 IFNF 标志来确定输入 FIFO 是否能够接收数据。也可以按 8 个字块将数据写入 CRYP_DIN 寄存器，并使用 IFEM 标志来确定输入 FIFO 是否能够接收数据（IFEM＝"1"）。同时，可对 CRYP_DOUT 寄存器的 OFNE/OFFU 标志进行监控，以检查输出 FIFO 是否为空。

④重复之前的步骤，直至所有的有效负载块均得到加密或解密。也可以使用 DMA。

4) GCM 后阶段。该步骤将生成验证标记：

①将 CRYP_CR 中的 GCM_CCMPH [1~0] 配置为"11"。

②写入输入 CRYP_DIN 寄存器 4 次。输入中必须包含标头中的位数（64 位），并连接着有效负载中的位数（64 位）。

③等待 CRYP_SR 寄存器中的 OFNE 标志（FIFO 输出非空）置"1"。

④读取 CRYP_DOUT 寄存器 4 次，此输出即为验证标记。

⑤禁止加密处理器（CRYP_CR 中的 CRYPEN 位＝"0"）。

注意：执行解密时，开始时无需计算密钥。解密结束时，应将生成的标记与通过消息传递的预期标记进行比较。此外，必须将 ALGODIR 位（算法方向）置"1"。从标头阶段到标记阶段时，无须禁止/使能 CRYP 处理器。

（5）AES Galois 消息认证代码（GMAC）。加密处理器还支持使用 GMAC 算法对明文进行验证。它针对固定有限的字段使用 GCM 算法和乘法器来生成相应标记。开始执行算法时需要使用初始化向量。实际上，GMAC 算法相当于应用在仅由标头构成的消息上的 GCM 算法。因此，不需要有效负载阶段。

（6）AES 组合式密码机（CCM）。CCM 算法允许加密和验证明文，以及生成对应的密文和标记（又称消息验证码或消息完整性检查）。该算法基于 AES 计数器模式，可保证保密性。它使用 AES CBC 模式生成 128 位标记。该 CCM 标准（RFC 3610 Counter with CBC-MAC (CCM) 标准，2003 年 9 月发布）可为首个验证块（在此标准中称为 B0）定义特定的编码规则。具体而言，首个块包括标志、随机值和有效负载长度（字节数）。CCM 标准可为加密/解密指定另外的格式（称为 A 或计数器）。计数器在有效负载阶段会递增计数，其 32 个低有效位在生成标记期间会初始化为"1"（在 CCM 标准中称为 A0 数据包）。注意：硬件不执行 B0 数据包的格式化操作，该操作由软件处理。对于 CCM 算法，要处理的消息会分为 2 个部分：①标头（又称附加认证数据）：需要验证但不受保护的数据（如用于路由数据包的信息）；②有效负载（又称明文或密文）：经验证和加密的消息本身。注意：标头必须在有效负载的前面，并且两部分不能混合。在 CCM 模式下，执行加密或解密需要以下 4 个步骤：

1) CCM 初始化阶段。将 CCM 消息的 B0 数据包（第 1 个数据包）写入 CRYP_DIN 寄存器。在此阶段期间，CRYP_DOUT 寄存器不包含任何输出数据。必须遵守以下顺序：

①确保通过将 CRYP_CR 寄存器中的 CRYPEN 位清零来禁止加密处理器。

②通过将 CRYP_CR 寄存器中的 ALGOMODE 位置为"01001"来选择 CCM 链接

模式。

③将 CRYP_CR 中的 GCM_CCMPH 位配置为 "00" 来开始 CCM 初始化阶段。

④初始化 CRYP_KEYRx 中的密钥寄存器（128 位、192 位和 256 位）以及初始化向量（IV）。

⑤将 CRYP_CR 中的 CRYPEN 位置 "1"。

⑥将 B0 数据包写入输入数据寄存器。

⑦等待 CRYPEN 位清零后进入下一个阶段。

⑧将 CRYPEN 位置 "1"。

2）CCM 标头阶段。必须在 CCM 初始化阶段后方能执行该步骤。加密与解密的顺序完全相同。在此阶段期间，CRYP_DOUT 寄存器不包含任何输出数据。如无附加验证数据，则可以跳过该阶段。必须遵守以下顺序：

①将 CRYP_CR 中的 GCM_CCMPH 位置 "01" 来指示标头阶段已开始。

②可以使用以下 3 种方法：按 32 位块将标头数据写入 CRYP_DIN 寄存器，并使用 IFNF 标志来确定输入 FIFO 是否能够接收到数据；标头大小必须为 128 位（4 个字）的倍数；按 8 个字块将标头数据写入 CRYP_DIN 寄存器，并使用 IFEM 标志来确定输入 FIFO 是否能够接收到数据（IFEM = "1"），标头大小必须为 128 位（4 个字）的倍数；使用 DMA。

注意：必须使用标头长度格式化首个块 B1。应通过软件执行该任务。

③提供完所有的标头数据后，等待 BUSY 标志清零。

3）CCM 有效负载阶段（加密/解密）。必须在 CCM 标头阶段后方能执行该步骤。在此阶段期间，加密/解密的有效负载将存储在 CRYP_DOUT 寄存器中。必须遵守以下顺序：

①将 CRYP_CR 中的 GCM_CCMPH 位配置为 "10"。

②通过使用 CRYP_CR 中的 ALGODIR 位来选择算法方向（加密或解密）。

③将有效负载消息写入 CRYP_DIN 寄存器，并使用 IFNF 标志来确定输入 FIFO 是否能够接收数据。也可以按 8 个字块将数据写入 CRYP_DIN 寄存器，并使用 IFEM 标志来确定输入 FIFO 是否能够接收数据（IFEM = "1"）。同时，可对 CRYP_DOUT 寄存器的 OFNE/OFFU 标志进行监控，以检查输出 FIFO 是否为空。

④重复之前的步骤，直至所有的有效负载块均得到加密或解密。也可以使用 DMA。

4）CCM 后阶段。该步骤将生成认证标记。在此阶段期间，将生成消息的认证标记，该标记存储在 CRYP_DOUT 寄存器中。

①将 CRYP_CR 中的 GCM_CCMPH [1~0] 位配置为 "11"。

②加载 A0 初始化计数器，并通过将 32 位数据写入 CRYP_DIN 寄存器 4 次来编程 128 位 A0 值。

③等待 CRYP_SR 寄存器中的 OFNE 标志（FIFO 输出非空）置 "1"。

④读取 CRYP_DOUT 寄存器 4 次：此输出即为加密的验证标记。

⑤禁止加密处理器（CRYP_CR 中的 CRYPEN 位 = "0"）

注意：硬件不执行原始 B0 和 B1 数据包的格式化操作，也不执行加密与解密之间的标记比较操作。这些操作通过软件处理。从标头阶段到标记阶段，无须禁止/使能加密处理器。

（7）AES 密文消息验证代码（CMAC）。CMAC 算法允许验证明文并生成相应的标记。

CMAC 顺序与 CCM 顺序相同，但其跳过有效负载阶段。

3. 数据类型

将数据写入 CRYP _ DIN 寄存器时，一次会向 CRYP 处理器输入 32 位（字）数据。DES 的原则是每隔 64 位对数据流进行处理。针对每个 64 位块，将从 M1 到 M64 对位进行编号，其中 M1 为块左侧的位，M64 为块右侧的位。AES 使用相同的原则，但其块大小为 128 位。系统存储器结构采用小端模式：无论使用何种数据类型（位、字节、16 位半字、32 位字），最低有效数据均占用最低地址位置。因此，对于从 IN FIFO 中读取的数据，在其进入 CRYP 处理器之前，必须对这些数据执行位、字节或半字交换操作（取决于要加密的数据类型）。在 CRYP 数据写入 OUT FIFO 之前，需要对其执行同样的交换操作。例如，对 ASCII 文本流执行字节交换操作。要处理的数据类型通过 CRYP 控制寄存器（CRYP _ CR）中的 DATATYPE 位字段进行配置（表 14.15）。

表 14.15　　　　　数　据　类　型

CRYP_CR 中的 DATATYPE	要执行的交换	系统存储器数据(明文或密码)
00b	无交换	示例：TDES 块值 0xABCD77206973FE01 在系统存储器中表示为 TDES块大小=64位=2×32位 0xABCD 7720 6973 FE01 系统存储器 0xABCD 7720 @ 0x6973 FE01 @+4
01b	半字(16 位)交换	示例：TDES 块值 0xABCD77206973FE01 在系统存储器中表示为 TDES块大小=64位=2×32位 0xABCD 7720 6973 FE01 系统存储器 0x7720 ABCD @ 0xFE01 6973 @+4
10b	字节(8 位)交换	示例：TDES 块值 0xABCD77206973FE01 在系统存储器中表示为 TDES块大小=64位=2×32位 0xAB CD 77 20 69 73 FE 01 系统存储器 0x 20 77 CD AB @ 0x 01 FE 73 69 @+4
11b	位交换	TDES 块值 0x4E6F772069732074 在系统存储器中表示为 TDES块大小=64位=2×32位 0x4E 6F 77 20 69 73 20 74 系统存储器 0x04 EE F6 72 @ 0x2E 04 CE 96 @+4 0100 1110 0110 1111 0111 0111 0010 0000 0110 1001 0111 0011 0010 0000 0111 0100 0000 0100 1110 1110 1111 0110 0111 0010 @ 0010 1110 0000 0100 1100 1110 1001 0110 @+4

图 14.26 展示了根据不同的 DATATYPE 值，64 位数据块 M1～M64 是如何由 CRYP 处理器从 IN FIFO 中弹出的两个连续的 32 位字来构建的。相同的原理，可以轻松扩展构建用于 AES 加密算法的 128 位数据块（对于 AES，块长度为 4 个 32 位字，但由于交换仅发生在字级别，因此它与此处描述的 TDES 的交换过程相同）。注意：IN FIFO 和 CRYP 数据块之间，以及 CRYP 数据块和 OUT FIFO 之间执行相同的交换操作。

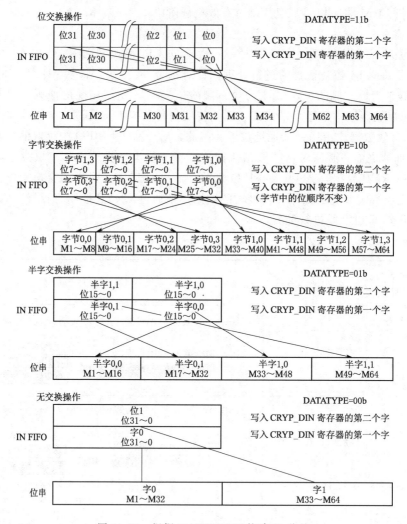

图 14.26 根据 DATATYPE 构建 64 位块

4. 初始化向量——CRYP＿IV0～1（L/R）

可将初始化向量视为两个 64 位数据项。因此，初始化向量在系统存储器中的数据格式和表示形式均不同于明文或密码数据，而且它们不受 DATATYPE 值的影响。初始化向量采用两个连续的 32 位字进行定义，即 CRYP＿IVL（左部分，记为位 IV1～IV32）和 CRYP＿IVR（右部分，记为位 IV33～IV64）。在 DES 或 TDES CBC 加密期间，CRYP＿IV0（L/R）位会与一个 64 位数据块（即数据块的 M1～M64 位）进行异或运算，这里的 64 位数据块是根据 DATATYPE 值交换后从 IN FIFO 弹出的。当 DEA3 块的输出可用时，该输出值会复制到 CR-YP＿IV0（L/R）向量，之后，这个新值与 IN FIFO 弹出的下一个 64 位数据块进行异或运算，以此类推。在 DES 或 TDES CBC 解密期间，CRYP＿IV0（L/R）位首先会与 TDEA1 输出的 64 位数据块（即 M1～M64 位）进行异或运算，然后异或运算后的结果根据 DATATYPE 值进行交换并压入 OUT FIFO。异或运算后的结果进行交换并压入 OUT FIFO 后，IN FIFO 的输出会取代 CRYP＿IV0（L/R）值，然后 IN FIFO 执行弹出操作，随后可对新的 64 位数据块进行处理。在 AES CBC 加密期间，CRYP＿IV0～1（L/R）位会与一个 128 位数据块进行异或运算，这里的 128 位数据块是根据 DATATYPE 值交换后从 IN FIFO 中弹出的。当 AES 内核的输出可用时，该输出值会复制到 CRYP_IV0~1（L/R）向量，之后，这个新值与 IN FIFO 弹出的下一个 128 位数据块进行异或运算，以此类推。在 AES CBC 解密期间，CRYP_IV0~1（L/R）位首先会与 AES 内核输出的 128 位数据块进行异或运算，然后异或运算后的结果根据 DATATYPE 值进行交换并压入 OUT FIFO。异或运算后的结果进行交换并压入 OUT FIFO 后，IN FIFO 的输出会取代 CRYP_IV0~1（L/R）值，然后 IN FIFO 执行弹出操作，随后可对新的 128 位数据块进行处理。在 AES CTR 加密或解密期间，AES 内核会将 CRYP_IV0~1（L/R）位加密。之后，加密的结果会与一个 128 位数据块进行异或运算，这里的 128 位数据块是根据 DATATYPE 值交换后从 IN FIFO 中弹出的。异或运算后的结果进行交换并压入 OUT FIFO 后，CRYP_IV0~1（L/R）值（32 LSB）的计数器部分会递增。当 CRYP_SR 寄存器的 BUSY 位 = 1b 时，针对 CRYP_IV0~1（L/R）寄存器的任何写操作都会被忽略 [CRYP_IV0~1（L/R）寄存器内容不会被修改]。因此，在修改初始化向量之前，必须检查 BUSY 位 = 0b。图 14.27 展示了 TDES-CBC 加密过程中使用的初始化向量的一个例子。

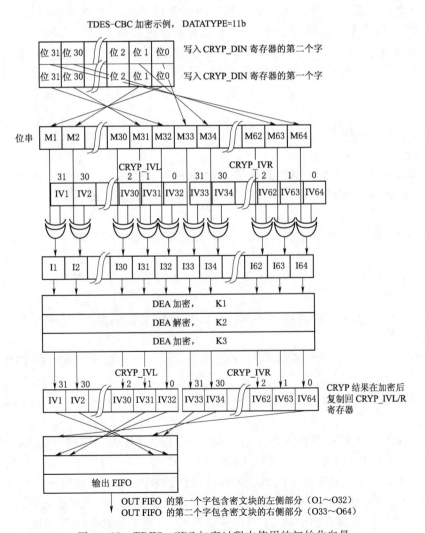

图 14.27 TDES-CBC 加密过程中使用的初始化向量

5. CRYP 忙碌状态

当输入 FIFO 中有充足的数据（至少有 2 个字可用于 DES 或 TDES 算法模式，至少有 4 个字可用于 AES 算法模式）、输出 FIFO 中有充足的自由空间［至少有 2 个（DES/TDES）或 4 个（AES）字位置］，以及 CRYP_CR 寄存器中的位 CRYPEN = 1 时，加密处理器会自动开始加密或解密过程（根据 CRYP_CR 寄存器中 ALGODIR 位的值）。在此过程中，执行 TDES 算法需要 48 个 AHB2 时钟周期，执行简易 DES 算法需 16 个 AHB2 时钟周期，而执行密钥长度为 128 位、192 位或 256 位的 AES 算法则分别需要 14 个、16 个或 18 个 AHB2 时钟周期。在整个过程中，CRYP_SR 寄存器的 BUSY 位始终置"1"。完成此过程后，CRYP 内核会将 2 个（DES/TDES）或 4 个（AES）字写入输出 FIFO，并将 BUSY 位清零。在 CBC、CTR 模式下，还会更新初始化向量 CRYP_IVx（L/R）R（x = 0～3）。当加密处理器繁忙时（CRYP_SR 寄存器中的位 BUSY = 1b），会忽略针对密钥寄存器［CRYP_Kx（L/R）R，x = 0～3］、初始化寄存器［CRYP_IVx（L/R）R，x = 0～3］或 CRYP_CR 寄存器的位［9～2］的写操作，且不会修改这些寄存器。因此，不能在加密处理器处理数据块时修改其配置。不过，可以在 BUSY = 1 时将 CRYPEN 位清零，这种情况下，只有完成正在进行的 DES、TDES 或 AES 处理过程并将 2 个/4 个字的结果写入输出 FIFO 后才能将 BUSY 位清零。注意：在 DES 或 TDES 模式下处理某个块时，如果输出 FIFO 已满并且输入 FIFO 至少含一个新块，则输入 FIFO 会弹出新块且 BUSY 位保持置 1，直至有足够的空间可将这个新块存储到输出 FIFO。

6. 加密或解密执行步骤

（1）初始化。

1）初始化外设（操作顺序并不重要，除非密钥准备用于 AES - ECB 或 AES - CBC 解密。在准备密钥之前必须输入密钥大小和密钥值，准备好密钥后，必须立即配置相应算法）：

①使用 CRYP_CR 寄存器中的 KEYSIZE 位配置密钥大小（129 位、192 位或 256 位，仅限 AES）。

②将对称密钥写入 CRYP_KxL/R 寄存器（需写入 2～8 个寄存器，具体取决于算法）。

③使用 CRYP_CR 寄存器中的 DATATYPE 位配置数据类型（1 位、8 位、16 位或 32 位）。

④在 AES - ECB 或 AES - CBC 解密的情况下，必须准备以下密钥：将 CRYP_CR 寄存器中的 ALGOMODE 位置为"111"来配置密钥准备模式。随后向 CRYPEN 位写入"1"，BUSY 位随即置 1。等待 BUSY 位返回 0（CRYPEN 位也会自动清零），已准备好密钥供解密使用。

⑤使用 CRYP_CR 寄存器中的 ALGOMODE 位配置算法和链接（在 ECB/CBC 中为 DES/TDES，在 ECB/CBC/CTR/GCM/CCM 中为 AES）。

⑥使用 CRYP_CR 寄存器中的 ALGODIR 位配置方向（加密/解密）。

⑦将初始化向量写入 CRYP_IVxL/R 寄存器（仅在 CBC 或 CTR 模式下）。

2）向 CRYP_CR 寄存器中的 FFLUSH 位写入 1，刷新 IN 和 OUT FIFO。

（2）DMA 用于存储器数据传入和传出时的处理过程。

1）将 DMA 控制器配置为传输存储器中的输入数据。传输长度为消息的长度。当消息填充并非由外设进行管理时，消息长度必须为整个数量的数据块。数据传输均在突发模式下进行。AES 中的突发长度为 4 个字，而 DES/TDES 中的突发长度为 2 个字或 4 个字。应将 DMA 配置为在完成输出数据传输时设置一个中断，以指示处理过程已结束。

2）通过向 CRYPEN 位写入 1 来使能加密处理器。将 CRYP_DMACR 寄存器中的 DIEN 和 DOEN 位置 1，以使能 DMA 请求。

3）所有传输和处理过程均由 DMA 和加密处理器管理。DMA 中断表示处理过程已完成。两个 FIFO 通常均为空，且 BUSY = 0。

（3）在中断期间通过 CPU 传输数据的处理过程。

1）将 CRYP_IMSCR 寄存器中的 INIM 和 OUTIM 位置 1，以使能中断。

2）将 CRYP_CR 寄存器中的 CRYPEN 位置 1，以使能加密处理器。

3）在中断中管理输入数据：将输入消息加载到 IN FIFO。一次性可加载 2 个字或 4 个字，或者加载数据直至 FIFO 已满。当消息的最后一个字进入 FIFO 时，可通过将 INIM 位清零来禁止中断。

4）在中断中管理输出数据：读取 OUT FIFO 中的输出消息。一次可读取 1 个块（2 个字或 4 个字），或者读取数据直至 FIFO 为空。读取最后一个字后，INIM＝0、BUSY＝0 且两个 FIFO 均为空（IFEM＝1 且 OFNE＝0）。将 OUTIM 位清零可禁止中断，而将 CRYPEN 位清零可禁止外设。

（4）不使用 DMA 也不使用中断时的处理过程。

1）将 CRYP_CR 寄存器中的 CRYPEN 位置 1，以使能加密处理器。

2）将首个块写入输入 FIFO（2～8 个字）。

3）重复以下步骤，直到处理完整个信息：

①等待 OFNE＝1，然后读取输出 FIFO（读取 1 个块，或 FIFO 为空为止）。

②等待 IFNF＝1，然后写入 IN FIFO（写入 1 个块，或 FIFO 已满为止）。

4）处理过程结束时，BUSY＝0 且两个 FIFO 均为空（IFEM＝1 且 OFNE＝0）。将 CRYPEN 位清零可禁止外设。

7. 上下文交换

如果因 OS 发起的一项新任务需要上下文资源而需要进行上下文交换，则须执行以下任务来恢复完整的上下文（以使用 DMA 为例）。

（1）在 AES 和 DES 的情况下。

1）保存上下文。

①将 CRYP_DMACR 寄存器中的 DIEN 位清零，以停止 DMA 对 IN FIFO 的数据传输。

②等待 IN 和 OUT FIFO 均为空（CRYP_SR 寄存器中的 IFEM＝1 且 OFNE＝0），并且 BUSY 位清零。

③将 CRYP_DMACR 寄存器中的 DOEN 位清零并将 CRYPEN 位清零，以停止 DMA 对 OUT FIFO 的数据传输。

④保存当前配置（CRYP_CR 寄存器中的位 [9～2] 和位 19）和初始化向量（如果不是在 ECB 模式下）。密钥的值必须已经存在于存储器中。根据需要保存 DMA 状态（IN 和 OUT 消息的指针、保留字节数等）。

使用 GCM/GMAC 或 CCM/CMAC 算法时应保存其他位：CRYP＿CR 寄存器中的位 [17～16]；上下文交换寄存器：使用 GCM/GMAC 或 CCM/CMAC 算法时为 CRYP＿CS-GCMCCM0～7、使用 GCM/GMAC 算法时为 CRYP＿CSGCM0～7。

2）配置和执行其他处理过程。

3）上下文恢复。

①使用保存的配置按加密或解密执行步骤的初始化中所述配置处理器。针对 AES-ECB 或 AES-CBC 解密，必须再次准备密钥。

②根据需要重新配置 DMA 控制器，以便传输余下的消息。

③将 CRYPEN 位置 1 以使能处理器，将 DIEN 和 DOEN 位置 1，以使能 DMA 请求。

（2）在 TDES 的情况下。可采用与 AES 相同的方式进行 TDES 下的上下文交换。不过，由于这种情况下的输入 FIFO 可包含多达 4 个未处理的块，而且每个块的处理时间很长，因此，在某些情况下，不用等待 IN FIFO 为空就可中断处理过程，这样能够节省时间。

1）保存上下文。

①将 CRYP＿DMACR 寄存器中的 DIEN 位清零，以停止 DMA 对 IN FIFO 的数据传输。

②将 CRYPEN 位清零，以禁止处理器（处理过程会在当前块的末尾停止）。

③等待 OUT FIFO 为空（CRYP＿SR 寄存器中的 OFNE＝0），并且 BUSY 位清零。

④向 CRYP＿DMACR 寄存器中的 DOEN 位写入 0，以停止 DMA 对 OUT FIFO 的数据传输。

⑤保存当前配置（CRYP＿CR 寄存器中的位 [9～2] 和位 19）和初始化向量（如果不是在 ECB 模式下）。密钥的值必须已经存在于存储器中。根据需要保存 DMA 状态（IN 和 OUT 消息的指针、保留字节数等）。读回 IN FIFO 中加载的尚未处理的数据，并将其保存到存储器中，直至 FIFO 为空。

注意：在 GCM/GMAC 或 CCM/CMAC 模式下，还应保存 CRYP＿CR 寄存器的位 [17：16]。

2）配置和执行其他处理过程。

3）上下文恢复。

①使用保存的配置按加密或解密执行步骤的初始化中所述配置处理器。针对 AES-ECB 或 AES-CBC 解密，必须再次准备密钥。

②将保存上下文期间保存的数据写入 IN FIFO。

③根据需要重新配置 DMA 控制器，以便传输余下的消息。

④将 CRYPEN 位置 1 以使能处理器，将 DIEN 和 DOEN 位置 1，以使能 DMA 请求。

14.5.4　CRYP 中断

CRYP 可产生两个可单独屏蔽的中断源。这两个中断源合为同一个中断信号，而该中断信号是 CRYP 发出的唯一中断信号，用于驱动 NVIC（嵌套向量中断控制器）。这一组合中断是两个单独屏蔽的中断源的或运算结果。如果下面列出的各个中断中的任何一个中断产生，则此组合中断即会产生。通过更改 CRYP＿IMSCR 寄存器中的屏蔽位，可单独使能或禁止各个中断源。将相应的屏蔽位置"1"以使能中断。关于各个中断源的状态，通过 CRYP＿RISR 寄存器可以读取原始中断状态，通过 CRYP＿MISR 寄存器可以读取屏蔽中断状态。

（1）输出 FIFO 服务中断——OUTMIS。当输出 FIFO 中存在一个或多个（32 位字）数据项时，即会产生输出 FIFO 服务中断。通过读取输出 FIFO 的数据，直至读完所有有效（32 位）字，即可将此中断清除［即该中断的状态与 OFNE（输出 FIFO 非空）标志一致］。输出 FIFO 服务中断 OUTMIS 不是通过 CRYP 使能位使能。因此，如果输出 FIFO 非空，即使禁止 CRYP 之后也不会强制 OUTMIS 信号为低电平。

（2）输入 FIFO 服务中断——INMIS。当输入 FIFO 中少于 4 个字时，会产生输入 FIFO 服务中断。对输入 FIFO 执行写操作直至其中所含字不小于 4 字，这样即可将此中断清除。输入 FIFO 服务中断 INMIS 通过 CRYP 使能位使能。因此，禁止 CRYP 之后，即使输入 FIFO 为空，INMIS 信号也为低（无效）。CRYP 中断映射如图 14.28 所示。

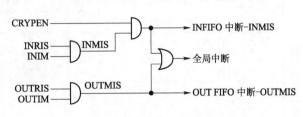

图 14.28 CRYP 中断映射图表

14.5.5 CRYP DMA 接口

加密处理器可使用一个接口连接 DMA 控制器。DMA 操作通过 CRYP DMA 控制寄存器 CRYP_DMACR 进行控制。突发传输请求信号和单次传输请求信号并不相互排斥。这两种信号可同时产生。例如，当 OUT FIFO 中存在 6 个字时，会产生突发传输请求和单次传输请求。突发传输 4 个字之后，将只产生单次传输请求来传输余下的 2 个字。当数据流中待接收的剩余字数少于突发传输字数时，这一特性非常有用。在产生相关的 DMA 清除信号之前，仍会产生各个请求信号。禁止请求清除信号之后，可再次激活某个请求信号，具体取决于上述条件。如果已禁止 CRYP 外设并且已将 DMA 使能位清零（CRYP_DMACR 寄存器中的 DIEN 位用于 IN FIFO，DOEN 位用于 OUT FIFO），则会禁止所有请求信号。注意：DMA 控制器必须配置为执行不多于 4 字的突发传输。否则可能会丢失一些数据。为了在装满 IN FIFO 之前让 DMA 控制器清空 OUT FIFO，OUTDMA 通道的优先级应高于 INDMA 通道。

14.5.6 CRYP 寄存器

本节内容请扫描下方二维码学习。

14.5.7 CRYP 寄存器映射

表 14.16 用于 STM32F405×× / 07×× 和 STM32F415×× / 17×× 的 CRYP 寄存器映射和复位值。

表 14.16　STM32F405××/07×× 和 STM32F415××/17×× 的 CRYP 寄存器映射和复位值

寄存器大小

偏移	寄存器名称 / 复位值	31	30	29	28	27	26	25	24	23	22	21	20	19	18	17	16	15	14	13	12	11	10	9	8	7	6	5	4	3	2	1	0
0x00	CRYP_CR	Reserved																CRYPEN	FFLUSH	Reserved				KEYSIZE		DATATYPE		ALOMODE[2~0]			ALGODIR	Reserved	
	Reset value																	0	0					0	0	0	0	0	0	0	0		
0x04	CRYP_SR	Reserved																											BUSY	OFFU	OFNE	IFNF	IFEM
	Reset value																												0	0	0	1	1
0x08	CRYP_DIN	DATAIN																															
	Reset value	0	0	0	0	0	0	0	0	0	0	0	0	0	0	0	0	0	0	0	0	0	0	0	0	0	0	0	0	0	0	0	0
0x0C	CRYP_DOUT	DATAOUT																															
	Reset value	0	0	0	0	0	0	0	0	0	0	0	0	0	0	0	0	0	0	0	0	0	0	0	0	0	0	0	0	0	0	0	0
0x10	CRYP_DMACR	Reserved																														DOEN	DIEN
	Reset value																															0	0

续表

寄存器大小

偏移	寄存器名称 复位值	31	30	29	28	27	26	25	24	23	22	21	20	19	18	17	16	15	14	13	12	11	10	9	8	7	6	5	4	3	2	1	0
0x14	CRYP_IMSCR	Reserved																														OUTIM	INIM
	Reset value																															0	0
0x18	CRYP_RISR	Reserved																														OUTRIS	INRIS
	Reset value																															0	1
0x1C	CRYP_MISR	Reserved																														OUTMIS	INMIS
	Reset value																															0	0
0x20	CRYP_K0LR															CRYP_K0LR																	
	Reset value	0	0	0	0	0	0	0	0	0	0	0	0	0	0	0	0	0	0	0	0	0	0	0	0	0	0	0	0	0	0	0	0
0x24	CRYP_K0RR															CRYP_K0RR																	
	Reset value	0	0	0	0	0	0	0	0	0	0	0	0	0	0	0	0	0	0	0	0	0	0	0	0	0	0	0	0	0	0	0	0
┇																																	
0x38	CRYP_K3LR															CRYP_K3LR																	
	Reset value	0	0	0	0	0	0	0	0	0	0	0	0	0	0	0	0	0	0	0	0	0	0	0	0	0	0	0	0	0	0	0	0

续表

寄存器大小

偏移	寄存器名称 复位值	31	30	29	28	27	26	25	24	23	22	21	20	19	18	17	16	15	14	13	12	11	10	9	8	7	6	5	4	3	2	1	0
0x3C	CRYP_K3RR																CRYP_K3RR																
	Reset value	0	0	0	0	0	0	0	0	0	0	0	0	0	0	0	0	0	0	0	0	0	0	0	0	0	0	0	0	0	0	0	0
0x40	CRYP_IV0LR																CRYP_IV0LR																
	Reset value	0	0	0	0	0	0	0	0	0	0	0	0	0	0	0	0	0	0	0	0	0	0	0	0	0	0	0	0	0	0	0	0
0x44	CRYP_IV0RR																CRYP_IV0RR																
	Reset value	0	0	0	0	0	0	0	0	0	0	0	0	0	0	0	0	0	0	0	0	0	0	0	0	0	0	0	0	0	0	0	0
0x48	CRYP_IV1LR																CRYP_IV1LR																
	Reset value	0	0	0	0	0	0	0	0	0	0	0	0	0	0	0	0	0	0	0	0	0	0	0	0	0	0	0	0	0	0	0	0
0x4C	CRYP_IV1RR																CRYP_IV1RR																
	Reset value	0	0	0	0	0	0	0	0	0	0	0	0	0	0	0	0	0	0	0	0	0	0	0	0	0	0	0	0	0	0	0	0

思 考 题 与 习 题

1. STM32F4××器件有哪 3 种类型的复位？
2. STM32F4××器件 3 种类型复位的特点是什么？
3. 简述 STM32F4××器件电源模块的作用。
4. STM32F4××器件有几个低功耗模式？
5. 简述 STM32F4××器件各个低功耗模式的主要特点。
6. 简述 STM32F4××器件 CRC 校验的主要特性。
7. 请给出 STM32F4××使用 CRC 校验的多项式。
8. STM32F4××系列器件具有几个嵌入式看门狗外设？
9. 简述 STM32F4××系列器件看门狗外设的原理和作用。
10. 简述 STM32F4××器件加密处理器的主要特性。

第15章 综合应用实例

本章使用了一个简单的例子简要说明了嵌入式应用系统开发过程，嵌入式应用系统开发过程中各阶段的主要内容、特点等。

15.1 直流无刷电机的 PWM 调速控制器

由于嵌入式应用系统的多样性和技术指标不同，研制的方法、步骤不完全一样。研制工作包括硬件和软件两个方面，硬件指单片机、外围器件、I/O 设备组成的机器，软件是各种操作程序的总称。硬件和软件紧密配合、协调一致，才能组成一个高性能的应用系统。嵌入式应用系统研制包括总体设计、硬件设计、软件设计、调试、产品化等几个阶段。

15.2 系统总体设计

15.2.1 概述

总体设计的主要内容有：

（1）确定功能技术指标。单片机应用系统的研制是从确定功能技术指标开始的，它是系统设计的依据和出发点，也是决定产品前途的关键。必须根据系统应用场合、工作环境、用途，参考国内外同类产品资料，提出合理、详尽的功能技术指标。

（2）机型和器件选择。选择单片机机型依据是市场货源、单片机性能、开发工具和熟悉程度。根据技术指标，选择容易研制、性价比高、有现成开发工具、比较熟悉的一种单片机。选择合适的传感器、执行机构和 I/O 设备，使它们在精度、速度和可靠性等方面符合要求。

（3）硬件和软件功能划分。系统硬件的配置和软件的设计是紧密联系的，在某些场合，硬件和软件具有一定的互换性，有些功能可以由硬件实现也可以由软件实现，如系统日历时钟。对于生产批量大的产品，能由软件实现的功能尽量由软件完成，以利简化硬件结构，降低成本。总体设计时权衡利弊，仔细划分好软、硬件的功能。

15.2.2 总体设计方案

总体设计方案的硬件部分详细框图如图 15.1 所示。

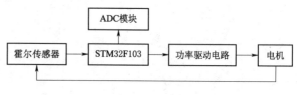

图 15.1 总体方案系统框图

15.3 系 统 硬 件 设 计

15.3.1 概述

硬件设计的任务是根据总体要求，在所选芯片的基础上，具体确定系统中的每一个元器件，设计出电路原理图，必要时做一些部件实验，验证电路正确性，进而设计加工印板，组装样机。主要内容有：

（1）系统结构选择。根据系统对硬件的需求，确定是小系统、紧凑系统还是大系统。如果是紧凑系统或大系统，进一步选择地址译码方法。

（2）可靠性设计。系统对可靠性的要求是由工作环境（湿度、温度、电磁干扰、供电条件等）和用途确定的。

（3）电路框图设计。在完成硬件总体、结构、可靠性设计的基础上，基本确定所用元器件后，可用手工方法画出电路框图。框图应能看出所用器件以及相互间逻辑关系。

（4）电路原理图设计。选择合适的计算机辅助电路设计软件，根据电路框图，进行电路原理图设计，由印板划分、电路复杂性，原理图可绘成一张或若干张。

（5）印刷电路板设计。根据生产条件和工艺，规划电路板（物理外形、尺寸、电气边界），设置布线参数［工作层面数（单面、双面、多层），线宽，特殊线宽、间距，过孔尺寸等］，布局元器件，编辑元件标注，布线，检查、修改，最后保存文件，送加工厂加工印板，组装样机。

15.3.2 总体硬件框图

系统的硬件电路选用 STM32F103 为主控芯片，作为电机控制的核心，通过霍尔位置传感器检测位置信号，结合功率驱动电路以实现对电机的驱动。此外，还有电流检测电路可根据电机的状态以调整转速和实现过流保护功能系统的硬件框图如图 15.2 所示。

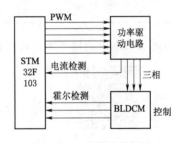

图 15.2 系统硬件框图

15.4 系 统 软 件 设 计

15.4.1 嵌入式系统软件的特征

（1）软件要求固态化存储。为了提高执行速度和系统可靠性，嵌入式系统中的软件一般都固化在存储器芯片或单片机本身中，而不是存储在磁盘中。

（2）软件代码高质量、高可靠性。尽管半导体技术的发展使处理器速度不断提高、片上存储器容量不断增加，但在大多数应用中，存储空间仍然是宝贵的，还存在实时性的要求。为此要求程序编写和编译工具的质量要高，以减少程序二进制代码长度、提高执行速度。

（3）操作系统软件具有高实时性。在多任务嵌入式系统中，对各项任务进行统筹兼顾、合理调度是保证系统功能的关键，单纯提高处理器的速度无法完成这些要求，也是没有效率的，这种任务调度只能由优化编写的系统软件来完成，因此操作系统软件的高实时性是基本要求。

（4）嵌入式系统应用语言。目前在嵌入式系统设计中，最受欢迎的前 3 种编程语言分别是 C（74.6%）、汇编（69.6%）和 C++（50.1%）。

15.4.2　嵌入式系统软件的开发流程

嵌入式软件的开发流程与通用软件的开发流程大同小异，但开发所使用的设计方法具有嵌入式开发的特点。整个开发流程可分为 4 个阶段：①需求分析阶段；②设计阶段；③生成代码阶段；④固化阶段。

15.4.3　软件编程（部分）

本例编程部分的工作选用在 Keil4 开发环境下完成，采用模块化的设计方法，各子程序作为实现各部分功能和过程的入口，完成 PWM 脉宽调速的控制。STM32F103 资源分配见表 15.1。

表 15.1　　　　　　　　　　　　　　芯 片 的 资 源 分 配

GPIOD4	霍尔传感器输出端	GPIOA6	利用定时器 TIM3、TIM4 产生的 6 路 PWM 输出
		GPIOA7	
GPIOD5		GPIOB0	
		GPIOB1	
GPIOD6		GPIOB6	
		GPIOB7	

具体程序请扫描下方二维码学习。

15.5　系　统　调　试

15.5.1　嵌入式应用系统的调试方法

嵌入式应用系统常见的调试方法有：①源程序模拟器方式；②监控器方式；③仿真器方式。

（1）软件仿真方式（源程序模拟器方式）。源程序模拟器（simulator）是在 PC 机上，通过软件手段模拟执行为某种嵌入式处理器编写的源程序的测试工具。注意：模拟器的功能毕竟是以一种处理器模拟另一种处理器的运行，在指令执行时间、中断响应、定时器等方面很有可能与实际处理器有相当大的差别。另外，它无法仿真嵌入式系统在应用系统中的实际执行情况。

（2）监控器方式。监控器（monitor）调试方式需要目标机与宿主机协调。首先，在宿主机和目标机之间通过串口、以太口等建立物理连接，然后在宿主机上运行调试器，目标机运行监控程序和被调试程序，从而建立宿主机与目标机的逻辑连接。宿主机通过调试器与目标机的监控器建立通信连接，它们相互间的通信遵循远程调试协议，如图 15.3 所示。

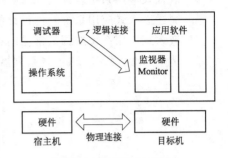

图 15.3　监控器方式调试

（3）仿真器方式。仿真器调试方式是在微处理器的内部嵌入额外的控制模块。当特定的触发条件满足时，系统将进入某种特殊状态。在这种状态下，被调试的程序暂时停止运行，宿主机的调试器通过微处理器外部特设的通信口访问各种寄存器、存储器资源，并执行相应的调试指令。在宿主机的通信端口和目标板调试通信接口之间，通信接口的引脚信号可能存在差异，因此在这两者之间往往可以通过一块信号转换电路板连接。一般高档的微处理器都带联合测试行动组（joint test action group，JTAG）接口，它是一种边界扫描标准，只需 5 根引脚就可以实现在线仿真的功能。

15.5.2　举例调试

本例采用软件仿真进行调试。根据已知条件，利用 Keil4 进行软件仿真，前提是假设霍尔传感器的 3 个值 huoer1、huoer2、huoer3 为别为 0、1、0，然后分别假设 flag 的值为 1 和 7，仿真可以得到 GPIOA6 的 PWM 波形如图 15.4 所示，可以看出 PWM 脉宽有了调整。

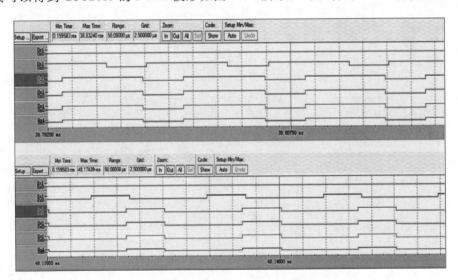

图 15.4　软件仿真 PWM 波形

思 考 题 与 习 题

1. 嵌入式应用系统研制包括哪些阶段？
2. 嵌入式应用系统研制的总体设计阶段主要有哪些内容？

3. 嵌入式应用系统硬件设计有哪些主要内容？

4. 嵌入式应用系统软件设计有哪些特征？

5. 简述嵌入式应用系统软件设计的流程。

6. 嵌入式应用系统的调试常见的有哪些调试方法？

7. 请举一个 STM32F4×× 系列器件在实际应用中的完整实例。

参 考 文 献

［1］ 姚文祥. ARM Cortex‑M3 与 Cortex‑M4 权威指南［M］. 3 版. 吴常玉,曹孟娟,王丽红,译. 北京:清华大学出版社,2020.

［2］ DONALD S R. 基于 ARM Cortex‑M4 的 DSP 系统开发［M］. 李磊,译. 北京:机械工业出版社,2017.

［3］ 王宜怀. 汽车电子 S32K 系列微控制器:基于 ARM Cortex‑M4F 内核［M］. 北京:电子工业出版社,2020.

［4］ 王宜怀,许粲昊,曹国平. 嵌入式技术基础与实践:基于 ARM Cortex‑M4F 内核的 MSP432 系列微控制器［M］. 5 版. 北京:清华大学出版社,2019.

［5］ 王宜怀,邵长星,黄熙. 基于 ARM Cortex‑M4F 内核［M］. 北京:电子工业出版社,2018.

［6］ 奚海蛟,童强,林庆峰. ARM Cortex‑M4 体系结构与外设接口实战开发［M］. 北京:电子工业出版社,2020.

［7］ 宁改娣,张虹. ARM Cortex‑M4 微控制器原理与实践［M］. 北京:科学出版社,2020.

［8］ 王日明. 轻松玩转 ARM Cortex‑M4 微控制器［M］. 北京:北京航空航天大学出版社,2020.

［9］ 毕盛,钟汉如,董敏. ARM Cortex‑M4 微控制器原理与应用:基于 Atmel SAM4 系列［M］. 北京:北京航空航天大学出版社,2020.

［10］ 尤鋆. ARM 嵌入式系统教程:基于 Cortex‑M4 内核和 TM4C1294 控制器［M］. 北京:机械工业出版社,2020.

［11］ 刘杰. 基于固件的 MSP432 微控制器原理及应用［M］. 北京:北京航空航天大学出版社,2020.

［12］ 刘杰,陈昌川. 基于固件的 ARM Cortex‑M4 原理及应用［M］. 北京:机械工业出版社,2015.

［13］ 沈建华,郝立平. 嵌入式系统教程:基于 Tiva C 系列 ARM Cortex‑M4 微控制器［M］. 北京:北京航空航天大学出版社,2020.

［14］ 沈建华,张超,李晋. MSP432 系列超低功耗 ARM Cortex‑M4 微控制器原理与实践［M］. 北京:北京航空航天大学出版社,2017.

［15］ 陈朋,梁荣华,刘义鹏,等. 基于 ARM Cortex‑M4 的单片机原理与实践［M］. 北京:机械工业出版社,2018.

［16］ 杨永杰,许鹏. 嵌入式系统原理及应用:基于 ARM Cortex‑M4 体系结构［M］. 北京:北京理工大学出版社,2018.

［17］ 刘雯. 基于 ARM Cortex‑M4 内核的物联网:嵌入式系统开发教程［M］. 北京:中国水利水电出版社,2018.

［18］ 叶国阳,刘铮,徐科军. 基于 ARM Cortex‑M4F 内核的 MSP432 MCU 开发实践［M］. 北京:机械工业出版社,2018.

［19］ 郭书军. ARM Cortex‑M4 ＋ Wi‑Fi MCU 应用指南:CC3200 IAR 基础篇［M］. 北京:电子工业出版社,2016.

［20］ 杨东轩. ARMCortex‑M4 自学笔记:基于 KinetisK60［M］. 北京:北京航空航天大学出版社,2013.